BRAND名牌志
VOL.32

2013
世界名表年鉴

100个世界顶级腕表品牌
1500款兼具品味与收藏价值的经典款、年度最新款

《名牌志》编辑部／著

江西科学技术出版社

CONTENTS 目录

PART 1 2013表坛大潮流

PART 2 顶级品牌TOP100

A

P35

爱彼
皇家橡树系列超薄镂空
陀飞轮腕表
——40周年纪念限量版

B

C

P79

香奈儿
J12Haute Joaillerie高珠
宝腕表

P99

DE GRISOGONO
Otturatore
腕表—红金白盘

P163

万国
葡萄牙万年历腕表

CONTENTS 目录

P169

雅克德罗
Petite Heure Minute
Relief Dragon龙表

P211

欧米茄
Constellation 27mm
红金腕表

P227

百达翡丽
Lady First女装计时腕
表—蓝盘

R

S

T

U

V

Z

*本书标注的价格，综合了世界各地专卖店、网站提供的信息以及汇率等因素，仅供参考。

Patrimony Traditionnelle 14天动力储存陀飞轮腕表

PART 1
2013表坛大潮流

2012年的世界表坛依然保持着快速发展的势头，
新款腕表的开发能力和速度呈现令人兴奋的态势，
特别是一些世界著名的精品腕表，
让所有的人都大吃一惊，
无不感叹原来认为早已开发净尽的腕表功能，
还有这样颇具空间的开发余地，
也极大地鼓舞了设计师们，
并为今后的新表打开了新的发展道路。

2013表坛大潮流

在当今的商品世界里，流行早已成为一种时尚和趋势，成为指导一个行业发展的行为准则，它不仅引导着购买者的行为，也成为设计者和生产者必须遵循的方向，起着引导市场的重要作用。每个人都或多或少地受到它的影响，与潮流背道而驰绝对不会成功。那么，流行趋势是什么呢？流行趋势就是在一定的历史时期内，在一定范围内被广泛认可的意识、行为、产品设计或形象。因此也产生了流行趋势的周期性的特征，如创新、流行、接受、成熟、萎缩、消退等几个阶段。这样也说明了流行趋势的成长过程，也是我们从事传媒的人士需要了解和掌握的要素之一。

在许多腕表杂志上都会有许多关于流行趋势分析的文章，特别是每一年表坛盛会日内瓦和巴塞尔表展以后，各种分析文章就会铺天盖地地袭来，将各种观点掷向读者。要是表迷们没有一定的专业知识，还真会给说蒙了。不过，注重流行趋势也是一个表迷成长中不可缺少的过程，因为腕表是一种特殊的用品和商品，它的技术性强，文化背景深厚，历史渊源悠久，而且要求保持良好的实用价值，这是与其他收藏品不同之处。腕表与服装服饰相比，它的流行时效稍长，技术变化较缓慢，但仔细留意其流行特征也十分明显，所以认真留意的人可以从这些特征上辨认出腕表出产的年份和流行时期。这是一项硬功夫，也是腕表的迷人之处。

2012年的世界表坛依然保持着快速发展的势头，新款腕表的开发能力和速度呈现令人兴奋的态势，特别是一些世界著名的精品腕表，让所有的人都大吃一惊，无不感叹原来认为早已开发净尽的腕表功能，还有这样颇具空间的开发余地，也极大地鼓舞了设计师们，并为今后的新表打开了新的发展道路。例如宝珀的中华年历表，不仅以其极为大胆的设计思维和东方式的文化色彩独占鳌头，也为久已固定的时间显示打开一个值得探索的方向，相信这枚新表给予我们的还不止这些。更有不少品牌使用各种新型材质，这样一来一方面带来良好的使用功能，另一方面也为脆弱的腕表开辟了新的使用空间，让腕表在人们的生活中担当更加广阔的形象作用。在新表开发过程中，高科技的手段应用越来越广泛，也使得腕表的精准度创造了前所未有的高度，这一点很重要，后面还要单独提及。

仔细看过2012年的新款腕表之后，对于腕表当今的流行趋势已经心中有数，只是一些看法可能较为另类一些。

一、高精尖技术应用趋势明显

不管是怀表还是腕表，都在很长一段时间内保持着手工制作的方法和传统，使用的都是传统而细致的手工制作工具，那些精致的手摇车床、钻床、刻花机等，至今还是各大品牌博物馆里值得炫耀的展品。时过百年，依然亮闪闪的展示着品牌以往的辉煌。在那个时期，人的因素发挥着至关重要的作用，工匠的技术体现出极大的差异。大师们的作品体现着那个时代的印记，同时也展示着制表技术的进程。包括那些黄铜为主的

蚝式恒动SKY-DWELLER腕表

制表材料在内，老式钟表就是那个时代的象征，也是其魅力所在。

当今表坛开始使用高精密度的组合机床，这是一个极大的进步，可以弥补以往多少年来无法解决的腕表走时精度和耐用度的问题，也为遍布世界各地的维修服务提供了良好的条件。工业化的程序解决了腕表零配件标准化的大问题，也解决了维修服务人员缺乏的老问题。无论一枚腕表在世界的哪个角落里出了问题，只要送到品牌的维修点，就能得到最好的服务和维修，再也不会因为服务水平不高而给顾客带来损失，因此近几年来的表坛，高精尖技术得到了越来越广泛的应用。不过也有一个问题值得重视，就是腕表行业越来越注重技术，特别是高精尖技术，这样带来的后果就是表厂的门槛越来越高，将来不会再有众多的小表厂和小品牌了，因为它们的生存环境已经大大变化了，多样性的表坛会变得较为单一，腕表的手工味道也会减弱甚至消失。或许还有什么变化，在此难以概括全面，仅此抛砖引玉而已。

这一点在ROLEX（劳力士）的产品上显得尤为突出。ROLEX（劳力士）是一个很特殊的品牌，它的产品风格在经历了很多年的时间磨砺以后，依然保持着其大气庄重的基本造型，使得品牌始终维持着精致细腻的独特形象，为不少喜爱它的中产阶级所热爱着。特别是ROLEX（劳力士）专有的蚝式腕表，更是继承传统与技术创新的完美结合品。随着技术的进步，ROLEX（劳力士）的腕表已经发生了根本变化。2012年的新表集中体现了其创新、创意和经典的升华，将ROLEX（劳力士）精湛的制表技术与以往的经典作品结合起来，成就了一系列新款腕表。全新的蚝式恒动SKY-DWELLER腕表典雅中不失豪气，精致中体现俊秀，实在是一枚当代男士的最佳伙伴。蚝式

恒动潜航者型潜水表大概是全世界最受表迷喜爱的腕表，新表在许多细节方面都进行了不小的改进，例如新型材质，黑色 CERACHROM 陶质表圈和黑色表盘上的 CHROMALIGHT 夜光刻度指针一起，构成最时尚的流行款，使得蚝式恒动潜航者型潜水表在表迷中无人不知。而这所有的细节都离不开高度精密的现代技术和设备。

与高精尖技术密不可分的还有表坛新秀 Richard Mille。这个品牌自诞生以来就以高度新颖和精密的技术独步表坛。它的每一款新表的背后都有高新技术的背景，表款的设计也超凡脱俗，绝不与以往的腕表的形象相雷同，以至于每一款新表推出后，如果没有相应的技术资料，就根本无法读懂它的内涵。2012年的RM037腕表与其内置的CRMA1机芯就充分体现了这一点。Richard Mille腕表的设计非常新潮，表壳采用品牌惯用的长酒桶形设计，仅表壳加底盖就需要多达44道不同的冲压工序和225道加工工序，最后还要经过5个多小时的打磨。机芯完全镂空，并使用5级钛合金制成。功能除了常用的时分和大日历以外，还有独特的功能选择，可以显示表冠的上链、空挡和手动位置。此外，表冠设置了新式的分离装置，可以在腕表受到撞击时化解震动，避免机芯受到损害。机芯的自动上链砣也是可变动量设计，摆砣外缘有两块可移动的部分，可根据主人的性格设置不同的位置，以适应腕表上链的需要。

此外还有 Roger Dubuis（罗杰杜彼）、Cartier（卡地亚）、Jaeger-LeCoultre（积家）等许多当代表厂，都开始采用精密度极高的现代设备，这样既保证了腕表的精准，也可以增加产量。以往极具个人

RM037腕表

蚝式恒动潜航者型潜水表

色彩的手工生产方式已经不能适应现代社会的需要。不过完全淘汰手工生产方式还为时过早，特别是高级技师的手工打磨，还是一种不可替代的工艺，不仅漂亮，还具有增强零件表面硬度的功效，值得保留。

二、腕表的装饰工艺得到极大重视

这里所说的主要不是制表技术，而是腕表的装饰工艺，也包括一部分与功能相关的技术，如超薄表。当代腕表在技术上几乎已经无可挑剔，随着社会的发展，在腕表的装饰工艺方面要求日益增高。目前比较流行的主要有三种工艺：珐琅、雕镂和超薄。

珐琅表。珐琅表一直是古董表收藏家们的最爱，因为珐琅表具有永不褪色、古朴雅致、题材广泛和表现力强的特点，加上珐琅表的烧制工艺极为复杂，工匠稀缺和造价高昂，造成如今价格高企的局面。单就珐琅表而言，如今能够制作珐琅表的品牌为数不多，珐琅表大师更是凤毛麟角，成为最抢手的技术人才，也使得珐琅表成为难得的表款，在表坛地位居高不下。近几年来珐琅表的行情一直很好，2012年出品的珐琅表不少，有的表款低调隐晦，仅以素色珐琅表盘面世，但是内行人都知道，越是大面积的单色珐琅盘，越难以制作，如芝柏表的1966系列的三问腕表就是一个绝好的例子。这枚三问腕表从外观看是一枚简洁素雅的表款，但是细细看来处处体现着芝柏表绝佳的工艺手段。尤其是白色珐琅表盘，质地细腻，光彩柔和，表现出一种极为含蓄而深沉的精神，搭配优雅的蓝钢指针和三问音效，实为绅士们的理想配饰。

还有 Van Cleef & Arpels（梵克雅宝）的新表，因为品牌珠宝商的特殊身份与拿手绝活，珠宝和珐琅一直是 Van Cleef & Arpels（梵克雅宝）

芝柏表的1966系列的三问腕表

腕表的特殊之处。2012 年品牌在以往的表款上加以改进，再一次以爱情为题材，推出 Lady Arpels Poetic Wish 腕表，表盘上一位少女在埃菲尔铁塔的平台上缓缓地向表盘中央走去，脚下的塞纳河和空中的风筝伴随着她，流光溢彩。整个表盘上采用了多种手法，有金雕、彩绘珐琅、珍珠贝母雕刻和宝石镶嵌，与复杂的人物动作一起，使腕表极为灵动而精彩。

雕镂表。这一类的表款早已存在，其特别之处就在于精细入微的雕镂技术。雕镂也称为镂

Lady Arpels Poetic Wish腕表

表，不仅超薄，还要镂空，并且成为两大世界纪录的创造者，一是全球最纤薄的自动上链镂空腕表，厚度为5.34毫米；一是全球最纤薄自动上链镂空机芯，厚度仅为2.40毫米。其实雕镂并不一定是最难的技术，但是一定是最最需要花心思的作品，因为不光要确定镂空的部分，还要脚踏实地地将机芯骨架雕镂出来，并打磨到位。这就是此表的核心价值，别忘了，它还是超薄机芯。

超薄表。超薄表的价值并不是每一个爱表人都知道的，因为它除了超薄之外，一般看不出太多的技术含量。超薄表一般功能比较简单，手动机芯占绝大多数，避免自动上链砣占据空间，款式也多为简洁经典的男士表款，因为女表还是需要多少有些装饰才好。但是超薄表的制造难度却是难以想象的高。为了追求超薄设计，机芯夹板已经

空，但比镂空多了一些雕刻技巧，可以在精细的框架上再加以雕刻，更显示出雕刻大师们的精湛技艺。提起雕镂无人不知的当然是Blancpain宝珀，而2012年宝珀的Villeret经典系列8日动力储存腕表堪称绝品。这枚腕表没有表盘，因为极为通透的雕镂已经没有表盘存在的丝毫余地。既然是镂空表，当然应该是以多多镂空为好，但此表却采用3个发条盒的设置，得到长达8天的动力储存能力，这也是宝珀的技术能力所在。将这么复杂的机芯雕镂得纤毫毕现，绝对是一门奇技。还有宝珀表背面的雕刻，这是2011年的一款背雕中国长城的表，但它是宝珀最有代表性的款式，不能不提。VILLERET 繁复纹饰腕表正面极为简单，仅是一款时分两针表。但是机芯背面的雕刻却要花费雕刻师极大的精力和时间。机芯夹板上采用纯粹的雕刻手法镂刻出中国的万里长城，细致到每一块砖石都能看出来，其难度可想而知。

2012年还有Piaget伯爵的Altiplano镂空超薄腕

VILLERET 繁复纹饰腕表

Villeret经典系列8日动力储存腕表

薄如蝉翼，但是功能和打磨却一点也不能少。一块夹板轻轻一吹便可飞起来，但是强度和功能不能有丝毫的马虎。因此在制表史上，Piaget（伯爵）、Vacheronn Constantin（江诗丹顿）等著名品牌都曾制作出超薄表，至今在表坛仍是一段佳话。特别是Piaget（伯爵），近几年来主打超薄表，已经打造出数款超薄机芯。2012年的Gouverneu系列腕表的日历自动腕表配备着伯爵自制的800P机芯；Gouverneur计时腕表搭载全新的882P机芯；而Gouverneur陀飞轮腕表则搭载全新的642P机芯。特别是642P机芯，还带有飞行陀飞轮，更加不易。其中两款机芯属于超薄系列，足见Piaget（伯爵）超强的研发能力了。

Gouverneu系列腕表

Altiplano镂空超薄腕表

三、复古表大行其道

复古或复刻表是一直经久不衰的潮流，至今仍有不少人非常喜爱具有古典韵味的复古表。复古绝不是简单复制，也不是偷工减料的行为，而是一种在经典的基础上发扬光大的再创造过程，能在经典创意上锦上添花，非有鬼斧神工般的巧技不可。许多品牌在漫长的发展史上都有过辉煌的业绩，有自己精彩的历史和拿手绝活儿，今天的复古表就是将其发展成为新的潮流之作，这是非常有意义的。

2012 年是 Audemars Piguet（爱彼）的皇家橡树系列腕表诞生 40 周年的纪念之年。这是腕表史上值得纪念的创造，皇家橡树将严谨的正装表与活泼的运动风格密切结合在一起，在表坛掀起一股创新的风潮，至今仍是领先表坛的独创之举。

新款的皇家橡树系列 39 毫米超薄腕表，具有此系列的绝对原创风格，但已发生了根本性变化：其内部搭载着超薄的自动上链机械 2121 机芯，其厚度仅为 3.05 毫米，摆频为 19800 次 / 小时，22K 金的自动砣雕饰精美，上面带有 "AP Audemars Piguet" 的印记，外缘还饰有 "Petite Tapisserie" 格纹图案，这是皇家橡树系列表盘的经典装饰。

Chronoswiss 瑞宝的 Regulateur 三针一线腕表，就是一款经典的佳作，因此虽然是早几年的作品，但至今在品牌的广告中还在使用。Chronoswiss 瑞宝源自德国的慕尼黑，因此带有德国表的严谨、大气、优雅的个性，整体设计简雅大方，具有浓烈的古朴韵味，受到大多数男士们的欢迎。其洋葱头式的表冠来自慕尼黑圣母大教堂的哥德式圆顶，表身上的钱币纹也是古董怀表上的经典要素。三针一线式的规范指针是 1806 年法国制表师 Louis Berthoud 的设计，广泛用于航海钟的上面，因此腕表也带有航海钟的味道。在腕表的装饰作用日益重要的当代，这样的腕表自然受到欢迎。一句话：这表 "有味道"。

Cartier（卡地亚）的 Tank（坦克表）始于 1917 年，样式来自第一次世界大战时期的坦克的造型，在 Cartier（卡地亚）的腕表中非常具有代表性，其意想不到的设计却带来非凡的效果。2012 年的 Tank Anglaise 大号腕表以其简单而有个性的设计、明了而带有张力的线条和大气而古朴的表盘征服了表迷们。几乎所有的设计元素都带有原创的意味，但是每一项都进行了经得起时间和市场考验的升华，来自原创，高于（甚或远远高于）原创，这就是新坦克的魅力。新表装置了卡地亚 1904MC 型自动上链机械机芯，尺寸也扩大了，为 36.2 毫米 ×47 毫米，但不失优雅，甚至女人都可以佩戴。

◀皇家橡树系列39毫米超薄腕表

Regulateur三针一线腕表

Tank Anglaise大号腕表

四、闪耀着思想火花的独到设计

也许有人认为这样的说法太过于玄虚，但是这样的表款确实有，而且在表坛日渐重要。独到并不一定是非常炫酷、奇迷的设计，其中也包括巧妙到仅需小小改动就能够起到脱胎换骨的境界。市场是神秘莫测的，也是十分现实的，灵光一现也能获得一时奇效。这些并非神话，最终还是脚踏实地，有真功夫的作品才能稳稳占据市场，投机取巧肯定不行。

大概谁也没有想到，TUDOR（帝舵）Heritage Black Bay潜水表能够大出风头，使不少人对TUDOR（帝舵）另眼相看。TUDOR帝舵庄重而古板的形象已经深入人心，而一般来说潜水表因其技术上的限制，也难以在外观上有所突破，何况还是一款在1954年的旧款上发挥想象力的复刻表款呢。但是TUDOR（帝舵）这一次做得很

Heritage Black Bay潜水表

Freak Diavolo卡罗素腕表

中华年历表

好，在旧款的基础上，直径 41 毫米的现代表壳、优美的红色表圈、微拱形的表玻璃和忠于原创的表盘集合在一起，带来意想不到的效果，可以说是当今最漂亮的一款潜水表了。而造型别致的表针采用了粉红金材料，与老表的黄色表针颇为神似，感觉却高出一截，真是巧妙的想法。腕表具有 200 米的防水功能，让人感到这是一款绅士用表，似乎更适用于庄重场合。

下面说的表款与 TUDOR（帝舵）不同，它是真正绞尽脑汁的结果。Ulysse nardin（雅典表）的奇想黑魔王 Freak Diavolo 卡罗素腕表已经是众所周知的了，但是每一次看到它，我总是会发自内心地佩服设计师们的头脑，没准儿设计师的脑子里装满了齿轮吧？要不然为什么他们对机械的原理和构造这样了然于胸，而想出这么超凡脱俗的腕表来呢？这枚腕表颠覆了人们对腕表所有的基本概念，如其品牌所说的"彻底改变高级钟表

的游戏规则"。奇想黑魔王 Freak Diavolo 卡罗素腕表将机芯的主要结构展现在人们眼前，并用其代替时分指针指示时间。没有表冠，没有调整按钮，超大的发条盒，轻而易举地就达到了长达 8 天的动力储存水平，更有革命性地采用硅材质擒纵装置⋯⋯这一切都来自独到的思想火花，当然还有深厚的制表技术功力。

BLANCPAIN（宝珀）Villeret 系列世界首款中华年历表，不用多说就知道它的难得。中华年历的复杂设置就连多数中国人也弄不明白，而外国人能够设计出这样大量吸收中国风格的表款实在是让人匪夷所思。难得的是腕表各功能可以准确运行，指示出带有浓厚中国风的项目，其中十天干、阴阳五行、十二地支属相、农历月、十二时辰等中国古代计时显示无一不备，因此有人评价它是 2012 年最复杂的表，也是最富有中国文化韵味的设计，当之无愧。

X Fathoms

Octo Maserati腕表

五、运动表和军表

运动表已经流行多年，而且随着人们重视身体与阳刚气质的心理，这种流行趋势仍在不断增强。而军表也是表迷们喜爱的一个分支，尤其是具有极好功能和新式外观的军表，已经不再是单纯的军表，而成为现代年轻人体现自己独特风尚的一个象征物品，寄托着主人一种未实现的梦想。

BLANCPAIN宝珀X Fathoms（X噚）顶级机械潜水表是宝珀五十噚系列中的最新款，因此表款外观，特别是陶瓷表圈具有五十噚的典型特征。腕表功能带有机械式的测深仪，这是制造难度很高的技术，以前有欧米茄做过。腕表的测深装置有两种：一种可测15米，误差仅为30厘米；一种可测90米，属于机械式，采用非晶态金属薄膜，技术难度很大。表盘设计复杂，有两根测深指针和相应的指示圈，还有5分钟倒计时功能，对潜水员减压有实用价值。表款的色彩也很亮丽，极富观赏性。

BVLGARI（宝格丽）的Octo Maserati腕表。这是宝格丽与意大利玛莎拉蒂跑车的合作产物，是宝格丽的尊达系列腕表中的高级表款，可以说是运动表，也可以说是复杂表。其腕表有计时功能，但是4根逆跳的指针更是看点，还有跳时式的小时窗和三针一线格局，整个表款设计制造极为精致细腻，表背有玛莎拉蒂的标识。这款表具有尊达腕表的经典设计，八边形的精致造型令人难以忘记。尤其是两个计时按钮隐藏在多层次的八边形之中，与表盘的精彩设计融为一体，令人有得此一表，夫复何求之感。

IWC（万国）的飞行员腕表。IWC（万国）有几大出色的腕表系列，近几年来每年选择一个系列来集中展示，这样可以让每一项改进都得到充分发挥的余地，让每一位喜爱IWC（万国）的人都可以买到心仪的表款。2012年是飞行员腕表之年，IWC万国表的飞行员一向受到飞行员的爱戴。它风格粗犷，功能强大而实用，牢固耐用，是生命力极强的军表和功能表，至今仍是许多国家飞行员的首选。2012年的飞行员表主推专为海军飞行员打造的表款，如TOP GUN海军飞行员表新添五款腕表，新表的强悍材质和灰色、军绿的颜色突出了此系列的军表血统，其中配置的机芯也采用IWC（万国）自制的51111高级机芯。新款的"喷火战机"飞行员表采用了全新设计，体现了飞机中测高仪的数字式日期设计，内置89800新款机芯，功能强大。机芯背面的自动砣上还有喷火战机的经典造型，在任何场所都会耀人眼目。

TOP GUN海军飞行员表

"喷火战机"飞行员表

六、极致腕表或极致艺术腕表

都知道钟表媒体轻易不敢说出"极致"二字，因为强中更有强中手，当得起"极致"形容的不是没有，但是谁能保证自己不会被超越呢？今天的"极致"能不能经得起时间的考验，谁也不敢保证。但是这次提到的表款，应该当得起"极致"之名，请看。

VACHERON CONSTANTIN（江诗丹顿）Patrimony Traditionnelle 14 天动力储存陀飞轮腕表。当专业杂志的编辑们不屑地将"极致"排除在自己的形容词之外，以示与那些"菜鸟"编辑的区别时，平心而论，"极致"的表款还是有的。这款 14 天动力储存陀飞轮腕表确实当得起这个词汇。极致是一种感觉，它是由多方面的因素构成的，每一个方面的背后都有着多年的努力和积淀，极致的表款不一定复杂，但一定优雅。这枚腕表配有全新的 2260 机芯，它有两个亮点，长动力和陀飞轮。机芯有 4 个发条盒，其动力储存时间长达 336 小时，这在当今表坛还是少有的，也成为优雅腕表中重视功能的代表作。同时动力储存也成为表盘上重要的显示部。带有马尔他十字标志的陀飞轮更是视觉的中心，这枚仅仅一根框架横杆打磨就耗时 11 个小时的陀飞轮无法不引起人们的注意，而且会让大多数表厂知难而退。腕表整体设计十分优雅，表盘整体上移少许，不知不觉中突出了转动中的陀飞轮。精心雕琢的小时刻度和红金剑形指针，搭配乳银色表盘，气度沉稳，气质非凡。该腕表还有许多看点：日内瓦印记、14 天动力的 2260 手动上弦陀飞轮机械机芯、18K5N 红金表壳、同材质的半马尔他十字形表扣，这些都体现出腕表的身份和品质。

同样优雅的还有江诗丹顿的马尔他酒桶形腕表。2012 年恰逢品牌酒桶形腕表 100 周年喜庆，几款腕表都极有味道。

H. MOSER & CIE. 亨利慕时。这是一家位于瑞士北部沙夫豪森的具有两百年历史的老表厂，虽然中间曾经消失了一段时间。H. MOSER & CIE.（亨利慕时）的腕表有一种令人一见难忘的特征，就是极简的风格。它的表款并不复杂，有的仅以小三针面世，但极为大气雅致，加上精致无比的工艺，绝对罕见。Meridian Dual Time 两地时间腕表，采用经典的圆形表壳，表耳也很简单，表圈

① Meridian Dual Time 两地时间腕表
② 江诗丹顿的马尔他酒桶形腕表

为双层式的，只有打磨十分细腻诱人。表盘十分清爽，要不是一根红色的第二地时间指针和 12 时位的大窗口，简直难以知晓它还是两地时间表。那根红色的指针在指示第二地时间时采用 12 小时制，并使用 12 时位的 12/24 数字窗口来指示日夜变化，乍一看不知所以然，明白了就会佩服设计者的巧妙。要是不用两地时间功能，红色指针隐藏在时针下面，根本看不出还是一款复杂功能表。这个品牌的表打磨技术一流，经得起任何角度的细观，即使在高倍放大镜下面也没有丝毫瑕疵，这就是 H. MOSER & CIE. 的表款受到青睐的根本原因。翻过表身来看，其机芯工艺丝毫不逊于正面，有时还有意把一些显示放在后面，格外低调、不同，因为人们看到的是腕表的极致，区区几个功能已经不值得夸耀。简洁的背后，H. MOSER & CIE.（亨利慕时）的技术绝对不差，如双摆轮游丝，可以相互震荡，抵消偏移力，保持摆轮中心的稳定。还有快速切换的万年历，都是看着简单做起来难的先进技术。

GP 芝柏 Vintage 1945 大日历月相腕表。芝柏表有人喜欢得不得了，有人不以为然，但是不管怎样看，这款表绝对不会有什么争议，因为它实在够优雅，够漂亮，也够极致。这是将古典美与创新美集于一身的设计，加上优质的材质和白色弧形表盘等的绝佳工艺，总体给人一种赏心悦目的感觉。腕表的灵感来自一枚 1945 年款的腕表，可见芝柏有着厚实的灵感储备，绝非泛泛之辈。

表壳造型为略呈弧度的长方形，表耳带有竹节状凸起。表盘为白色弧形设计，十分厚实，在月相和日历窗口处可以看出表盘的厚度和精致的窗口打磨。芝柏 03300-0062 自制机芯精准可靠，带有瞬跳大日历。机芯夹板采用镀铑和钻石抛光等技术，并有鱼鳞纹、太阳纹和日内瓦条纹装饰，足见其高级机芯的身份。

Vintage 1945 大日历月相腕表

结束语

其实就流行趋势而言还有许多值得一说之处，比如常提到的功能腕表、最佳女表、最佳男表、珠宝表等，可以总结出很多很多，在此就不赘述了。腕表流行趋势与服装和其他工业品的设计一样，常有不同的看法，而且与观点持有人的身份也有密切关系，见仁见智，无法统一，也无需统一。等到国人的口袋丰满起来，花一两个月的工资就可以买一块"欧米茄"或"劳力士"的时候，真正的"趋势"就自然而然地出现了，无需费力去寻找。

卡地亚带有井字镶钻护框的Pasha黄金腕表

PART 2
顶级品牌TOP100

A. LANGE & SÖHNE	ERNEST BOREL	MONTBLANC
ALPINA	FIYTA	MOVADO
ANDERSEN	FRANCK MULLER	NOMOS
ANTOINE MARTIN	FREDERIQUE CONSTANT	OMEGA
ARNOLD & SON	F.P.JOURNE	ORIS
AUDEMARS PIGUET	GUCCI	PANERAI
BACKES & STRAUSS	GIRARD-PERREGAUX	PARMIGIANI FLEURIER
BALL	GLASHÜTTE ORIGINAL	PATEK PHILIPPE
BAUME & MERCIER	GRAFF	PEQUIGNET
BELL & ROSS	GREUBEL FORSEY	PERRELET
BLANCPAIN	H. MOSER & CIE	PIAGET
BOUCHERON	HAMILTON	RADO
BOVET	HARRY WINSTON	RALPH LAUREN
BREGUET	HD3	RAYMOND WEIL
BREITLING	HERMÈS	RICHARD MILLE
BVLGARI	HUBLOT	ROAMER
CARL F. BUCHERER	HYSEK	ROGER DUBUIS
CARTIER	HYT	ROLEX
CERTINA	IWC	SARCAR
CHANEL	JAEGER-LECOULTRE	SEIKO
CHAUMET	JAERMANN & STÜBI	SINN
CHOPARD	JAQUET DROZ	SPEAKE-MARIN
CHRONOSWISS	JEANRICHARD	TAG HEUER
CLERC	JUVENIA	TISSOT
CONCORD	LAURENT FERRIER	TUDOR
CORUM	LONGINES	ULYSSE NARDIN
CVSTOS	LOUIS MOINET	UNION GLASHÜTTE
DE BETHUNE	LOUIS VUITTON	VACHERON CONSTANTIN
DE GRISOGONO	MAÎTRES du TEMPS	VAN CLEEF & ARPELS
DEWITT	MAURICE LACROIX	VICTORINOX
DIOR	MB&F	VULCAIN
DOXA	MIDO	ZEITWINKEL
EBERHARD & CO	MILUS	ZENITH
ENICAR		

朗格
A. LANGE & SÖHNE

年产量：少于5000块
价格区间：RMB145,000元起
网址：www.Lange-sohne.de

　　朗格作为德国顶级钟表的代表想必已经是公认的事实。1994复出时所推出的Lange 1腕表一举成为朗格经典腕表的代表作。这款腕表融合四分之三夹板、黄金套筒、砝码式摆轮等机芯工艺，偏心表盘设计以及大日历视窗等创新元素，在全球享有盛誉。Lange 1腕表不仅在高级机械制表领域上赢取多项殊荣，并在钟表史上写下辉煌篇章。此外 Lange 1 更是朗格制表大师精湛工艺的象征，体现着他们对于打造完美腕表的不懈追求。2012年，品牌重现经典，一款 Grand Lange 1成为最重要的作品，曾经 Lange 1 的经典设计在这款表上可见一斑。其平衡有致的比例，与精心打造的内部组件巧妙配搭。内部搭载全新 L095.1 手动上链机芯的各项组件均经悉心排列，使 Lange 1 腕表优雅的表盘结构，可转化成更大尺寸的设计。

　　朗格将两项经典复杂功能融入 Lange1 独特的设计，呈献新款 Lange1 陀飞轮万年历腕表，日历与时间巧妙的布局，令读取一目了然。而目前万年历功能已经比较普及，很多品牌都有不同的万年历功能腕表，所以表盘布局是否清晰就成为了一款万年历腕表设计是否优秀的关键。为使 Lange 1 的表盘可容纳日历显示，朗格的机芯设计师特别发明了腕表史上首个旋转月份显示环，显示环下方有深度不一的凹口，与各月份天数相对应。而此独一无二的设计所呈现的便是一个异常简明、清晰的万年历盘面。

Lange1陀飞轮万年历腕表—限量版

型号：720.025
表壳：铂金表壳，直径41.9mm，厚12.2mm，生活性防水
表盘：银色，3时位时、分显示盘及昼夜指针，6时位闰年显示，7时位小秒盘配月相视窗，9时位回跳式星期显示，10时位大日历视窗，旋转月份外环
机芯：Cal.L082.1自动机芯，直径34.1mm，厚7.8mm，68石（含1颗托钻），624个零件，摆频21,600A/H，50小时动力储存
功能：时、分、秒、昼夜、月相、日期、星期、月份、闰年显示，万年历功能，陀飞轮装置
表带：黑色鳄鱼皮带配铂金折叠扣
限量：100只
参考价：¥1,500,000左右

十多年来，朗格 DATOGRAPH 腕表一直是不少人心目中计时腕表的典范，它不仅有着出众的技术特色，另一方面更配备匀称融合的表盘设计。朗格的工程师不断改良腕表规格，推陈出新，力臻完善。全新的 Datograph 动力储存计时腕表动力储存时间延长至 60 小时，同时增加了动力储存显示及专利的擒纵系统，铂金表壳尺寸亦增长至 41mm。

Datograph动力储存计时腕表

型号：405.035

表壳：铂金表壳，直径41mm，厚13.1mm，生活性防水

表盘：黑色，测速刻度外圈，3时位30分钟计时盘，6时位动力储存指示，9时位小秒盘，12时位大日历视窗

机芯：Cal.L951.6手动机芯，直径30.6mm，厚7.9mm，46石，451个零件，摆频18,000A/H，60小时动力储存

功能：时、分、秒、日历、动力储存显示、计时功能、测速功能

表带：黑鳄鱼皮带配铂金针扣

参考价：￥约500,000

TE8陀飞轮腕表—红金色表盘

型号：1SJAP.G01A.C21A

表壳：18K红金表壳，直径44mm，30米防水

表盘：开放式表盘，上半部放射状的纹饰，下半部镂空及陀飞轮装置

机芯：Cal.A＆S8000手动机芯，直径32.6mm，厚6.25mm，19石，摆频21,600A/H，80小时动力储存

功能：时、分显示，陀飞轮装置

表带：黑色鳄鱼皮带配18K红金表扣

限量：25枚

参考价：￥171,000

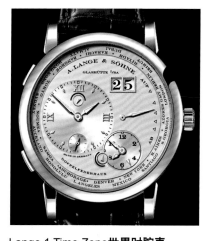

Lange 1 Time Zone世界时腕表

型号：116.039

表壳：18K白金表壳，直径41.9mm，厚11mm，生活性防水

表盘：银色，1时位大日历视窗，3时位动力储存指示，5时位第二时区时、分盘配昼夜显示，9时位本地时间时、分盘配小秒盘及昼夜显示，24时区城市名称外圈

机芯：Cal.L031.1手动机芯，直径34.1mm，厚6.7mm，54石，417个零件，摆频21,600A/H，双发条盒，72小时动力储存

功能：时、分、秒、日历、动力储存、第二时区、昼夜显示、世界时功能

表带：黑色鳄鱼皮表带配18K白金针扣

参考价：￥350,000～400,000

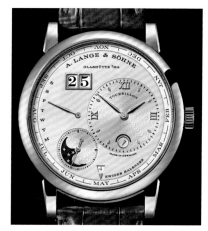

Lange1陀飞轮万年历腕表

型号：720.032

表壳：18K红金表壳，直径41.9mm，厚12.2mm，生活性防水

表盘：银色，3时位时、分显示盘及昼夜指针，6时位闰年显示，7时位小秒盘配月相视窗，9时位回跳式星期显示，10时位大日历视窗，旋转月份外环

机芯：Cal.L082.1自动机芯，直径34.1mm，厚7.8mm，68石（含1颗扭钻），624个零件，摆频21,600A/H，50小时动力储存

功能：时、分、秒、昼夜、月相、日期、星期、月份、闰年显示、万年历功能、陀飞轮装置

表带：棕色鳄鱼皮带配18K红金折叠扣

参考价：￥1,433,000

Grand Lange 1—黄金

型号：117.021
表壳：18K黄金表壳，直径40.9mm，厚8.8mm，生活性防水
表盘：银色，1时位大日历视窗，3时位动力储存指示，5时位小秒盘，9时位时、分盘
机芯：Cal.L095.1手动机芯，直径34.1mm，厚4.7mm，42石，397个零件，摆频21,600A/H，72小时动力储存。
功能：时、分、秒、日历、动力储存显示
表带：棕色鳄鱼皮带配18K黄金针扣
参考价：￥296,000

Grand Lange 1—白金

型号：117.025
表壳：18K白金表壳，直径40.9mm，厚8.8mm，生活性防水
表盘：银色，1时位大日历视窗，3时位动力储存指示，5时位小秒盘，9时位时、分盘
机芯：Cal.L095.1手动机芯，直径34.1mm，厚4.7mm，42石，397个零件，摆频21,600A/H，72小时动力储存。
功能：时、分、秒、日历、动力储存显示
表带：黑色鳄鱼皮带配18K白金针扣
参考价：￥306,000

Grand Lange 1—红金

型号：117.032
表壳：18K红金表壳，直径40.9mm，厚8.8mm，生活性防水
表盘：银色，1时位大日历视窗，3时位动力储存指示，5时位小秒盘，9时位时、分盘
机芯：Cal.L095.1手动机芯，直径34.1mm，厚4.7mm，42石，397个零件，摆频21,600A/H，72小时动力储存。
功能：时、分、秒、日历、动力储存显示
表带：棕色鳄鱼皮带配18K红金针扣
参考价：￥296,000

经典回顾

Lange 1 Daymatic腕表

型号：320.021
表壳：18K黄金表壳，直径39.5mm，厚10.4mm，生活性防水
表盘：香槟色，3时位时、分盘，8时位小秒盘，9时位星期指示，11时位大日历视窗
机芯：Cal.L021.1自动机芯，直径31.6mm，厚6.1mm，67石，426个零件，摆频21,600A/H，50小时动力储存。
功能：时、分、秒、日期、星期显示
表带：棕色鳄鱼皮带配18K黄金针扣
参考价：￥330,000

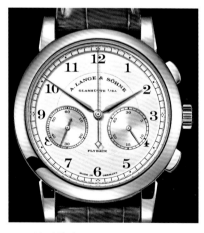

1815计时腕表

型号：402.032
表壳：18K红金表壳，直径39.5mm，厚10.8mm，生活性防水
表盘：银色，蓝钢指针，3时位30分钟计时盘，9时位小秒盘
机芯：Cal.L951.5手动机芯，直径30.6mm，厚6.1mm，40石，306个零件，摆频18,000A/H，60小时动力储存
功能：时、分、秒显示，计时功能
表带：棕色鳄鱼皮带配18K红金针扣
参考价：￥376,000

Saxonia自动腕表

型号：380.026
表壳：18K白金表壳，直径38.5mm，厚7.8mm，生活性防水
表盘：实心银表盘，金质镀铑指针
机芯：Cal.L086.1自动机芯，直径30.4mm，厚3.7mm，31石，209个零件，摆频21,600A/H，72小时动力储存
功能：时、分、秒显示
表带：黑色鳄鱼皮带配18K白金针扣
参考价：￥192,000

ALPINA

年产量：5000 块
价格区间：RMB8,800 元起
网址：www.alpina-watches.com

在过去的二十年间，Alpina 以作为专业的手表制造商及军用手表的官方供货商而享负盛名，Alpina 的飞行员手表专门为飞行人员所佩戴。这些早期的航空先驱者对飞行腕表有很严格的要求：他们的仪表必须非常精确，并能抵御强大的冲击。此外，Alpina 的飞行员手表大多配有防磁表壳，及高对比度的超大表盘并配备夜光指针及夜光数字，可供他们实时阅读。

2011 年，Alpina 推出了全新 Startimer Pilot 系列，带来了四款令人惊喜的系列。2012 年，品牌邀请到身兼监制、编剧和演员的 William Baldwin 代言 2012 年度全新推出的潜水腕表。品牌首席执行官 Peter Stas 对 William 赞不绝口："我们对这次合作充满信心。William 不单代表了 Alpina 的腕表，他亦成功演绎品牌背后的精神及特质——动感十足、强悍非凡、才华洋溢。"了解专业潜水腕表具备的条件，是品味 Alpina Extreme Diver 的第一步。无论是浮潜，还是深潜，潜水人士都应选择备有防水至少 200 米的腕表。而一般的游泳活动，备有防水 100 米功能的腕表就足以应付。在实际环境和接受检定测试时，潜水腕表的表现往往会出现差异，因此我们建议进行以上活动时，腕表都需要具备卓越的防水功能。

最后，Alpina Extreme Diver 的表壳由抗腐蚀性材料打造，并配备防刮花的水晶玻璃镜面；表带可以延伸，令你穿上潜水衣时也能舒适佩戴，十分贴心。

经典回顾

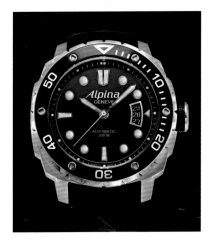

Extreme Diver潜水腕表

型号： AL-525LB4V26
表壳： 不锈钢表壳，单向旋转潜水计时外圈，直径44mm，厚13mm，300米防水
表盘： 黑色，大型荧光指针、刻度、3时位日期视窗
机芯： Cal.AL-525自动机芯，26石，摆频28,800A/H，38小时动力储存
功能： 时、分、秒、日期显示，潜水计时功能
表带： 黑色橡胶带
参考价： ￥10,000～12,000

RACING系列–计时两地时自动腕表

型号： AL-750LBR5FBAR6
表壳： 黑色PVD不锈钢表壳，直径47mm，100米防水
表盘： 黑色，4时位日期视窗，6时位12小时计时盘，12时位30分钟计时盘，中心第二时区指针
机芯： Cal.AL-750自动机芯，42小时动力储存
功能： 时、分、秒、日期、第二时区显示、计时功能
表带： 黑色碳纤维表带配黑色PVD不锈钢表扣
参考价： ￥28,000～32,000

标准时计盘面陀飞轮腕表

型号： AL-980BC5AE9
表壳： 18K红金表壳，黑色陶瓷外圈，直径48mm，100米防水
表盘： 黑色，6时位小秒盘及陀飞轮装置，10时位小时盘，中心分钟指针
机芯： Cal.AL-980自动机芯，直径30.5mm，摆频28,800A/H，48小时动力储存
功能： 时分秒显示，陀飞轮装置
表带： 黑色橡胶带配折叠扣
限量： 18枚
参考价： ￥300,000～400,000

安德森
ANDERSEN

年产量：少于 200 只

价格区间：RMB150,000 元起

网址：http://www.andersen-geneve.ch

　　Svend Andersen 1942 年出生于丹麦，21 岁起便到瑞士接受钟表教育，之后在一家珠宝商旗下的钟表修复部门工作。就像我们常说的寄人篱下、怀才不遇的情况一样，在这家珠宝公司工作期间，Andersen 曾经提出了很多关于改善钟表技艺的建议，意料之中的都被拒绝了，理由很简单："我们聘你是来修理，不是来创造发明。"Andersen 想要向世人展示自己钟表天赋的愿望与日俱增，1969 年，他展示了自己的一个名为"瓶中表"的作品，这款也成为了他的成名作。

　　不久，百达翡丽就发现 Andersen 的才能，聘请他到表厂的复杂机芯部门工作，与百达翡丽当时最伟大的制表师 Max Berney 一起工作。1976 年，Andersen 接受委托，帮一位收藏家修复好一个 19 世纪的复杂怀表之后，各种订单纷纷而至，于是，1979 年他开设了自己的工作室，之前的"东家"百达翡丽也成为了他的客户之一。1983 年，他招收了一位制表天才作为学徒，他的名字是 Frank Muller。

　　Andersen 的另一重要贡献是发起成立了 AHCI（独立制表师协会），促成了近二三十年来独立制表师行业的蓬勃发展，之后与 Harry Winston 的合作更是一个典型范例，引领了大品牌与独立制表师合作，共同发展、共享其利的风潮。

No.605三问报时万年历腕表

型号：605

表壳：18K红金与白金表壳，外圈可旋转启动三问报时功能

表盘：蓝金表盘，蓝色长针指示日期，蓝色短针指示月份，6时位闰年视窗

机芯：Le Coultre1920年代制作的一款古董机芯

功能：时、分、日期、月份、闰年显示、万年历功能、三问报时功能

表带：黑色鳄鱼皮带配18K红金折叠扣

限量：孤本

参考价：请洽经销商

Communication 750世界时腕表

表壳：18K白金与红金表壳，直径42.4mm，厚11.4mm

表盘：蓝金表盘，世界时间外圈

机芯：自动机芯，120小时动力储存

功能：时、分显示，世界时功能

表带：蓝色鳄鱼皮带配18K白金针扣

参考价：请洽经销商

Quotidiana日历腕表

表壳：18K红金与白金表壳，直径40mm，厚9mm

表盘：蓝金圆盘刻有标记和星期字样，可随手腕动作旋转，日期外圈

机芯：自动机芯，70小时动力储存

功能：时、分、日期显示

表带：蓝色鸵鸟皮带配18K白金针扣

参考价：￥210,000

ANTOINE MARTIN

年产量：约 500 只

价格区间：RMB 315,000 元起

网址：http://www.antoinemartin.ch

　　品牌创始人 Martin Braun 是一位富有挑战与创新精神的制表师及设计师，他不仅专注于机芯的研发，他的腕表作品更表达出他个人的人生哲学，并且在全球范围内独树一帜。Martin Braun 的父亲是一位金匠，为其他品牌制作出色金制表壳，受其影响，Martin Braun 在成年后也走上了钟表之路。在德国的一家钟表学校学习毕业之后，他像许多制表师一样，从修复股东钟表开始，其中还涉及许多高复杂功能，比如万年历、陀飞轮或三问报时功能。相应的，Martin Braun 还曾开设过一家培训中心，教授制表技能。

　　之后，或许很多朋友都有些了解，他创立了第一钟表品牌，名称就是 MARTIN BRAUN，日落时间成为其最著名的代表功能。FRANCK MULLER 每年举办的 WPHH 表展也曾邀请他参展，不过这也没能实现 Martin Braun 最终的理想。2011 年，在一次与 Antoine Martin 一起吃午饭的时候，Antoine Martin 察觉到了他所一直追求的理想，Antoine Martin 开始组建团队，以自己的名字命名，推出了 ANTOINE MARTIN 品牌，这个名称同时也是二人名字的组合。

　　2012 年 ANTOINE MARTIN 推出了首批作品，搭载了品牌独立研发制作的基础机芯，带有万年历功能，是一款以传统工艺搭载的充满时代感的腕表。

经典回顾

QuantièmePerpétuel Au Grand Balancier万年历腕表 — 红金

型号： QP01.710.1

表壳： 18K红金表壳，生活性防水

表盘： 银白色，6时位的大日历视窗，9时位昼夜指示，12时位星期、月份视窗及闰年指示

机芯： 手动机芯，直径39.5mm，摆频18,000A/H

功能： 时、分、日期、星期、月份、闰年、昼夜显示，万年历功能

表带： 棕色鳄鱼皮带配18K红金折叠扣

参考价： ￥600,000～700,000

QuantièmePerpétuel Au Grand Balancier 万年历腕表 — 黑色PVD不锈钢

型号： QP01.500.9

表壳： 黑色PVD不锈钢表壳，生活性防水

表盘： 黑色，6时位的大日历视窗，9时位昼夜指示，12时位星期、月份视窗及闰年指示

机芯： 手动机芯，直径39.5mm，摆频18,000A/H

功能： 时、分、日期、星期、月份、闰年、昼夜显示，万年历功能

表带： 黑色橡胶带配折叠扣

参考价： ￥600,000～700,000

飞行陀飞轮万年历腕表

型号： TQP01.710.1

表壳： 18K红金表壳，生活性防水

表盘： 银白色，3时位日期指示，6时位陀飞轮，9时位小时指示，12时位星期、月份视窗及闰年指示

机芯： 手动机芯，摆频18,000A/H

功能： 时、分、日期、星期、月份、闰年、昼夜显示，万年历功能

表带： 棕色鳄鱼皮带配18K红金折叠扣

参考价： ￥1,000,000～1,500,000

亚诺
ARNOLD & SON

年产量：约 2,000 只
价格区间：RMB50,000 元起
网址：http://www.arnoldandson.com

　　1714 年英国皇室安女皇为鼓励尽早研发出在海上计算经度的方法，特别公开举办名为英国皇家经度计算仪器的高额奖金竞赛，最后，这项竞赛由 George Graham 的门徒 John Arnold 拔得头筹，也更因此奠定约翰·亚诺的大师地位。

　　天才型的制表大师约翰·亚诺 20 岁时即因设计出微型问表而声名大噪，此后更致力于研究在海上计算精确定位的航海钟，在实验过程中所获得的重大成果包括：棘爪擒纵系统、合金游丝及螺旋状摆轮游丝等。同时还研制出第一个精密怀表 No.36，并成功开发出以量产模式生产高精准度的钟表。之后，他与儿子 John Roger Arnold 一起成立 Arnold & Son 公司，一起开展制表工作，其公司将产品重点放在包括精细微调装置等复杂零件的制作上。当时一些极负盛名的探险船队，如著名的 John Franklin 与 James Cook 船长的船只，都会装置约翰·亚诺制作的定时器。

　　精通熟练制表技术并热爱创意的亚诺，为英国的航海发展提供了安全与保障，而现今的亚诺表系列表款设计仍带有当初航海旅行探险的风格。在功能上，大部分表款皆具有两地甚至三地时区功能，甚至复杂功能如三地时间陀飞轮表，造型或细节上则展现英国绅士的优雅细致且带有冒险的精神。如 7-DAY timekeeper III 七日储能表、GMT II 三地时间表、Longitude II 航海家表……皆是代表作品。

TB88腕表 — 红金版

型号：1TBAP.B01A.C113A
表壳：18K红金表壳，直径46mm，30米防水
表盘：镂空，可见黑色处理机芯夹板，8时位小秒盘
机芯：Cal.A＆S5003手动机芯，直径37.8mm，厚5.9mm，摆频18,000A/H，100小时动力储存
功能：时、分、秒显示
表带：黑色鳄鱼皮带配18K红金表扣
参考价：￥400,000左右

TB88腕表 — 不锈钢版

型号：1TBAS.S01A.C113S
表壳：不锈钢表壳，直径46mm，30米防水
表盘：镂空，可见黑色处理机芯夹板，8时位小秒盘
机芯：Cal.A＆S5003手动机芯，直径37.8mm，厚5.9mm，摆频18,000A/H，100小时动力储存
功能：时、分、秒显示
表带：黑色鳄鱼皮带配不锈钢表扣
参考价：￥350,000左右

Cal.A&S5003手动机芯

HMS1金龙腕表

型号：1LCAP.B02A.C111A

表壳：18K红金表壳，直径40mm，30米防水

表盘：黑色，金雕龙形装饰

机芯：Cal.A&S1001手动机芯，直径30mm，厚2.7mm，21石，摆频21,600A/H，80小时动力储存

功能：时、分显示

表带：黑色鳄鱼皮带配18K红金表扣

限量：50枚

参考价：￥146,600

大黄蜂世界时镂空版腕表

型号：1H6AS.O01A.C79F/C82F

表壳：不锈钢表壳，直径47mm，50米防水

表盘：镂空，5时位大日历视窗，9时位真太阳时指示，世界时间外圈

机芯：Cal.A1766自动机芯，直径38.55mm，厚7.05mm，41石，摆频28,800，42小时动力储存

功能：时、分、日期、月份、时差、真太阳时、世界时间显示

表带：黑色鳄鱼皮带配不锈钢表扣

限量：50枚

参考价：￥165,500

TBR腕表—红金版

型号：1ARAP.W01A.C120P

表壳：18K红金表壳，直径44mm，30米防水

表盘：白色与灰色，3时位日期指示，9时位时、分盘，中心秒针

机芯：Cal.A&S6008自动机芯，直径30.4mm，厚7.79mm，34石，摆频28,800A/H，45小时动力储存

功能：时、分、秒、日期指示

表带：棕色鳄鱼皮带配18K红金表扣

参考价：￥193,000

TBR腕表—不锈钢版

型号：1ARAS.S01A.C121S

表壳：不锈钢表壳，直径44mm，30米防水

表盘：白色与灰色，3时位日期指示，9时位时、分盘，中心秒针

机芯：Cal.A&S6008自动机芯，直径30.4mm，厚7.79mm，34石，摆频28,800A/H，45小时动力储存

功能：时、分、秒、日期指示

表带：黑色鳄鱼皮带配18K红金表扣

参考价：￥130,000

TE8陀飞轮腕表—黑色镀钉表盘

型号：1SJAP.B01A.C113A

表壳：18K红金表壳，直径44mm，30米防水

表盘：开放式表盘，黑色镀钉，上半部放射状的纹饰，下半部镂空及陀飞轮装置

机芯：Cal.A&S8000手动机芯，直径32.6mm，厚6.25mm，19石，摆频21,600A/H，80小时动力储存

功能：时、分显示，陀飞轮装置

表带：黑色鳄鱼皮带配18K红金表扣

限量：25枚

参考价：￥111,000

TE8陀飞轮腕表—红金色表盘

型号：1SJAP.G01A.C21A

表壳：18K红金表壳，直径44mm，30米防水

表盘：开放式表盘，上半部放射状的纹饰，下半部镂空及陀飞轮装置

机芯：Cal.A&S8000手动机芯，直径32.6mm，厚6.25mm，19石，摆频21,600A/H，80小时动力储存

功能：时、分显示，陀飞轮装置

表带：黑色鳄鱼皮带配18K红金表扣

限量：25枚

参考价：￥772,000

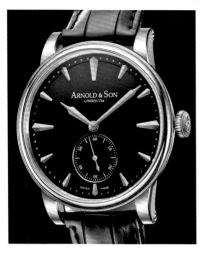

HMS 1红金限量版腕表—黑色表盘
型号：1LCAP.B01A.C111A
表壳：18K红金表壳，直径40mm，30米防水
表盘：黑色，6时位小秒盘
机芯：Cal.A&S1001手动机芯，直径30mm，厚2.7mm，摆频21,600A/H，80小时动力储存
功能：时、分、秒显示
表带：黑鳄鱼皮带配18K红金表扣
限量：250枚
参考价：￥98,000

HMS 1红金限量版腕表—乌金
型号：1LCAP.S04A.C110A
表壳：18K红金表壳，直径40mm，30米防水
表盘：乌金，6时位小秒盘
机芯：Cal.A&S1001手动机芯，直径30mm，厚2.7mm，摆频21,600A/H，80小时动力储存
功能：时、分、秒显示
表带：棕色鳄鱼皮带配18K红金表扣
限量：250枚
参考价：￥98,000

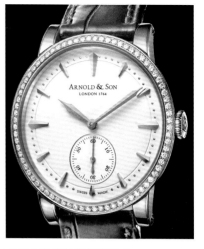

HMS女装镶钻限量版腕表
型号：1PMMP.W01A.C114A
表壳：18K红金表壳，直径34mm，镶嵌76颗钻石约重0.6685克拉，30米防水
表盘：乳白色，6时位小秒盘
机芯：Cal.A&S1101手动机芯，直径23.7mm，厚2.5mm，摆频21,600A/H，42小时动力储存
功能：时、分、秒显示
表带：棕色鳄鱼皮带配18K红金表扣
限量：100枚
参考价：￥129,000

HMS 1不锈钢限量版腕表—白色表盘
型号：1LCAS.S01A.C111S
表壳：不锈钢表壳，直径40mm，30米防水
表盘：白色，6时位小秒盘
机芯：Cal.A&S1001手动机芯，直径30mm，厚2.7mm，摆频21,600A/H，80小时动力储存
功能：时、分、秒显示
表带：黑鳄鱼皮带配不锈钢表扣
限量：250枚
参考价：￥80,000

HMS 1不锈钢限量版腕表—乌金表盘
型号：1LCAS.S02A.C111S
表壳：不锈钢表壳，直径40mm，30米防水
表盘：乌金，6时位小秒盘
机芯：Cal.A&S1001手动机芯，直径30mm，厚2.7mm，摆频21,600A/H，80小时动力储存
功能：时、分、秒显示
表带：黑鳄鱼皮带配不锈钢表扣
限量：250枚
参考价：￥80,000

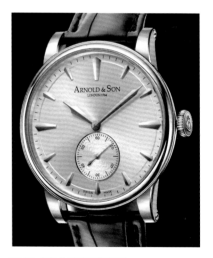

HMS 1白金限量版腕表
型号：1LCAW.S03A.C111W
表壳：18K白金表壳，直径40mm，30米防水
表盘：银灰色，6时位小秒盘
机芯：Cal.A&S1001手动机芯，直径30mm，厚2.7mm，摆频21,600A/H，80小时动力储存
功能：时、分、秒显示
表带：黑鳄鱼皮带配18K白金表扣
限量：100枚
参考价：￥110,000

爱彼
AUDEMARS PIGUET

AUDEMARS PIGUET
Le maître de l'horlogerie depuis 1875

年 产 量：多于 10000 块
价格区间：RMB72,200 元起
网 址：http://www.audemarspiguet.com

皇家橡树系列足以代表爱彼在腕表时代的成就，这一系列腕表于 1972 年推出，是钟表史上首枚尊贵运动表，因其前卫特质在当时已超越时代，皇家橡树系列一推出便成为传奇。光阴似箭，2012 年恰逢皇家橡树系列诞生 40 周年，皇家橡树系列腕表已成为名副其实的现代制表典范。这款气势磅礴、不同凡响的前卫腕表，在爱彼制表史上书写下了浓重的一笔。时值皇家橡树系列诞生 40 周年，位于瑞士布拉苏丝的爱彼表厂隆重推出八款全新皇家橡树系列腕表，在保持原创系列特质的同时，继续发扬大胆前卫的精神，回顾 40 年前一款史无前例的运动腕表如何踏上征服世界的旅程。

2012主推经典款

皇家橡树系列超薄镂空腕表
——40周年纪念限量版

这款周年纪念表款所搭载的爱彼表厂自制 5122 自动上链超薄机芯，是精湛制表工艺的结晶。这枚厚度仅有 3.05 毫米的机芯完全镂空，连悬垂式发条盒也不例外。除了采用摩登简约的线条来进行机芯镂空作业外，经由电镀处理所形成的深灰色则赋予表款现代感十足的外观。桥板和机板上的所有装饰（抛光、缎面处理、珍珠圆点打磨、雾面处理和拉丝）均以手工完成。一体成型的自动盘完全以 22K 金打造，并带有 "AP Royal Oak 1972-2012"（爱彼皇家橡树系列 1972 年至 2012 年）印记。而外缘则饰有 "Tapisserie" 格纹图案，这是皇家橡树系列表盘的特色装饰。

表壳：铂金表壳，直径39mm，50米防水
表盘：镂空表盘，3时位日历视窗
机芯：Cal.5122自动机芯，直径28.4mm，厚3.05mm，36
　　　石，249个零件，摆频19,800A/H，40小时动力储存
功能：时、分、日历显示
表带：铂金链带配AP字样折叠扣
限量：40只
参考价：￥891,000

皇家橡树系列超薄镂空陀飞轮腕表
——40周年纪念限量版

新款皇家橡树系列超薄镂空陀飞轮腕表凝聚传奇系列之精华，集爱彼各种制表工艺之大成，品质超凡。作为超薄机芯的制作专家，爱彼表厂当初就选择将著名的2121机芯搭载于1972年出产的首枚皇家橡树系列腕表内。这款机芯厚度仅为3.05毫米，是全球最纤薄自动上链机械机芯之一，从此成为首批皇家橡树系列表款内的运作中枢。本款提供时、分、秒和日期显示功能。

表壳：铂金表壳，直径41mm，50米防水
表盘：镂空表盘，6时位陀飞轮装置
机芯：Cal.2924手动机芯，直径31.50mm，厚4.46mm，25石，216个零件，摆频21,600A/H，70小时动力储存。
功能：时、分显示，陀飞轮装置
表带：铂金链带配AP字样折叠扣
限量：40只
参考价：请洽经销商

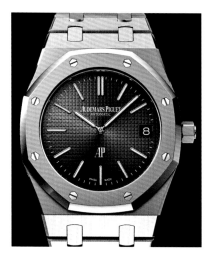

皇家橡树系列39毫米超薄腕表
表壳：不锈钢表壳，直径39mm，50米防水
表盘：蓝色格纹装饰表盘，3时位日历视窗
机芯：Cal.2121自动机芯，直径28.40mm，厚3.05mm，36石，247个零件，摆频19,800A/H，40小时动力储存
功能：时、分、日历显示
表带：不锈钢链带配AP字样折叠扣
参考价：￥142,000

皇家橡树系列41毫米自动上链计时码表
表壳：18K红金表壳，直径41mm，50米防水
表盘：黑色格纹饰表盘，3时位30分钟计时盘，4-5时位日历视窗，6时位小秒盘，9时位12小时计时盘
机芯：Cal.2835自动机芯，直径26.2mm，厚5.5mm，37石，304个零件，摆频21,600A/H，40小时动力储存
功能：时、分、秒、日历显示，计时功能
表带：黑色鳄鱼皮带配18K红金AP字样折叠扣
参考价：￥289,800

皇家橡树系列41毫米超薄陀飞轮腕表
表壳：18K红金表壳，直径41mm，50米防水
表盘：蓝色格纹饰表盘，6时位陀飞轮装置
机芯：Cal.2924手动机芯，直径31.50mm，厚4.46mm，25石，216个零件，摆频21,600A/H，70小时动力储存
功能：时、分显示，陀飞轮装置
表带：18K红金链带配折叠扣
参考价：请洽经销商

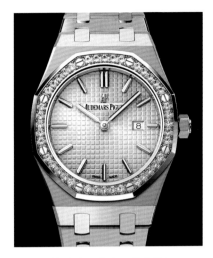

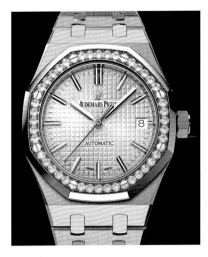

皇家橡树系列33毫米石英腕表

皇家橡树系列33毫米石英腕表
表壳：不锈钢表壳，直径33mm，外圈镶嵌40颗钻石约0.71克拉，50米防水
表盘：银色格纹饰表盘，3时位日历视窗
机芯：Cal.2713石英机芯，直径18.79mm，厚2.2mm，7石
功能：时、分、日历显示
表带：不锈钢链带配AP字样折叠扣
参考价：￥151,200

皇家橡树系列37毫米自动上链腕表

表壳：18K红金表壳，直径37mm，外圈镶嵌40颗钻石约0.9克拉，50米防水
表盘：银色格纹饰表盘，3时位日历视窗
机芯：Cal.3120手动机芯，直径26.6mm，厚4.26mm，40石，280个零件，摆频21,600A/H，60小时动力储存
功能：时、分、秒、日历显示
表带：18K红金链带配AP字样折叠扣
参考价：￥252,000

皇家橡树系列41毫米自动上链腕表

表壳：不锈钢表壳，直径41mm，50米防水
表盘：黑色格纹饰表盘，3时位日历视窗
机芯：Cal.3120手动机芯，直径26.6mm，厚4.26mm，40石，280个零件，摆频21,600A/H，60小时动力储存
功能：时、分、秒、日历显示
表带：不锈钢链带配AP字样折叠扣
参考价：￥107,000

皇家橡树系列里奥内尔·梅西限量版腕表 — 不锈钢款

表壳：不锈钢表壳，钽金表圈，直径41mm，50米防水
表盘：深灰色表盘，白金指针，3时位30分钟计时盘，4-5时位日历视窗，6时位小秒盘，9时位12小时计时盘
机芯：Cal.2835自动机芯，直径26.2mm，厚5.5mm，37石，304个零件，摆频21,600A/H，40小时动力储存
功能：时、分、秒、日历显示，计时功能
表带：深灰色鳄鱼皮带配AP字样不锈钢折叠扣
限量：500只
参考价：￥157,500

皇家橡树系列里奥内尔·梅西限量版腕表 — 红金款

表壳：18K红金表壳，钽金表圈，直径41mm，50米防水
表盘：深灰色表盘，红金指针，3时位30分钟计时盘，4-5时位日历视窗，6时位小秒盘，9时位12小时计时盘
机芯：Cal.2835自动机芯，直径26.2mm，厚5.5mm，37石，304个零件，摆频21,600A/H，40小时动力储存
功能：时、分、秒、日历显示，计时功能
表带：深灰色鳄鱼皮带配AP字样18K红金折叠扣
限量：400只
参考价：￥324,000

皇家橡树系列里奥内尔·梅西限量版腕表 — 铂金款

表壳：铂金表壳，钽金表圈，直径41mm，50米防水
表盘：深蓝色表盘，白金指针，3时位30分钟计时盘，4-5时位日历视窗，6时位小秒盘，9时位12小时计时盘
机芯：Cal.2835自动机芯，直径26.2mm，厚5.5mm，37石，304个零件，摆频21,600A/H，40小时动力储存
功能：时、分、秒、日历显示，计时功能
表带：深灰色鳄鱼皮带配AP字样铂金折叠扣
限量：100只
参考价：￥525,000

JULES AUDEMARS两地时间腕表

型号：26380OR.OO.D088CR.01

表壳：18K红金的表壳，直径41mm，厚9.15mm，20米防水

表盘：银色，2时位日历视窗，6时位第二时区时间继昼夜显示，10时位动力储存指示

机芯：Cal.2120/2802自动机芯，直径28.4mm，厚4mm，38石，355个零件，摆频19,800A/H，40小时动力储存

功能：时、分、日历、第二时区、昼夜、动力储存显示

表带：棕色鳄鱼皮带配AP字样18K红金折叠扣

参考价：￥210,000

JULES AUDEMARS星期日期月相腕表

型号：26385OR.OO.A088CR.01

表壳：18K红金表壳，直径39mm，20米防水

表盘：银色，3时位日期显示，6时位月相显示，9时位星期显示

机芯：Cal.2324/2825自动机芯，直径26.6mm，厚4.6mm，45石，215个零件，摆频28,800A/H

功能：时、分、日期、星期、月相显示

表带：棕色鳄鱼皮带配AP字样18K红金折叠扣

参考价：￥188,000

JULES AUDEMARS超薄腕表

型号：15180BC.OO.A002CR.01

表壳：18K白金表壳，直径41mm，厚6.7mm，20米防水

表盘：银色，红金时标

机芯：Cal.2120自动机芯，直径28.4mm，厚2.45mm，37石，214个零件，摆频19,800A/H

功能：时、分显示

表带：黑色鳄鱼皮带配18K白金针扣

参考价：￥171,000

Royal Oak Offshore皇家橡树离岸型计时表

型号：26170ST.OO.1000ST.01

表壳：不锈钢表壳，直径42mm，100米防水

表盘：白色格纹装饰，测速刻度外圈，3时位日历视窗，6时位12小时盘，9时位30分钟盘，12时位小秒盘

机芯：Cal.3126/3840自动机芯，摆频21,600A/H，60小时动力储存

功能：时、分、秒、日历显示，计时功能、测速功能

表带：不锈钢链带配折叠扣

参考价：￥173,000

Royal Oak皇家橡树自动上链腕表

型号：15300ST.OO.1220ST.02

表壳：不锈钢表壳，直径39mm，50米防水

表盘：宝蓝色格纹装饰，18K白金指针及时标，3时位日历视窗

机芯：Cal.3120自动机芯，直径26.6mm，厚4.25mm，40石，278个零件，摆频21,600A/H

功能：时、分、秒、日历显示

表带：不锈钢链带配AP字样折叠扣

参考价：￥141,000

Royal Oak Offshore自动上链潜水腕表

型号：15703ST.OO.A002CA.01

表壳：不锈钢表壳，直径42mm，厚13.75mm，300米防水

表盘：黑色格纹装饰，潜水计时外圈，3时位日历视窗

机芯：Cal.3120自动机芯，直径26.6mm，厚4.25mm，40石，278个零件，摆频21,600A/H

功能：时、分、秒、日历显示，潜水计时功能

表带：黑色橡胶带配针扣

参考价：￥78,000

BACKES & STRAUSS

BACKES & STRAUSS
London

年产量：2,000 只
价格区间：RMB150,000 元起
网址：http://www.backesandstrauss.com

Backes & Strauss 始于 1789 年英国，是伦敦最著名的珠宝品牌之一，以其精湛的切割与抛光技术创造出与众不同的奢华钻石腕表，2012 年在日内瓦的世界高级钟表新品发布展 WPHH 上已是品牌第六回参与展出新品。

今次展览亮点为首度亮相的一枚特别设计的维多利亚蓝心腕表，以 215 颗共重 1.606 克拉白钻及 25 颗共重 0.275 蓝宝石打造，为全力支持及衷心赞美对抗贩运人口的联合国蓝心运动而设计。由世界各地到瑞士日内瓦四季酒店的特别嘉宾，在 2012 年 1 月 17 日黄昏与联合国毒品与犯罪署执行董事 Yury Fedotov 先生一同参与庆祝发布会。维多利亚腕表及首饰系列全部镶嵌天然宝石，设计为联结的心型图案，并以人工镶嵌顶级钻石于 18K 金表壳，表面以白钻作时标镶嵌在白色珍珠贝母上，并配有镶钻心型表扣。

Beau Brummell限量版腕表

表壳： 钛金属表壳，尺寸40mm×47mm，镶嵌141颗钻石约重4.5克拉

表盘： 银白色，蓝色格栅式时标，镶嵌206可钻石约重0.66克拉，4-5时位日期视窗

机芯： 自动机芯

功能： 时、分、秒、日期显示

表带： 蓝色鳄鱼皮带

限量： 50枚

参考价： ￥400,000～500,000

Diamond Knight腕表

表壳： 黑色PVD不锈钢表壳，尺寸44mm×52mm，镶嵌141颗钻石约重5.62克拉

表盘： 黑色，4-5时位日期视窗

机芯： 自动机芯

功能： 时、分、秒、日期显示

表带： 白色鳄鱼皮带

参考价： ￥400,000～500,000

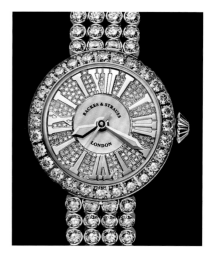

Piccadilly Princess高珠宝腕表

表壳： 18K白金表壳，直径37mm，外圈镶嵌28颗钻石约重3.95克拉

表盘： 中心白色珍珠贝母，外圈镶嵌钻石

机芯： 自动机芯

功能： 时、分、秒显示

表带： 18K白金链带，镶嵌136可钻石约重18.57克拉

参考价： ￥600,000～800,000

Victoria Blue Heart腕表

表壳：18K白金表壳，直径37mm，镶嵌215颗钻石约重1.6克拉，25颗蓝宝石约重0.275克拉

表盘：白色珍珠贝母表盘，4颗钻石时标约重0.16克拉

机芯：石英机芯

功能：时、分显示

表带：白色绢带

参考价：￥250,000～350,000

Victoria Jonquil腕表

表壳：18K白金表壳，直径35mm，镶嵌212颗黄钻约重1.6克拉

表盘：白色珍珠贝母表盘，4颗钻石时标约重0.16克拉

机芯：石英机芯

功能：时、分显示

表带：黑色绢带配18K白金镶钻表扣

参考价：￥250,000～350,000

Victoria Rose腕表—黑色绢带

表壳：18K红金表壳，直径35mm，镶嵌212颗粉红宝石约重2.02克拉

表盘：金色珍珠贝母表盘，4颗钻石时标约重0.16克拉

机芯：石英机芯

功能：时、分显示

表带：黑色绢带配18K白金镶钻表扣

参考价：￥250,000～350,000

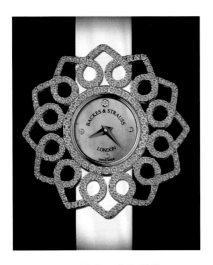

Victoria Rose腕表—白色绢带

表壳：18K红金表壳，直径35mm，镶嵌212颗粉红宝石约重2.02克拉

表盘：金色珍珠贝母表盘，4颗钻石时标约重0.16克拉

机芯：石英机芯

功能：时、分显示

表带：白色绢带配18K白金镶钻表扣

参考价：￥250,000～350,000

Victoria Snowdrop腕表

表壳：18K白金表壳，直径35mm，镶嵌212颗钻石约重1.93克拉

表盘：白色珍珠贝母表盘，4颗钻石时标约重0.16克拉

机芯：石英机芯

功能：时、分显示

表带：白色绢带配18K白金镶钻表扣

参考价：￥250,000～350,000

Victoria Sunflower腕表

表壳：18K红金表壳，直径35mm，镶嵌32颗香槟色钻石约重0.37克拉，180颗黄钻约重1.84克拉

表盘：金色珍珠贝母表盘，4颗钻石时标约重0.16克拉

机芯：石英机芯

功能：时、分显示

表带：棕色绢带配18K白金镶钻表扣

参考价：￥250,000～350,000

波尔
BALL

年产量：多于 20000 块
价格区间：RMB5,000 元起
网址：http://www.ballwatch.com

2012 年 9 月，波尔骄傲地宣布，品牌与德国宝马达成合作，并推出全新的宝马系列腕表。其设计受到宝马汽车的显著影响，并使人联想到宝马车引擎和车身的细节：表壳中部的纤细外圈边沿刻划出表壳的空气动力学线条，呈拉长的弯曲状。这里，风格呈现了其最纯真的形式，是识别、标志、人体工程学、舒适度和理想比例的巧妙融合，使人联想到宝马车的动态轮廓。用主管此独家项目的著名设计师马加利·米特莱勒 (Magali Métrailler) 的话来说，即是"人性化的优雅线条"。

为保证能达至最高性能，所有波尔宝马手表机芯均通过天文台认证并具备了优雅、精密腕表的最重要功能：

如经典型 (solo tempo)（小时和日期显示）、格林尼治标准时间（GMT）功能 (两地时间)，或带能量储存显示的更精密型号。

在运动感及尖端科技方面，波尔宝马手表系列也是杰出的。波尔表已为宝马手表系列配备了革命性、已获得专利注册的 Amortiser® 防震系统。此奇迹般的微型机械工艺可抵御侧向冲击，并在手表被佩戴时保护机械机芯。波尔表公司的设计师、技术人员和制表大师不懈地工作，以达到两家公司定义为"千锤百炼，准确耐用"的完美水平。

波尔宝马系列经典型腕表 — 黑盘链带

波尔宝马手表系列的每个细节均受重视，例如表盘及其配件是根据著名的德国 marque 仪表标度盘来制造。精致的表面刻度，及经四个颜色独立印刷而成的 2.6 毫米直径的宝马 logo 标志，它们均是艺术结晶。此外，特别经钻割而成的表面金属刻度上，更精准地镶嵌了自体发光微型气灯。

型号： NM3010D-SCJ-BK
表壳： 不锈钢表壳，直径40mm，厚10.87mm，50米防水
表盘： 黑色，12只自发光汽灯，3时位日期视窗
机芯： ETA Cal.2892-2自动机芯，COSC天文台认证
功能： 时、分、秒、日期显示
表带： 不锈钢链带配折叠扣
参考价： ￥6,000～8,000

波尔宝马系列经典型腕表 — 白盘皮带

型号：NM3010D-LCFJ-SL

表壳：不锈钢表壳，直径40mm，厚 10.87mm，50米防水

表盘：白色，12只自发光汽灯，3时位日 期视窗

机芯：ETA Cal.2892-2自动机芯，COSC天 文台认证

功能：时、分、秒、日期显示

表带：棕色鳄鱼皮带

参考价：￥6,000~8,000

波尔宝马系列经典型腕表 — 蓝盘链带

型号：NM3010D-SCJ-BE

表壳：不锈钢表壳，直径40mm，厚 10.87mm，50米防水

表盘：蓝色，12只自发光汽灯，3时位日 期视窗

机芯：ETA Cal.2892-2自动机芯，COSC天 文台认证

功能：时、分、秒、日期显示

表带：不锈钢链带配折叠扣

参考价：￥6,000~8,000

波尔宝马系列两地时腕表—黑色DLC表壳

型号：GM3010C-P1CFJ-BK

表壳：黑色DLC不锈钢表壳，直径 42mm，厚12.64mm，100米防水

表盘：黑色，13只自发光汽灯，3时位日 期视窗，中心第二时区指针

机芯：ETA Cal.2892-2自动机芯，COSC天 文台认证

功能：时、分、秒、日期、第二时区显示

表带：黑色压纹装饰橡胶带

参考价：￥7,500~8,500

波尔宝马系列两地时腕表 — 白盘链带

型号：GM3010C-SCJ-SL

表壳：不锈钢表壳，直径42mm，厚 12.64mm，100米防水

表盘：白色，13只自发光汽灯，3时位日 期视窗，中心第二时区指针

机芯：ETA Cal.2892-2自动机芯，COSC天 文台认证

功能：时、分、秒、日期、第二时区显示

表带：不锈钢链带配折叠扣

参考价：￥7,500~8,500

波尔宝马系列动力储存腕表 — 黑色 DLC表壳

型号：PM3010C-P1CFJ-BK

表壳：黑色DLC不锈钢表壳，直径 42mm，厚12.64mm，100米防水

表盘：黑色，3时位日期视窗，7时位动力 储存指示

机芯：ETA Cal.2897自动机芯，COSC天文 台认证

功能：时、分、秒、日期、动力储存显示

表带：黑色压纹装饰橡胶带

参考价：￥6,000~8,000

波尔宝马系列动力储存腕表 — 黑盘链带

型号：PM3010C-SCJ-BK

表壳：不锈钢表壳，直径42mm，厚 12.64mm，100米防水

表盘：黑色，3时位日期视窗，7时位动力 储存指示

机芯：ETA Cal.2897自动机芯，COSC天文 台认证

功能：时、分、秒、日期、动力储存显示

表带：不锈钢链带配折叠扣

参考价：￥6,000~8,000

波尔宝马系列经典型腕表 — 灰盘链带

型号：NM3010D-SCJ-GY

表壳：不锈钢表壳，直径40mm，厚
10.87mm，50米防水

表盘：深灰色，12只自发光汽灯，3时位
日期视窗

机芯：ETA Cal.2892-2自动机芯，COSC天
文台认证

功能：时、分、秒、日期显示

表带：不锈钢链带配折叠扣

参考价：￥6,000~8,000

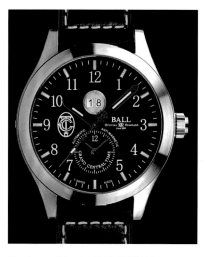

Engineer Master II GCT腕表

型号：GM2086C-P2-BK

表壳：不锈钢表壳，直径44mm，厚
13.3mm，100米防水

表盘：黑色，15只自发光汽灯，6时位第
二时区盘，12时位大日历视窗

机芯：Cal.651自动机芯

功能：时、分、秒、日期、第二时区显示

表带：不锈钢链带配折叠扣

限量：999枚

参考价：￥5,000~7,000

指挥官系列卓越型腕表

型号：NM2068D-SA-SL

表壳：不锈钢表壳，尺寸37.5mm×47.5mm，
50米防水

表盘：白色，30只自发光汽灯，4-5时位日
历视窗

机芯：ETA Cal.2892-2自动机芯

功能：时、分、秒、日期显示

表带：不锈钢链带配折叠扣

参考价：￥4,500~6,500

铁路长官系列传奇型腕表

型号：NM3080D-LJ-SL

表壳：不锈钢表壳，直径40mm，厚
11.45mm，30米防水

表盘：银灰色，6只自发光汽灯，4-5时位
日历视窗

机芯：ETA Cal.2824-2自动机芯

功能：时、分、秒、日期显示

表带：棕色鳄鱼皮带配不锈钢针扣

参考价：￥4,000~6,000

铁路长官系列一百二十型腕表—白盘

型号：NM2888D-PG-LJ-GYGO

表壳：18K红金表壳，直径39.5mm，厚
10.5mm，30米防水

表盘：白色，15只自发光汽灯，3时位日
历视窗

机芯：ETA Cal.2892自动机芯

功能：时、分、秒、日期显示

表带：黑色鳄鱼皮带配18K红金针扣

参考价：￥90,000~120,000

铁路长官系列一百二十型腕表—灰盘

型号：NM2888D-PG-LJ-GYGO

表壳：18K红金表壳，直径39.5mm，厚
10.5mm，30米防水

表盘：银灰色，15只自发光汽灯，3时位
日历视窗

机芯：ETA Cal.2892自动机芯

功能：时、分、秒、日期显示

表带：棕色鳄鱼皮带配18K红金针扣

参考价：￥90,000~120,000

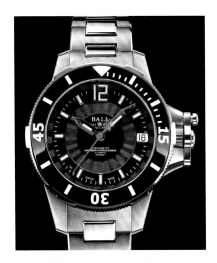

工程师碳氢系列陶瓷中型腕表

型号：DL2016B-SCAJ-BK

表壳：不锈钢表壳，直径36mm，厚
10.4mm，陶瓷单相旋转计时外
圈，200米防水

表盘：黑色，18只自发光汽灯，3时位日
期视窗

机芯：ETA Cal.2892-2自动机芯，COSC天
文台认证

功能：时、分、秒、日期显示，潜水计时
功能

表带：不锈钢链带配折叠扣

参考价：￥8,000～12,000

工程师碳氢系列海军深潜型腕表

型号：DC3026A-SC-BK

表壳：不锈钢表壳，直径42mm，厚
17.3mm，600米防水

表盘：黑色，21只自发光汽灯，3时位星
期、日历视窗，6时位12小时盘，9
时位小秒盘，12时位30分钟计时盘

机芯：ETA Cal.7750自动机芯，COSC天文
台认证

功能：时、分、秒、日期、星期显示，计
时功能，潜水计时外圈

表带：不锈钢链带配折叠扣

参考价：￥12,000～16,000

工程师碳氢系列陶瓷十五型腕表

型号：DM2136A-SCJ-BK

表壳：不锈钢表壳，直径42mm，厚
13.25mm，陶瓷单相旋转计时外
圈，333米防水

表盘：黑色，31只自发光汽灯，4-5时位日
期视窗

机芯：ETA Cal.2892自动机芯，COSC天文
台认证

功能：时、分、秒、日期显示，潜水计时
功能

表带：不锈钢链带配折叠扣

参考价：￥8,000～12,000

工程师长官升级系列潜游员型腕表

型号：DM2108A-P-BK

表壳：不锈钢表壳，直径40.5mm，厚
14.3mm，300米防水

表盘：黑色，15只自发光汽灯，3时位星
期视窗，4-5时位日期视窗

机芯：ETA Cal.2836-2自动机芯

功能：时、分、秒、日期、星期显示

表带：黑色橡胶带配不锈钢针扣

参考价：￥6,000～8,000

铁路长官系列世界时区计时腕表

型号：CM2052D-LJ-BK

表壳：不锈钢表壳，直径43mm，厚
13.7mm，50米防水

表盘：黑色，15只自发光汽灯，3时位星
期、日历视窗，6时位12小时盘，
9时位小秒盘，12时位30分钟计时
盘，世界时间外圈

机芯：Cal.352自动机芯

功能：时、分、秒、日期、星期、世界时
间显示，计时功能

表带：黑色鳄鱼皮带配不锈钢针扣

参考价：￥12,000～14,000

战火勇士系列追风者超级黑金刚腕表

型号：CM2192C-P2-BK

表壳：黑色DLC不锈钢表壳，直径43mm，厚
15.8mm，测速刻度外圈，100米防水

表盘：黑色，66只自发光汽灯，3时位星
期、日历视窗，6时位12小时盘，9
时位小秒盘，12时位30分钟计时盘

机芯：ETA Cal.7750自动机芯

功能：时、分、秒、日期、星期显示，计
时功能，测速功能

表带：黑色橡胶带配不锈钢针扣

限量：1,999枚

参考价：￥12,000～14,000

名士
BAUME & MERCIER

BAUME & MERCIER
MAISON D'HORLOGERIE GENEVE 1830

年产量：约 120000 块
价格区间：RMB15,000 元起
网址：http://www.baume-et-mercier.com

自 1830 年以来，名士的历史犹如一本名副其实的长篇小说。代代薪火相传，从手足亲情合作到深挚友谊联袂创业，从精致的复杂功能到洞烛先机的革新，家族祖传的梦想一一成真，不断实现，名士表体现 180 年来品牌不断追求精益求精的箴言：掌握一切，仅制造最高质量的腕表。

从 2011 年开始，名士的历史开始了另一个全新的篇章，名士表要成为人生珍贵时刻里最优越温馨的伙伴。在这价值观标准颠覆无常的时代，名士表仿佛人生重要时刻里不可抹灭的印记：诞生、结婚、寿辰、毕业、家庭团聚。名士表是最具代表价值的珍品，总与我们希望庆祝的时刻相连，给予日常生活精神层次的美好。名士表让深刻的回忆留住，永恒不朽。

这款具有明显复古气质的腕表被称为卡普兰系列中的"明星表款"，搭载由 Lajoux-Perret 工厂制造的飞返计时机芯，运用蓝色不锈钢螺钉，机芯板与夹板加以珍珠纹处理，内部整体显得更为丰富精美。透明的蓝宝石底盖炫耀出饰有特殊的 Phi 品牌徽号的摆陀。该独特表款也拥有圆鼓鼓的镜面、复古色彩的微凸表盘设计与"宝玑"式的指针。此系列有两种版本：精钢或如古铜般闪耀的 18K 红金表壳，可搭配深棕色或黑色短吻鳄鱼皮表带，让此款腕表更显精致。

Capeland复古飞返计时表

型号：10068
表壳：不锈钢表壳，直径44mm，厚16.5mm，50米防水
表盘：黑色，3时位30分钟计时盘，4-5时位日历视窗，9时位小秒盘，中心测速刻度，外圈测距刻度
机芯：La Joux-Perret Cal.8147-2自动机芯，27石，摆频28,800A/H，48小时动力储存
功能：时、分、秒、日历显示，飞返计时功能，测距、测速功能
表带：黑色鳄鱼皮带配不锈钢针扣
参考价：￥60,700

卡普兰系列

卡普兰系列主要为计时码表，整体呈现既优雅又轻松舒适的风格，设计简约的时标字体、秒针尖端的红点和测距仪刻度，赋予此表款细致的运动表特色。为了延续运动风格，质感十足的皮质表带或不锈钢链带搭配了多种色彩时髦的表盘。

Capeland计时码表 — 黑盘链带
型号：10062-1
表壳：不锈钢表壳，直径42mm，厚14.9mm，50米防水
表盘：黑色，3时位30分钟计时盘，4-5时位日历视窗，6时位12小时盘，9时位小秒盘，测速及测距刻度外圈
机芯：Valjoux Cal.7753自动机芯，27石，摆频28,800A/H，48小时动力储存
功能：时、分、秒、日历显示，计时功能，测距、测速功能
表带：不锈钢链带配折叠扣
参考价：￥35,900

Capeland计时码表 — 黑盘皮带
型号：10084
表壳：不锈钢表壳，直径42mm，厚14.9mm，50米防水
表盘：黑色，3时位30分钟计时盘，4-5时位日历视窗，6时位12小时盘，9时位小秒盘，测速及测距刻度外圈
机芯：Valjoux Cal.7753自动机芯，27石，摆频28,800A/H，48小时动力储存
功能：时、分、秒、日历显示，计时功能，测距、测速功能
表带：黑色鳄鱼皮带配折叠扣
参考价：￥35,900

Capeland计时码表 — 白盘皮带
型号：10063
表壳：不锈钢表壳，直径44mm，厚14.9mm，50米防水
表盘：白色，3时位30分钟计时盘，4-5时位日历视窗，6时位12小时盘，9时位小秒盘，测速及测距刻度外圈
机芯：La Joux-Perret Cal.8120自动机芯，25石，摆频28,800A/H，48小时动力储存
功能：时、分、秒、日历显示，计时功能，测距、测速功能
表带：蓝色鳄鱼皮带配折叠扣
参考价：￥35,900

Capeland计时码表 — 白盘链带
型号：10064
表壳：不锈钢表壳，直径44mm，厚14.9mm，50米防水
表盘：白色，3时位30分钟计时盘，4-5时位日历视窗，6时位12小时盘，9时位小秒盘，测速及测距刻度外圈
机芯：La Joux-Perret Cal.8120自动机芯，25石，摆频28,800A/H，48小时动力储存
功能：时、分、秒、日历显示，计时功能，测距、测速功能
表带：不锈钢链带配折叠扣
参考价：￥35,900

Capeland计时码表 — 蓝盘皮带
型号：10065
表壳：不锈钢表壳，直径44mm，厚14.9mm，50米防水
表盘：蓝色，3时位30分钟计时盘，4-5时位日历视窗，6时位12小时盘，9时位小秒盘，测速及测距刻度外圈
机芯：La Joux-Perret Cal.8120自动机芯，25石，摆频28,800A/H，48小时动力储存
功能：时、分、秒、日历显示，计时功能，测距、测速功能
表带：黑色鳄鱼皮带配折叠扣
参考价：￥35,900

汉伯顿系列男装腕表—黑色表盘

型号：10048
表壳：不锈钢表壳，尺寸45mm×32.3mm，厚10.85mm，50米防水
表盘：黑色，3时位日历视窗，6时位小秒盘
机芯：ETA Cal.2896自动机芯，27石，摆频28,800A/H，42小时动力储存
功能：时、分、秒、日历显示
表带：不锈钢链带配折叠扣
参考价：￥28,500

汉伯顿系列男装腕表—银色表盘

型号：10047
表壳：不锈钢表壳，尺寸45mm×32.3mm，厚10.85mm，50米防水
表盘：银色，3时位日历视窗，6时位小秒盘
机芯：ETA Cal.2896自动机芯，27石，摆频28,800A/H，42小时动力储存
功能：时、分、秒、日历显示
表带：不锈钢链带配折叠扣
参考价：￥28,500

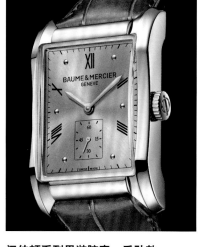

汉伯顿系列男装腕表—手动款

型号：10033
表壳：18K红金表壳，尺寸45.5mm×30mm，厚10.6mm，50米防水
表盘：红金色，6时位小秒盘
机芯：La Joux-Perret Cal.736-3手动机芯，21石，摆频21,600A/H，42小时动力储存
功能：时、分、秒显示
表带：棕色鳄鱼皮带配18K红金针扣
参考价：￥120,000

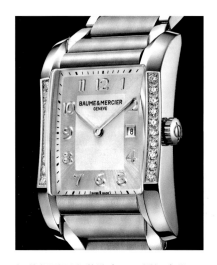

汉伯顿系列女装腕表—不锈钢表带

型号：10023-1
表壳：不锈钢表壳，尺寸27mm×40mm，厚9.55mm，镶嵌20颗钻石约重0.48克拉，50米防水
表盘：银色，3时位日历视窗
机芯：Cal.Г03.111石英机芯
功能：时、分、日历显示
表带：不锈钢链带配折叠扣
参考价：￥37,700

汉伯顿系列女装腕表—鳄鱼皮表带

型号：10023-2
表壳：不锈钢表壳，尺寸27mm×40mm，厚9.55mm，镶嵌20颗钻石约重0.48克拉，50米防水
表盘：银色，3时位日历视窗
机芯：Cal.F03.111石英机芯
功能：时、分、日历显示
表带：紫色鳄鱼皮带配折叠扣
参考价：￥37,700

汉伯顿系列女装腕表—绢质表带

型号：10024-1
表壳：不锈钢表壳，尺寸27mm×40mm，厚9.55mm，镶嵌钻石约重0.73克拉，50米防水
表盘：黑色，3时位日历视窗
机芯：Cal.F03.111石英机芯
功能：时、分、日历显示
表带：黑色绢带带配折叠扣
参考价：￥46,000

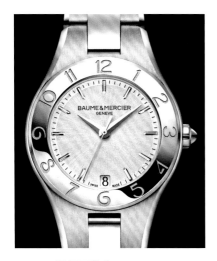

Linea不锈钢石英表

型号：10070
表壳：不锈钢表壳，直径32mm，厚8.3mm，50米防水
表盘：银色，6时位日历视窗
机芯：Ronda Cal.705自动机芯
功能：时、分、秒、日历显示
表带：不锈钢链带配折叠扣
参考价：￥19,400

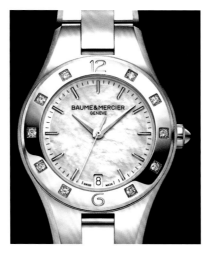

Linea不锈钢石英表—钻石刻度外圈

型号：10071
表壳：不锈钢表壳，直径32mm，厚8.3mm，外圈镶嵌10颗钻石约重0.17克拉，50米防水
表盘：银色，6时位日历视窗
机芯：Ronda Cal.705自动机芯
功能：时、分、秒、日历显示
表带：不锈钢链带配折叠扣
参考价：￥32,200

Linea不锈钢石英表—钻石刻度外圈

型号：10072
表壳：不锈钢表壳，直径32mm，厚8.3mm，外圈镶嵌22颗钻石约重0.34克拉，50米防水
表盘：银色，6时位日历视窗
机芯：Ronda Cal.705自动机芯
功能：时、分、秒、日历显示
表带：不锈钢链带配折叠扣
参考价：￥38,700

Linea不锈钢机械表

型号：10074
表壳：不锈钢表壳，直径32mm，厚10mm，50米防水
表盘：白色珍珠贝母表盘，11颗钻石刻度时标约重0.07克拉，6时位日历视窗
机芯：ETA Cal.2892-A2自动机芯，21/25石，摆频28,800A/H，42小时动力储存
功能：时、分、秒、日历显示
表带：不锈钢链带配折叠扣
参考价：￥28,900

Linea间金机械表

型号：10073
表壳：不锈钢表壳，外圈及表冠镀红金，直径32mm，厚10mm，50米防水
表盘：银色，6时位日历视窗
机芯：ETA Cal.2892-A2自动机芯，21/25石，摆频28,800A/H，42小时动力储存
功能：时、分、秒、日历显示
表带：不锈钢链带部分镀红金，配折叠扣
参考价：￥46,900

柏莱士
BELL & ROSS

Bell & Ross

年产量：不详
价格区间：RMB14,100元起
网址：http://www.bellross.com

柏莱士始创于法国，是于瑞士制造的专业军用腕表品牌。柏莱士是多个现役军事部队指定时计，绝对是军表界的翘楚。柏莱士在争分夺秒的战场上，一直协助陆军、空军、反恐特警人员冲锋陷阵，是军事精英的专业伙伴。柏莱士把军用表的设计和精密技术延伸至民用腕表，凭借其独特的设计理念与超卓功能，成为近年备受本土和国外时尚先锋所追求的腕表品牌之一，是一众超越自我、追求品质的高端人士的心头好。当中经典的BR01军用腕表是品牌的灵魂系列，46毫米特大表盘设计深入民心，装配瑞士精密机芯，功能卓越，表现优秀。

柏莱士一直对军事历史、尤其是军事飞行历史情有独钟，因为空军视精确时计为重要导航工具。2012年，Bell & Ross的新表款再次展示空军历史与制表历史并行发展的独特关系。2011年是Bell & Ross历史里程碑，品牌将一战期间通用的第一批腕表重新演绎，创制一款名贵怀表PW1 (Pocket Watch 1)以及WW1腕表 (Wrist Watch 1)；2012年品牌从二战期间通用的空军时计取材，创制Vintage WW2轰炸机飞行员规范指针腕表 (Vintage WW2 Regulateur)，再次向现代军事历史致意。

VintageWW2轰炸机飞行员规范指针腕表

宽大的双向旋转凹凸表圈可以作简单时段标记，是飞行时计最有代表性的特征之一。坑纹大表冠移至表壳左侧，配合阔身凹凸表圈，飞行员就算戴上手套亦无碍操作，再加上方便调节长度的表带，佩戴时更加舒适。腕表的钢壳经炮铜 (灰)色涂层处理，加添几分旧表独有的光泽质感；沙色指针、数字及时标，配上哑色皮表带，塑造正宗空军时计的强悍本色。

表壳：炮铜色PVD涂层不锈钢表壳，直径49mm，双向旋转表圈，50米防水
表盘：黑色，6时位小时限时，12时位小秒盘，中心分钟指示
机芯：Dubois Dépraz手动机芯
功能：时、分、秒显示，双向旋转计时外圈
表带：小牛皮表带配不锈钢针扣
参考价：￥41,600

BR01 Horizon腕表

表壳：黑色碳涂层处理不锈钢表壳，直径46mm，100米防水

表盘：地平仪式表盘，白色箭头小时指针，白色棒形分钟指针

机芯：ETA Cal.2892自动机芯，摆频28,800A/H，约42小时动力储存

功能：时，分显示

表带：黑色橡胶配黑色碳涂层处理不锈钢针扣

限量：999枚

参考价：￥31,500

BR01 Altimeter腕表

表壳：黑色碳涂层处理不锈钢表壳，直径46mm，100米防水

表盘：高度计式表盘，3时位大日历视窗

机芯：ETA Cal.2896自动机芯，摆频28,800A/H，约42小时动力储存

功能：时，分，秒，日期显示

表带：黑色橡胶配黑色碳涂层处理不锈钢针扣

限量：999枚

参考价：￥35,000

BR01 Turn Coordinator腕表

表壳：黑色碳涂层处理不锈钢表壳，直径46mm，100米防水

表盘：转弯指示仪式表盘，外圈转盘显示小时，内圈转盘显示分钟

机芯：ETA Cal.2892自动机芯，摆频28,800A/H，约42小时动力储存

功能：时，分显示

表带：黑色橡胶配黑色碳涂层处理不锈钢针扣

限量：999枚

参考价：￥37,800

BR01 Radar腕表

表壳：黑色碳涂层处理不锈钢表壳，直径46mm，100米防水

表盘：三个旋转圆环组成雷达式表盘，红色指示小时，黄色指示分钟，绿色指示秒钟

机芯：ETA Cal.2892自动机芯，摆频28,800A/H，约42小时动力储存

功能：时，分，秒显示

表带：黑色橡胶配黑色碳涂层处理不锈钢针扣

限量：500枚

参考价：￥36,600

BR01 Red Radar腕表

表壳：黑色碳涂层处理不锈钢表壳，直径46mm，100米防水

表盘：三个旋转红色圆环组成雷达式表盘，由外至内分别代表时，分和秒

机芯：ETA Cal.2892自动机芯，摆频28,800A/H，约42小时动力储存

功能：时，分，秒显示

表带：黑色橡胶配黑色碳涂层处理不锈钢针扣

限量：999枚

参考价：￥38,500

BR01 Blue Radar腕表

表壳：黑色碳涂层处理不锈钢表壳，直径46mm，100米防水

表盘：三个旋转蓝色圆环组成雷达式表盘，箭头代表小时，条形代表分钟，圆点代表秒钟

机芯：ETA Cal.2892自动机芯，摆频28,800A/H，约42小时动力储存

功能：时，分，秒显示

表带：黑色橡胶配黑色碳涂层处理不锈钢针扣

限量：100枚

参考价：￥36,600

Vintage BR126Sport

表壳：不锈钢表壳，直径41mm，100米防水

表盘：黑色，3时位小秒盘，4-5时位日期视窗，9时位30分钟计时盘

机芯：ETA Cal.2894自动机芯，摆频28,800A/H，约42小时动力储存

功能：时、分、秒、日期显示，计时功能

表带：不锈钢链带配折叠扣

参考价：￥31,500

BR02 Phantom1000M专业潜水表

表壳：黑色碳涂层处理不锈钢表壳，直径44mm，1000米防水

表盘：黑色，潜水计时外圈，4-5时位日期指示

机芯：ETA Cal.2892自动机芯，摆频28,800A/H，约42小时动力储存

功能：时、分、秒、日期显示，潜水计时功能

表带：黑色橡胶配黑色碳涂层处理不锈钢针扣

参考价：￥25,200

WW1 ChronographeMonopoussoir
单按钮计时腕表—棕色表盘

表壳：不锈钢表壳，直径45mm，100米防水

表盘：棕色，3时位30分钟盘，9时位小秒盘

机芯：La Joux-Perret自动机芯

功能：时、分、秒显示，单按钮计时功能

表带：棕色小牛皮带配不锈钢针扣

参考价：￥28,400

WW1 ChronographeMonopoussoir
单按钮计时腕表—沙土色表盘

表壳：不锈钢表壳，直径45mm，100米防水

表盘：沙土色，3时位30分钟盘，9时位小秒盘

机芯：La Joux-Perret自动机芯

功能：时、分、秒显示，单按钮计时功能

表带：蓝色鳄鱼皮带配不锈钢针扣

参考价：￥28,400

WW1 HeureSautante 跳时及动力储
备显示腕表—红金款

表壳：18K红金表壳，直径42mm，100米防水

表盘：白色，6时位动力储存指示，12时位日期视窗，中心分钟指示

机芯：自动机芯

功能：时、分、动力储存显示

表带：棕色鳄鱼皮带配18K红金表扣

限量：50枚

参考价：￥163,800

WW1 HeureSautante 跳时及动力储
备显示腕表—铂金款

表壳：铂金表壳，直径42mm，100米防水

表盘：白色及灰色，6时位动力储存视窗，12时位日期视窗，中心分钟指示

机芯：自动机芯

功能：时、分、动力储存显示

表带：灰色鳄鱼皮带配铂金表扣

限量：25枚

参考价：￥246,000

宝珀
BLANCPAIN

年产量：多于 10000 块

价格区间：RMB72,200 元起

网　　址：http://www.audemarspiguet.com

　　宝珀，是世界上第一个钟表品牌，作为制表业的开山鼻祖，它以数百年的文化积淀与精湛的手工制作工艺，奠定了其在世界表坛的尊崇地位。早在 1735 年，宝珀表开创了世界上第一间制表工坊，昭示着瑞士钟表业亦由此从"匠人时代"跨入"品牌时代"。而正是 1735 年，中国乾隆皇帝登基，成为中华"康乾盛世"的重要标志。正是这样一个巧合，让宝珀手表与中华的璀璨文明结下了不解之缘。

　　2012 年是中国传统龙年，宝珀更制作了一款中华年历表表示对中国传统文化的敬意。这款表彰显了中国传统计时的神秘之美，运用了中华几千年来的计时原理。时计表盘布局精致，时针、分针及标准日历跃然盘上，更融入中国传统历法中的重要计时元素，如十二时辰（二十四小时）、农历日期、农历月份（结合闰月显示）、十二生肖年，甚至包括五行元素和十个天干。十二生肖对应十二地支，与十天干依次相配，组成六十个基本单位或六十干支，俗称"六十花甲子"，构成中国传统文化的核心内容。作为宝珀全日历腕表中的一项重要计时元素，月相盈亏功能更与中国传统历法息息相关，在该款时计的运行中发挥了重要作用。

中华年历表 — 铂金限量版

　　腕表采用 45 毫米直径铂金表壳，表冠饰以凸圆形切割红宝石，表耳下方采用宝珀专利性设计的 5 个隐藏式调校按钮，在调校同时确保了表侧简洁流畅的线条美感。该表集合了宝珀 Villeret 系列所有的经典标志，如双层表圈、大明火珐琅表盘、花边纹饰镶金刻度圈、烧制前的痕迹、镂空叶状指针、标准日历的蛇形蓝钢指针等。腕表搭载镶有马达加斯加红宝石的白金摆锤，摆锤上方镌刻精美的龙纹图案，以示对 2012 中国龙年的庆祝。

型号：00888-3431-55B

表壳：18K红金表壳，直径45mm，厚15mm，30米防水

表盘：白色珐琅表盘，3时位的五行及10天干指示，6时位月相视窗，9时位农历月份及日期指示，配闰月视窗，12时位时辰及23小时指示，生肖视窗，中心蓝色阳历日期指针

机芯：Cal.3638自动机芯，直径32mm，厚8.30mm，39石，434个零件，168小时动力储存

功能：时、分、阳历日期、农历月份、日期、闰月、时辰、第二时区、生肖、五行、天干、月相显示

表带：黑色鳄鱼皮带

限量：20枚

参考价：￥500,000

L-Evolution飞返追针计时腕表—白金款

型号：8886F-1503-52B

表壳：18K白金，碳纤维表圈继表底，直径43mm，厚16.04mm，300米防水

表盘：黑色碳纤维表盘，3时位30分钟盘，6时位大日历视窗，9时位12小时盘

机芯：Cal.69F9自动机芯，直径32mm，厚8.40mm，44石，409个零件，40小时动力储存

功能：时、分、日期显示，飞返追针计时功能

表带：碳纤维填充Alcantara皮表带

参考价：￥296,100

Villeret 8日动力储存镂空腕表

型号：6633-1500-55B

表壳：18K白金表壳，直径38.00mm，厚9.08mm

表盘：开放式表盘，可见镂空雕花装饰的机芯

机芯：Cal.1333SQ手动机芯，直径30.60mm，厚4.20mm，30石，157个零件,192小时动力储存

功能：时、分、秒显示

表带：鳄鱼皮表带配18K白金折叠扣

参考价：￥431,000

Villeret回跳小秒针腕表

型号：6653Q-1529-55B

表壳：18K白金表壳，直径40mm，厚10.83mm，30米防水

表盘：蓝色珐琅表盘，6时位回跳式小秒针，中心日期指针

机芯：Cal.7663Q自动机芯，直径27mm，厚4.57mm，34石，244个零件，72小时动力储存

功能：时、分、秒、日期显示

表带：蓝色鳄鱼皮带

参考价：￥152,000

L-Evolution飞返追针计时腕表—红金款

型号：8886F-3603-52B

表壳：18K红金，碳纤维表圈继表底，直径43mm，厚16.04mm，300米防水

表盘：黑色碳纤维表盘，3时位30分钟盘，6时位大日历视窗，9时位12小时盘

机芯：Cal.69F9自动机芯，直径32mm，厚8.40mm，44石，409个零件，40小时动力储存

功能：时、分、日期显示，飞返追针计时功能

表带：碳纤维填充Alcantara皮表带

参考价：￥296,000

X Fathoms潜水腕表

型号：5018-1230-64A

表壳：钛金属表壳，直径55.65mm，厚24mm，单向旋转潜水计时外圈，300米防水

表盘：黑色，蓝色指针指示0～15米水深，黄色指针指示0～90米水深，10时位5分钟倒计时指示

机芯：Cal.9918B自动机芯，直径36mm，厚13mm，44石，385个零件，120小时动力储存

功能：时、分、秒、水深显示，潜水计时功能，5分钟倒计时功能

表带：橡胶表带配针扣

参考价：￥257,000

中华年历表 — 红金版

型号：00888-3631-55B

表壳：18K红金表壳，直径45mm，厚15mm，30米防水

表盘：白色珐琅表盘，3时位的五行及10天干指示，6时位月相视窗，9时位农历月份及日期指示，配闰月视窗，12时位时辰及23小时指示，生肖视窗，中心蓝色阳历日期指针

机芯：Cal.3638自动机芯，直径32mm，厚8.30mm，39石，434个零件，168小时动力储存

功能：时、分、阳历日期、农历月份、日期、闰月、时辰、第二时区、生肖、五行、天干、月相显示

表带：棕色鳄鱼皮带

参考价：￥660,000

宝诗龙
BOUCHERON

年产量：不详

价格区间：RMB100,000 元起

网址：http://www.boucheron.com

出生于 1830 年的福雷德克·宝诗龙幼年时曾在一家著名珠宝店工作。1858 年，28 岁的他创造了自己的公司，并在巴黎时尚皇宫区开设了一家专卖店。水晶吊灯和天鹅绒面料，装饰豪华的精品店很快就吸引了很多颇具声望的顾客。在一个素将珠宝展示在橱窗中的时期，他革命性地以一种自然垂挂的方式展示珠宝，这使他的品牌很快就与其他品牌区别开来。

之后，他的儿子路易·宝诗龙继承了父业。在他的掌舵下，品牌致力于国际扩张（伦敦，莫斯科和纽约），并广泛地搜寻新的灵感来源及完美的宝石。1925 年国际装饰艺术展览会上，他担任陪审团成员，与印度伯蒂亚拉王公建立了良好的关系。在伊朗，他呼吁人们珍惜国家珍宝。他构思了新的切割钻石的方法，并在很多次世界展览会上被授予多个奖项。

路易的两个儿子弗雷德和杰拉德也很早就加入了公司。弗雷德成为了宝诗龙公司宝石方面的专家，而杰拉德迅速被任命为商业及创意总监。杰拉德在北美、南美及中东举办了许多次展览，宝诗龙由此在国际上的声望日渐提高。

天鹅造型三金桥陀飞轮高珠宝腕表

表壳：18K白金，黑天鹅版镶嵌超过1,380颗黑色尖晶石、蓝色或紫色报时，白天鹅版镶嵌超过700颗钻石及蓝宝石

表盘：开放式表盘，6时位陀飞轮装置

机芯：Cal.GP9700.0A手动机芯，尺寸27×32mm，20石，摆频21,600A/H，72小时动力储存

功能：时、分显示，陀飞轮装置

表带：天鹅造型一体式表带

限量：孤本

参考价：￥30,000,000

Ajouree Chameleon变色龙造型珠宝表

表壳：18K白金表壳，镂空变色龙造型装
　　　饰，镶嵌钻石、彩色蓝宝石、沙弗
　　　莱石和红宝石
表盘：白色，时分棒形指针
机芯：石英机芯
功能：时、分显示
表带：白色绢制表带
参考价：请洽经销商

Ajouree Frog青蛙造型珠宝表

表壳：18K白金表壳，镂空青蛙造型装
　　　饰，镶嵌120颗钻石、150颗粉色蓝
　　　宝石、30颗红宝石和3颗沙弗莱石
表盘：白色，时分棒形指针
机芯：石英机芯
功能：时、分显示
表带：白色绢制表带
参考价：请洽经销商

Ajouree Volute珠宝腕表

表壳：18K白金表壳，镂空造型，镶嵌钻
　　　石装饰
表盘：白色，时分棒形指针
机芯：石英机芯
功能：时、分显示
表带：黑色绢制表带
参考价：￥340,000

**Crazy Jungle Hathi 大象造型腕表 —
钻石**

表壳：18K白金表壳，镶嵌钻石装饰
表盘：白色珍珠贝目，钻石镶钻大象造
　　　型，6时位配有一个旋转的秒盘
机芯：Cal.GP4000自动机芯
功能：时、分、秒显示
表带：白色鳄鱼皮带
参考价：请洽经销商

**Crazy Jungle Hathi 大象造型腕表 —
彩色宝石**

表壳：18K白金表壳，镶嵌钻石及彩色宝
　　　石装饰
表盘：钻石及宝石镶钻大象造型，6时位
　　　配有一个旋转的秒盘
机芯：Cal.GP4000自动机芯
功能：时、分、秒显示
表带：紫色蜥蜴皮带
参考价：请洽经销商

Hibiscus Tourbillon 蜂鸟陀飞轮腕表

表壳：18K白金表壳，蜂鸟及花朵装饰，
　　　镶嵌钻石及彩色宝石装饰
表盘：白色珍珠贝母，2时位时、分盘
　　　面，8时位陀飞轮
机芯：手动上链机芯
功能：时、分显示，陀飞轮装置
表带：蓝色蜥蜴皮带
参考价：请洽经销商

播威
BOVET

BOVET
1822

年产量：少于 2000 块

价格区间：RMB100,000 元起

网址：http://www.bovet.com

　　1818 年，21 岁的爱德华·播威（Edouard Bovet）以英国钟表出口商推销员的身份，从 Neuchatel 的 Fleurier 来到中国当时唯一对外商开放的港口——广东。很快，他便发现中国消费者对欧洲钟表十分着迷，于是便创办了播威钟表公司。而播威位于伦敦的办公室和位于瑞士 Fleurier 的表厂则交由爱德华的兄弟经营。在很短的时间内，播威便成为中国富豪们最喜爱的瑞士钟表品牌。播威最著名的设计特点是他开创了名为"面向中国市场的钟表"款式风格：结合瑞士先进的钟表工艺，并搭配珐琅釉彩与半圆珍珠的华丽装饰。

　　今天，在全球 30 多个国家中，都可以见到播威指定的品牌钟表与珠宝经销商。播威生产的腕表数目有限，每年不超过 2000 只。尽管品牌仅推出两个基本系列，但其中包括了琳琅满目的款式。在播威所制作的腕表中，有三分之一是特别定做的单件珍品，其他款式制作的数目也十分有限。自 2004 年 12 月开始，播威与一家生产机芯的钟表公司缔结合作关系，该公司从 1872 年起便制作复杂钟表所需的特制零件。有了这位全新的伙伴后，品牌便有能力研制出独家机芯。例如，在 2005 年日内瓦钟表展亮相，配备有回复式显示功能的万年历机芯，当然，还有 2012 年最新面世的全新款式。

DIMIER Récital 8 两地时腕表

表壳：18K 红金表壳，直径 48mm

表盘：开放式表盘，3 时位本地时间显示，6 时位陀飞轮及小针，9 时位第二时区盘及昼夜视窗，12 时位时区名称盘及动力储存显示

机芯：手动机芯，摆频 21,600A/H，7 天动力储存

功能：时、分、秒、昼夜、动力储存、第二时区地名及时间显示、陀飞轮装置

表带：黑色鳄鱼皮皮带配 18K 红金折叠扣

参考价：￥1,638,000

AMADEOFleurier 39 珠宝腕表

表壳：18K 白金表壳，直径 39mm，镶嵌 227 可钻石约重 1.71 克拉

表盘：黑色珍珠贝母，玫瑰花图案镶嵌 110 颗钻石，12 颗钻石时标

机芯：Cal.11BA13 自动机芯，摆频 28,800A/H，72 小时动力储存

功能：时、分显示，

表带：黑色鳄鱼皮带配 18K 白金镶钻针扣，另配一条 80 颗珍珠及 24 可 18K 白金珠组成的链带，另还有一条 140 颗珍珠及 24 颗镶钻 18K 白金珠组成的项链

参考价：￥2,000,000

OttantaDue 双面两地时区腕表

表壳：18K 红金表壳，直径 45mm

表盘：开放式表盘，6 时位陀飞轮及小秒针，12 时位动力储存指示，背面 12 时位第二时区时、分盘

机芯：手动机芯，直径 33mm，281 个零件，摆频 21,600A/H，7 天动力储存

功能：时、分、秒、动力储存、第二时区显示

表带：棕色橡胶带配 18K 红金针扣。另配一条 18K 红金表链

参考价：￥1,380,000～1,800,000

宝玑
BREGUET

Depuis 1775

年产量：少于 5000 块
价格区间：RMB150,000 元起
网址：http://www.breguet.com

自 1775 年创立以来，宝玑便成为了卓越制表技术的代名词，不断追寻与提升制表技术的创新突破，例如发明 pare-chute 避震器、提高摆轮游丝的尾端曲线（所谓的宝玑游丝）与陀飞轮。至今，品牌更将其精神延续于对精密度的追求，也因此让宝玑在 2006 年推出第一款采用硅摆轮游丝与擒纵结构的腕表。这开创性的技术突破经过了多年的研发后，稳定的机芯运作不但让走时更为精确流畅，也赢得了同行的掌声与赞叹，奠定其高级制表业的先驱地位。宝玑制表厂持续在机芯内部使用硅材质，并计划于 2013 年全面性将硅零件运用于其所有钟表作品里。

近年来，宝玑亦发表了对高振频摆轮的研究结果与其腕表的磁力学应用，这证明了在钟表研发与创新领域里，宝玑成功开启了所有的可能性。

宝玑不仅持续致力于研发与革新技术，更不断在其现有系列作品上推陈出新。此外，2012 年对宝玑来说是极具非凡意义的一年，是那不勒斯皇后卡罗琳·缪拉向宝玑先生订制世界上第一块高级复杂腕表 200 周年诞辰，也是宝玑那不勒斯皇后系列发布 10 周年庆典之年。

Crazy Flower Full Baguettes

2010 年，宝玑发表了独特非凡的高级珠宝腕表 Crazy Flower 时，受到高度赞扬。"活动式"钻石镶嵌工艺，让这款钻表在轻微的摆动时，有如一朵花瓣随风摇曳的钻石花。如今，宝玑隆重推出镶满美钻的 Crazy FlowerFull Baguettes，更是稀有罕见。表链镶嵌 120 颗方形钻石，使这独一无二的珍品更加耀眼夺目。在这绚烂花朵的蕊心，有 206 颗明亮式切割钻石倒置镶嵌于碟形面盘上，而面盘边缘则镶嵌 66 颗明亮式切割美钻。宝玑蓝钢指针采用纯手工打造贴合弧形盘面的完美曲度。20 颗方钻组成小时面盘时标圈。每一次的轻微摇晃都让表壳上 193 颗活动式镶嵌方钻随之起舞，仿佛在微风中摇曳的花瓣栩栩如生。超过 76 克拉的美钻簇拥而成的华丽璀璨，再次证明宝玑胆大艺精的珠宝镶嵌技艺。

型号：GJE25BB20.8989FB1
表壳：18K白金表壳，活动式镶嵌193颗方钻约重58.87克拉
表盘：表盘倒置铺镶206颗圆钻约重0.80克拉，及20颗方钻约重0.46克拉，6时位时、分盘
机芯：Cal.586/1自动机芯，直径15mm，29石，摆频21,600A/H，40小时动力储存
功能：时、分显示
表带：18K白金镯形比表带镶嵌130颗方钻约重22.1克拉
参考价：请洽经销商

Marie-Antoinette Dentelle

这款是为了称颂法国女皇对于时尚风潮的热爱而设计制作，尤其是蕾丝花边缀饰，宝玑工匠们以18K白金质感诠释此珠宝表的优雅洗练。花边装饰采用70颗明亮式切割美钻随表壳的流线弧度蜿蜒攀附。延续珍珠母贝表面的传统，优雅的曲线绵延着时分走时系统。球体铺镶98颗明亮式切割钻石，而于表壳6点钟方位点缀了一颗约1.2克拉华丽动人的椭圆红宝石。镶有橄榄形宝石的上链表冠置于3点钟方位，并以触感细腻的花边做点缀。26颗明亮式切割钻石铺成的宝玑表扣，让整体越发完美无瑕。腕表本身镶饰超过174颗闪耀钻石总重约2.69克拉，犹如落入凡间的满天星辰，撒满整个表壳、表壳环与表面凸缘。

型号：GJE16BB20.8924R01
表壳：18K白金表壳，尺寸34mm×27.40mm，整表共镶嵌484颗钻石总重近10克拉，1颗红宝石约重1.30克拉
表盘：白色珍珠贝母及镶钻装饰，6时位时、分盘
机芯：Cal.586自动机芯，直径15mm，29石，摆频21,600，38小时动力储存
功能：时、分显示
表带：红色绢带配18K白金折叠扣
参考价：￥1,200,000

那不勒斯Charlestone风格金链装饰腕表
型号：8928BB/51/J60 DD0D
表壳：18K白金或红金表壳，尺寸33mm×24.95mm，共镶嵌139颗钻石约重1.32克拉，30米防水
表盘：白色珍珠贝母表盘，6时位时、分盘
机芯：Cal.586自动机芯，摆频21,600A/H，38小时动力储存
功能：时、分显示
表带：18K白金链带，配Charlestone风格金链装饰
参考价：￥350,000～400,000

那不勒斯系列月相腕表
型号：8908BB/5T/J70 D0DD
表壳：18K白金表壳，尺寸28.45mm×36.5mm，共镶嵌117颗钻石约重0.99克拉，30米防水
表盘：白色珍珠贝母表盘，6时位时、分盘配小秒针，12时位月相窗及动力储存指示
机芯：Cal.537DRL1自动机芯，摆频21,600A/H，40小时动力储存
功能：时分秒月相动力储存显示
表带：18K白金螺纹链带
参考价：￥350,000～400,000

那不勒斯系列腕表
型号：8928BR/51/844 DD0D
表壳：18K红金表壳，尺寸33mm×24.95mm，共镶嵌139颗钻石约重1.32克拉，30米防水
表盘：白色珍珠贝母表盘，6时位时、分盘
机芯：Cal.586自动机芯，直径15mm，29石，摆频21,600A/H，38小时动力储存
功能：时、分显示
表带：黑色绢带
参考价：￥250,000～300,000

宝玑这只最新力作由18K玫瑰金材质打造，与Type XXII计时码表相同，振频皆为10赫兹，最大的目的是为了改良传统机械时计的精准度与稳定度，而这也是宝玑第一次将超高振频应用于非计时码表的表款中。

腕表的所有设计灵感全都源自阿伯拉罕-路易·宝玑的原创：表面的手工镂刻饰纹、表壳外缘优雅的钱币纹、宝玑蓝钢指针、焊接式表耳、独立编号与宝玑隐蔽签名标记。这个宛如艺术品的全新创作，不但致力于研发技术的突破，更与原创风格完美地糅合，再次为宝玑的历史写下非凡的篇章。

ClassiqueChronométrie腕表

型号： 7727BR/12/9WU

表壳： 18K红金表壳，直径41mm，30米防水

表盘： 镀银18K金表盘，玑镂纹饰，5时位动力储存指示，12时位小秒盘配2秒一周小秒针

机芯： Cal.574DR手动机芯，直径31.6mm，45石，摆频72,000A/H，60小时动力储存

功能： 时、分、秒、动力储存显示

表带： 黑色鳄鱼皮表带配18K红金针扣

参考价： ￥250,000～300,000

Marine GMT 两地时腕表

型号： 5857BR/22/5ZU

表壳： 18K红金表壳，直径42mm，厚12.25mm，100米防水

表盘： 18K金，玑镂纹饰，2时位24小时盘，6时位第二时区盘及日期视窗

机芯： Cal.517F自动机芯，直径31mm，28石，摆频28,800A/H，72小时动力储存

功能： 时、分、秒、日期、24小时、第二时区显示

表带： 黑色橡胶表带配18K红金针扣

参考价： ￥200,000～250,000

Tradition 陀飞轮腕表

型号： 7047BR/G9/9ZU

表壳： 18K红金表壳，直径41mm，厚15.95mm，30米防水

表盘： 开放式表盘，2时位陀飞轮装置，8时位时、分盘，9时位动力储存指示

机芯： Cal.569手动机芯，直径36mm，43石，摆频18,000A/H，50小时动力储存

功能： 时、分、动力储存显示，陀飞轮装置

表带： 棕色鳄鱼皮表带配18K红金折叠扣

参考价： ￥1,300,000～1,500,000

Héritage Phases de Lune Retrograde 月相腕表

型号： 8860BR/11/386

表壳： 18K红金表壳，尺寸35mm×25mm，30米防水

表盘： 珍珠贝母表盘，1时位月相视窗

机芯： Cal.586L自动机芯，38石，摆频21,600A/H，40小时动力储存

功能： 时、分、月相显示

表带： 编织皮表带配18K红金折叠扣

参考价： ￥150,000～200,000

百年灵
BREITLING

年产量：多于 700000 块

价格区间：RMB25,000 元起

网址：http://www.breitling.com

百年灵自 1884 年起一直在专业机械计时领域建树卓绝，而旅行腕表同样在这个商标插着双翼的品牌历史上扮演着重要角色。在人类征服天空的辉煌篇章中，百年灵可谓见证了世界航空业及长途旅行的繁荣发展。上世纪五、六十年代，百年灵推出一款名为"Unitime"的复杂功能腕表，这款自动上弦的"世界标准时间"腕表随即成为收藏家竞相寻觅之物。今天，百年灵越洋系列全新杰作将世界标准时间和计时功能集于一身，再续长途旅行的精致奢华和卓越性能所带来的尊贵体验。同时凭借其摩登简约的线条，以及对细节品质孜孜不倦的追求，百年灵越洋世界时间计时腕表完美地结合了创新科技与现代美学，自众多腕表中脱颖而出。该腕表有精钢和红金款式可供选择，刻有可选语言城市名称的旋转表圈，精美绝伦的世界地图表盘，带来如同头等舱飞行般的奢华享受

另外，在人类航空史上，同样也有百年灵的身影。1962 年 5 月 24 日，一枚改进了部分功能的百年灵航空计时腕表 Navitimer 成为世界上首枚遨游太空的计时腕表，陪伴并见证了极光 7 号太空舱征服太空的旅程。值此航空史上的光辉成就 50 周年之际，百年灵特别推出搭载全新自制机芯的航空计时宇航员腕表（NavitimerCosmonaute），全球限量发行 1962 枚，向传奇致敬！

NavitimerCosmonaute
航空计时宇航员腕表

表壳： 不锈钢表壳，直径43mm

表盘： 黑色，3时位30分钟计时盘，4-5时位日期视窗，6时位12小时计时盘，9时位小秒盘，旋转滑齿外圈

机芯： Cal.02手动机芯，39石，摆频28,800A/H，70小时动力储存，COSC天文台认证

功能： 时、分、秒日期显示，计时功能，飞行滑齿

表带： 鳄鱼皮带配不锈钢针扣

限量： 1,962枚

参考价： ￥47,300

Transocean
世界时计时腕表 — 不锈钢款

表壳： 不锈钢表壳，直径46mm，100米防水

表盘： 白色，3时位30分钟计时盘，4-5时位日期视窗，6时位12小时计时盘，9时位小秒盘，世界时间外圈

机芯： Cal.05自动机芯，56石，摆频28,800A/H，70小时动力储存，COSC天文台认证

功能： 时、分、秒日期显示，计时功能，世界时功能

表带： 不锈钢编织链带

参考价： ￥53,600

Transocean **世界时计时腕表 — 红金款**

表壳： 18K红金表壳，直径46mm，100米防水

表盘： 黑色，3时位30分钟计时盘，4-5时位日期视窗，6时位12小时计时盘，9时位小秒盘，世界时间外圈

机芯： Cal.05自动机芯，56石，摆频28,800A/H，70小时动力储存，COSC天文台认证

功能： 时、分、秒日期显示，计时功能，世界时功能

表带： 黑色鳄鱼皮带

参考价： ￥157,500

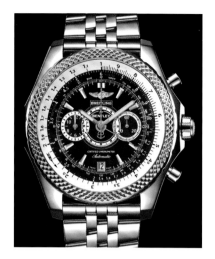

Bentley Supersports
计时腕表 — 白色刻度环

表壳：不锈钢表壳，直径49mm，100米防水
表盘：黑色，3时位小秒盘，6时位日期视
　　　窗，9时位12小时盘，中心计时秒
　　　针及计时分针，旋转滑齿外圈
机芯：Cal.26B自动机芯，38石，摆频
　　　28,800A/H，COSC天文台认证
功能：时、分、秒、日期显示，计时功
　　　能，飞行滑齿
表带：不锈钢链带配折叠扣
限量：1,000枚
参考价：￥75,600

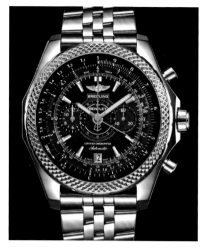

Bentley Supersports
计时腕表 — 蓝色刻度环

表壳：不锈钢表壳，直径49mm，100米防水
表盘：黑色，3时位小秒盘，6时位日期视
　　　窗，9时位12小时盘，中心计时秒
　　　针及计时分针，旋转滑齿外圈
机芯：Cal.26B自动机芯，38石，摆频
　　　28,800A/H，COSC天文台认证
功能：时、分、秒、日期显示，计时功
　　　能，飞行滑齿
表带：不锈钢链带配折叠扣
限量：1,000枚
参考价：￥75,600

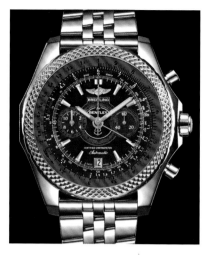

Bentley Supersports
计时腕表 — 橘色刻度环

表壳：不锈钢表壳，直径49mm，100米防水
表盘：黑色，3时位小秒盘，6时位日期视
　　　窗，9时位12小时盘，中心计时秒
　　　针及计时分针，旋转滑齿外圈
机芯：Cal.26B自动机芯，38石，摆频
　　　28,800A/H，COSC天文台认证
功能：时、分、秒、日期显示，计时功
　　　能，飞行滑齿
表带：不锈钢链带配折叠扣
限量：1,000枚
参考价：￥75,600

Bentley Barnato 42
宾利巴纳托42计时腕表

表壳：不锈钢表壳，直径42mm，100米防水
表盘：白色，3时位小秒盘，4-5时位日期
　　　视窗，6时位12小时计时盘，9时位
　　　30分钟计时盘，测速刻度外圈
机芯：Cal.41B自动机芯，38石，摆频
　　　28,800A/H，COSC天文台认证
功能：时、分、秒、日期显示，计时功
　　　能，测速功能
表带：棕色牛皮带
参考价：￥50,600

*Bentley GT II*宾利欧陆GT二代计时腕表

表壳：不锈钢表壳，直径45mm，100米防水
表盘：渐变红色，3时位星期、日历视
　　　窗，6时位12小时计时盘，9时位小
　　　秒盘，12时位30分钟盘，旋转滑齿
　　　外圈
机芯：Cal.13B自动机芯，25石，摆频
　　　28,800A/H，COSC天文台认证
功能：时、分、秒、日期、星期显示，计
　　　时功能，计时滑齿
表带：不锈钢链带配折叠扣
参考价：￥50,000

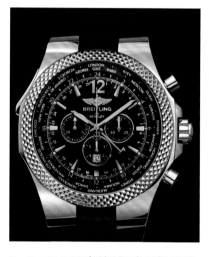

*Bentley GMT V8*宾利世界时V8计时腕表

表壳：不锈钢表壳，直径49mm，100米防水
表盘：黑色，3时位小秒盘，6时位6小时
　　　计时盘及日期视窗，9时位12分钟
　　　计时盘，中心第二时区指针，世界
　　　时间外圈
机芯：Cal.47B自动机芯，38石，摆频
　　　28,800A/H，COSC天文台认证
功能：时、分、秒、日期、世界时间显示，计时功能
表带：黑色橡胶带配不锈钢折叠扣
限量：250枚
参考价：￥94,500

Navitimer 125周年纪念版

表壳：不锈钢表壳，30米防水
表盘：黑色，3时位小秒盘，6时位日期视
　　　窗，9时位12小时盘，中心计时秒
　　　针及计时分针，旋转滑齿外圈
机芯：Cal.26自动机芯，38石，摆频
　　　28,800A/H，COSC天文台认证
功能：时、分、秒、日期显示，计时功
　　　能，飞行滑齿
表带：不锈钢链带
限量：2,009枚
参考价：￥47,300

Bentley Supersports
宾利超级跑车计时腕表

表壳：不锈钢表壳，直径48.7mm，100米
　　　防水
表盘：黑色，3时位小秒盘，6时位日期视
　　　窗，9时位12小时盘，中心计时秒
　　　针及计时分针，旋转滑齿外圈
机芯：Cal.26B自动机芯，38石，摆频
　　　28,800A/H，COSC天文台认证
功能：时、分、秒、日期显示，计时功
　　　能，飞行滑齿
表带：黑色橡胶带配不锈钢折叠扣
限量：1,000枚
参考价：￥75,600

Super Avenger Blacksteel 限量版腕表

表壳：黑钢表壳，直径48.4mm，单相旋转
　　　计时外圈，300米防水
表盘：黑色，3时位日期视窗，6时位12小
　　　时计时盘，9时位小秒盘，12时位
　　　30分钟计时盘
机芯：Cal.13自动机芯，25石，摆频28,800A/
　　　H，COSC天文台认证
功能：时、分、秒、日期显示，计时功
　　　能，潜水计时功能
表带：黑色橡胶带配不锈钢折叠扣
限量：3,000枚
参考价：￥37,800

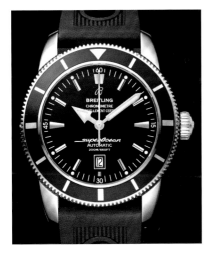

Avenger Skyland 陆空复仇者腕表

表壳：不锈钢表壳，直径45mm，单相旋
　　　转计时外圈，300米防水
表盘：黑色，3时位日期视窗，6时位12小
　　　时计时盘，9时位小秒盘，12时位
　　　30分钟计时盘
机芯：Cal.13自动机芯，25石，摆频
　　　28,800A/H，COSC天文台认证
功能：时、分、秒、日期显示，计时功
　　　能，潜水计时功能
表带：棕色牛皮带
参考价：￥41,000

Superocean Héritage
超级海洋文化计时腕表

表壳：不锈钢表壳，直径46mm，200米防水
表盘：黑色，3时位日期视窗，6时位12小
　　　时计时盘，9时位小秒盘，12时位
　　　30分钟计时盘
机芯：Cal.13自动机芯，25石，摆频
　　　28,800A/H，COSC天文台认证
功能：时、分、秒、日期显示，计时功
　　　能，潜水计时功能
表带：不锈钢丝编织表带
参考价：￥48,000

SuperoceanHéritage超级海洋文化腕表

表壳：不锈钢表壳，直径46mm，单相旋
　　　转计时外圈，200米防水
表盘：黑色，6时位日期视窗
机芯：Cal.17自动机芯，25石，摆频
　　　28,800A/H，COSC天文台认证
功能：时、分、秒、日期显示，潜水计时
　　　功能
表带：黑色橡胶带配不锈钢折叠扣
参考价：￥35,000

宝格丽
BVLGARI

BVLGARI

年产量：不详

价格区间：RMB22,000 元起

网址：http://www.bulgari.com

　　自1940年代宝格丽开始生产腕表，直至1970年代宝格丽已成功赢得珠宝与银器的优良声誉后，宝格丽集团才开始扩展其制造精密腕表技术的实力，并大量生产腕表系列。1980年代早期，Bulgari Time 成立于瑞士 Neuchatel，涵盖了所有宝格丽腕表的创作与生产。1993年，宝格丽开始严格地筛选世界上最具声望的钟表零售商来经销其腕表系列产品。

　　2000年6月，宝格丽与 Hour Glass 达成协议，100%收购旗下以制造高级复杂腕表著称的二大瑞士品牌——GearaldGenta S.A.、Daniel Roth S.A. 以及相关制造零件的制造厂 Manufacture de Haute Horlogerie S.A.。收购后的新公司名为 Daniel Roth and Genta Haute Horlogerie S.A.。宝格丽腕表同时适合男性与女性佩戴，并因其产品的独特创作和风格而彰显每只腕表的特殊性。全系列腕表皆须通过最严格的瑞士制表质量标准测试。

Daniel Roth系列钟乐三问陀飞轮腕表

　　在制表领域，三问报时一直是各项功能中最复杂的一个，因而每款作品都是独一无二的。宝格丽是为数不多能自主研发这一独特、复杂的腕表功能的品牌。一般来说，普通的三问报时表具有两根音簧及两个音锤，这款全新的 Daniel Roth 系列钟乐三问陀飞轮腕表具有三个音锤及三个音簧，在报刻时会敲出"E-D-C"音调，独特而又动听。

表壳：18K红金表壳，直径43mm，30米防水

表盘：开放式表盘，6时位陀飞轮及小秒盘，10时位可见三问音簧及音锤装置

机芯：Cal.DR3300手动机芯，尺寸34.60mm×31.60mm，35石，327个零件，摆频21,600A/H，75小时动力储存

功能：时分秒显示，三问报时功能，陀飞轮装置

表带：棕色鳄鱼皮表带配18K红金折叠扣

限量：30枚

参考价：请洽经销商

Daniel Roth系列Papillon Voyageur腕表

表壳：18K红金表壳，直径43mm，30米防水
表盘：白色及蓝色，菱形分钟指针，12时
　　　位小时视窗，中心24小时指示
机芯：Cal.1307自动机芯，摆频28,800A/
　　　H，26石，45小时动力储存
功能：时、分、24小时显示
表带：棕色鳄鱼皮表带配18K红金折叠扣
限量：99枚
参考价：￥300,000

GéraldGenta系列Octo Maserati腕表

表壳：不锈钢表壳，直径45mm，100米防
　　　水
表盘：银色及蓝色，3时位回跳式30分钟
　　　盘，6时位回跳式日期指示，9时位
　　　回跳式12小时计时盘，12时位小时
　　　视窗，中心的跳式分钟指示
机芯：Cal.GG7800自动机芯，45石，摆频
　　　21,600A/H，38小时动力储存
功能：时、分、秒、日期显示，计时功能
表带：牛皮表带配折叠扣
参考价：￥110,000

DiagonoCeremic男装红金腕表

表壳：18K红金表壳，黑色陶瓷外圈，直
　　　径42mm，100米防水
表盘：黑色，3时位小秒盘，4-5时位日期
　　　视窗，6时位12小时计时盘，9时位
　　　30分钟计时盘
机芯：Cal.B130自动机芯，37石，摆频
　　　28,800A/H，42小时动力储存
功能：时、分、秒，日期显示，计时功能
表带：黑色橡胶带配18K红金装饰
参考价：￥134,000

DiagonoCeremic男装不锈钢腕表

表壳：不锈钢表壳，黑色陶瓷外圈，直径
　　　42mm，100米防水
表盘：黑色，3时位小秒盘，4-5时位日期
　　　视窗，6时位12小时计时盘，9时位
　　　30分钟计时盘
机芯：Cal.B130自动机芯，37石，摆频
　　　28,800A/H，42小时动力储存
功能：时、分、秒，日期显示，计时功能
表带：黑色橡胶带配不锈钢装饰
参考价：￥53,000

DiagonoCeremic女装红金腕表

表壳：18K红金表壳，白色陶瓷外圈，直
　　　径37mm，50米防水
表盘：白色珍珠贝母表盘，8颗钻石时
　　　标，3时位小秒盘，4-5时位日期视
　　　窗，6时位12小时计时盘，9时位30
　　　分钟计时盘
机芯：Cal.B130自动机芯，37石，摆频
　　　28,800A/H，42小时动力储存
功能：时、分、秒，日期显示，计时功能
表带：白色橡胶带
参考价：￥53,000

DiagonoCeremic女装不锈钢腕表

表壳：不锈钢表壳，白色陶瓷外圈，直径
　　　37mm，50米防水
表盘：白色珍珠贝母表盘，8颗钻石时
　　　标，3时位小秒盘，4-5时位日期视
　　　窗，6时位12小时计时盘，9时位30
　　　分钟计时盘
机芯：Cal.B130自动机芯，37石，摆频
　　　28,800A/H，42小时动力储存
功能：时、分、秒，日期显示，计时功能
表带：白色橡胶带
参考价：￥53,000

Serpenti 双圈白色珐琅腕表

表壳：18K红金表壳，整表共镶嵌346颗钻石约重3.46克拉，30米防水
表盘：白色珍珠贝母表盘，钻石刻度时标
机芯：Cal.303石英机芯
功能：时、分显示
表带：双圈弹性表带，镶嵌钻石及白色珐琅装饰
参考价：￥784,000

Serpenti 双圈黑色珐琅腕表

表壳：18K红金表壳，整表共镶嵌346颗钻石约重3.46克拉，30米防水
表盘：黑色表盘，钻石刻度时标
机芯：Cal.303石英机芯
功能：时、分显示
表带：双圈弹性表带，镶嵌钻石及黑色珐琅装饰
参考价：￥784,000

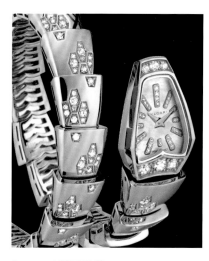

Serpenti 单圈腕表

表壳：18K红金表壳，整表共镶嵌206颗钻石约重2.13克拉，30米防水
表盘：白色珍珠贝母表盘，钻石刻度时标
机芯：Cal.303石英机芯
功能：时、分显示
表带：单圈弹性表带，镶嵌钻石装饰
参考价：￥340,000

SerpentiTubogas 双圈红金腕表

表壳：18K红金表壳，镶嵌38颗钻石约重0.3克拉，30米防水
表盘：镶嵌190颗钻石约重0.82克拉
机芯：Cal.303石英机芯
功能：时、分显示
表带：双圈弹性表带
参考价：￥256,000

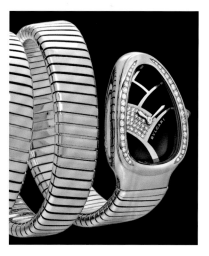

SerpentiTubogas 双圈不锈钢腕表

表壳：不锈钢表壳，镶嵌38颗钻石约重0.3克拉，30米防水
表盘：镶嵌32颗钻石约重0.13克拉
机芯：Cal.303石英机芯
功能：时、分显示
表带：双圈弹性表带
参考价：￥72,000

SerpentiTubogas 单圈不锈钢腕表

表壳：不锈钢表壳，镶嵌38颗钻石约重0.3克拉，30米防水
表盘：镶嵌32颗钻石约重0.13克拉
机芯：Cal.303石英机芯
功能：时、分显示
表带：单圈弹性表带
参考价：￥58,000

MAKERS OF THE FAMOUS BUCHERER-WATCH

宝齐莱
CARL F. BUCHERER

CARL F. BUCHERER
FINE SWISS WATCHMAKING

年产量：约 15000 块

价格区间：RMB30,800 元起

网址：http://www.carl-f-bucherer.com

　　瑞士独立制表品牌宝齐莱一直秉承传统，在高级时计市场推出顶级机械腕表及尊贵女装珠宝腕表。腕表的吸引力在于创新的技术、实用的附加功能、独特的设计和精挑细选的材质。宝齐莱的三大系列：柏拉维(Patravi)、雅丽嘉(Alacria) 及马利龙(Manero) 将品牌对完美的执著及制作优美时计的坚持展露无遗。柏拉维系列的价值在于将创新的技术、精密复杂的功能与个性化的设计完美结合。马利龙系列以简洁典雅的气质配合卓越的技术与实用的功能，堪称现代时计经典。女装雅丽嘉系列线条优雅流丽，成为许多表款的指标，反映宝齐莱在珠宝表的设计及制作造诣。

　　而自产 Cal.CFB A1000 机芯推出后，宝齐莱继续向更高层次的制表目标迈进。为此，宝齐莱已正式收购了位于瑞士侏罗山区 Ste Croix 的著名复杂机芯生产商 Techniques HorlogeresAppliquees S.A.(THA)，并正式命名为 Carl F. BuchererTechnolgies SA (CFBT)，肩负起研究、开发及生产的重任。目前制表厂雇用了约 20 名员工，预计数目将逐步增加。

马利龙万年历计时腕表—红金白盘

型号：00.10902.03.16.11

表壳：18K红金表壳，直径40mm，厚11.5mm，30米防水

表盘：银白色，3时位月相视窗，6时位星期指示及12小时计时盘，9时位月份及闰年显示及30分钟计时盘，12时位日期指示及小秒盘，测速刻度外圈

机芯：Cal.CFB 1955.1自动机芯，直径25.6mm，厚5.2mm，21石,42小时动力储存

功能：时、分、秒、日期、星期、月份、闰年、月相显示，万年历功能，计时功能，测速功能

表带：棕色鳄鱼皮带配18K红金针扣

参考价：￥400,000～500,000

马利龙万年历计时腕表—红金黑盘

型号：00.10906.03.33.01

表壳：18K红金表壳，直径40mm，厚11.5mm，30米防水

表盘：黑色，3时位月相视窗，6时位星期指示及12小时计时盘，9时位月份及闰年显示及30分钟计时盘，12时位日期指示及小秒盘，测速刻度外圈

机芯：Cal.CFB 1955.1自动机芯，直径25.6mm，厚5.2mm，21石,42小时动力储存

功能：时、分、秒、日期、星期、月份、闰年、月相显示，万年历功能，计时功能，测速功能

表带：黑色鳄鱼皮带配18K红金针扣

参考价：￥400,000～500,000

马利龙万年历计时腕表—不锈钢款

型号：00.10906.08.13.01

表壳：不锈钢表壳，直径40mm，厚11.5mm，30米防水

表盘：银白色，3时位月相视窗，6时位星期指示及12小时计时盘，9时位月份及闰年显示及30分钟计时盘，12时位日期指示及小秒盘，测速刻度外圈

机芯：Cal.CFB 1955.1自动机芯，直径25.6mm，厚5.2mm，21石,42小时动力储存

功能：时、分、秒、日期、星期、月份、闰年、月相显示，万年历功能，计时功能，测速功能

表带：黑色鳄鱼皮带配不锈钢针扣

参考价：￥350,000～450,000

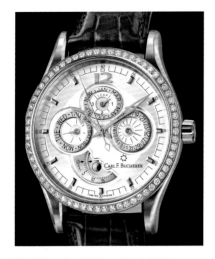

马利龙万年历腕表 — 红金镶钻

型号: 00.10902.03.16.11

表壳: 18K红金表壳，直径40mm，厚11.5mm，镶嵌64颗钻石约重1克拉，30米防水

表盘: 银白色，3时位日期盘，6时位月相视窗，9时位星期盘，12时位月份及闰年指示

机芯: Cal.CFB 1955.1自动机芯，直径25.6mm，厚5.2mm，21石，42小时动力储存

功能: 时、分、秒、日期、星期、月份、闰年、月相显示，万年历功能

表带: 棕色鳄鱼皮带配18K红金针扣

参考价: ￥250,000～300,000

马利龙万年历腕表 — 红金款

型号: 00.10902.03.16.21

表壳: 18K红金表壳，直径40mm，厚11.5mm，30米防水

表盘: 银白色，3时位日期盘，6时位月相视窗，9时位星期盘，12时位月份及闰年指示

机芯: Cal.CFB 1955.1自动机芯，直径25.6mm，厚5.2mm，21石，42小时动力储存

功能: 时、分、秒、日期、星期、月份、闰年、月相显示，万年历功能

表带: 18K红金链带

参考价: ￥250,000～300,000

柏拉维蔚蓝海浪系列 ChronoGrade计时秒表

型号: 00.10623.08.53.21

表壳: 不锈钢表壳，直径44.6mm，50米防水

表盘: 蓝色，3时位小秒盘，4-5时位月份视窗，6时位动力储存指示，8时位6小时计时指示，9时位30分钟计时盘，12时位大日历视窗

机芯: Cal.CFB 1902自动机芯，直径30mm，厚7.3mm，51石，42小时动力储存

功能: 时、分、秒、日期、月份、动力储存显示，计时功能，年历功能

表带: 不锈钢链带

参考价: ￥100,000～150,000

柏拉维蔚蓝海浪系列 酒桶形T-Graph计时秒表

型号: 00.10615.08.53.01

表壳: 不锈钢表壳，尺寸39mm×42mm，50米防水

表盘: 蓝色，3时位小秒盘，6时位动力储存指示，9时位30分钟计时盘，12时位大日历视窗

机芯: Cal.CFB 1960自动机芯，直径30mm，厚7.3mm，47石，42小时动力储存

功能: 时、分、秒、日期、动力储存显示，计时功能

表带: 蓝色牛皮带配不锈钢折叠扣

参考价: ￥100,000～150,000

柏拉维蔚蓝海浪系列 TravelTec三地时间计时腕表 — 皮带

型号: 00.10620.08.53.01

表壳: 不锈钢表壳，直径46.6mm，厚15.5mm，50米防水

表盘: 蓝色，3时位小秒盘，4-5时位日期视窗，6时位12小时计时盘，9时位30分钟计时盘，两个24小时外圈

机芯: Cal.CFB 1901.1自动机芯，直径28.6mm，厚7.3mm，39石，42小时动力储存，COSC天文台认证

功能: 时、分、秒、日期、三地时显示，计时功能

表带: 蓝色牛皮带配不锈钢折叠扣

参考价: ￥150,000～200,000

柏拉维蔚蓝海浪系列 TravelTec三地时间计时腕表 — 链带

型号: 00.10620.08.53.21

表壳: 不锈钢表壳，直径46.6mm，厚15.5mm，50米防水

表盘: 蓝色，3时位小秒盘，4-5时位日期视窗，6时位12小时计时盘，9时位30分钟计时盘，两个24小时外圈

机芯: Cal.CFB 1901.1自动机芯，直径28.6mm，厚7.3mm，39石，42小时动力储存，COSC天文台认证

功能: 时、分、秒、日期、三地时显示，计时功能

表带: 不锈钢链带

参考价: ￥150,000～200,000

马利龙 AutoDate腕表 — 红金皮带

型号：00.10908.03.13.01
表壳：18K红金表壳，直径38mm，厚
8.75mm，30米防水
表盘：银白色，3时位日期视窗
机芯：Cal.CFB1965自动机芯，直径
26.2mm，厚3.6mm，25石，42小时
动力储存
功能：时、分、秒、日期显示
表带：棕色鳄鱼皮带配18K红金针扣
参考价：￥150,000～200,000

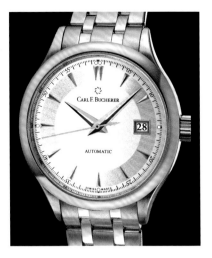

马利龙 AutoDate腕表 — 红金链带

型号：00.10908.03.13.21
表壳：18K红金表壳，直径38mm，厚
8.75mm，30米防水
表盘：银白色，3时位日期视窗
机芯：Cal.CFB1965自动机芯，直径
26.2mm，厚3.6mm，25石，42小时
动力储存
功能：时、分、秒、日期显示
表带：18K红金链带
参考价：￥150,000～200,000

马利龙 AutoDate腕表 — 不锈钢白盘

型号：00.10908.08.13.01
表壳：不锈钢表壳，直径38mm，厚
8.75mm，30米防水
表盘：银白色，3时位日期视窗
机芯：Cal.CFB1965自动机芯，直径
26.2mm，厚3.6mm，25石，42小时
动力储存
功能：时、分、秒、日期显示
表带：黑色鳄鱼皮带配不锈钢针扣
参考价：￥100,000～150,000

马利龙 AutoDate腕表 — 不锈钢黑

型号：00.10908.08.33.01
表壳：不锈钢表壳，直径38mm，厚
8.75mm，30米防水
表盘：黑色，3时位日期视窗
机芯：Cal.CFB1965自动机芯，直径
26.2mm，厚3.6mm，25石，42小时
动力储存
功能：时、分、秒、日期显示
表带：黑色鳄鱼皮带配不锈钢针扣
参考价：￥100,000～150,000

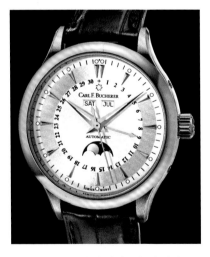

马利龙月相玫瑰金腕表—银色表盘

型号：00.10909.03.13.01
表壳：18K红金表壳，直径38mm，厚
10.85mm，30米防水
表盘：银白色，6时位月相视窗，12时位
星期、月份视窗，中心日期指针
机芯：Cal.CFB1966自动机芯，直径
26.2mm，厚5.2mm，21石，42小时
动力储存
功能：时、分、秒、日期、星期、月份、
月相显示
表带：棕色鳄鱼皮带配18K红金针扣
参考价：￥150,000～200,000

马利龙月相玫瑰金腕表—黑色表盘

型号：00.10909.03.33.01
表壳：18K红金表壳，直径38mm，厚
10.85mm，30米防水
表盘：黑色，6时位月相视窗，12时位星
期、月份视窗，中心日期指针
机芯：Cal.CFB1966自动机芯，直径
26.2mm，厚5.2mm，21石，42小时
动力储存
功能：时、分、秒、日期、星期、月份、
月相显示
表带：黑色鳄鱼皮带配18K红金针扣
参考价：￥150,000～200,000

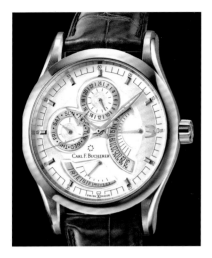

马利龙日历回拨腕表—红金皮带

型号： 00.10901.03.16.01

表壳： 18K红金表壳，直径40mm，厚11.5mm，30米防水

表盘： 银白色，回跳式日期指示，6时位动力储存指示，9时位星期盘，12时位24小时盘

机芯： Cal.CFB1903自动机芯，直径26.2mm，厚5.1mm，34石，42小时动力储存

功能： 时、分、秒、日期、星期、动力储存、24小时显示

表带： 棕色鳄鱼皮带配18K红金针扣

参考价： ￥200,000～250,000

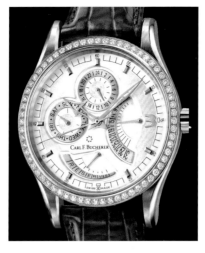

马利龙日历回拨腕表—红金镶钻

型号： 00.10901.03.16.11

表壳： 18K红金表壳，直径40mm，厚11.5mm，镶嵌64颗钻石约重1克拉，30米防水

表盘： 银白色，回跳式日期指示，6时位动力储存指示，9时位星期盘，12时位24小时盘

机芯： Cal.CFB1903自动机芯，直径26.2mm，厚5.1mm，34石，42小时动力储存

功能： 时、分、秒、日期、星期、动力储存、24小时显示

表带： 棕色鳄鱼皮带配18K红金针扣

参考价： ￥200,000～250,000

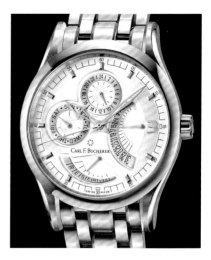

马利龙日历回拨腕表—红金款

型号： 00.10901.03.16.21

表壳： 18K红金表壳，直径40mm，厚11.5mm，30米防水

表盘： 银白色，回跳式日期指示，6时位动力储存指示，9时位星期盘，12时位24小时盘

机芯： Cal.CFB1903自动机芯，直径26.2mm，厚5.1mm，34石，42小时动力储存

功能： 时、分、秒、日期、星期、动力储存、24小时显示

表带： 18K红金链带

参考价： ￥200,000～250,000

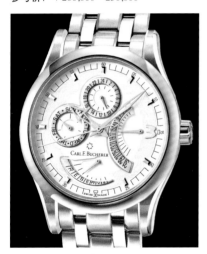

马利龙日历回拨腕表—不锈钢链带

型号： 00.10901.08.26.21

表壳： 不锈钢表壳，直径40mm，厚11.5mm，30米防水

表盘： 银白色，回跳式日期指示，6时位动力储存指示，9时位星期盘，12时位24小时盘

机芯： Cal.CFB1903自动机芯，直径26.2mm，厚5.1mm，34石，42小时动力储存

功能： 时、分、秒、日期、星期、动力储存、24小时显示

表带： 不锈钢链带

参考价： ￥150,000～200,000

马利龙日历回拨腕表—不锈钢皮带

型号： 00.10901.08.36.01

表壳： 不锈钢表壳，直径40mm，厚11.5mm，30米防水

表盘： 黑色，回跳式日期指示，6时位动力储存指示，9时位星期盘，12时位24小时盘

机芯： Cal.CFB1903自动机芯，直径26.2mm，厚5.1mm，34石，42小时动力储存

功能： 时、分、秒、日期、星期、动力储存、24小时显示

表带： 黑色鳄鱼皮带配不锈钢针扣

参考价： ￥150,000～200,000

马利龙日历回拨腕表—不锈钢镶钻

型号： 00.10901.08.36.31

表壳： 不锈钢表壳，直径40mm，厚11.5mm，镶嵌64颗钻石约重1克拉，30米防水

表盘： 黑色，回跳式日期指示，6时位动力储存指示，9时位星期盘，12时位24小时盘

机芯： Cal.CFB1903自动机芯，直径26.2mm，厚5.1mm，34石，42小时动力储存

功能： 时、分、秒、日期、星期、动力储存、24小时显示

表带： 不锈钢链带

参考价： ￥150,000～200,000

马利龙BigDate Power腕表—红金皮带

型号：00.10905.03.13.01

表壳：18K红金表壳，直径40mm，厚
11.45mm，30米防水

表盘：银白色，6时位动力储存指示，12
时位大日历视窗

机芯：Cal.CFB1964自动机芯，直径
26.2mm，厚5.1mm，28石，42小时
动力储存

功能：时、分、秒、日期、动力储存显示

表带：棕色鳄鱼皮带配18K红金针扣

参考价：￥150,000～200,000

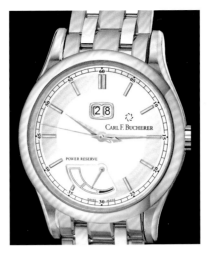

马利龙BigDate Power腕表—红金链带

型号：00.10905.03.13.21

表壳：18K红金表壳，直径40mm，厚
11.45mm，30米防水

表盘：银白色，6时位动力储存指示，12
时位大日历视窗

机芯：Cal.CFB1964自动机芯，直径
26.2mm，厚5.1mm，28石，42小时
动力储存

功能：时、分、秒、日期、动力储存显示

表带：18K红金链带

参考价：￥200,000～250,000

马利龙BigDate Power腕表—不锈钢款

型号：00.10905.08.13.01

表壳：不锈钢表壳，直径40mm，厚
11.45mm，30米防水

表盘：银白色，6时位动力储存指示，12
时位大日历视窗

机芯：Cal.CFB1964自动机芯，直径
26.2mm，厚5.1mm，28石，42小时
动力储存

功能：时、分、秒、日期、动力储存显示

表带：黑色鳄鱼皮带配不锈钢针扣

参考价：￥80,000～120,000

马利龙CentralChrono计时腕表—白盘

型号：00.10910.08.13.01

表壳：不锈钢表壳，直径42.5mm，厚
14.24mm，30米防水

表盘：银白色，3时位小秒盘，6时位日期
视窗，9时位24小时盘，中心分钟
计时指针

机芯：Cal.CFB1967自动机芯，直径
30mm，厚7.4mm，47石，40～44
小时动力储存

功能：时、分、秒、日期、24小时显示，
计时功能

表带：棕色鳄鱼皮带配不锈钢针扣

参考价：￥80,000～120,000

马利龙CentralChrono计时腕表—黑盘

型号：00.10910.08.33.01

表壳：不锈钢表壳，直径42.5mm，厚
14.24mm，30米防水

表盘：黑色，3时位小秒盘，6时位日期视
窗，9时位24小时盘，中心分钟计
时指针

机芯：Cal.CFB1967自动机芯，直径
30mm，厚7.4mm，47石，40～44
小时动力储存

功能：时、分、秒、日期、24小时显示，
计时功能

表带：黑色鳄鱼皮带配不锈钢针扣

参考价：￥80,000～120,000

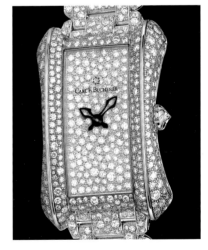

雅丽嘉Swan天鹅腕表

型号：00.10702.02.90.27

表壳：18K白金表壳，镶嵌348颗钻石约重
3.3克拉，30米防水

表盘：18K白金，镶嵌137颗钻石约重1.2
克拉

机芯：石英机芯

功能：时、分显示

表带：18K白金链带，镶嵌844颗钻石约重
8.7克拉

限量：20枚

参考价：请洽经销商

卡地亚
CARTIER

Cartier

年 产 量：不详

价格区间：RMB1,900 元起

网 址：http://www.cartier.com

　　享誉世界的顶级珠宝及腕表品牌卡地亚，在 2012 年日内瓦高级钟表展上，为这次的钟表饕餮宴带来了它 2012 年在腕表系列中的一系列精粹之作。璀璨夺目的设计、别致新颖的款式、卓越超凡的工艺以及华美绝伦的风格，令卡地亚在这次的 SIHH 国际钟表展上大放异彩。其中包括展现品牌近年来在制表技艺方面取得卓越成绩的高级制表系列，其兼具典雅不凡的造型与匠心独具的卓越机芯，一如既往的承袭了卡地亚品牌经久不衰的永恒风格；还有被钻石和珐琅锦上添花的珠宝腕表系列作品璀璨夺目、熠熠生辉，堪称与品牌高贵精美内涵的完美结合；而另一个 Cartier d´Atr 系列腕表则表现的是卡地亚的大师们通过细工雕嵌、镌刻装饰，将珐琅和钻石交映生辉，让一幅幅彩色动物图案呈现在表盘之上，演绎永恒经典的风格。

Rotonde de Cartier浮动式陀飞轮三问腕表

　　Rotonde de Cartier 三问腕表是长达五年钟表声学研究的杰出成果。人们一直以为几个世纪以来积累的知识已经足够，然而随着对品质要求的提高，以及当今腕表设计和科学分析方式的不断发展，暴露了报时工艺的诸多缺陷。于是，卡地亚研发部迎难而上，立志为高级制表爱好者打造一款既拥有经典外观设计又凝聚深度声学研究成果的三问腕表。这款表中，卡地亚采用了一个全新理念，采用截面为方形的音簧，同时将音簧与主夹板，主夹板与表壳中层四点相连，使音簧、机芯与表壳同步促进振动的传播。

表壳：钛金属表壳（另有18K红金表壳版本），直径45mm，30米防水

表盘：银白色纽索纹装饰，镂空格栅装饰，6时位可见三问音锤及降噪装置，12时位陀飞轮装置

机芯：Cal.9402MC手动机芯，直径33.4mm，厚9.58mm，45石，447个零件，摆频21,600A/H，约50小时动力储存，日内瓦印记。

功能：时、分显示，陀飞轮装置，三问报时功能

表带：鳄鱼皮带配18K白金或18K红金折叠扣

限量：18K红金或钛金属表壳各限量50枚

参考价：￥2,000,000～2,500,000

高级复杂功能镂空怀表

一切都完美平衡,此款怀表凭借 59 毫米直径的超大尺寸展示着自己强大的魅力。将这款充满质感的杰作托于掌心,其完美比例再现了卡地亚于十九世纪末为尊贵客户打造的精美时计。然而,与众不同的超大尺寸仍无法媲美内部精妙绝伦的机芯,镂空雕刻成表盘的白 K 金罗马数字熠熠生辉。值得注意的是,为了能在实心 K 金上雕镂出这十二枚罗马数字时标,名为 tour de force 的工艺需花费至少 100 个小时极精密的工作,才能完美地打磨和装饰每一枚数字时标。

表壳:18K白金表壳,直径59mm,30米防水
表盘:镂空装饰,3时位星期及动力储存显示,6时位陀飞轮装置,9时位月份及闰年显示,12时位日历及30分钟计时盘
机芯:Cal.9436MC手动机芯,直径33.8mm,厚10.25mm,37石,457个零件,摆频21,600A/H,8天动力储存
功能:时、分、动力储存显示,万年历功能,计时功能,陀飞轮装置
配件:配有18K白金表链或水晶及黑曜石制作底座
限量:10枚
参考价:￥4,500,000～5,000,000

ID Two概念腕表

在推出首款无需调校的——ID One 概念腕表 3 年之后,卡地亚凭借全新的概念腕表——ID Two 概念腕表革新了机械腕表的效率。相对于类似的腕表而言,卡地亚推出的这款高效腕表首次将能耗降低 50%,能量存储增加 30%。得益于一种创新设计方案的 ID Two 概念腕表使用了突破性的材料和技术,能够以标准尺寸的表壳提供长达 32 天的动力储备。同时,凭借卡地亚发明的 Airfree ™ 技术,可让 Ceramyst ™ 表壳内部变成真空状态。由于不存在空气摩擦,振荡器能耗减少了 37%。

表壳:Ceramyst™材质表壳,直径42mm,内部采用Airfree™技术实现真空状态
表盘:镂空装饰,可见黑色处理钛金属夹板
机芯:手动机芯,钛金属夹板,碳晶材料擒纵系统,游丝为Zérodur®2材料,两个双层发条盒内含玻璃纤维材质发条。直径31.5mm,厚10.45mm,15石,197个零件,摆频28,800A/H,32天动力储存
功能:时、分显示
表带:鳄鱼皮表带搭配18K白金折叠扣
限量:概念表款,暂不公开销售

Tank Anglaise—大号表款

表壳：18K白金表壳，尺寸36.2mm×
47mm×9.82mm，30米防水
表盘：镀银漆面雕纹表盘，3时位日历视
窗
机芯：Cal.1904 MC自动机芯
功能：时、分、秒、日历显示
表带：18K白金链带配折叠扣
参考价：￥262,000

Tank Anglaise—小号表款

表壳：18K红金表壳，两侧镶嵌钻石总
重约0.8克拉，尺寸22.7mm×
30.2mm×7.19mm，30米防水
表盘：镀银漆面雕纹表盘，3时位日历视窗
机芯：Cal.057石英机芯
功能：时、分显示
表带：18K红金链带配折叠扣
参考价：￥208,000

Tank Anglaise—中号高珠宝表款

表壳：18K白金表壳，整表镶嵌钻石总重约
13.3克拉，尺寸29.8mm×39.2mm，厚
9.5mm，30米防水
表盘：18K白金镶钻表盘
机芯：Cal.076自动机芯
功能：时、分、秒显示
表带：18K白金镶钻链带配折叠扣
参考价：请洽经销商

Tank Folle "疯狂坦克"腕表

表壳：18K白金表壳，尺寸29.4mm×
33.91mm，厚7mm，外圈镶嵌钻石总
重约1.6克拉，30米防水
表盘：银色表盘
机芯：Cal.8970 MC手动机芯
功能：时、分显示
表带：黑色绢质表带配18K白金镶钻针扣
参考价：请洽经销商

**Tank Louis Cartier XL
超薄腕表**

表壳：18K红金表壳，尺寸
34.92mm×40.4mm，
厚5.1mm，20米防水
表盘：镀银麦粒纹表盘
机芯：Cal.430 MC手动机芯
功能：时、分显示
表带：棕色鳄鱼皮带配18K
红金针扣
参考价：￥65,100

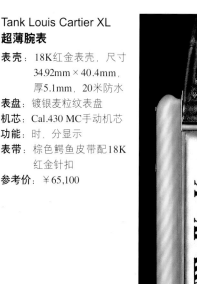

Rotonde de Cartier 年历腕表—白金

表壳：18K白金表壳，直径45mm，防水30米
表盘：银白色纽索纹装饰，镂空格栅装饰，外圈月份指示，内圈星期指示，12时位大日历视窗
机芯：Cal.9908MC自动机芯，直径25.58mm，厚5.9mm，32石，239个零件，摆频28,800A/H，约48小时动力储存。
功能：时、分、日期、星期、月份显示，年历功能
表带：黑色鳄鱼皮表带配18K白金折叠扣
参考价：￥252,000

Rotonde de Cartier 年历腕表—红金

表壳：18K红金表壳，直径45mm，防水30米
表盘：银白色纽索纹装饰，镂空格栅装饰，外圈月份指示，内圈星期指示，12时位大日历视窗
机芯：Cal.9908MC自动机芯，直径25.58mm，厚5.9mm，32石，239个零件，摆频28,800A/H，约48小时动力储存。
功能：时、分、日期、星期、月份显示，年历功能
表带：棕色鳄鱼皮表带配18K红金折叠扣
参考价：￥237,000

Rotonde de Cartier 万年历腕表 — 白金

表壳：18K白金表壳，直径40.5mm，30米防水
表盘：银白色纽索纹装饰，镂空格栅装饰，6时位回跳式星期指示，12时位月份及闰年指示，中心日期指针
机芯：Cal.9422MC自动机芯，直径25.6mm，厚5.88mm，33石，293个零件，摆频28,800A/H，约52小时动力储存。
功能：时、分、日期、星期、月份、闰年显示，万年历功能
表带：黑色鳄鱼皮带配18K白金折叠扣
参考价：￥378,000

Rotonde de Cartier 万年历腕表 — 红金

表壳：18K红金表壳，直径40.5mm，30米防水
表盘：银白色纽索纹装饰，镂空格栅装饰，6时位回跳式星期指示，12时位月份及闰年指示，中心日期指针
机芯：Cal.9422MC自动机芯，直径25.6mm，厚5.88mm，33石，293个零件，摆频28,800A/H，约52小时动力储存。
功能：时、分、日期、星期、月份、闰年显示，万年历功能
表带：黑色鳄鱼皮带配18K红金折叠扣
参考价：￥346,500

Rotonde de Cartier
浮动陀飞轮腕表 — 白金

表壳：18K白金表壳，直径40mm，30米防水
表盘：银白色纽索纹装饰，镂空格栅装饰，6时位陀飞轮装置
机芯：Cal.9452MC手动机芯，直径24.5mm，厚5.45mm，19石，142个零件，摆频21,600A/H，约50小时动力储存，日内瓦印记
功能：时、分、秒显示，陀飞轮装置
表带：黑色鳄鱼皮表带配18K白金折叠扣
参考价：￥1,260,000

Rotonde de Cartier
浮动陀飞轮腕表 — 红金

表壳：18K红金表壳，直径40mm，30米防水
表盘：银白色纽索纹装饰，镂空格栅装饰，6时位陀飞轮装置
机芯：Cal.9452MC手动机芯，直径24.5mm，厚5.45mm，19石，142个零件，摆频21,600A/H，约50小时动力储存，日内瓦印记
功能：时、分、秒显示，陀飞轮装置
表带：棕色鳄鱼皮表带配18K红金折叠扣
参考价：￥1,260,000

Rotonde de Cartier树袋熊

表壳：18K白金表壳，直径35mm，外圈镶嵌43颗钻石总重约1.6克拉，30米防水

表盘：18K黄金表盘，秸秆镶嵌树袋熊图案装饰

机芯：Cal.9601MC手动机芯

功能：时、分显示

表带：黑色鳄鱼皮表带配18K白金折叠扣

限量：20枚

参考价：请洽经销商

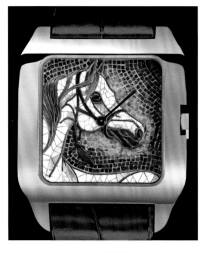

Santos-Dumont XL骏马

表壳：18K白金表壳，尺寸36.6mm×47.4mm，厚9.84mm，30米防水

表盘：骏马浮雕造型，并以马赛克宝石镶嵌及彩绘装饰

机芯：Cal.430MC手动机芯

功能：时、分显示

表带：棕色鳄鱼皮表带配18K白金折叠扣

限量：40枚

参考价：请洽经销商

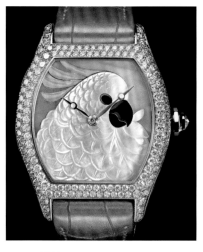

Tortue鹦鹉

表壳：18K白金表壳，尺寸38.15mm×43mm，厚11.11mm，镶嵌133颗钻石约2.1克拉，30米防水

表盘：珍珠贝母雕刻鹦鹉（眼睛及冠羽为内填珐琅）

机芯：Cal.430MC手动机芯

功能：时、分显示

表带：粉色鳄鱼皮表带配18K白金折叠扣

限量：80枚

参考价：请洽经销商

Rotonde de Cartier猛虎

表壳：18K白金表壳，直径42mm，厚11.35mm，30米防水

表盘：单色微绘珐琅表盘

机芯：Cal.9601MC手动机芯

功能：时、分显示

表带：黑色鳄鱼皮表带配18K白金折叠扣

限量：100枚

参考价：请洽经销商

Rotonde de Cartier Cadran Lové陀飞轮腕表

表壳：18K白金表壳，直径46mm，30米防水

表盘：灰色纽索纹装饰，18K白金罗马数字形镂空栅格，6时位陀飞轮装置

机芯：Cal.9458MC手动机芯，日内瓦印记，直径38mm，厚5.58mm，19石，167个零件，摆频21,600A/H，约50小时动力储存

功能：时、分显示，陀飞轮装置

表带：黑色鳄鱼皮表带配18K白金折叠扣

限量：100枚

参考价：请洽经销商

Santos-Dumont 镂空腕表

表壳：18K红金表壳，尺寸38.75×47.4mm，30米防水

表盘：放射状罗马数字图案镂空装饰

机芯：Cal.9614 MC手动机芯，尺寸28mm×28mm，厚3.97mm，20石，138个零件，摆频28,800A/H，约72小时动力储存

功能：时、分显示

表带：棕色鳄鱼皮表带配18K红金折叠扣

参考价：￥300,000

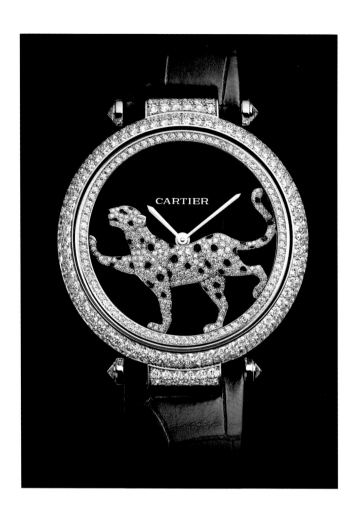

Promenade d'unePanthère 猎豹装饰腕表

表壳： 18K白金表壳，直径42mm，含猎豹共镶嵌629颗
圆形切割钻石，总重约6.9克拉，30米防水

表盘： 黑色珍珠贝母表盘，18K白金猎豹造型自动摆陀

机芯： Cal.9603 MC自动机芯，直径36.18mm，厚
6.85mm，31石，204个零件，摆频28,800A/H，
48小时动力储存

功能： 时、分显示

表带： 鳄鱼皮带配18K白金针扣

参考价： 请洽经销商

Montreà Secret高珠宝腕表

表壳： 18K白金表壳，整表共镶嵌4颗方形
钻石总重约0.49克拉，186颗圆钻
总重约3.74克拉，可开启式表盖

表盘： 银色表盘

机芯： 石英机芯

功能： 时、分显示

表带： 634颗蓝宝石珠串制，总重约115.79
克拉

限量： 孤本

参考价： 请洽经销商

Temps Moderne de Cartier腕表

表壳： 18K白金表壳，直径42.8mm，共镶
嵌508颗圆形切割钻石，总重约3.7
克拉

表盘： 珍珠贝母表盘配可旋转齿轮装饰

机芯： 石英机芯

功能： 时、分显示

表带： 白色绢质表带配18K白金镶钻针扣

参考价： 请洽经销商

MontreRivière Classique高珠宝腕表

表壳： 18K白金表壳，整表共镶嵌14公
主方形钻石约重1.26克拉，50颗公
主方形长方钻石约重5.21克拉，116
颗圆钻总重约3.16克拉

表盘： 银色表盘，镶嵌1颗钻石时标

机芯： 石英机芯

功能： 时、分显示

表带： 18K白金镶钻链带

参考价： 请洽经销商

雪铁纳
Certina

CERTINA
swiss time maker 1888

年产量：不详
价格区间：RMB1,900元起
网　址：http://www.certina.com

雪铁纳的故事始于1888年，当时一对兄弟——Adolf 和 Alfred Kurth 在瑞士的 Granges 经营高品质的手表机芯和配件，不久之后，他们的业务便扩展到整个手表制造。1938年，在50周年之际，成功地将家族生意转变为股份制公司，雇佣了250多名工人。为了庆祝这一历程，企业被重新命名，这就是当今举世闻名的雪铁纳。这是个富有意义的新商标，来源于拉丁词 Certus，代表"确定、肯定"之意，预示着公司迈向更广阔、更国际化的市场。

之后由于石英风暴的冲击，雪铁纳被纳入了斯沃琪集团，成为集团中中档价位的"运动"品牌。雪铁纳令人羡慕的市场地位因其致力于为大众提供超高性价比的产品系列而得到巩固，其手表零售价位介于2,000元至15,000元人民币之间。令这一品牌感到骄傲的是其总部位于瑞士，因为瑞士不仅是一个在世界上享有盛誉的国家，而且也是雪铁纳品牌的主要市场。在过去的五十年中，公司已经成功进驻北欧和中欧市场。近年来，公司在欧洲其他地区、中东、俄罗斯和中国迅速成长起来。

DS1自动上弦腕表

型　号：C006.407.11.088.00
表　壳：不锈钢表壳，直径39mm，100米防水
表　盘：炭黑色表盘，4-5时位日期视窗
机　芯：ETA Cal.2824-2自动机芯
功　能：时、分、秒、日期显示
表　带：不锈钢链带
参考价：￥5,350

DS Master Black计时腕表—黑色PVD

型　号：C015.434.11.050.00
表　壳：黑色PVD不锈钢表壳，直径45mm，测速刻度外圈，100米防水
表　盘：黑色，2时位1/10秒计时盘，6时位小秒盘，10时位12小时计时盘，中心60分钟计时指针
机　芯：石英机芯
功　能：时、分、秒、日期显示，计时功能，测速功能
表　带：黑色PVD不锈钢链带
参考价：￥10,600

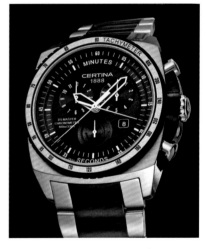

DS Master Black计时腕表—不锈钢

型　号：C015.434.22.050.00
表　壳：不锈钢表壳，直径45mm，测速刻度外圈，100米防水
表　盘：黑色，2时位1/10秒计时盘，6时位小秒盘，10时位12小时计时盘，中心60分钟计时指针
机　芯：石英机芯
功　能：时、分、秒、日期显示，计时功能，测速功能
表　带：不锈钢链带，中部链节经黑色PVD处理
参考价：￥9,750

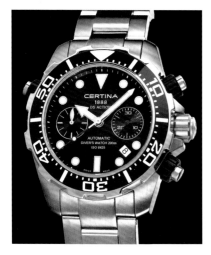

DS Action Diver动能系列自动上弦潜水计时码表

型号：C013.427.11.051.00

表壳：不锈钢表壳，直径45.2mm，单向旋转计时外圈，200米防水

表盘：黑色，3时位30分钟计时盘，4-5时位日期视窗，9时位小秒盘

机芯：ETA Cal.7753自动机芯

功能：时，分，秒，日期显示，计时功能，潜水计时外圈

表带：不锈钢链带

参考价：￥15,900

DS First大三针日历腕表

型号：C014.410.11.051.00

表壳：不锈钢表壳，直径41mm，单向旋转旋转计时外圈，200米防水

表盘：黑色，6时位日期视窗

机芯：石英机芯

功能：时，分，秒，日期显示，潜水计时外圈

表带：不锈钢链带

参考价：￥3,000～4,500

DS First计时腕表

型号：C014.417.11.051.00

表壳：不锈钢表壳，直径41mm，单向旋转旋转计时外圈，200米防水

表盘：黑色，2时位1/10秒计时盘，6时位小秒盘及日期视窗，10时位12小时计时盘，中心60分钟计时指针

机芯：ETA Cal.251.262石英机芯

功能：时，分，秒，日期显示，计时功能，潜水计时外圈

表带：不锈钢链带

参考价：￥6,500

DS Multi-8 —智能系列全黑腕表

型号：C020.419.16.052.00

表壳：黑色PVD不锈钢表壳，直径42mm，100米防水，

表盘：黑色，6时位液晶显示屏

机芯：ETA Cal.E49.351电子机芯

功能：时，分，秒显示，万年历，两地时，计时，响闹等功能

表带：黑色碳纤维纹路皮带

参考价：￥6,450

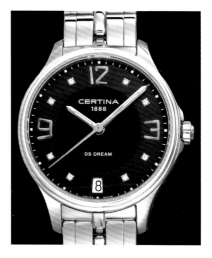

Dream女装腕表—黑盘

型号：C021.210.11.056.00

表壳：不锈钢表壳，直径30.5mm，100米防水

表盘：黑色，镶嵌8颗钻石时标，6时位日期视窗

机芯：ETA Cal.F06.11石英机芯

功能：时，分，秒，日期显示

表带：不锈钢链带

参考价：￥3,950

Dream女装腕表—贝母表盘

型号：C021.210.61.116.00

表壳：不锈钢表壳，直径30.5mm，外圈镶嵌90颗钻石，100米防水

表盘：白色珍珠贝母，镶嵌8颗钻石时标，6时位日期视窗

机芯：ETA Cal.F06.11石英机芯

功能：时，分，秒，日期显示

表带：不锈钢链带

参考价：￥11,000

2013世界名表年鉴　77

香奈儿
CHANEL

年产量：不详
价格区间：RMB30,000 元起
网址：http://www.chanel.com

嘉柏丽尔·香奈儿出生于 1883 年 8 月 19 日，狮子座。她喜欢将极具王者风范的狮子形象用在服装纽扣上，在她的寓所里也有不少以狮子为主题的艺术作品，此外，狮子还是香奈儿女士最爱的威尼斯的象征。2012 年，香奈儿第四次参加"巴黎古董双年展"，展出的一条华丽的长项链便以这个全新的标志为主题，以发晶雕刻而成的狮子栩栩如生地昂立于钻石彗星和一颗罕见的 32 克拉黄钻之上，精美绝伦。雄踞于彗星之上的狮子，还幻化为一枚以黄钻和白钻镶嵌的胸针，同样瑰丽夺目，熠熠生辉。

香奈儿同时还展出 Mademoiselle Privé 系列的全新珠宝腕表，以此向手工艺大师及其精湛技艺致敬。这些腕表撷取了狮子、彗星和羽毛的主题，结合登峰造极的浮雕、"大明火"珐琅和宝石镶嵌等工艺，呈现出令人耳目一新的原创设计。香奈儿顶级珠宝和顶级制表精益求精的传统在此

完美结合，彰显着香奈儿的无尽创意与大胆创新的精神。

此次展出的珠宝杰作，风格鲜明地表达了香奈儿高级珠宝特有的创意美学。每件作品在珠宝艺术上所要求的卓绝品味与精湛工艺，再一次展现了香奈儿高级珠宝与众不同的极致奢华与尽善尽美的境界。

为庆祝香奈儿首款腕表 Première 系列诞生 25 周年，香奈儿首次推出了这款高复杂功能女表，这是 2005 年第一款 J12 陀飞轮腕表之后，香奈儿首次运用浮动式陀飞轮机芯。这款非凡的机芯是香奈儿与爱彼表高级研发部分 Renaud & Papi 紧密合作的成果，其浮动式陀飞轮被设计成香奈儿标志性的山茶花图案，在表盘上悄然无息的转动。熠熠生辉的花瓣与钻石花蕊交相呼应，更显出山茶花的娇媚精致。

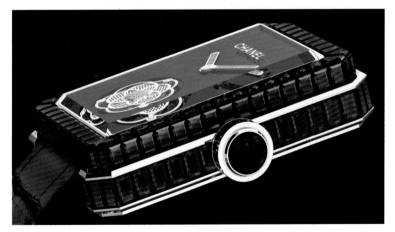

Première 浮动式陀飞轮红宝石腕表

表壳：18K白金表壳，尺寸28.5mm×37mm，表壳共镶嵌181颗长阶梯形切割红宝石总重约12.74克拉，1颗Rose切割红宝石约0.45克拉

表盘：黑色陶瓷表盘，6时位陀飞轮装置

机芯：山茶花浮动式陀飞轮手动机芯，18石，225个零件，摆频21,600A/H，40小时动力储存

功能：时、分显示，陀飞轮装置

表带：黑色鳄鱼皮带配18K白金镶红宝石折叠扣

限量：孤本制作

参考价：请洽经销商

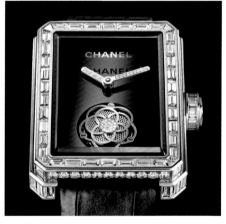

Première 浮动式陀飞轮腕表

表壳：18K白金表壳，尺寸28.5mm×37mm，表壳镶嵌47颗长阶梯形切割钻石约3克拉，表圈镶嵌38颗长阶梯形切割钻石约2.4克拉和52颗圆钻约1.5克拉，表把镶嵌16颗长阶梯形切割钻石和11颗圆钻

表盘：黑色陶瓷表盘，6时位陀飞轮装置

机芯：山茶花浮动式陀飞轮手动机芯，18石，225个零件，摆频21,600A/H，40小时动力储存

功能：时、分显示，陀飞轮装置

表带：黑色鳄鱼皮带配18K白金镶钻折叠扣

限量：20枚

参考价：￥2,100,000

J12 GMT Chromatic两地时腕表 — 41mm

表壳：钛陶瓷表壳，直径41mm，50米防水

表盘：灰色，4-5时位日历视窗，红色箭头第二时区指针

机芯：自动机芯，42小时动力储存

功能：时、分、秒、日期、第二时区显示

表带：钛陶瓷链带配折叠扣

参考价：￥49,200

J12 GMT两地时哑光黑色腕表 — 41mm

表壳：哑光黑色陶瓷表壳，直径41mm，50米防水

表盘：黑色，4-5时位日历视窗，红色箭头第二时区指针

机芯：自动机芯，42小时动力储存

功能：时、分、秒、日期、第二时区显示

表带：哑光黑色陶瓷链带配折叠扣

参考价：￥44,100

J12 GMT两地时黑色陶瓷腕表 — 38mm

表壳：黑色陶瓷表壳，直径38mm，50米防水

表盘：黑色，4-5时位日历视窗，红色箭头第二时区指针

机芯：自动机芯，42小时动力储存

功能：时、分、秒、日期、第二时区显示

表带：黑色陶瓷链带配折叠扣

参考价：￥44,100

J12 GMT两地时白色陶瓷腕表 — 38mm

表壳：白色陶瓷表壳，直径38mm，50米防水

表盘：白色，4-5时位日历视窗，蓝色箭头第二时区指针

机芯：自动机芯，42小时动力储存

功能：时、分、秒、日期、第二时区显示

表带：白色陶瓷链带配折叠扣

参考价：￥44,100

J12哑光黑色神秘飞返表

表壳：哑光黑色高科技精密陶瓷及18K白金表壳，直径47mm，30米防水

表盘：蓝宝石水晶表盘，6时位视窗式分钟显示，9时位陀飞轮，12时位动力储存指示

机芯：Cal.RMT-10手动机芯，直径36mm，44石，摆频21,600，10天动力储存

功能：时、分、动力储存显示，分针飞返，陀飞轮装置

表带：哑光黑色陶瓷链带配折叠扣

限量：10枚

参考价：请洽经销商

J12Haute Joaillerie高珠宝腕表

表壳：18K白金表壳，直径38mm，整表共镶嵌533颗阶梯形切割钻石约29.61克拉，50米防水

表盘：黑色，镶嵌12颗条形钻石刻度

机芯：自动机芯，42小时动力储存

功能：时、分、秒显示

表带：18K白金及黑色陶瓷镶钻链带配折叠扣

参考价：请洽经销商

J12哑光黑色腕表 — 42mm

表壳：哑光黑色陶瓷表壳，直径42mm，
　　　200米防水
表盘：黑色，4-5时位日期视窗
机芯：自动机芯，42小时动力储存
功能：时、分、秒、日期显示
表带：哑光黑色陶瓷链带配折叠扣
参考价：￥42,000

J12 Chromatic钛陶瓷腕表 — 33mm

表壳：钛陶瓷表壳，直径33mm，200米防水
表盘：灰色，镶嵌12颗钻石时标，4-5时位
　　　日期视窗
机芯：石英机芯
功能：时、分、秒、日期显示
表带：钛陶瓷链带配折叠扣
参考价：￥48,200

J12 Chromatic钛陶瓷腕表 — 38mm

表壳：钛陶瓷表壳，直径38mm，200米防水
表盘：灰色，镶嵌12颗钻石时标，4-5时位
　　　日期视窗
机芯：自动机芯，42小时动力储存
功能：时、分、秒、日期显示
表带：钛陶瓷链带配折叠扣
参考价：￥49,000

J12 Chromatic钛陶瓷镶钻腕表 — 33mm

表壳：钛陶瓷表壳，直径33mm，共镶嵌
　　　373颗钻石约重3克拉，200米防水
表盘：灰色，镶嵌8颗钻石时标
机芯：石英机芯
功能：时、分、秒显示
表带：钛陶瓷及不锈钢镶钻链带配折叠扣
参考价：￥166,000

J12 Chromatic钛陶瓷镶钻腕表 — 38mm

表壳：钛陶瓷表壳，直径38mm，共镶嵌
　　　366颗钻石约重5.6克拉，200米防水
表盘：灰色，镶嵌8颗钻石时标
机芯：自动机芯，42小时动力储存
功能：时、分、秒显示
表带：钛陶瓷及不锈钢镶钻链带配折叠扣
参考价：￥208,000

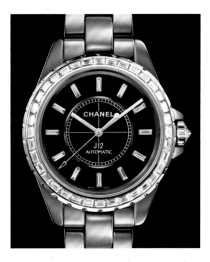

**J12 Chromatic
钛陶瓷镶方钻腕表 — 41mm**

表壳：钛陶瓷表壳，直径41mm，外圈镶嵌
　　　36颗方钻约重3.47克拉，50米防水
表盘：黑色，镶嵌12颗条形钻石时标约重
　　　0.52克拉
机芯：自动机芯，42小时动力储存
功能：时、分、秒显示
表带：钛陶瓷链带配折叠扣
参考价：￥913,500

J12 Chromatic
钛陶瓷粉红表盘腕表 — 33mm

表壳： 钛陶瓷表壳，直径33mm，外圈镶
　　　嵌53颗钻石约重1克拉，50米防水
表盘： 粉红色，镶嵌8颗钻石时标
机芯： 石英机芯
功能： 时、分、秒显示
表带： 钛陶瓷链带配折叠扣
参考价： ￥122,000

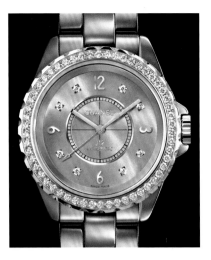

J12 Chromatic
钛陶瓷粉红表盘腕表 — 38mm

表壳： 钛陶瓷表壳，直径38mm，外圈镶
　　　嵌54颗钻石约重1.4克拉，50米防
　　　水
表盘： 粉红色，镶嵌8颗钻石时标
机芯： 自动机芯，42小时动力储存
功能： 时、分、秒显示
表带： 钛陶瓷链带配折叠扣
参考价： ￥133,000

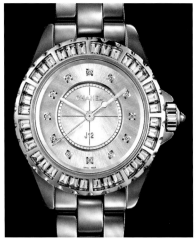

J12 Chromatic
钛陶瓷镶嵌干邑色蓝宝石腕表 — 33mm

表壳： 钛陶瓷表壳，直径33mm，外圈镶
　　　嵌36颗干邑色蓝宝石约重3.96克
　　　拉，50米防水
表盘： 银灰色，镶嵌12颗钻石时标
机芯： 石英机芯
功能： 时、分、秒显示
表带： 钛陶瓷链带配折叠扣
参考价： ￥856,800

J12 Chromatic
钛陶瓷镶嵌干邑色蓝宝石腕表 — 38mm

表壳： 钛陶瓷表壳，直径38mm，外圈镶
　　　嵌36颗干邑色蓝宝石约重6.12克
　　　拉，50米防水
表盘： 银灰色，镶嵌12颗钻石时标
机芯： 自动机芯，42小时动力储存
功能： 时、分、秒显示
表带： 钛陶瓷链带配折叠扣
参考价： ￥856,800

J12 Chromatic
钛陶瓷镶嵌粉红色蓝宝石腕表 — 33mm

表壳： 钛陶瓷表壳，直径33mm，外圈镶
　　　嵌36颗粉红色蓝宝石约重3.96克
　　　拉，50米防水
表盘： 银灰色，镶嵌12颗钻石时标
机芯： 石英机芯
功能： 时、分、秒显示
表带： 钛陶瓷链带配折叠扣
参考价： ￥856,800

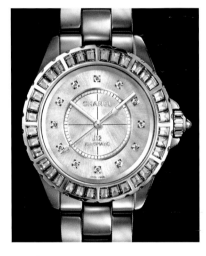

J12 Chromatic
钛陶瓷镶嵌红色蓝宝石腕表 — 38mm

表壳： 钛陶瓷表壳，直径38mm，外圈镶
　　　嵌36颗粉红色蓝宝石约重6.12克
　　　拉，50米防水
表盘： 银灰色，镶嵌12颗钻石时标
机芯： 自动机芯，42小时动力储存
功能： 时、分、秒显示
表带： 钛陶瓷链带配折叠扣
参考价： ￥856,800

J12白色陶瓷镶钻腕表 — 33mm

表壳： 白色陶瓷表壳，直径33mm，外圈镶嵌53颗钻石约重1克拉，50米防水

表盘： 白色，镶嵌8颗钻石时标

机芯： 石英机芯

功能： 时、分、秒显示

表带： 白色陶瓷链带配折叠扣

参考价： ￥94,500

J12白色陶瓷镶钻腕表 — 38mm

表壳： 白色陶瓷表壳，直径38mm，外圈镶嵌54颗钻石约重1.4克拉，50米防水

表盘： 白色，镶嵌8颗钻石时标

机芯： 自动机芯，42小时动力储存

功能： 时、分、秒显示

表带： 白色陶瓷链带配折叠扣

参考价： ￥100,800

J12白色陶瓷 镶嵌粉红蓝宝石腕表 — 29mm

表壳： 白色陶瓷表壳，直径29mm，外圈镶嵌40颗粉红色蓝宝石约重1克拉，50米防水

表盘： 白色珍珠贝母表盘，镶嵌8颗钻石时标

机芯： 石英机芯

功能： 时、分、秒显示

表带： 白色陶瓷链带配折叠扣

参考价： ￥100,800

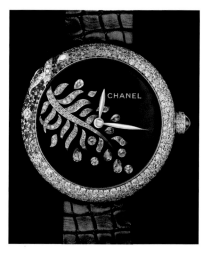

Mademoiselle Privé系列
Constellation du Lion狮子星座腕表

表壳： 18K白金表壳，直径37.5mm，厚8.6mm，镶嵌513颗圆钻约3.2克拉，7颗梯形钻石约0.3克拉，表把镶嵌38颗圆钻及1颗蓝宝石约0.3克拉，30米防水

表盘： 18K白金表盘，雕刻狮子图案并覆盖蓝色大明火珐琅，镶嵌30颗钻石约1克拉

机芯： 自动机芯，42小时动力储存

功能： 时、分显示

表带： 黑色鳄鱼皮带配18K白金镶钻折叠扣

限量： 限量制作

参考价： 请洽经销商

Mademoiselle Privé系列
Facettes钻石切面表盘腕表

表壳： 18K白金表壳，直径37.5mm，厚8.6mm，镶嵌547颗圆钻约3.4克拉，7颗梯形钻石约0.3克拉，表把镶嵌38颗圆钻及1颗蓝宝石约0.3克拉，30米防水

表盘： 18K白金表盘，覆盖蓝色大明火珐琅，镶嵌47颗钻石约0.2克拉

机芯： 自动机芯，42小时动力储存

功能： 时、分显示

表带： 黑色鳄鱼皮带配18K白金镶钻折叠扣

限量： 限量制作

参考价： 请洽经销商

Mademoiselle Privé系列
Plume enchantée精灵之羽表盘腕表

表壳： 18K白金表壳，直径37.5mm，厚8.6mm，镶嵌316颗圆钻约2.1克拉，216颗粉红蓝宝石约1.6克拉，表把镶嵌37颗圆钻及1颗粉红蓝宝石约0.3克拉，30米防水

表盘： 18K白金表盘雕刻羽毛图案，覆盖黑色大明火珐琅，镶嵌63颗钻石约0.2克拉，26颗粉红蓝宝石约0.4克拉

机芯： 自动机芯，42小时动力储存

功能： 时、分显示

表带： 黑色鳄鱼皮带配18K白金镶钻折叠扣

限量： 限量制作

参考价： 请洽经销商

尚美
CHAUMET

CHAUMET
PARIS

年产量：多于 5000 块
价格区间：RMB15,000 元起
网址：http://www.chaumet.com

关于尚美的品牌名称，可以做如下理解：

C：Creation（创意），珠宝及腕表产品的灵感源泉；

H：History（历史），200 年腕表创作历史；

A：Artistry（艺术性），钟表匠、珠宝匠、宝石镶嵌工匠及表盘工艺师的艺术杰作；

U：Unique（独一无二），独特的珠宝腕表；

M：Movements（机芯），由瑞士顶尖钟表制造商制造的优质机芯；

E：Enamel（珐琅），源于品牌自 1811 年已有的精湛珐琅彩绘技术；

T：Time（时间）：周年限量腕表让时间更显珍贵。

两百年来，尚美一直以结合优雅、珍贵及创新的设计与技术而享誉国际。在开拓钟表市场之后，尚美以卓越出众的珠宝装饰衬托高级钟表，在顶级瑞士钟表制造商的专业技术雕琢下，结合瑞士严谨制造的复杂机芯与品牌特有的巴黎风优雅格调。

2012 年，CHAUMET 的腕表设计继续秉承大胆新颖与优越的宗旨，创制出 2012 年一系列全新腕表，同时还特别推出一些尊贵的限量款式，美丽与智慧共同展现于珍贵出众的珠宝杰作之上。

Class One白金及钛金属珠宝自动腕表

型号：W1738F-38M

表壳：黑色PVD钛金属表壳，18K白金表圈，直径39mm，厚12.55mm，外圈镶嵌48颗方形白钻约3.52克拉，12颗方形黑钻约0.88克拉，100米防水

表盘：黑色，镶嵌16颗钻石时标，6时位日期视窗

机芯：ETA Cal.2824-2自动机芯，25石，摆频28,800A/H，38小时动力储存

功能：时、分、秒、日期显示

表带：黑色小牛皮带配18K白金折叠扣，镶嵌24颗白钻约0.6克拉，32颗黑钻0.8克拉

参考价：￥800,000～1,000,000

Class One白金陀飞轮—黑钻

型号：W17191-42A

表壳：18K白金表壳，直径42mm，厚14.5mm，共镶嵌20颗方形白钻及98颗方形黑钻共计15.52克拉，169颗圆形白钻及56颗圆形黑钻共计1.58克拉

表盘：镶嵌黑钻及白钻，10时位陀飞轮

机芯：ZENITHCal.4041自动机芯，25石，摆频36,000A/H，55小时动力储存

功能：时、分、秒显示

表带：白色小牛皮带配18K白金折叠扣，镶嵌20颗方形白钻及52颗方形黑钻约4.02克拉

限量：4 枚

参考价：￥2,000,000～2,500,000

Class One白金陀飞轮—红宝石

型号：W17193-42C

表壳：18K白金表壳，直径42mm，厚14.5mm，共镶嵌85颗方形白钻约10.45克拉，33颗方形红宝石约6.71克拉，14颗圆形白钻约0.06克拉及211颗圆形红宝石

表盘：镶嵌方形钻石及红宝石，10时位陀飞轮

机芯：ZENITH Cal.4041自动机芯，25石，摆频36,000A/H，55小时动力储存

功能：时、分、秒显示

表带：红色小牛皮带配18K白金折叠扣，镶嵌52颗方形白钻约2.89克拉，20颗方形红宝石约1.34克拉

限量：孤本制作

参考价：￥2,000,000～2,500,000

Bee My Love Laniere 18K黄金珠宝表
型号：W16403-46B
表壳：18K黄金表壳，直径19.5mm，厚
7.35mm，整表共镶嵌45颗钻石约
2.37克拉
表盘：黄色，蜂巢图案装饰，镶嵌4颗钻
石时标
机芯：ETA Cal.E01.701石英机芯
功能：时、分显示
表带：18K黄金链带
参考价：￥300,000～500,000

Bee My Love Laniere 18K白金珠宝表
型号：W16503-46A
表壳：18K白金表壳，直径19.5mm，厚
7.35mm，整表共镶嵌45颗钻石约
2.37克拉
表盘：白色珍珠贝母，蜂巢图案装饰，镶
嵌4颗钻石时标
机芯：ETA Cal.E01.701石英机芯
功能：时、分显示
表带：18K白金链带
参考价：￥300,000～500,000

Bee My Love珠宝表
型号：W16804-46A
表壳：18K红金表壳，直径19.5mm，厚
7.35mm，镶嵌36颗钻石约1.15克
拉，3颗蓝宝石约0.75克拉，3颗红
色尖晶石约0.54克拉
表盘：粉色珍珠贝母，蜂巢图案装饰，镶
嵌4颗钻石时标
机芯：ETA Cal.E01.701石英机芯
功能：时、分显示
表带：黑色绢带配18K红金针扣，镶嵌17
颗钻石约0.08克拉
参考价：￥300,000～500,000

Dandy Arty镂空宝石精钢自动腕表
型号：W18293-40E
表壳：不锈钢表壳，直径40mm，厚
12.05mm，雪花黑曜石装饰
表盘：黑色，镂空装饰，3时位小秒盘
机芯：Cal.CP12V-V自动机芯，21石，摆
频28,800A/H，42小时动力储存
功能：时、分、秒显示
表带：黑色小牛皮带配不锈钢折叠扣
限量：12枚
参考价：￥300,000～500,000

Dandy Slim—白金限量版
型号：W11181-27B
表壳：18K白金表壳，直径38mm，厚
8.5mm
表盘：黑色，9时位银色齿轮造型秒针
机芯：ZENITH Cal.681自动机芯，27石，
摆频28,800A/H，50小时动力储存
功能：时、分、秒显示
表带：黑色小牛皮带18K白金针扣
限量：100枚
参考价：￥150,000～250,000

Dandy Slim—不锈钢款
型号：W11280-27A
表壳：不锈钢表壳，直径38mm，厚8.5mm
表盘：黑色，9时位蓝色齿轮造型秒针
机芯：ZENITHCal.681自动机芯，27石，
摆频28,800A/H，50小时动力储存
功能：时、分、秒显示
表带：黑色小牛皮带配不锈钢针扣
参考价：￥50,000～80,000

萧邦
CHOPARD

Chopard

年产量：不详
价格区间：RMB30,000元起
网址：http://www.chopard.com

　　路易·于利斯·萧邦（Louis-UlysseChopard）若能看到他创造的品牌有着骄人的成就，应会感到非常自豪。汇聚了精湛工艺和创新技术的萧邦精神，引领着这一品牌已经走过了超过一个半世纪的岁月。

　　从创造品牌的萧邦家族到1963年收购萧邦公司的卡尔·舍费尔（KarlScheufele）家族，始终坚持打造非凡品味，追求卓越质量，持续开拓创新，独立自主，尊重基本人权，这些精神在品牌成长过程中一路相伴。

　　从起初的默默无闻，到19世纪时萧邦已经成为精密钟表业翘楚。不过之后，星光渐暗，直到1963年卡尔·舍费尔（Karl Scheufele）收购萧邦，才令此制表明星大放异彩。在他及其夫人卡琳（Karin）和两个子女——卡尔·弗雷德里克（Karl-Friedrich）和卡罗琳（Caroline）的共同努力下，萧邦登上辉煌巅峰：从首款Happy Diamonds系列腕表到最近由卡罗琳（Caroline）推出的高级珠宝系列，再到由卡尔-弗雷德里克（Karl-Friedrich）推出的L.U.C系列腕表，萧邦已享誉全球，所有人都希望拥有萧邦的产品。

　　近几十年来，萧邦对世界敞开胸怀，并一直坚持做好两个核心产业：钟表和珠宝。

L.U.C Lunar One月相腕表

型号：161927-5001
表壳：18K红金表壳，直径43mm，厚11.47mm，50米防水
表盘：白色，3时位月份及闰年显示，6时位小秒盘及月相视窗，9时位星期继昼夜显示，12时位大日历视窗
机芯：Cal.L.U.C 96.13-L自动机芯，直径33mm，厚6mm，32石，摆频28,800A/H，70小时动力储存。COSC天文台认证，日内瓦印记
功能：时、分、秒、日期、星期、月份、闰年、昼夜、月相显示，万年历功能
表带：棕色鳄鱼皮表带配18K红金针扣
参考价：￥480,000

L.U.C Lunar Twin腕表

型号：161934-1001
表壳：18K白金表壳，直径40mm，厚9.97mm，30米防水
表盘：银色，1时位月相视窗，4时位日期视窗，6时位小秒盘
机芯：Cal.L.U.C 96.21-L自动机芯，直径33mm，厚5.1mm，33石，摆频28,800A/H，双发条盒，65小时动力储存。COSC天文台认证
功能：时、分、秒、日期、月相显示
表带：黑色鳄鱼皮带配18K白金针扣
参考价：￥200,000

L.U.C 8HF腕表

型号：161938-3001
表壳：部分黑色处理钛金属表壳，直径42mm，厚11.47mm，30米防水
表盘：银白色，6时位日期视窗，7时位小秒盘
机芯：Cal.L.U.C01.06-L自动机芯，直径28.8mm，厚4.95mm，31石，摆频57,600A/H，60小时动力储存，COSC天文台认证
功能：时、分、秒、日期显示
表带：鳄鱼皮带配钛金属针扣
限量：首批限量发行100枚
参考价：请洽经销商

L.U.C XPS日内瓦印记125周年纪念款

型号：161932-5001

表壳：18K红金表壳，直径39.5mm，厚
7.13mm，30米防水

表盘：棕色，3时位日期视窗，6时位小秒盘，
12时位印有日内瓦印记125周年印记

机芯：Cal.L.U.C 96.01-L自动机芯，直径
27.4mm，厚3.3mm，29石，摆频
28,800A/H，双发条盒，65小时动
力储存。COSC天文台认证

功能：时、分、秒、日期显示

表带：棕色鳄鱼皮带配18K红金针扣

参考价：￥145,000

L.U.C XP Skeletec镂空腕表

型号：161936-5001

表壳：18K红金表壳，直径39.5mm，厚
7.13mm，30米防水

表盘：银色，中心镂空装饰

机芯：Cal.L.U.C 96.17-S自动机芯，直径
27.4mm，厚3.3mm，29石，摆频
28,800A/H，双发条盒，65小时动
力储存

功能：时、分显示

表带：鳄鱼皮表带配针扣

限量：288枚

参考价：￥166,000

Classic Manufactum白金腕表

型号：161289-1001

表壳：18K白金表壳，直径38mm，厚
10.06mm，30米防水

表盘：白色，3时位日期视窗，6时位小
秒盘

机芯：Cal.01.04-C自动机芯，直径
28.8mm，厚4.95mm，27石，摆频
28,800A/H，60小时动力储存

功能：时、分、秒、日期显示

表带：黑色鳄鱼皮表带配18K白金针扣

参考价：￥111,000

Classic Manufactum黄金腕表

型号：161289-3001

表壳：18K黄金表壳，直径38mm，厚
10.06mm，30米防水

表盘：白色，3时位日期视窗，6时位小秒
盘

机芯：Cal.01.04-C自动机芯，直径
28.8mm，厚4.95mm，27石，摆频
28,800A/H，60小时动力储存

功能：时、分、秒、日期显示

表带：黑色鳄鱼皮表带配18K黄金针扣

参考价：￥109,000

**Mille Miglia GMT Chrono 2012
红金限量版腕表**

型号：161288-5001

表壳：18K红金表壳，直径42.4mm，厚
14.87mm，50米防水

表盘：黑色，3时位日期视窗，6时位12
时计时盘，9时位小秒盘，12时位
30分钟计时盘，中心第二时区指
针，测速刻度外圈

机芯：自动机芯，直径30.4mm，25石，摆
频28,800A/H，48小时动力储存，
COSC天文台认证

功能：时、分、秒、日期、第二时区显
示，计时功能，测速功能

表带：黑色橡胶带配18K红金折叠扣

限量：250枚

参考价：￥157,000

**Mille Miglia GMT Chrono 2012
不锈钢限量版腕表**

型号：168550-3001

表壳：不锈钢表壳，直径42.4mm，厚
14.87mm，50米防水

表盘：黑色，3时位日期视窗，6时位12
时计时盘，9时位小秒盘，12时位
30分钟计时盘，中心第二时区指
针，测速刻度外圈

机芯：自动机芯，直径30.4mm，25石，摆
频28,800A/H，48小时动力储存，
COSC天文台认证

功能：时、分、秒、日期、第二时区显
示，计时功能，测速功能

表带：黑色橡胶带配不锈钢折叠扣

限量：2,012枚

参考价：￥496,000

Mille Miglia GT XL Chrono Speed
Silver限量版腕表

型号：168459-3041

表壳：钛金属表壳，直径44mm，厚
14.36mm，100米防水

表盘：银色，3时位日期视窗，6时位12小
时计时盘，9时位小秒盘，12时位
30分钟计时盘

机芯：自动机芯，直径37.2mm，25石，摆
频28,800A/H，46小时动力储存，
COSC天文台认证

功能：时、分、秒、日期显示，计时功能

表带：黑色皮带配钛金属针扣

限量：1,000枚

参考价：￥72,000

Mille Miglia女装计时腕表

型号：178511-3001

表壳：不锈钢表壳，直径42mm，厚
12.31mm，外圈镶嵌钻石装饰，50
米防水

表盘：白色珍珠贝母表盘，3时位小秒
盘，4-5时位日期视窗，6时位12小
时计时盘，9时位30分钟计时盘，
测速刻度外圈

机芯：自动机芯，直径28.6mm，37石，摆
频28,800A/H，42小时动力储存，
COSC天文台认证

功能：时、分、秒、日期显示，计时功
能，测速功能

表带：白色橡胶带配不锈钢针扣

参考价：￥113,000

Happy Sport Chrono Mystery Pink
运动计时腕表

型号：288515-9013

表壳：黑色DLC不锈钢表壳，直径
42mm，30米防水

表盘：黑色，2时位1/10秒计时盘，4-5时
位日期视窗，6时位小秒盘，10时
位30分钟计时盘，配有2颗活动粉
色红宝石及3颗活动钻石

机芯：石英机芯

功能：时、分、秒、日期显示，计时功能

表带：黑色鳄鱼皮带配不锈钢针扣

参考价：￥80,000

Imperiale系列黄金腕表

型号：384221-0002

表壳：18K黄金表壳，直径36mm，50米防
水

表盘：银色，3时位日期视窗

机芯：石英机芯

功能：时、分、秒、日期显示

表带：18K黄金链带配折叠扣

参考价：￥209,000

Imperiale系列间金腕表

型号：388541-6002

表壳：不锈钢表壳，直径28mm，50米防水

表盘：白色珍珠贝母表盘，3时位日期视
窗

机芯：石英机芯

功能：时、分、秒、日期显示

表带：不锈钢间18K红金链带配折叠扣

参考价：￥62,000

Imperiale系列不锈钢计时腕表

型号：388549-3001

表壳：不锈钢表壳，直径40mm，50米防水

表盘：银色及白色珍珠贝母表盘，3时位小
秒盘，4-5时位日期视窗，6时位12
小时计时盘，9时位30分钟计时盘

机芯：自动机芯

功能：时、分、秒、日期显示，计时功能

表带：黑色鳄鱼皮带配不锈钢针扣

参考价：￥65,000

L'HeureduDiamant系列高珠宝腕表—圆形

型号：104331-1001
表壳：18K白金表壳，共镶嵌橄榄形钻石
约14.8克拉，圆形钻石8.8克拉
表盘：18K白金表盘，镶嵌圆形钻石及橄
榄形钻石
机芯：手动上链机芯
功能：时、分显示
表带：18K白金镶钻链带
参考价：请洽经销商

L'HeureduDiamant系列
高珠宝腕表—方形绢带

型号：109251-1003
表壳：18K白金表壳，镶嵌钻石总重约5.4
克拉
表盘：18K白金表盘，镶嵌钻石装饰
机芯：石英机芯
功能：时、分显示
表带：蓝色绢带
参考价：请洽经销商

L'HeureduDiamant系列
高珠宝腕表—方形链带

型号：139373-1001
表壳：18K白金表壳，镶嵌钻石总重约
26.7克拉
表盘：18K白金表盘，镶嵌钻石装饰
机芯：石英机芯
功能：时、分显示
表带：18K白金镶钻链带
参考价：请洽经销商

Happy 8系列珠宝表—黑色绢带

型号：204407-1004
表壳：18K白金表壳，镶嵌圆钻装饰，12
时位配1颗活动钻石
表盘：18K白金镶钻装饰
机芯：石英机芯
功能：时、分显示
表带：黑色绢带
参考价：请洽经销商

Happy 8系列珠宝表—链带

型号：204407-1005
表壳：18K白金表壳，镶嵌圆钻装饰，12
时位配1颗活动钻石
表盘：18K白金镶钻装饰
机芯：石英机芯
功能：时、分显示
表带：18K白金镶钻链带
参考价：请洽经销商

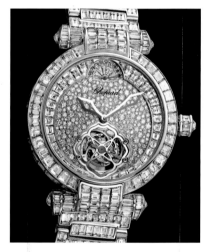

Imperiale Tourbillon Full Set高珠宝陀飞轮腕表

型号：384250-1002
表壳：18K白金表壳，直径42mm，厚12.4mm，
铺镶方形钻石装饰，30米防水
表盘：18K白金表盘，中心雪花镶嵌圆形
钻石，周薇镶嵌方钻，6时位陀飞
轮及小秒盘，12时位动力储存指示
镶嵌9颗紫水晶
机芯：Cal.L.U.C 02.14-L手动机芯，直径
29.7mm，厚6.1mm，33石，摆频
28,800A/H，216小时动力储存，
COSC天文台认证，日内瓦印记
功能：时、分、秒，动力储存显示，陀飞轮装置
参考价：请洽经销商

瑞宝
CHRONOSWISS

CHRONOSWISS
Faszination der Mechanik

年产量：多于 5000 块
价格区间：RMB22,000 元起
网址：http://www.chronoswiss.com

　　20多年前，朗格先生 (Mr. Gerd-R Lang)，亦即瑞宝表的创办人，大胆地走上自己开拓品牌的道路。他的作品，在每一个细节上都流露了他对时计的热忱，那完美制作的外壳及独立修饰的"内在生命"令人赞叹，瑞宝表的机械魅力为表迷带来无限的乐趣。建基于不朽的古董表设计之上，每一只由朗格先生创作的腕表均独具个性。为确保腕表的完美度，每一只瑞宝出产的腕表都花费大量

时间制作。朗格认为只有拥有充裕的时间，才可以在精密机械上表现细致工艺。

　　今年，瑞宝宣布其品牌所有权已经交由瑞士的一家投资公司——Ebstein 家族。37 岁的 Oliver Ebstein 被委任为品牌新任 CEO，执掌品牌大权。报道称这是 Ebstein 家族首次涉足钟表业，依靠家族的商业网络，瑞宝品牌未来在市场上将会更加活跃。

Classic Swing 一红金

型号：CH 2821 LL R SW

表壳：18K红金表壳，直径38mm，厚9.6mm，表冠处配有两颗钻石装饰，30米防水

表盘：白色珍珠贝母表盘，红金大型6、12数字镶钻装饰，3时位日期视窗

机芯：Cal.C.281自动机芯，直径25.6mm，厚3.60mm，21石，摆频28,800A/H，42小时动力储存

功能：时、分、秒、日期显示

表带：白色皮带配18K红金表扣

参考价：￥150,000～200,000

Classic Swing 一不锈钢

型号：CH 2823 LL SW BK

表壳：不锈钢表壳，直径38mm，厚9.6mm，表冠处配有两颗钻石装饰，30米防水

表盘：黑色表盘，大型6、12数字镶钻装饰，3时位日期视窗

机芯：Cal.C.281自动机芯，直径25.6mm，厚3.60mm，21石，摆频28,800A/H，42小时动力储存

功能：时、分、秒、日期显示

表带：黑色珍珠鱼皮带配不锈钢表扣

参考价：￥80,000～150,000

Classic Swing 一不锈钢镶钻

型号：CH 2823 LL SW SI

表壳：不锈钢表壳，直径38mm，厚9.6mm，表冠处配有两颗钻石装饰，30米防水

表盘：铺镶钻石表盘，黑色大型6、12数字装饰，3时位日期视窗

机芯：Cal.C.281自动机芯，直径25.6mm，厚3.60mm，21石，摆频28,800A/H，42小时动力储存

功能：时、分、秒、日期显示

表带：黑色绢制表带配不锈钢表扣

参考价：￥200,000～250,000

Classic Soul —红金镶钻

型号： CH2821LLRDSO GR
表壳： 18K红金表壳，直径38mm，厚 9.6mm，外圈镶嵌钻石装饰，30米 防水
表盘： 蓝色放射状纽索纹装饰，镶钻钻石 环，6时位日期视窗
机芯： Cal.C.281自动机芯，直径25.6mm，厚 3.60mm，21石，摆频28,800A/H，42 小时动力储存
功能： 时、分、秒、日期显示
表带： 黑色绢带配18K红金表扣
参考价： ￥180,000～230,000

Classic Soul —红金镶钻

型号： CH2821LLRDSO GR
表壳： 18K红金表壳，直径38mm，厚 9.6mm，外圈镶嵌钻石装饰，30米 防水
表盘： 蓝色放射状纽索纹装饰，镶钻钻石 环，6时位日期视窗
机芯： Cal.C.281自动机芯，直径25.6mm，厚 3.60mm，21石，摆频28,800A/H，42 小时动力储存
功能： 时、分、秒、日期显示
表带： 红色珍珠鱼皮带配18K红金表扣
参考价： ￥180,000～230,000

Classic Soul —红金

型号： CH 2821 LL R SO GR
表壳： 18K红金表壳，直径38mm，厚 9.6mm，30米防水
表盘： 蓝色放射状纽索纹装饰，6时位 日期视窗
机芯： Cal.C.281自动机芯，直径25.6mm，厚 3.60mm，21石，摆频28,800A/H，42 小时动力储存
功能： 时、分、秒、日期显示
表带： 红色珍珠鱼皮带配18K红金表扣
参考价： ￥100,000～150,000

Classic Soul —不锈钢镶钻

型号： CH 2823 LL D SO BK
表壳： 不锈钢表壳，直径38mm，厚 9.6mm，外圈镶嵌钻石装饰，30米 防水
表盘： 黑色放射状纽索纹装饰，镶钻钻石 环，6时位日期视窗
机芯： Cal.C.281自动机芯，直径25.6mm，厚 3.60mm，21石，摆频28,800A/H，42 小时动力储存
功能： 时、分、秒、日期显示
表带： 黑色鳄鱼皮带配不锈钢表扣
参考价： ￥100,000～150,000

Classic Soul —不锈钢镶钻

型号： CH 2823 LL D SO BK
表壳： 不锈钢表壳，直径38mm，厚 9.6mm，外圈及表耳镶嵌钻石装 饰，30米防水
表盘： 黑色放射状纽索纹装饰，镶钻钻石 环，6时位日期视窗
机芯： Cal.C.281自动机芯，直径25.6mm，厚 3.60mm，21石，摆频28,800A/H，42 小时动力储存
功能： 时、分、秒、日期显示
表带： 黑色珍珠鱼皮带配不锈钢表扣
参考价： ￥100,000～150,000

Classic Soul —不锈钢

型号： CH 2823 LL SO BK
表壳： 不锈钢表壳，直径38mm，厚 9.6mm，30米防水
表盘： 黑色放射状纽索纹装饰，6时位日 期视窗
机芯： Cal.C.281自动机芯，直径25.6mm，厚 3.60mm，21石，摆频28,800A/H，42 小时动力储存
功能： 时、分、秒、日期显示
表带： 黑色鳄鱼皮带配不锈钢表扣
参考价： ￥60,000～80,000

Classic女装腕表—不锈钢白盘

型号：CH2823LLCLSI

表壳：不锈钢表壳，直径38mm，厚
9.6mm，30米防水

表盘：白色，放射状纹饰，3时位日期视
窗

机芯：Cal.C.281自动机芯，直径25.6mm，厚
3.60mm，21石，摆频28,800A/H，42
小时动力储存

功能：时、分、秒、日期显示

表带：棕色珍珠鱼皮带配不锈钢表扣

参考价：￥40,000～80,000

Classic女装腕表—不锈钢黑盘

型号：CH2823 LL CL BK

表壳：不锈钢表壳，直径38mm，厚
9.6mm，30米防水

表盘：黑色，放射状纹饰，3时位日期视
窗

机芯：Cal.C.281自动机芯，直径25.6mm，厚
3.60mm，21石，摆频28,800A/H，42
小时动力储存

功能：时、分、秒、日期显示

表带：黑色鳄鱼皮带配不锈钢表扣

参考价：￥40,000～80,000

Classic女装腕表—红金白盘

型号：CH2821 LL R CL SI

表壳：18K红金表壳，直径38mm，厚
9.6mm，30米防水

表盘：白色，放射状纹饰，3时位日期视
窗

机芯：Cal.C.281自动机芯，直径25.6mm，厚
3.60mm，21石，摆频28,800A/H，42
小时动力储存

功能：时、分、秒、日期显示

表带：淡绿色皮带配18K红金表扣

参考价：￥80,000～150,000

Classic女装腕表—红金蓝盘

型号：CH2821 LL R CL GR

表壳：18K红金表壳，直径38mm，厚
9.6mm，30米防水

表盘：蓝色，放射状纹饰，3时位日期视
窗

机芯：Cal.C.281自动机芯，直径25.6mm，厚
3.60mm，21石，摆频28,800A/H，42
小时动力储存

功能：时、分、秒、日期显示

表带：白色皮带配18K红金表扣

参考价：￥80,000～150,000

Classic女装计时腕表

型号：CH7423 LL CL SI

表壳：不锈钢表壳，直径38mm，厚
14.6mm，30米防水

表盘：银色，放射状纹饰，3时位日期视
窗，6时位12小时计时盘，9时位小
秒盘，12时位30分钟盘

机芯：Cal.C.771自动机芯，直径30mm，厚
7.9mm，25石，摆频28,800A/H，48小
时动力储存

功能：时、分、秒、日期显示，计时功能

表带：绿色珍珠鱼皮带配不锈钢表扣

参考价：￥40,000～80,000

Kairos Lady女装腕表

型号：CH2021 KR

表壳：18K红金表壳，直径38mm，厚
9.6mm，30米防水

表盘：白色，玑镂花纹装置，6时位日期
视窗

机芯：Cal.C.281自动机芯，直径25.6mm，厚
3.6mm，21石，摆频28,800A/H，42小
时动力储存

功能：时、分、秒、日期显示

表带：棕色鳄鱼皮带配18K红金表扣

参考价：￥80,000～150,000

Pacific系列腕表

型号：CH2883 BL
表壳：不锈钢表壳，直径40mm，厚
11.25mm，100米防水
表盘：金属蓝色表盘，3时位日期视窗
机芯：Cal.C.281自动机芯，直径25.6mm，厚
3.6mm，21石，摆频28,800A/H，42小
时动力储存
功能：时、分、秒、日期显示
表带：黑色牛皮带配不锈钢表扣
参考价：￥40,000～80,000

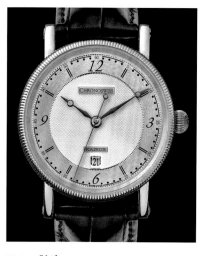

Kairos腕表

型号：CH2841 R
表壳：18K红金表壳，直径40mm，厚
8.4mm，30米防水
表盘：银色，玑镂纹饰，6时位日期视窗
机芯：Cal.C.281自动机芯，直径25.6mm，厚
3.6mm，21石，摆频28,800A/H，42小
时动力储存
功能：时、分、秒、日期显示
表带：棕色鳄鱼皮带配18K红金表扣
参考价：￥61,000

Kairos Chronograph计时腕表

型号：CH7541 K R
表壳：18K红金或不锈钢表壳，直径
42mm，厚14.75mm，30米防水
表盘：银色，玑镂纹饰，3时位日期、星
期视窗，6时位12小时计时盘，9
时位小秒盘，12时位30分钟计时盘
机芯：Cal.C.771自动机芯，直径30mm，厚
7.90mm，25石，摆频28,800A/H，48
小时动力储存
功能：时、分、秒、日期、星期显示，计时功能
表带：棕色鳄鱼皮带配18K红金表扣
参考价：￥58,000

Repetition a quarts二问报时腕表

型号：CH1641 R
表壳：18K红金表壳，直径40mm，厚
13.8mm，30米防水
表盘：黑色，6时位小秒盘
机芯：Cal.C.126自动机芯，直径26.8mm，
30石，摆频21,600A/H，35小时动
力储存
功能：时、分、秒、显示，二问报时功能
表带：棕色鳄鱼皮配18K红金表扣
参考价：￥300,000～350,000

Lunar Chronograph 月相计时腕表—红金

型号：CH7521 L R
表壳：18K红金表壳，直径38mm，厚
14.55mm，30米防水
表盘：银白色，玑镂纹饰，3时位月相视
窗，6时位12小时计时盘，9时位小
秒盘，12时位30分钟计时盘，中心
日期指针
机芯：Cal.C.755自动机芯，25石，摆频
28,800A/H，46小时动力储存
功能：时、分、秒、日期、月相显示，计时功能
表带：棕色鳄鱼皮带配18K红金表扣
参考价：￥150,000～200,000

Lunar Chronograph 月相计时腕表—不锈钢

型号：CH7523 L
表壳：不锈钢表壳，直径38mm，厚
14.55mm，30米防水
表盘：银白色，玑镂纹饰，3时位月相视
窗，6时位12小时计时盘，9时位小
秒盘，12时位30分钟计时盘，中心
日期指针
机芯：Cal.C.755自动机芯，25石，摆频
28,800A/H，46小时动力储存
功能：时、分、秒、日期、月相显示，计时功能
表带：黑色鳄鱼皮带配不锈钢表扣
参考价：￥60,000～80,000

CLERC

年产量：500 只以下
价格区间：RMB100,000 元起
网址：http://www.clercwatches.com

看到这个造型前卫、科技感十足的表款，您或许想象不到这是一个拥有过百年历史的品牌。CLERC 于 1874 年在日内瓦创立，曾经做过很多复杂功能表、也为客人提供特别订制服务。当 1997 年，家族后人 Gérald Clerc 执掌后，为品牌定下一连串目标，要把一百多年的制表技艺，融合进先进机械技术。其中一个很重要的命题，是要让表科幻化，把品牌形象拓展至太空历险及深海探索之中。于是就有了两大知名系列：太空 Odyssey 和潜水 Hydroscaph，大胆前卫的设计犹如时间机器穿梭于时空之中，让人过目不忘。

CLERC 的表款设计如同一次探险之旅，它由品牌第四代传人兼制表师 Gérald Clerc 创作，展示出传统与现代制表的全新面貌。这个精致、精密且非常复杂的表壳共由超过 75 个部件组成，已经成为品牌全新的标志性设计，具有极高的辨识度。潜水计时外圈的设计来源于正方形与圆形二者的结合，它具有独一无二的操作部件，只有通过 2 时位的表把才能旋转，同时可以防止意外操作，保证了潜水计时的安全性。可活动的表耳可以让这个大块头舒适地佩戴在手腕上。在这个强壮外壳的保护下，手表的防水性能达到了 1000 米（或 500 米），同时配有自动排氦阀门，保证手表在深海中的安全。

Hydroscaph 计时腕表

表壳：黑色DLC不锈钢表壳，潜水计时外圈，直径43.8mm，500米防水

表盘：黑色，3时位小秒盘，6时位日期视窗，9时位24小时昼夜显示

机芯：Cal.C608自动机芯，47石，摆频28,800A/H，44小时动力储存

功能：时、分、秒、日期、昼夜显示、计时功能、潜水计时外圈

表带：黑色鳄鱼皮带配黑色DLC不锈钢折叠扣

参考价：￥100,000～150,000

Hydroscaph 两地时腕表

表壳：钛金属表壳，潜水计时外圈，直径44.6mm，1000米防水

表盘：银灰色，3时位日期视窗，6时位动力储存显示，12时位24小时第二时区显示

机芯：Cal.C606自动机芯，28石，摆频28,800A/H，45小时动力储存

功能：时、分、秒、日期、第二时区、动力储存显示、潜水计时功能

表带：黑色橡胶表带配折叠扣

参考价：￥100,000～150,000

Odyssey Silicium 腕表

表壳：钛金属表壳，直径44mm，100米防水

表盘：3时位回跳式日期指示，6时位动力储存指示

机芯：Cal.C201自动机芯，45石，摆频28,800A/H，6日动力储存

功能：时、分、秒、日期、动力储存显示

表带：黑色鳄鱼皮表带搭配折扣

参考价：￥150,000～250,000

君皇
CONCORD

年产量：多于 5000 块
价格区间：RMB50,000 元起
网址：http://www.concord.ch

自 1908 年在瑞士比恩镇创立以来，君皇曾先后推出无数与众不同的腕表作品，并以卓越的设计及华丽的风格居于表坛极崇高的地位。2007 年，君皇决定重回制表核心席位，因此无论是形象、创新和创意都作了一百八十度的转变。获母公司 MGI Luxury Group 的全力支持，品牌充满活力与热诚的团队努力不懈，打破传统，采取大胆的全新品牌定位策略。君皇表全新的形象将更清晰地反映公司的个性与野心：既要奠定在高级腕表范畴的崇高地位，还要彻底改变因循的制表态度。

全新的君皇腕表有着共同的特点，设计大胆刚毅，展现充满干劲与活力的品牌个性。制表大师采用了夺目而时尚的平面设计，并巧妙地运用光影与材质，营造出层次分明的效果。腕表崭新的精密结构，摆脱制表传统的枷锁。以优雅的设计概念，配合尖端的制表技术，创制出卓越耐用的当代腕表。

C1 BlackSpider Brilliant腕表
表壳：钛金属表壳，直径47mm，厚13.55mm，整表共镶嵌224颗钻石约2.03克拉，30米防水
表盘：开放式表盘，镶嵌钻石装饰，6时位陀飞轮装置
机芯：Cal.C105手动机芯，19石，摆频21,600A/H，72小时动力储存
功能：时、分显示，陀飞轮装置
表带：黑色橡胶带配黑色PVD不锈钢折叠扣
参考价：￥800,000～1,200,000

C2 Chronograph白色计时腕表
表壳：不锈钢表壳，直径43mm，厚12.75mm，外圈镶嵌70颗黑约1.19克拉，100米防水
表盘：白色，3时位小秒盘，6时位12小时计时盘及日期视窗，9时位30分钟计时盘
机芯：ETA Cal.2894-2自动机芯，37石，摆频28,800A/H，42小时动力储存
功能：时、分、秒、日期显示，计时功能
表带：黑色鳄鱼皮带配不锈钢折叠扣
参考价：￥80,000～120,000

C2 Chronograph计时腕表
表壳：黑色PVD不锈钢表壳，直径43mm，厚12.75mm，100米防水
表盘：黑色，3时位小秒盘，6时位12小时计时盘及日期视窗，9时位30分钟计时盘
机芯：ETA Cal.2894-2自动机芯，37石，摆频28,800A/H，42小时动力储存
功能：时、分、秒、日期显示，计时功能
表带：黑色鳄鱼皮带配黑色PVD不锈钢折叠扣
参考价：￥60,000～80,000

昆仑
CORUM

CORUM
LA CHAUX-DE-FONDS · SUISSE

年产量：16000 块
价格区间：RMB30,800 元起
网址：http://www.corum.ch

品牌的成立于 1924 年在瑞士 La Chaux-de-Fonds 建立，才华出众的制表匠 Gaston Ries 在侄儿 René Bannwart 的协助下，两人携手把生产自家品牌的小厂房扩展成为一个独树一格的制表品牌——昆仑表。他俩合作得天衣无缝。Gaston Ries 工艺精湛，一丝不苟，而 René Bannwart 则对美学独具慧眼，品味脱俗。他们从拉丁文 Quorum 一字（意思为"一个组织通过有效决定的最低法定人数"，延伸为能让事物发挥效用的最基本元素）获得启发，从而决定选用 CORUM 一字作为品牌的英文名字。

自 1955 年新名称启用以来，昆仑表对于能贵为"与众不同"的瑞士制表商，并一直推出独特创作而深感自豪。品牌用上直向的钥匙图案作为商标，寓意着有待拆解的神秘事物，即意味着有创造力，及不屈不挠而大胆创新的精神。其后，此理念延伸为"美丽时间之钥"，对昆仑而言含有"成功之钥"的深层意义。昆仑的首个系列于 1956 年问世，其设计意念创新大胆、出类拔萃，带来空前的成功，并为昆仑日后成为领导潮流的制表先驱，注下强心针。

Admiral's Cup Legend 38 Mystery Moon女装月相腕表

珍珠贝母表面优美地展现着日月交替的舞曲。此枚腕表除保留了品牌逾 50 年历史的表款经典象征外，亦集优雅设计概念及复杂腕表技艺于一体——12 边拱形表壳内设 12 面航海旗图案、月相显示及如阳光四射的日历显示。此枚拥有 Coum 专利的复杂腕表象征着品牌 Admiral's Cup 系列的另一突破，亦是该系列女装款式的又一里程。

表壳：不锈钢表壳，表圈镶嵌72颗钻石约
　　　0.58克拉，直径38mm，30米防水
表盘：珍珠贝母表盘，旋转日期及月相视窗
机芯：Cal.CO384自动机芯，30石，摆频
　　　28,800A/H，42小时动力储存
功能：时、分、日期、月相显示
表带：灰色绢制表带配不锈钢针扣
参考价：￥80,000～150,000

Admiral's Cup Legend 42 Annual Calendar年历腕表

表壳：18K红金表壳，直径42mm，30米防水
表盘：黑色，6时位月相指示，中心黑色日期指针
机芯：Cal.CO503自动机芯，42小时动力储存
功能：时、分、秒、日期、月份显示，年历功能
表带：黑色鳄鱼皮表带配18K红金针扣
限量：25枚
参考价：￥150,000~200,000

Admiral's Cup Legend 42 Chrono 计时腕表—不锈钢

表壳：不锈钢表壳，直径42mm，30米防水
表盘：黑色，3时位小秒盘，4-5时位日期视窗，6时位12小时计时盘，9时位30分钟计时盘
机芯：Cal.CO983自动机芯，摆频28,800A/H，42小时动力储存
功能：时、分、秒、日期显示，计时功能
表带：不锈钢链带
参考价：￥80,000~150,000

Admiral's Cup Legend 42 Chrono 计时腕表—红金

表壳：18K红金表壳，直径42mm，30米防水
表盘：黑色，3时位小秒盘，4-5时位日期视窗，6时位12小时计时盘，9时位30分钟计时盘
机芯：Cal.CO983自动机芯，摆频28,800A/H，42小时动力储存
功能：时、分、秒、日期显示，计时功能
表带：黑色鳄鱼皮表带配18K红金针扣
参考价：￥200,000~250,000

Admiral's Cup Legend 42 Tourbillon Micro-Rotor陀飞轮腕表

表壳：18K红金表壳，直径42mm，30米防水
表盘：白色，6时位陀飞轮
机芯：Cal.CO503自动机芯，28石，摆频28,800，60小时动力储存
功能：时、分显示，陀飞轮装置
表带：咖啡色鳄鱼皮表带配18K红金针扣
限量：15枚
参考价：￥500,000~800,000

Ti-Bridge Power Reserve 钛桥动力储存腕表

表壳：18K红金表壳，30米防水
表盘：开放式表盘，右侧直线式动力储存显示
机芯：Cal.CO107手动机芯，3天动力储存
功能：时、分、动力储存显示
表带：黑色鳄鱼皮表带配18K红金折叠扣
限量：50枚
参考价：￥300,000~450,000

Heritage Vintage Chargé d'Affaires 响闹腕表

表壳：18K红金表壳，直径39.5mm，厚13.5mm，30米防水
表盘：白铜表盘，红色箭头响闹时间指针
机芯：Cal.CO286手动机芯，直径25.9mm，摆频18,000A/H，46小时动力储存
功能：时分秒显示，响闹功能
表带：鳄鱼皮表带配18K红金针扣
限量：150枚
参考价：￥120,000~180,000

CVSTOS

年产量：约 1,000 只

价格区间：RMB80,000 起

网址：http://www.cvstos.com

在瑞士高级制表世界中，有一些年轻品牌正在试图摆脱传统观念的约束，发表属于 21 世纪的"制表"宣言。事实上他们也做到了。CVSTOS 正是这样一个品牌，自从 2005 年创立以来，CVSTOS 以天马行空的创造力向制表传统发起挑战，在制表业中特色鲜明，成为制表"前卫派"的一员。

据介绍，CVSTOS 的新任设计师曾经在 RICHARD MILLE 工作，他也为品牌带来了一种全新的设计作风。可以看出，这款机芯虽然是出自 ETA Cal.2892，但是 CVSTOS 对其的改造方式与 RICHARD MILLE 如出一辙，可以称是翻天覆地的，经过了镂空及镀层处理，让这款老牌自动机芯变成了一副前卫模样。它的表壳也与其呼应，特别制作了一些如同骨架似的装饰。

Jet Liner系列腕表 — 红金

表壳：18K红金表壳，黑色处理钛金属表把及螺丝，尺寸53.7mm×41mm，厚13.35mm，100米防水

表盘：透明表盘，6时位日历视窗

机芯：Cal.CVS350自动机芯，21石，摆频28,800A/H，42小时动力储存

功能：时、分、秒、日期显示

表带：黑色橡胶带配18K红金折叠扣

参考价：￥200,000～250,000

Jet Liner系列腕表 — 钛金属

表壳：钛金属表壳，尺寸53.7mm×41mm，厚13.35mm，100m防水

表盘：透明表盘，6时位日历视窗

机芯：Cal.CVS350自动机芯，21石，摆频28,800A/H，42小时动力储存

功能：时、分、秒、日期显示

表带：黑色橡胶带配钛金属折叠扣

参考价：￥100,000～150,000

贝蒂讷

DE BETHUNE

DE BETHUNE

年产量：不详

价格区间：RMB200,000 元起

网址：http://www.debethune.ch

关于 DE BETHUNE，之前只是稍有耳闻，唯一的印象是它那立体月相显示，似乎 DE BETHUNE 也是首个采用立体月相品牌。不过近一年之内有两件事让我加深了对这个品牌的认识。其中之一是 2011 年 DE BETHUNE 凭借一款 DB28 腕表获得了日内瓦钟表大奖的最高荣誉——金手指奖。其二是在一次采访 URWERK 的首席制表师 Felix Baumgartner 时，问到他最欣赏的当代制表师时，他思考了许久，说："Denis Flageollet，或许你对他不熟，他现在自己的品牌叫 DE BETHUNE。"

DE BETHUNE 创立于 2002 年，由 Denis Flageollet 和 David Zanetta 合作创办，其中 David 主要负责公司的运营，Denis 为技术总监。自创立以来，DE BETHUNE 便坚定地扮演起了传统制表革命者的角色，其作品包含了尖端技术创新，具有未来感的设计，展现了其非凡的创造力。10 年的潜心研究，11 款自制机芯，对于一个独立制表师品牌来说并非易事，这些成就将 DE BETHUNE 逐步推向一个个新的高度。

DB25s珠宝腕表

表壳：18K白金表壳，侧面镶嵌61颗蓝宝石约重5.29克拉，直径40mm，厚11mm，生活性防水

表盘：蓝色镜面抛光钛金属表盘，星斗由18K白金或镶嵌钻石制作，12时位立体月相镶嵌44颗钻石及44颗蓝宝石

机芯：Cal.DB 2105自动机芯，27石，摆频28,800A/H，6天动力储存

功能：时、分、月相显示

表带：蓝色鳄鱼皮带配18K白金针扣

参考价：￥630,000

DB27 Titan Hawk腕表

表壳：抛光钛金属表壳，可活动部件，直径43mm，厚12mm，生活性防水

表盘：银白色，蓝钢指针，中心日期指示

机芯：Cal.S233自动机芯，34石，摆频28,800A/H，6天动力储存

功能：时、分、日期显示

表带：黑色鳄鱼皮带配针扣

参考价：￥350,000

DB28 ST 30秒陀飞轮腕表

表壳：抛光钛金属表壳，可活动部件，直径43mm，厚12.3mm，生活性防水

表盘：开放式表盘，6时位陀飞轮装置

机芯：Cal.DB2119手动机芯，47石，摆频36,000A/H，4天动力储存

功能：时、分、跳秒显示，陀飞轮装置

表带：黑色鳄鱼皮带配针扣

参考价：请洽经销商

Fawaz Gruosi©Luc Frey 2

de GRISOGONO

年 产 量：800 块
价格区间：RMB50,000 元起
网 址：www.degrisogono.com

自 2000 年开始涉足钟表领域，de GRISOGONO 已经成功推出超过 26 个精美的腕表系列，从美轮美奂的珠宝腕表到技术超前的复杂功能腕表，以及 2012 年巴塞尔国际钟表珠宝展上亮相的专为女性特别打造的陀飞轮镶钻珠宝腕表。

"一直以来，我对钟表收藏情有独钟。和珠宝一样，腕表也会透露个人品位和独特个性。"de GRISOGONO 创 始 人 兼 总 裁 FawazGruosi 先 生 说。就 这 样，de GRISOGONO 在迷人的钟表世界踏上了充满挑战和激情的征途。

如今，de GRISOGONO 的制表工作室已拥有了自产机芯，并能自主组装品牌旗下所有的腕表款式。"想要所有时计部件和组件有着绝对可靠的质量，唯一的方法就是将 de Grisogono 的所有设计全部在自己的工作室中生产装配。"FawazGruosi 先生说："拥有独立的腕表工作室同样有利于我们保护和管理原创设计和专业技术。达成完全的独立会是一个漫长的过程，或许需要几年的时间，但我们会共同努力，向这个目标迈进。"

Otturatore腕表—红金白盘

Otturatore 的重心为 de GRISOGONO 专利设计、由按钮操控的"顺序显示器"单向转动表盘，按一次按钮，圆形活动表盘便以顺时针方向旋转 90 度，镂空部分随即展露一项功能。这原理看似简单，个中却蕴含复杂的动力及速度计算，亦展示出品牌挑战制表技术中最艰巨的力学范畴的决心。

型号： OTTURATORE N01
表壳： 18K红金表壳，尺寸50.15mm×44.85mm，厚15.85mm，50米防水
表盘： 银白色，巴黎柳丁装饰，可旋转装置，四个位置分别显示小秒盘、月相、动力储存、日期
机芯： Cal.DR18-89自动机芯，尺寸31.4mm×32.7mm，28石，547个零件，摆频28,800A/H，42小时动力储存
功能： 时、分、秒、日期、月相、动力储存显示
表带： 黑色鳄鱼皮带配18K红金折叠扣
参考价： ￥504,000～756,000

Otturatore腕表—红金黑盘

型号：OTTURATORE N03

表壳：18K红金表壳，尺寸50.15mm×
44.85mm，厚15.85mm，50米防水

表盘：黑色，巴黎柳丁装饰，可旋转装
置，四个位置分别显示小秒盘、月
相、动力储存、日期

机芯：Cal.DR18-89自动机芯，尺寸31.4mm×
32.7mm，28石，547个零件，摆频
28,800A/H，42小时动力储存

功能：时、分、秒、日期、月相、动力储
存显示

表带：黑色鳄鱼皮带配18K红金折叠扣

参考价：￥504,000～756,000

Otturatore腕表—白金黑盘

型号：OTTURATORE N02

表壳：18K白金表壳，尺寸50.15mm×
44.85mm，厚15.85mm，50米防水

表盘：黑色，巴黎柳丁装饰，可旋转装
置，四个位置分别显示小秒盘、月
相、动力储存、日期

机芯：Cal.DR18-89自动机芯，尺寸
31.4mm×32.7mm，28石，547个零件，
摆频28,800A/H，42小时动力储存

功能：时、分、秒、日期、月相、动力储
存显示

表带：黑色鳄鱼皮带配18K白金折叠扣

参考价：￥504,000～756,000

**Instrumento N° UNO DF XL 两地时
腕表**

型号：INSTRUMENTO N° UNO DF XL
N01

表壳：18K红金表壳，尺寸58mm×44mm，
厚18mm，50米防水

表盘：木质表盘，6时位第二时区盘，7-8
时位日历视窗

机芯：Cal.DF 11-96自动机芯，21石，摆
频28,800A/H，42小时动力储存

功能：时、分、日期、第二时区显示

表带：棕色鳄鱼皮带配18K红金及棕色
PVD不锈钢表扣

参考价：￥373,000

Tondo陀飞轮珠宝表 — 黑钻款

型号：Tondo Tourbillon Gioiello S02

表壳：黑色PVD涂层18K白金表壳，尺寸
60.4mm×45.3mm，厚13mm，镶嵌
33颗白钻约重3.52克拉，470颗黑
钻约重4.54克拉，30米防水

表盘：黑色珍珠贝母，8时位陀飞轮

机芯：Cal.DG31-88手动机芯，尺寸
31.5mm×28.8mm，厚5.7mm，19
石，72小时动力储存

功能：时、分显示，陀飞轮装置

表带：黑色珍珠鱼皮带配18K白金折叠扣

限量：10枚

参考价：￥945,000～1,260,000

Tondo陀飞轮珠宝表 — 棕色钻石款

型号：Tondo Tourbillon Gioiello S03

表壳：棕色PVD涂层18K白金表壳，尺寸
60.4mm×45.3mm，厚13mm，共镶
嵌529颗棕色钻石约重7.31克拉，
表冠镶嵌1颗黑钻，30米防水

表盘：棕色珍珠贝母，8时位陀飞轮

机芯：Cal.DG31-88手动机芯，尺寸
31.5mm×28.8mm，厚5.7mm，19
石，72小时动力储存

功能：时、分显示，陀飞轮装置

表带：棕色珍珠鱼皮带配18K白金折叠扣

限量：10枚

参考价：￥945,000～1,260,000

Tondo陀飞轮珠宝表 — 白钻款

型号：Tondo Tourbillon Gioiello S01

表壳：18K白金表壳，尺寸60.4×45.3mm，
厚13mm，共镶嵌529颗钻石约重
7.72克拉，表冠镶嵌1颗白钻，30
米防水

表盘：白色珍珠贝母，8时位陀飞轮

机芯：Cal.DG31-88手动机芯，尺寸
31.5mm×28.8mm，厚5.7mm，19
石，72小时动力储存

功能：时、分显示，陀飞轮装置

表带：白色珍珠鱼皮带配18K白金折叠扣

限量：10枚

参考价：￥945,000～1,260,000

Tondo By Night — **白色款**

表壳：白色PVD不锈钢表壳，外圈镶嵌48
颗钻石，尺寸49mm×43mm，厚
12mm，30米防水

表盘：开放式表盘，机芯倒置，摆砣镶嵌
60颗钻石

机芯：Cal.SF 30-89自动机芯，24石，摆频
28,800A/H，42小时动力储存

功能：时、分显示

表带：白色珍珠荧光复合玻璃纤维材料表
带配黑色PVD不锈钢折叠扣

参考价：￥110,300

Tondo By Night — **黄色款**

表壳：黄色PVD不锈钢表壳，外圈镶嵌48
颗黄色宝石，尺寸49mm×43mm，
厚12mm，30米防水

表盘：开放式表盘，机芯倒置，摆砣镶嵌
60颗黄色宝石

机芯：Cal.SF 30-89自动机芯，24石，摆频
28,800A/H，42小时动力储存

功能：时、分显示

表带：黄色珍珠荧光复合玻璃纤维材料表
带配黑色PVD不锈钢折叠扣

参考价：￥69,300

Tondo By Night — **橙色款**

表壳：橙色PVD不锈钢表壳，外圈镶嵌48
颗橙色宝石，尺寸49mm×43mm，
厚12mm，30米防水

表盘：开放式表盘，机芯倒置，摆砣镶嵌
60颗橙色宝石

机芯：Cal.SF 30-89自动机芯，24石，摆频
28,800A/H，42小时动力储存

功能：时、分显示

表带：橙色珍珠荧光复合玻璃纤维材料表
带配黑色PVD不锈钢折叠扣

参考价：￥63,000

Tondo By Night — **粉色款**

表壳：粉色PVD不锈钢表壳，外圈镶嵌48
颗粉色宝石，尺寸49mm×43mm，
厚12mm，30米防水

表盘：开放式表盘，机芯倒置，摆砣镶嵌
60颗粉色宝石

机芯：Cal.SF 30-89自动机芯，24石，摆频
28,800A/H，42小时动力储存

功能：时、分显示

表带：粉色珍珠荧光复合玻璃纤维材料表
带配黑色PVD不锈钢折叠扣

参考价：￥68,100

Tondo By Night — **紫色款**

表壳：紫色PVD不锈钢表壳，外圈镶嵌48
颗紫水晶，尺寸49mm×43mm，厚
12mm，30米防水

表盘：开放式表盘，机芯倒置，摆砣镶嵌
60颗紫水晶

机芯：Cal.SF 30-89自动机芯，24石，摆频
28,800A/H，42小时动力储存

功能：时、分显示

表带：紫色珍珠荧光复合玻璃纤维材料表
带配黑色PVD不锈钢折叠扣

参考价：￥60,000

Tondo By Night — **绿色款**

表壳：绿色PVD不锈钢表壳，外圈镶嵌48
颗绿石榴石，尺寸49mm×43mm，
厚12mm，30米防水

表盘：开放式表盘，机芯倒置，摆砣镶嵌
60颗绿石榴石

机芯：Cal.SF 30-89自动机芯，24石，摆频
28,800A/H，42小时动力储存

功能：时、分显示

表带：绿色珍珠荧光复合玻璃纤维材料表
带配黑色PVD不锈钢折叠扣

参考价：￥66,000

迪菲伦
DEWITT

年产量：少于5000块
价格区间：RMB160,000元起
网址：http://www.dewitt.ch

迪菲伦是大胆创新的品牌。大胆创新是指勇往直前、敢于创新，却又绝不拒人于千里之外。微妙的是，迪菲伦并未刻意追求大胆创新，就像DNA一样，大胆创新的理念已经融入到公司生存模式以及日常运作之中。其结果就是迪菲伦设计与制造世界上绝无仅有的腕表。每一只迪菲伦腕表皆由一名热情专注的钟表大师倾心打造而成，堪称制表大师精湛技艺的绝妙融合。而这正是迪菲伦品牌独树一帜的原因所在。

迪菲伦的表厂设在日内瓦的Satigny，共3层，总面积超过5,000平方米，承担所有传统的钟表制造工作，从设计到生产与质控无所不包。潜心工作的上游研发部门肩负的任务是，将所有创新想法和创作灵感具体化。Nathalie Veysset女士自2008年开始担任Montres DeWitt SA的总经理。在极短的时间内，Veysset女士便让公司完成重组，定位得到巩固，生产流程合理化，并在世界各地设立盈利丰厚的分销网络。同时，Veysset女士还成功完善独一无二的"DeWitt个性"，并让这种个性鼓舞团队，赢得客户。

X-Watch腕表

2007年的OnlyWatch拍卖会上迪菲伦曾经呈献了一款超卓复杂的钟表艺术品WX-1（第1号概念腕表）。2012年，迪菲伦继续展现品牌最新杰作：X-Watch。在这款概念腕表中，迪菲伦继续对翻转腕表展开探索，构思出一个奇特的X形铰接式表盖，遮盖部分的表盘。X形表盖可由设于表壳上下两部分的四个按钮启动。按动按钮，X形表盖即可从中间分离，并徐徐地张开，展露腕表的正面。将表壳翻转过来后，关闭X形表盖即可再次锁定表壳。这个X形表盖也采用了特别的设计，即使表盖处于闭合状态时也可以完整读取腕表的所有功能。

型号：XW.C3
表壳：钛金属及不锈钢可翻转表壳，直径49mm，厚21.80mm，30米防水
表盘：正面：黑色，3时位回跳式分钟指示，6时位小秒盘及陀飞轮，9时位回跳式小时指示，12时位动力储存指示；背面：透明表盘，3时位回跳式分钟指示，6时位三臂式计时分钟指针，9时位回跳式小时指示，12时位计时秒盘视窗
机芯：Cal.DW8046自动机芯，直径37.5mm，厚12.45mm，58石，544个零件，摆频21,600A/H，67～72小时动力储存
功能：时、分、秒、动力储存显示，计时功能，陀飞轮装置
表带：黑色哑光小牛皮带配黑色PVD钛金属折叠扣
参考价：请洽经销商

Twenty-8-Eight自动腕表—黑色

型号：T8.AU.011
表壳： 钛金属及18K红金表壳，直径
43mm，厚10.28mm，30米防水
表盘： 黑色，放射状纹理装饰
机芯： Cal.DWT8AU自动机芯（以ETA
Cal.2892为基础），直径25.6mm，
21石，摆频28,800A/H，42小时动
力储存
功能： 时、分、秒显示
表带： 黑色鳄鱼皮带配钛金属针扣
限量： 88枚
参考价： ￥125,000

Twenty-8-Eight自动腕表—灰色

型号：T8.AU.013
表壳： 钛金属及18K红金表壳，直径
43mm，厚10.28mm，30米防水
表盘： 灰色，放射状纹理装饰
机芯： Cal.DWT8AU自动机芯（以ETA
Cal.2892为基础），直径25.6mm，
21石，摆频28,800A/H，42小时动
力储存
功能： 时、分、秒显示
表带： 灰色鳄鱼皮带配钛金属针扣
限量： 88枚
参考价： ￥125,000

Twenty-8-Eight回跳秒针腕表

型号：T8.SR.001
表壳： 钛金属及18K红金表壳，直径
43mm，厚11.26mm，30米防水
表盘： 黑色，6时位回跳式小秒针
机芯： Cal.DW1102自动机芯（以ETA
Cal.2892为基础），直径29.2mm，厚
5.45mm，31石，摆频28,800A/H，40
小时动力储存
功能： 时、分、秒显示
表带： 黑色鳄鱼皮带配钛金属针扣
限量： 88枚
参考价： ￥126,000

Twenty-8-Eight镂空陀飞轮腕表 — 红金

型号：T8.TH.008
表壳： 18K红金表壳，直径43mm，厚
10.78mm，30米防水
表盘： 开放式表盘，机芯镂空装饰，6时
位陀飞轮
机芯： Cal.DW8028手动机芯，直径33mm，
厚6.1mm，185个零件，19石，摆频
18,000A/H，72小时动力储存
功能： 时、分显示，陀飞轮装置
表带： 棕色鳄鱼皮带配18K红金针扣
参考价： ￥1,134,000

Twenty-8-Eight镂空陀飞轮腕表 — 白金

型号：T8.TH.009
表壳： 18K白金表壳，直径43mm，厚
10.78mm，镶嵌36颗方钻及104颗
圆钻，30米防水
表盘： 开放式表盘，机芯镂空装饰，6时位
陀飞轮
机芯： Cal.DW8028手动机芯，直径33mm，
厚6.1mm，185个零件，19石，摆频
18,000A/H，72小时动力储存
功能： 时、分显示，陀飞轮装置
表带： 黑色鳄鱼皮带配18K白金针扣
参考价： ￥1,575,000

Twenty-8-Eight陀飞轮腕表

型号：T8.TH.010
表壳： 钛金属及18K红金表壳，直径
43mm，厚10.28mm，30米防水
表盘： 灰色，放射状纹理，建筑式装饰，
6时位陀飞轮
机芯： Cal.DW8028手动机芯，直径33mm，
厚7.45mm，185个零件，19石，摆频
18,000A/H，72小时动力储存
功能： 时、分显示，陀飞轮装置
表带： 黑色鳄鱼皮带配18K红金针扣
限量： 88枚
参考价： ￥945,000

迪奥
DIOR

Dior

年产量：多于 20000 只
价格区间：RMB15,000 元起
网址：http://www.diorhorlogerie.com

　　1905 年，Christian Dior（克丽丝汀·迪奥）出生于法国的诺曼底。Dior 在法文中是"上帝"和"金子"的组合，金色后来也成了 Dior 最常见的代表色。1947 年，Dior 先生推出他的第一个时装系列，被誉为时装界的"The New Look"，颠覆了所有人的目光，使得 Dior 成为好莱坞内那些天皇巨星、潮流始创者和口味出众的女士们的挚爱，她们包括玛莲·德烈治、烈打·希禾芙、麦当娜、温莎公爵夫人及戴安娜皇妃。

　　2001 年，Dior 腕表在"瑞士钟表制造的摇篮"中心地带 La Chaux-de-Fonds 建立了自己独立的工厂，并拥有高级实验室般的工作场所，由高级专家和工艺师操作最精密的仪器和设备。这一标志性的建筑不但确立了 Dior 腕表在钟表行业的专业地位，且奠定了 Dior 腕表在专业表制造领域的基础。因此，Dior 腕表自然也是专业技术、无限创意和严格要求所结合的专业制表师的完美工艺结晶，诞生在世界钟表制造行业的发源地瑞士的 La Chaux-de-Fonds。

Dior VIII Grand Bal — "Résille" 腕表
型号：CD124BE3C001
表壳：黑色陶瓷及不锈钢表壳，直径 38mm，整表共镶嵌263颗钻石约 1.05克拉，50米防水
表盘：黑色珍珠贝目，配有白金镶钻摆陀
机芯：Dior Inverse自动机芯，42小时动力储存
功能：时、分显示
表带：黑色陶瓷链带配折叠扣
参考价：￥400,000～500,000

Dior VIII Grand Bal — "Plumes" 黑色陶瓷腕表
型号：CD124BE3C002
表壳：黑色陶瓷及不锈钢表壳，直径 38mm，整表共镶嵌203颗钻石约 0.89克拉，50米防水
表盘：黑色珍珠贝目，配有白金镶钻继羽毛装饰摆陀
机芯：Dior Inverse自动机芯，42小时动力储存
功能：时、分显示
表带：黑色陶瓷链带配折叠扣
限量：88枚
参考价：￥400,000～500,000

Dior VIII Grand Bal — "Plumes" 白色陶瓷腕表
型号：CD124BE4C002
表壳：白色陶瓷及不锈钢表壳，直径 38mm，整表共镶嵌203颗钻石约 0.89克拉，50米防水
表盘：白色珍珠贝目，配有白金镶钻继羽毛装饰摆陀
机芯：Dior Inverse自动机芯，42小时动力储存
功能：时、分显示
表带：白色陶瓷链带配折叠扣
限量：88枚
参考价：￥400,000～500,000

Dior VIII — 表盘镶钻黑色陶瓷腕表

型号：CD1235E2C001
表壳：黑色陶瓷及不锈钢表壳，直径
33mm，50米防水
表盘：黑色漆面，镶嵌32颗钻石约重0.1
克拉
机芯：自动机芯，40小时动力储存
功能：时、分、秒显示
表带：黑色陶瓷链带配折叠扣
参考价：￥60,000～80,000

Dior VIII — 表圈镶钻黑色陶瓷腕表

型号：CD1221E1C001
表壳：黑色陶瓷及不锈钢表壳，外圈镶
嵌56颗钻石约重0.36克拉，直径
28mm，50米防水
表盘：黑色漆面
机芯：石英机芯
功能：时、分、秒显示
表带：黑色陶瓷链带配折叠扣
参考价：￥80,000～100,000

Dior VIII — 雪花镶嵌黑色陶瓷腕表

型号：CD1235E1C001
表壳：黑色陶瓷及不锈钢表壳，共镶嵌
266颗钻石约重1.22克拉，直径
33mm，50米防水
表盘：黑色漆面，镶嵌钻石装饰
机芯：自动机芯，40小时动力储存
功能：时、分、秒显示
表带：黑色陶瓷链带配折叠扣
参考价：￥150,000～200,000

Dior VIII — 表盘镶红宝石白色陶瓷腕表

型号：CD1245E8C001
表壳：白色陶瓷及不锈钢表壳，直径
38mm，50米防水
表盘：白色漆面，镶嵌34颗红宝石约重
0.18克拉
机芯：自动机芯，38小时动力储存
功能：时、分、秒显示
表带：白色陶瓷链带配折叠扣
参考价：￥60,000～80,000

Dior VIII — 表盘镶钻白色陶瓷腕表

型号：CD1235E3C001
表壳：白色陶瓷及不锈钢表壳，直径
33mm，50米防水
表盘：白色漆面，镶嵌32颗钻石约重0.1克
拉
机芯：自动机芯，40小时动力储存
功能：时、分、秒显示
表带：白色陶瓷链带配折叠扣
参考价：￥60,000～80,000

Dior VIII — 雪花镶嵌白色陶瓷腕表

型号：CD1221E4C001
表壳：白色陶瓷及不锈钢表壳，共镶嵌
203颗钻石约重0.82克拉，直径
28mm，50米防水
表盘：白色珍珠贝母表盘，镶嵌钻石装饰
机芯：石英机芯
功能：时、分、秒显示
表带：白色陶瓷链带配折叠扣
参考价：￥150,000～200,000

Dior VIII Baguette腕表 — 钻石

型号: CD1235F9C001
表壳: 白色陶瓷及18K白金表壳，外圈镶嵌50颗方钻约重3.67克拉，直径33mm，50米防水
表盘: 白色漆面，镶嵌32颗钻石约重0.1克拉
机芯: 自动机芯，40小时动力储存
功能: 时、分、秒显示
表带: 白色陶瓷链带配折叠扣
参考价: ￥700,000～1,000,000

Dior VIII Baguette腕表 — 红宝石

型号: CD1235F7C001
表壳: 白色陶瓷及18K白金表壳，外圈镶嵌颗50颗方形红宝石约重4.17克拉，直径33mm，50米防水
表盘: 白色漆面，镶嵌32颗钻石约重0.1克拉
机芯: 自动机芯，40小时动力储存
功能: 时、分、秒显示
表带: 白色陶瓷链带配折叠扣
参考价: ￥600,000～800,000

Dior VIII Baguette腕表 — 紫水晶

型号: CD1235F5C001
表壳: 黑色陶瓷及18K白金表壳，外圈镶嵌颗50颗方形紫水晶约重2.76克拉，直径33mm，50米防水
表盘: 黑色漆面，镶嵌32颗钻石约重0.1克拉
机芯: 自动机芯，40小时动力储存
功能: 时、分、秒显示
表带: 黑色陶瓷链带配折叠扣
参考价: ￥600,000～800,000

Dior VIII Baguette腕表 — 贵橄榄石

型号: CD1235F4C001
表壳: 黑色陶瓷及18K白金表壳，外圈镶嵌颗50颗方形贵橄榄石约重3.48克拉，直径33mm，50米防水
表盘: 黑色漆面，镶嵌32颗钻石约重0.1克拉
机芯: 自动机芯，40小时动力储存
功能: 时、分、秒显示
表带: 黑色陶瓷链带配折叠扣
参考价: ￥600,000～800,000

Dior VIII Baguette腕表 — 海蓝宝石

型号: CD1235F8C001
表壳: 白色陶瓷及18K白金表壳，外圈镶嵌颗50颗方形海蓝宝石约重2.91克拉，直径33mm，50米防水
表盘: 白色漆面，镶嵌32颗钻石约重0.1克拉
机芯: 自动机芯，40小时动力储存
功能: 时、分、秒显示
表带: 白色陶瓷链带配折叠扣
参考价: ￥600,000～800,000

Dior VIII Grand Bal高珠宝腕表

型号: CD124BE5C005
表壳: 白色陶瓷及不锈钢表壳，直径42mm，外圈镶嵌60颗蓝宝石约4.79克拉，50米防水
表盘: 镶嵌玉石、钻石及祖母绿装饰，自动摆陀镶嵌孔雀石
机芯: Dior Inverse自动机芯，42小时动力储存
功能: 时、分显示
表带: 白色陶瓷链带配折叠扣
限量: 孤本制作
参考价: 请洽经销商

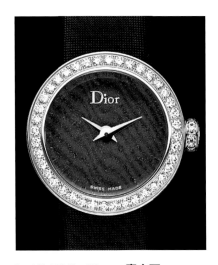

La Mini D De Dior — 青金石
型号：CD040153A006
表壳：18K黄金表壳，直径19mm，镶嵌71
　　　颗钻石约0.46克拉，30米防水
表盘：青金石表盘
机芯：ETA石英机芯
功能：时，分显示
表带：黑色绢带配18K黄金针扣
限量：50枚
参考价：￥80,000～150,000

La Mini D De Dior — 苏纪石
型号：CD040172A003
表壳：18K红金表壳，直径19mm，镶嵌71
　　　颗钻石约0.46克拉，30米防水
表盘：苏纪石表盘
机芯：ETA石英机芯
功能：时，分显示
表带：黑色绢带配18K红金针扣
限量：50枚
参考价：￥80,000～150,000

La Mini D De Dior — 翡翠
型号：CD047160A002
表壳：18K白金表壳，直径25mm，镶嵌85
　　　颗钻石约0.73克拉，30米防水
表盘：翡翠表盘，镶嵌4颗钻石时标
机芯：ETA石英机芯
功能：时，分显示
表带：黑色绢带配18K白金针扣
参考价：￥80,000～150,000

Chiffre Rouge A05腕表
型号：CD084841R001
表壳：黑色橡胶涂层不锈钢表壳，直径
　　　41mm，50米防水
表盘：黑色，3时位小秒盘，4-5时位日期
　　　视窗，6时位12小时盘，9时位30分
　　　钟盘，测速刻度外圈
机芯：ETA Cal.2894自动机芯，摆频
　　　28,800A/H，42小时动力储存，
　　　COSC天文台认证
功能：时，分，秒，日期显示，计时功
　　　能，测速功能
表带：黑色橡胶涂层不锈钢链带
参考价：￥60,000～80,000

Chiffre RougeC01腕表
型号：CD084C10A001
表壳：不锈钢表壳，直径38mm，50米防水
表盘：白色，3时位日期指示，6时位动力
　　　储存指示，9时位星期盘
机芯：
功能：时，分，秒，日期，星期，动力储
　　　存显示
表带：黑色鳄鱼皮皮带配不锈钢表扣
参考价：￥60,000～80,000

Chiffre RougeM05腕表
型号：CD084B40R001
表壳：黑色橡胶涂层不锈钢表壳，直径
　　　41mm，50米防水
表盘：黑色，红色秒针
机芯：Dior Inverse自动机芯，42小时动力
　　　储存
功能：时，分，秒显示
表带：黑色橡胶涂层不锈钢链带
参考价：￥60,000～80,000

时度
DOXA

年产量：约 50000 块
价格区间：RMB4,400 元起
网址：http://www.doxawatches.com

　　Doxa，在希腊文中是光荣之意。很简单的四个英文字母，组成一个发音铿锵有力的品牌。由成长于瑞士城 Le Locle 的制表师 Georges Ducommun(1868 ~ 1936) 在 1889 年创立的 Doxa，自发迹初年起便紧贴生活时尚，制作出切合时代品味的时计。

　　Ducommun 是历史上最早的汽车及飞机爱好者之一，曾为早年汽车及飞机的仪表板生产及设计时钟，Doxa 为仪表板生产的时钟，是一只口径特大的怀表（约 66 毫米），它坚固的外壳、精辟的结构不怕路途颠簸，上满链后可

以准确地运作上 8 天。所以连上世纪初的跑车生产王者 Bugatti，也选用 Doxa 作仪表板时计。

　　Doxa 同时也是最早一批研发潜水表的钟表品牌，1967 年，Doxa 便推出了 SUB 300T 潜水表，它是首枚把"无须减压"刻度结合到单向旋转计时圈上并用上不减压水晶玻璃的橙色表盘潜水表，方便潜水人士在水底下阅读。

　　今天，Doxa 瑞士时度表凭借永不止息的创造力，以及专业的制表工艺，创造出一系列出色的手表，深受世界各地人士的喜爱。

Calex I Do 卡莱斯我愿意腕表

型号：D140SWH
表壳：不锈钢表壳，外圈镶嵌60颗钻石，50米防水
表盘：银白色，镶嵌6可钻石时标，12时位镂空装饰
机芯：ETA Cal.2671自动机芯
功能：时、分、秒显示
表带：不锈钢链带配折叠扣
限量：199枚
参考价：￥20,000～40,000

GrandeMetre Skeleton
格兰米特红金镂空腕表

型号：D154RWH
表壳：不锈钢表壳，18K红金外圈，30米防水
表盘：透明表盘，可见内部机械机芯
机芯：ETA Cal.2801自动机芯
功能：时、分、秒显示
表带：棕色鳄鱼皮带配不锈钢折叠扣
限量：1,000枚
参考价：￥15,000～25,000

GrandeMetre Skeleton
格兰米特黄金镂空腕表

型号：D154TWH
表壳：不锈钢表壳，18K黄金外圈，30米防水
表盘：透明表盘，可见内部机械机芯
机芯：ETA Cal.2801自动机芯
功能：时、分、秒显示
表带：黑色鳄鱼皮带配不锈钢折叠扣
限量：1,000枚
参考价：￥15,000～25,000

行政对装系列男装间金腕表

型号：D155RWH

表壳：不锈钢表壳，外圈镀红金，直径 39mm，30米防水

表盘：银色，6时位小秒盘

机芯：Ronda Cal.1069石英机芯

功能：时、分、秒显示

表带：不锈钢链带部分镀玫瑰金

参考价：￥4,000～6,000

行政对装系列女装间金腕表

型号：D156RWH

表壳：不锈钢表壳，外圈镀红金，直径 29mm，30米防水

表盘：银色，6时位小秒盘

机芯：Ronda Cal.1069石英机芯

功能：时、分、秒显示

表带：不锈钢链带部分镀玫瑰金配折叠扣

参考价：￥4,000～6,000

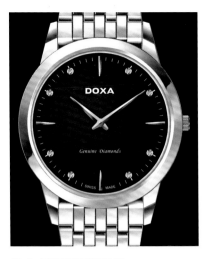

行政对装系列男装腕表

型号：D157SBK

表壳：不锈钢表壳，直径39mm，30米防水

表盘：黑色，镶嵌8颗钻石时标

机芯：Ronda Cal.1062石英机芯

功能：时、分显示

表带：不锈钢链带配折叠扣

参考价：￥8,000～8,000

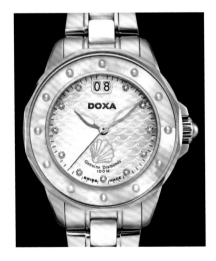

Oceanelle Treasure
深海瑰宝女装腕表 — 白色

型号：D151SMW

表壳：不锈钢表壳，白色珍珠贝母外圈同时镶嵌12颗珍珠

表盘：白色珍珠贝母表盘，镶嵌11颗钻石时标，12时位大日历视窗

机芯：Ronda Cal.6003D石英机芯

功能：时、分、秒、日期显示

表带：不锈钢及白色陶瓷链带配折叠扣

参考价：￥5,000～8,000

Oceanelle Treasure
深海瑰宝女装腕表 — 黑色

型号：D151SMB

表壳：不锈钢表壳，黑色珍珠贝母外圈同时镶嵌12颗珍珠

表盘：白色珍珠贝母表盘，镶嵌11颗钻石时标，12时位大日历视窗

机芯：Ronda Cal.6003D石英机芯

功能：时、分、秒、日期显示

表带：不锈钢及白色陶瓷链带配折叠扣

参考价：￥5,000～8,000

Oceanelle Treasure
深海瑰宝女装腕表 — 红金

型号：D151RMW

表壳：不锈钢表壳，白色珍珠贝母外圈镀红金，同时镶嵌12颗珍珠

表盘：白色珍珠贝母表盘，镶嵌11颗钻石时标，12时位大日历视窗

机芯：Ronda Cal.6003D石英机芯

功能：时、分、秒、日期显示

表带：不锈钢及白色陶瓷链带配折叠扣

参考价：￥5,000～8,000

艺比亨
EBERHARD & CO

年产量：不详

价格区间：RMB8,000 元起

网址：http://www.eberhard-co-watches.ch

在钟表业中，想要创新不一定需要多么复杂，只要能做出自己的特色，就可以算是成功的。艺比亨，1887 年，22 岁的 Georges Emile 在瑞士 La Chaux-de-Fonds 创立，之前记得曾经用过"艾伯汉"作为中文名，擅长计时表，同时四个表盘排成一个直线的方式更是其拿手好戏。革新了计时表一贯的阅读模式，大胆且一目了然，独树一帜的设计使其成为品牌独一无二的特征。今年在品牌 125 周年之际，推出了四款纪念款腕表，但这四款却回归了传统经典的计时腕表设计，内部搭载由 ETA Cal.7750 改装的计时机芯，配有导柱轮离合系统，性能及外观均可圈可点。

另外，还有件您不知道的事，艺比亨早在 1997 年便推出 8 天动力储存机芯的品牌，在直线式表盘布局的 Chrono 4 诞生之前，长时动力也是艺比亨的代表作之一。

Champion V 计时表 — 白盘

型号：31063.1

表壳：不锈钢表壳，直径42.8mm，厚14.45mm，50米防水

表盘：白色，4时位日期视窗，6时位12小时计时盘，9时位小秒盘，12时位30分钟计时盘，测速刻度外圈

机芯：ETA Cal.7750自动机芯，摆频28,800A/H

功能：时、分、秒、日期显示，计时功能，测速功能

表带：黑色牛皮带配不锈钢表扣

参考价：￥2,500～35,000

Champion V 计时表 — 黑盘

型号：31063.5

表壳：不锈钢表壳，直径42.8mm，厚14.45mm，50米防水

表盘：黑色，4时位日期视窗，6时位12小时计时盘，9时位小秒盘，12时位30分钟计时盘，测速刻度外圈

机芯：ETA Cal.7750自动机芯，摆频28,800A/H

功能：时、分、秒、日期显示，计时功能，测速功能

表带：黑色牛皮带配不锈钢表扣

参考价：￥25,000～35,000

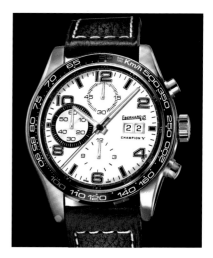

Champion V 大日历计时表 — 白盘

型号：31064.1

表壳：不锈钢表壳，直径42.8mm，厚14.45mm，测速刻度外圈，50米防水

表盘：白色，3时位大日历视窗，6时位12小时计时盘，9时位60分钟计时盘，12时位小秒盘

机芯：Cal.LJP 8210自动机芯

功能：时、分、秒、日期显示，计时功能，测速功能

表带：黑色牛皮带配不锈钢表扣

参考价：￥25,000～35,000

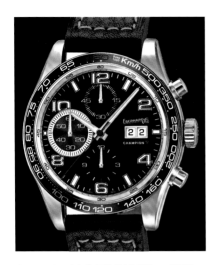

Champion V 大日历计时表 — 黑盘
型号：31064.2
表壳：不锈钢表壳，直径42.8mm，厚
　　　14.45mm，测速刻度外圈，50米防水
表盘：黑色，3时位大日历视窗，6时位
　　　12小时计时盘，9时位60分钟计时
　　　盘，12时位小秒盘
机芯：Cal.LJP 8210自动机芯
功能：时、分、秒、日期显示，计时功
　　　能，测速功能
表带：黑色牛皮带配不锈钢表扣
参考价：￥25,000~35,000

**Extra-fort Roue à Colonnes 125周年
纪念大日历计时腕表 — 红金白盘**
型号：30125.1
表壳：18K红金表壳，直径41mm，厚
　　　15mm，30米防水
表盘：白色，3时位30分钟计时盘，6时位
　　　12小时计时盘，9时位小秒盘，12
　　　时位大日历视窗，测速刻度外圈
机芯：Cal.E/J 8150自动机芯，摆频28,800A/H
功能：时、分、秒、日期显示，计时功
　　　能，测速功能
表带：黑色鳄鱼皮带配18K红金表扣
限量：125枚
参考价：￥80,000~120,000

**Extra-fort Roue à Colonnes 125周年
纪念大日历计时腕表 — 红金黑盘**
型号：30125.2
表壳：18K红金表壳，直径41mm，厚
　　　15mm，30米防水
表盘：黑色，3时位30分钟计时盘，6时位
　　　12小时计时盘，9时位小秒盘，12
　　　时位大日历视窗，测速刻度外圈
机芯：Cal.E/J 8150自动机芯，摆频28,800A/H
功能：时、分、秒、日期显示，计时功
　　　能，测速功能
表带：黑色鳄鱼皮带配18K红金表扣
限量：125枚
参考价：￥80,000~120,000

**Extra-fort Roue à Colonnes 125周年
纪念大日历计时腕表 — 不锈钢白盘**
型号：31125.1
表壳：不锈钢表壳，直径41mm，厚
　　　15mm，30米防水
表盘：白色，3时位30分钟计时盘，6时位
　　　12小时计时盘，9时位小秒盘，12
　　　时位大日历视窗，测速刻度外圈
机芯：Cal.E/J 8150自动机芯，摆频28,800A/H
功能：时、分、秒、日期显示，计时功
　　　能，测速功能
表带：黑色鳄鱼皮带配不锈钢表扣
限量：500枚
参考价：￥30,000~40,000

Extra-fort Roue à Colonnes 125周年纪念大日历计时腕表 — 不锈钢黑盘
型号：31125.2
表壳：不锈钢表壳，直径41mm，厚15mm，30米防水
表盘：黑色，3时位30分钟计时盘，6时位12小时计时盘，9时位小秒盘，12时位大日历视
　　　窗，测速刻度外圈
机芯：Cal.E/J 8150自动机芯，摆频28,800A/H
功能：时、分、秒、日期显示，计时功能，测速功能
表带：黑色鳄鱼皮带配不锈钢表扣
限量：500枚
参考价：￥30,000~40,000

英纳格
ENICAR

年产量：20000 块
价格区间：RMB3,000 元起
网址：http://www.enicar.com

　　瑞士英纳格自 1854 年诞生至今已超过 150 年，一直以"创新理念"为企业格言，多年来制作出多款品质及设计优良的腕表，得到各方支持。2012 年的巴塞尔表展上，英纳格启用了全新的展厅，品牌希望透过这座瑰丽展厅展现品牌"超越时间，成就非凡"的精神，印证着品牌超越了一百多年岁月，共同分享着彼此的成就，与您创造出非凡人生。"英纳格·瑰丽馆"展厅主体以高贵玫瑰红配上型格黑色为展馆主调，时尚型格；加上特别灯效，营造出个性强烈的品位空间。进入展厅马上被从 9 米高顶端延至下层晶光灿烂的巨型水晶灯吸引着，配以精致的家具，表现出欧洲华丽宫廷格调，象征着英纳格超过百年的优秀传统工艺。

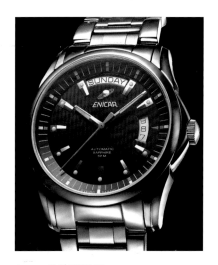

Space魔幻版腕表
型号： 3169-50-336aBL
表壳： 不锈钢表壳，直径约43mm，50米防水
表盘： 黑色，3时位日期视窗，12时位星期视窗
机芯： 自动机芯
功能： 时、分、秒、星期、日期显示
表带： 不锈钢链带
参考价： ￥9,300

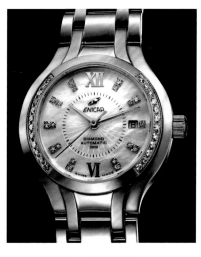

Griffe II系列间金镶钻腕表
型号： 778-50-128GS
表壳： 不锈钢表壳，红金PVD外圈并镶嵌钻石装饰，直径约32mm，30米防水
表盘： 白色珍珠贝母表盘，镶嵌19颗钻石时标，3时位日期视窗
机芯： 自动机芯
功能： 时、分、秒、日期显示
表带： 部分红金PVD不锈钢链带
参考价： ￥35,000～41,000

Versailles系列镶钻腕表
型号： 3168-50-325KCHS
表壳： 不锈钢表壳，18K红金外圈并镶嵌钻石装饰，直径约43mm，30米防水
表盘： 白色，10颗钻石刻度时标，6时位星期、日期视窗
机芯： 自动机芯，COSC天文台认证
功能： 时、分、秒、星期、日期显示
表带： 不锈钢间18K红金链带
参考价： ￥25,000~30,000

依波路
ERNEST BOREL

swiss made since 1856

年产量：多于20000块
价格区间：RMB4,000元起
网址：http://www.ernestborel.ch

　　1856年，在"钟表王国"瑞士纳沙泰尔，Jules Borel凭着缔造完美经典的信念，开始了他漫长的钟表制造生涯。155年来，依波路表始终秉承"坚固耐用，精确可靠，佩戴舒适，美观实用"的信念，以"精益求精"的探索精神，运用高新技术结合瑞士的传统制表工艺，使其制作日臻完美，从而奠定了在钟表领域的重要地位。

　　2009年，为了品牌的业务扩展及研制更多高品质的新产品，品牌将位于La Chaux-de-fonds的旧厂房正式迁往瑞士著名钟表产地Le Noirmont的新厂房。各项设施均符合瑞士钟表协会及国际环保标准。除原有的设施外，还引进大量先进生产设备和检测仪器，使工厂内的制表过程更精密、准确，工艺的铸造更精细，再加上制表师及装配人员的专业培训，以求达到每款依波路表都尽善尽美。

　　浪漫时刻，依波路表。历史的沉淀使她更加优雅显赫，爱使她焕发恒久魅力。其传奇般的品质，漫溢着丰润厚重的文化，让热爱生活的你，可以拥有值得一生炫耀的经典。

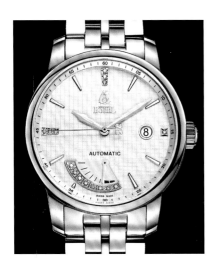

祖尔斯系列腕表
型号：GBK9239-4599
表壳：不锈钢表壳，红金PVD外圈及表冠，直径约40mm，50米防水
表盘：白色，镶嵌15颗钻石，3时位日期视窗，6时位动力储存指示
机芯：Cal.9040自动机芯
功能：时、分、秒、日期、动力储存显示
表带：部分红金PVD不锈钢链带
参考价：￥6,000～8,000

Retro海宝石系列复刻腕表
型号：LS906-9821GR
表壳：不锈钢表壳，直径约38mm，50米防水
表盘：绿色，金色指针时标
机芯：石英机芯
功能：时、分显示
表带：绿色牛皮带配不锈钢针扣
参考价：￥6,000～8,000

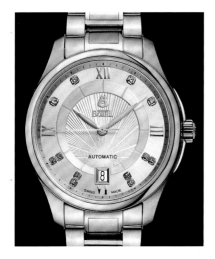

布拉克系列腕表—间金

型号：BB7350-2599
表壳：不锈钢表壳，红金PVD外圈及表
　　　冠，直径约42mm，50米防水
表盘：银白色，镶嵌12颗钻石时标，6时
　　　位日期视窗
机芯：自动机芯
功能：时、分、秒、日期显示
表带：部分红金PVD不锈钢链带
参考价：￥4,000～6,000

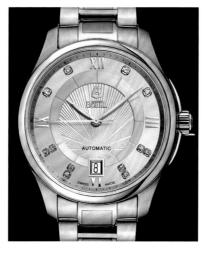

布拉克系列腕表—不锈钢

型号：BS7350-2590
表壳：不锈钢表壳，直径约42mm，50米
　　　防水
表盘：银白色，镶嵌12颗钻石时标，6时
　　　位日期视窗
机芯：自动机芯
功能：时、分、秒、日期显示
表带：不锈钢链带
参考价：￥4,000～6,000

传奇系列III男装自动腕表

型号：GBR1856SD-4599
表壳：不锈钢表壳，红金PVD外圈及表
　　　把，整表共镶嵌44颗钻石，直径约
　　　40mm，50米防水
表盘：白色，10颗钻石时标，6时位日期
　　　视窗
机芯：自动机芯
功能：时、分、秒、日期显示
表带：部分红金PVD不锈钢链带
参考价：￥5,000～8,000

传奇系列III女装自动腕表

型号：LBR1856SD-4599
表壳：不锈钢表壳，红金PVD外圈及表
　　　把，整表共镶嵌34颗钻石，直径
　　　30mm，50米防水
表盘：白色，8颗钻石时标，6时位日期视
　　　窗
机芯：自动机芯
功能：时、分、秒、日期显示
表带：部分红金PVD不锈钢链带
参考价：￥5,000～8,000

传奇系列III女装石英腕表—间金

型号：LBR1856SQ-2099
表壳：不锈钢表壳，红金PVD外圈及表
　　　把，直径34mm，50米防水
表盘：白色珍珠贝母，6颗钻石时标，6时
　　　位日期视窗
机芯：石英机芯
功能：时、分、秒、日期显示
表带：部分红金PVD不锈钢链带
参考价：￥4,000～6,000

传奇系列III女装石英腕表—间金

型号：LS1856SQ-2590
表壳：不锈钢表壳，直径34mm，50米防
　　　水
表盘：白色珍珠贝母，6颗钻石时标，6时
　　　位日期视窗
机芯：石英机芯
功能：时、分、秒、日期显示
表带：不锈钢链带
参考价：￥4,000～6,000

皇室系列腕表—间金

型号：GBR6155W-4829

表壳：不锈钢表壳，红金PVD外圈及表把，直径约40mm，30米防水

表盘：白色，3时位日期视窗，6时位小秒盘

机芯：Cal.2895自动机芯

功能：时、分、秒、日期显示

表带：部分红金PVD不锈钢链带

参考价：￥4,000～6,000

皇室系列腕表—间金

型号：GS6155W-4822

表壳：不锈钢表壳，直径约40mm，30米防水

表盘：白色，3时位日期视窗，6时位小秒盘

机芯：Cal.2895自动机芯

功能：时、分、秒、日期显示

表带：不锈钢链带

参考价：￥5,000～7,000

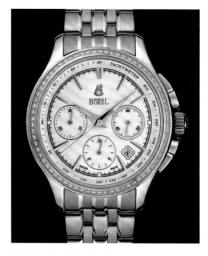

波莱尔系列计时腕表—间金

型号：GBR8600D-4629

表壳：不锈钢表壳，红金PVD外圈及表把，镶嵌60颗钻石，直径45mm，30米防水

表盘：白色，3时位小秒盘，4-5时位日期视窗，6时位12小时计时盘，9时位30分钟计时盘，测速刻度外圈

机芯：Cal.2021自动机芯

功能：时、分、秒、日期显示，计时功能，测速功能

表带：部分红金PVD不锈钢链带

参考价：￥8,000～12,000

音韵系列深情限量版

型号：LS6208-520

表壳：不锈钢表壳，直径约34mm，50米防水

表盘：白色珍珠贝母，两颗心造型镶嵌30颗钻石，3时位日期视窗

机芯：自动机芯

功能：时、分、秒、日期显示

表带：不锈钢链带

限量：999枚

参考价：￥5,000～8,000

波莱尔系列计时腕表—不锈钢

型号：GS8600D-4622BK

表壳：不锈钢表壳，外圈镶嵌钻石装饰，直径41mm，50米防水

表盘：白色，3时位小秒盘，4-5时位日期视窗，6时位12小时计时盘，9时位30分钟计时盘，测速刻度外圈

机芯：Cal.2021自动机芯

功能：时、分、秒、日期显示，计时功能，测速功能

表带：黑色鳄鱼皮带配折叠扣

参考价：￥8,000～12,000

传奇系列天文台腕表

型号：GS7150-2232

表壳：不锈钢表壳，直径约40mm，50米防水

表盘：白色，6时位月相视窗，12时位星期、月份视窗，中心日期指针

机芯：Cal.9000自动机芯，COSC天文台认证

功能：时、分、秒、日期、星期、月份、月相显示

表带：不锈钢链带

参考价：￥8,000～12,000

飞亚达
FIYTA

年产量：50000 以上
价格区间：RMB1,000 元起
网址：http://www.fiyta.com.cn

凭借多年来的不断努力与取得的成绩，飞亚达在2011 年实现了所有进驻巴塞尔表展国际品牌馆所需的各种高要求，首次进驻 1 号馆二层。今年，巴塞尔国际钟表展又向飞亚达抛来了邀请的橄榄枝，这无疑是对飞亚达品质的至高评价，同时也是对飞亚达品牌价值的进一步认可和支持。此次飞亚达完美诠释了腕表艺术，携航天系列等新款腕表亮相巴塞尔。

飞亚达航天系列，以卓越的腕表性能，探索太空，亦被太空所鉴证。2012 年，中国将迎来一个新的航天年，"神舟九号" 太空船在今年 6 月发射，太空中出现了首位中国女航天员的身影。同时，包括另外两位男航天员，他们佩戴的腕表均是由飞亚达特别制造。此次巴塞尔展览，飞亚达主推的航天系列腕表搭配飞亚达机械计时机芯。外观上，延续曾获 "德国红点设计大奖" 的设计灵感，醒目、有力。腕表底盖上用充满浮雕感的飞天形象，来纪念航天探索的壮举。

此次参展的产品，除了飞亚达航天表系列以外，还有 "凯旋" 系列女士腕表：该系列以爽直的表壳造型和螺钉设计，展现新女性的独立与自信。而经典隽永的 "琅轩" 系列男士腕表：设计大气而利落，用气宇轩昂的风度，成就腕上的永恒。

神九航天纪念表

该款腕表延续了曾获得 "2010 年德国红点设计大奖" 的设计风格，以简洁有力的外观承载强大内 "芯"。腕表搭配飞亚达自主机械机芯，具备多功能计时功能，腕表独特的 AM/PM 显示框，能够方便航天员在日夜混沌中及时辨识地球时间；以 45 分钟为计时单位的 "特征计时"，已成为飞亚达航天系列独有标志，该功能本是针对太空飞行任务而设置，以蓝色和绿色的扇面警示任务完成的进度；还有 100 米防水等性能，都确保航天员能分秒无误地完成每一项严谨操作。

型号：GA8596.WBW
表壳：不锈钢表壳，100米防水
表盘：黑色，3时位日期及昼夜视窗，6时位12小时计时盘，9时位小秒盘，12时位45分钟计时盘
机芯：飞亚达自动机芯
功能：时、分、秒、日期、昼夜显示、计时功能
表带：不锈钢链带配折叠扣
限量：999枚
参考价：￥13,800

中国首位女航天员执行任务用表

型号：Z091（F）
表壳：钛金属表壳，侧面配有掐丝珐琅装
　　　饰，50米防水
表盘：黑色，2时位1/10秒计时盘，4时位
　　　日期视窗，6时位小秒盘，10时位
　　　30分钟计时盘
机芯：石英机芯
功能：时、分、秒、日期显示，计时功能
表带：黑色牛皮带
参考价：请洽经销商

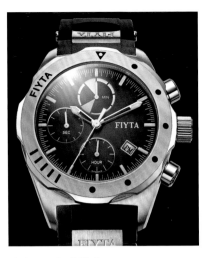

神舟八号纪念腕表

型号：GA8470.WBB
表壳：不锈钢表壳，50米防水
表盘：黑色，4时位昼夜视窗，6时位12小
　　　时计时盘，9时位小秒盘，12时位
　　　45分钟计时盘
机芯：飞亚达自动机芯
功能：时、分、秒、昼夜显示，计时功能
表带：黑色橡胶带，另附赠一条牛皮表带
限量：999枚
参考价：￥8,000

"火星-500"计划纪念腕表

型号：GA8500.HBH
表壳：钛金属表壳，50米防水
表盘：黑色，3时位日期及昼夜视窗，6时
　　　位12小时计时盘，9时位小秒盘，
　　　12时位45分钟计时盘
机芯：飞亚达自动机芯
功能：时、分、秒、日期、昼夜显示，计
　　　时功能
表带：不锈钢链带配折叠扣
限量：520枚
参考价：￥8,800

摄影师系列限量版腕表

型号：GA8240.BBB
表壳：黑色镀层不锈钢表壳，直径
　　　40mm，50米防水
表盘：黑色，部分镂空装饰
机芯：自动机芯
功能：时、分、秒显示
表带：黑色镀层不锈钢链带，另附赠一条
　　　黑色牛皮表带
限量：2,011枚
参考价：￥4,000～5,000

摄影师系列二十四小时显示腕表

型号：GA8246.WCW
表壳：不锈钢表壳，直径40mm，50米防
　　　水
表盘：黑色及白色，部分镂空装饰，4-5时
　　　位小秒盘，9时位24小时盘
机芯：自动机芯
功能：时、分、秒、24小时显示
表带：不锈钢链带
参考价：￥3,180

摄影师系列自动腕表

型号：GA8238.WBT
表壳：不锈钢表壳，直径40mm，50米防
　　　水
表盘：黑色，4-5时位小秒盘
机芯：自动机芯
功能：时、分、秒显示
表带：不锈钢部分镀红金链带
参考价：￥3,180

凯旋系列女装镶锆石腕表

型号：L996.WWWD

表壳：不锈钢表壳，直径30mm，外圈镶嵌锆石，50米防水

表盘：珍珠贝母表盘，3时位日期视窗

机芯：石英机芯

功能：时、分、秒、日期显示

表带：不锈钢链带

参考价：￥3,080

凯旋系列女装腕表

型号：L996.WWW

表壳：不锈钢表壳，直径30mm，50米防水

表盘：珍珠贝母表盘，3时位日期视窗

机芯：石英机芯

功能：时、分、秒、日期显示

表带：不锈钢链带

参考价：￥2,380

琅轩系列腕表

型号：GA8436.PWR

表壳：镀红金不锈钢腕表，直径39mm，50米防水

表盘：白色，3时位日期视窗

机芯：自动机芯

功能：时、分、秒、日期显示

表带：棕色牛皮带

参考价：￥2,480

经典系列男装腕表

型号：GA8308.MWM

表壳：不锈钢表壳，外圈镀红金，直径39mm，30米防水

表盘：白色，3时位日期视窗

机芯：自动机芯

功能：时、分、秒、日期显示

表带：不锈钢部分镀红金链带

参考价：￥3,980

经典系列女装腕表

型号：LA8308.MWM

表壳：不锈钢表壳，外圈镀红金，直径25.7mm，30米防水

表盘：白色，3时位日期视窗

机芯：自动机芯

功能：时、分、秒、日期显示

表带：不锈钢部分镀红金链带

参考价：￥3,980

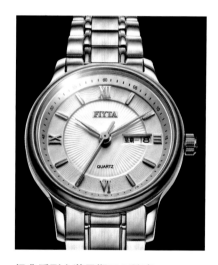

经典系列女装星期日历腕表

型号：L612.MWM

表壳：不锈钢表壳，外圈镀红金，直径26.5mm，30米防水

表盘：白色，3时位星期、日期视窗

机芯：石英机芯

功能：时、分、秒、日期、星期显示

表带：不锈钢部分镀红金链带

参考价：￥2,980

中国首位女航天员纪念款

型号：LA8598.WBR
表壳：不锈钢表壳，50米防水
表盘：黑色，掐丝珐琅制作飞天图案
机芯：自动机芯
功能：时分秒显示
表带：棕色鳄鱼皮带配不锈钢表扣
限量：50枚
参考价：￥68,000

艺系列珐琅腕表 — 民族风情

型号：E2120.PSB
表壳：18K红金表壳，直径40mm，30米防水
表盘：掐丝珐琅傣族少女图案表盘
机芯：手动超薄机芯
功能：时、分显示
表带：黑色羊皮表带，附赠一条黑色牛皮表带
限量：10枚
参考价：￥88,000

艺系列珐琅腕表 — 醍醐鸟与少女

型号：E2124.PSB
表壳：18K红金表壳，直径40mm，30米防水
表盘：掐丝珐琅醍醐鸟与少女图案表盘
机芯：手动超薄机芯
功能：时、分显示
表带：黑色羊皮表带，附赠一条黑色牛皮表带
限量：10枚
参考价：￥88,000

艺系列珐琅腕表 — 辛亥百年纪念

型号：E2106.PSB
表壳：18K红金表壳，直径40mm，30米防水
表盘：掐丝珐琅武昌红楼图案表盘
机芯：手动超薄机芯
功能：时、分显示
表带：黑色羊皮表带，附赠一条黑色牛皮表带
限量：10枚
参考价：￥98,000

艺系列珐琅腕表 — 辛亥百年纪念之孙中山

型号：E2100.PSB
表壳：18K红金表壳，直径40mm，30米防水
表盘：手绘珐琅孙中山画像表盘
机芯：手动超薄机芯
功能：时、分显示
表带：黑色羊皮表带，附赠一条黑色牛皮表带
限量：10枚
参考价：￥98,000

艺系列珐琅腕表 — 紫禁城

型号：E2112.PSB
表壳：18K红金表壳，直径40mm，30米防水
表盘：掐丝珐琅太和殿图案表盘
机芯：手动超薄机芯
功能：时、分显示
表带：黑色羊皮表带，附赠一条黑色牛皮表带
限量：10枚
参考价：￥88,000

法兰克穆勒
FRANCK MULLER

年产量：约 50,000 只

价格区间：RMB50,000 元起

网址：http://www.franckmuller.com

FRANCK MULLER，这不仅是一个成功的钟表品牌，还是一个有血有肉的人。这个与众不同的天才制表师的青年时代是与 SVEND ANDERSEN 一起合作，因这层关系他对著名品牌们形成了一些复杂的构思。在他独立创业后，制作微缩化复杂机械的天分展露无遗，MASTER OF COMPLICATION 系列就是精华总结，故 MULLER 能成为当今制作复杂手表的大师级人物绝不是偶然的。MULLER 的强势不但在制表技巧方面，他的作品设计风格也是非常个人化的，典型的例子就是他在 1990 年代带动了酒桶形表复古设计的新潮流。

他对钟表行业的一项巨大贡献是在 1992 年，与 VartanSirmakes 先生共同成立 FRANCK MULLER 集团之后，从 1998 年开始 FRANCK MULLER 集团独立举办的新表展览 WPHH (World Presentation of Haute Horlogerie)，每年在位于 Genthod 的制表总部 Watchland 举行。而每年借由这一个卓越的新品发表展览，来自世界各地的钟表专家、记者媒体与钟表爱好者都能一次尽览其旗下九大品牌的最新且完整的作品。

Giga圆形镂空陀飞轮腕表

型号：7049 T G SQT

表壳：18K白金表壳，直径49mm，30米防水

表盘：开放式表盘，6时位陀飞轮

机芯：Cal.FM 2100手动机芯，直径 40.5mm，29石，240个零件，摆频 18,000A/H，10天动力储存

功能：时、分显示，陀飞轮装置

表带：黑色鳄鱼皮带配18K白金针扣

参考价：￥800,000～1,200,000

Black CrocoToubillion陀飞轮腕表

型号：8880 T BLK CRO

表壳：黑色PVD处理鳄鱼皮纹理装饰表壳，尺寸39.6mm×55.4mm，厚 11.9mm，30米防水

表盘：黑色，鳄鱼皮纹理装饰，6时位陀飞轮

机芯：Cal.FM2001自动机芯，尺寸 25mm×30mm，厚7.3mm，950铂金摆陀，193个零件，21石，摆频 18,000A/H，60小时动力储存

功能：时、分、显示，陀飞轮装置

表带：黑色鳄鱼皮带

参考价：￥600,000～800,000

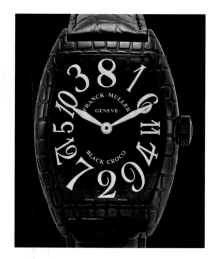

Black Croco Crazy Hour疯狂时间腕表

型号：8880 CH BLK CRO

表壳：黑色PVD处理鳄鱼皮纹理装饰表壳，尺寸39.6mm×55.4mm，厚 11.9mm，30米防水

表盘：黑色，鳄鱼皮纹理装饰，跳转时针

机芯：Cal.FM2800HF自动机芯，直径 25.6mm，厚5.2mm，950铂金摆陀，186个零件，23石，摆频 28,800A/H，42小时动力储存

功能：时、分、显示

表带：黑色鳄鱼皮带

参考价：￥30,000～60,000

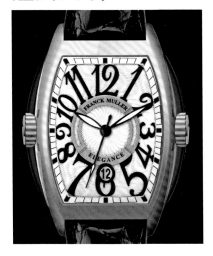

Elegance系列大三针腕表

型号: 8880 SC DT ELG 5N

表壳: 18K红金搭配部分黑色PVD涂层
表壳,尺寸43.3mm×60.5mm×
12.9mm,100米防水

表盘: 白色刻纹装饰,6时位日期视窗

机芯: Cal.FM800自动机芯,直径
26.6mm,厚3.6mm,21石,158个
零件,摆频28,800A/H,42小时动
力储存

功能: 时、分、秒、日期显示

表带: 黑色鳄鱼皮带

参考价: ￥40,000～80,000

Elegance系列计时腕表

型号: 8880 CC ELG NR

表壳: 黑色PVD涂层部分18K红金表壳,
尺寸43.3mm×60.5mm×12.9mm,
100米防水

表盘: 白色刻纹装饰,3时位30分钟计时
盘,6时位日期视窗,9时位小秒盘

机芯: Cal.FM7000自动机芯,尺寸30.4mm,
厚7.9mm,27石,228个零件,摆频
28,800A/H,48小时动力储存

功能: 时、分、秒、日期显示,计时功能

表带: 黑色鳄鱼皮带

参考价: ￥40,000～80,000

Elegance系列陀飞轮腕表

型号: 8880 T ELG NR2

表壳: 黑色PVD涂层表壳,43.3mm×
60.5mm×12.9mm,100米防水

表盘: 黑色刻纹装饰,6时位陀飞轮及小
秒盘

机芯: Cal.FM2001R11手动机芯,尺寸
34mm×31.2mm,厚5.3mm,21
石,193个零件,摆频18,000A/H,
60小时动力储存

功能: 时、分、秒显示,陀飞轮装置

表带: 黑色鳄鱼皮带

参考价: ￥600,000～800,000

Giga Tourbillon黑色PVD陀飞轮腕表

型号: 8889 T G NR

表壳: 黑色PVD白金表壳,尺寸43.7mm×
59.20mm,厚14.00mm,30米防水

表盘: 黑色刻纹装饰,6时位陀飞轮,12
时位动力储存显示

机芯: Cal.FM2100手动机芯,尺寸
41.4mm×34.40mm,厚5.30mm,
25石,摆频18,000A/H,240个零
件,四发条盒,10天动力储存。

功能: 时、分、动力储存显示,陀飞轮装置

表带: 黑色鳄鱼皮带

参考价: ￥800,000～1,200,000

Giga Tourbillon黑色PVD镂空陀飞轮腕表

型号: 8889 T G SQT

表壳: 18K白金表壳,尺寸43.7mm×
59.20mm,厚14.00mm,30米防水

表盘: 开放式表盘,6时位陀飞轮,12时
位动力储存显示

机芯: Cal.FM2100手动机芯,黑色处理及镂
空装饰,尺寸41.4mm×34.40mm,厚
5.30mm,25石,摆频18,000A/H,240
个零件,四发条盒,10天动力储存。

功能: 时、分、动力储存显示,陀飞轮装置

表带: 黑色鳄鱼皮带

参考价: ￥800,000～1,200,000

Giga Tourbillon镂空陀飞轮腕表

型号: 8889 T G SQT

表壳: 18K白金表壳,尺寸43.7mm×
59.20mm,厚14.00mm,30米防水

表盘: 开放式表盘,6时位陀飞轮,12时
位动力储存显示

机芯: Cal.FM2100手动机芯,镂空装饰,尺
寸41.4mm×34.40mm,厚5.30mm,
25石,摆频18,000A/H,240个零件,
四发条盒,10天动力储存。

功能: 时、分、动力储存显示,陀飞轮装置

表带: 黑色鳄鱼皮带

参考价: ￥800,000～1,200,000

康斯登
FREDERIQUE CONSTANT

FREDERIQUE CONSTANT
GENEVE
Live your passion

年产量：约 55,000 只

价格区间：RMB5,000 元起

网址：http://www.frederique-constant.com

　　康斯登的故事开始于 1980 年代末期，Peter Stas 与太太 Aletta Bax 在空闲的时间设计一些他们梦想中的腕表。1991 年，他们正式展开钟表界的历险之旅。在一个远东展览会上，首次展示了设计的首个原型，并获得了第一张 350 枚腕表的订单，康斯登就此诞生了！自 1988 年成立至今，Peter 先生与 Aletta 女士对钟表的热情从未减退。这正是康斯登火速成长的原因。在过去十几年来，公司均维持每年 25 ～ 50% 的高增长！现在全球 65 个国家拥有超过 2000 个销售点。作为定位于大众能负担得起的优质腕表品牌，康斯登制作的腕表已被外界肯定为质量优良、设计不凡及制作认真的高级腕表。到 2012 年，康斯登的总生产及销售量突破 10 万枚。

　　康斯登一直以来十分清楚自己的市场定位，即为钟表爱好者提供价格合理的高品质腕表，价格保持在 500-2500 欧元的范围内。在确保康斯登腕表质量的同时，亦致力于降低成本。当然，康斯登不会为了降低成本而牺牲质量，因为公司一直以制造优良而价格合理的腕表为己任。因此，康斯登着眼于如何精简营运的架构及减少不必要的宣传开支，所以并不需要把这些与腕表质素无关的所谓成本转嫁到顾客身上，让人们所买到的康斯登腕表保有腕表的真正价值。

Black Beauty女装自动腕表

型号：FC-310BDHB2PD6

表壳：不锈钢表壳，外圈镶嵌48颗钻石，60米防水

表盘：黑色珍珠贝母表盘，镶嵌8可钻石时标，心形镂空视窗

机芯：Cal.FC-310自动机芯，42小时动力储存

功能：时、分、秒显示

表带：黑色绢带配不锈钢表扣

参考价：￥15,000～20,000

卡雷拉泛美拉力赛限量版腕表

型号：FC-435S6B6

表壳：不锈钢表壳，直径43mm，50米防水

表盘：银白色，6时位小秒盘

机芯：Cal.FC-435自动机芯，17石，42小时动力储存

功能：时、分、秒显示

表带：黑色鳄鱼皮带配不锈钢折叠扣

限量：1,888枚

参考价：￥8,000～12,000

Moon Timer月相日历腕表

型号：FC-330B6B6

表壳：不锈钢表壳，直径43mm，100米防水

表盘：黑色，6时位月相视窗，中心红色箭头日期视窗

机芯：Cal.FC-330自动机芯，42小时动力储存

功能：时、分、秒、日期、月相显示

表带：黑色鳄鱼皮带配不锈钢折叠扣

参考价：￥8,000～12,000

Healey自动计时腕表

型号：FC-392HS6B6

表壳：不锈钢表壳，直径43mm，100米防水

表盘：白色，6时位12小时计时盘，9时位小秒盘，12时位30分钟计时盘

机芯：Cal.FC-392自动机芯，42小时动力储存

功能：时、分、秒显示，计时功能

表带：深蓝色皮带配不锈钢折叠扣

限量：1,888枚

参考价：￥15,000～20,000

24硅制陀飞轮日历月相腕表

型号：FC-985MC4H9

表壳：18K红金表壳，直径44mm，厚12.2mm，30米防水

表盘：银白色，6时位陀飞轮及小秒盘，9时位24小时昼夜显示，12时位日期指示及月相视窗

机芯：Cal.FC-985自动机芯，直径30.5mm，摆频28,800A/H，48小时动力储存，硅制擒纵轮

功能：时、分、秒、日期、月相、24小时昼夜显示，陀飞轮装置

表带：棕色鳄鱼皮带配18K红金折叠扣

参考价：￥800,000～1,200,000

自制机芯红金限量版腕表

型号：FC-980MC4H9

表壳：18K红金表壳，直径42mm，厚11mm，30米防水

表盘：银白色，6时位陀飞轮及小秒盘，中心24小时昼夜指针

机芯：Cal.FC-980自动机芯，直径30.5mm，摆频28,800A/H，48小时动力储存，硅制擒纵轮

功能：时、分、秒、24小时昼夜显示，陀飞轮装置

表带：黑色鳄鱼皮带配18K红金表扣

限量：188枚

参考价：￥800,000～1,200,000

Maxime Manufacture自制机芯自动腕表

型号：FC-700MS5M6

表壳：不锈钢表壳，直径42mm，50米防水

表盘：银色，6时位日期指示

机芯：Cal.FC-700自动机芯，42小时动力储存

功能：时、分、日期显示

表带：黑色鳄鱼皮带配不锈钢折叠扣

参考价：￥8,000～15,000

Runabout自动计时腕表

型号：FC-392RM6B6

表壳：不锈钢表壳，直径43mm，100米防水

表盘：银白色，6时位12小时计时盘及日期视窗，9时位小秒盘，12时位30分钟计时盘

机芯：Cal.FC-392自动机芯，42小时动力储存

功能：时、分、秒、日期显示，计时功能

表带：黑色鳄鱼皮带配不锈钢表扣

参考价：￥15,000～20,000

Love Heart Beat女装自动腕表

型号：FC-310LHB2PD6

表壳：不锈钢表壳，外圈镶嵌48颗钻石，60米防水

表盘：银白色，12时位镂空装饰，"Love"字样镶嵌50可钻石，6颗钻石时标

机芯：Cal.FC-310自动机芯，42小时动力储存

功能：时、分、秒显示

表带：深灰色绢带配不锈钢表扣

参考价：￥15,000～20,000

F.P.JOURNE

年产量：少于 1,000 只

价格区间：RMB300,000 元起

网址：http://www.fpjourne.com

出生于马赛，年仅十四岁的他已入读当地的钟表学校。在那里他发现了钟表世界宝库，并将一点一滴的造表知识兼收并蓄。但真正的改变来自巴黎，他在那里完成学业，然后跟随叔叔当学徒。他任职的著名古董钟表复修店位于表匠集中地 Saint Germain-des-Près，最资深的顾客会将上乘的收藏品交托给他进行复修。François-Paul Journe 就在那里欢欣地发现了钟表史上最惊为天人的杰作，并追索前人在构思及制作过程中的智慧和哲学；科学家、发明家及钟表大师都是他的参考对象。有机会踏进这个非凡创作领域中的机械核心地带，他感到一份优越感，并在未来的岁月里继续为他带来无限的惊喜与震撼。

在 1994 年，François-Paul Journe 开始设计他心目中的现代时计。在 1999 年，一系列全新的腕表终于面世，表上除了写上 F. P. Journe 的名字，亦印有拉丁文 Invenit et Fecit，意即"发明及制造"。自此以后，每一款印上他名字的钟表都代表着百分百的原创及严谨的工匠技术。

每一件由 François-Paul Journe 创制的独一无二的时计，都是他以无数光阴换取的心血结晶，但当设计的完成品交予委托买家后，所有心血便在瞬间消失。于是，他便梦想拥有一系列自家创制的腕表，提供同样舒适、功能卓越的品质，却可让更多的收藏家拥有！

Octa Sport 系列腕表

表壳：铝合金表壳，直径42mm，厚11.6mm，整表重量53克

表盘：灰色，1时位人日历视窗，6时位小秒盘，9时位昼夜显示，10时位动力储存显示

机芯：Cal.FPJ 1300-3自动机芯，铝合金夹板，摆频21,600A/H，120小时动力储存

功能：时、分、秒、日期、昼夜、动力储存显示

表带：黑色橡胶带配折叠扣

参考价：￥180,000

Octa Sport系列腕表

表壳：铝合金表壳，直径42mm，厚11.6mm，整表重量53g

表盘：灰色，1时位大日历视窗，6时位小秒盘，9时位昼夜显示，10时位动力储存显示

机芯：Cal.FPJ 1300-3自动机芯，铝合金夹板，摆频21,600A/H，120小时动力储存

功能：时、分、秒、日期、昼夜、动力储存显示

表带：黑色橡胶带配折叠扣

参考价：￥180,000

古驰
GUCCI

GUCCI

年产量：100000 以上
价格区间：RMB2000 元起
网址：http://www.gucci.com

Gucci 手表自 20 世纪 70 年代初便致力于设计、开发和制造形象鲜明突出的表款。凭借佛罗伦萨制表商的全球知名度及其品牌定位的独特二元性——兼顾现代与传统、创新与工艺、既领导潮流又不失精致细腻，Gucci 手表以清晰明了的设计手法和品牌定位，成为了最值得信赖及永久流传的时尚手表品牌之一。Gucci 手表制造于瑞士，以设计、品质和工艺而著称，并经由 Gucci 直营店和特定的手表经销商组成的独家销售网络在全球销售。从 2010 年 1 月起，Gucci 手表也开始经销 Gucci 首饰系列，以期利用长年累积的制表技艺，充分发挥手表与首饰行业的协作效应。

Bamboo系列腕表
型号：YA132401/YA132402/YA132403
表壳：不锈钢表壳，竹子制作外圈，直径
　　　35mm，30米防水
表盘：银色，棕色或灰色表盘，放射状拉
　　　丝纹理装饰
机芯：石英机芯
功能：时，分显示
表带：不锈钢及竹节链带
参考价：￥4,000～6,000

I-Gucci运动腕表 — 灰色
型号：YA114403
表壳：不锈钢表壳，直径49mm，50米防水
表盘：黑色，桔色数字显示液晶屏幕
机芯：电子机芯
功能：时、分、秒显示，计时，高度计，两地时，背光等功能
表带：深灰色橡胶带
参考价：￥8,000～10,000

I-Gucci运动腕表 — 橘色
型号：YA114404
表壳：不锈钢表壳，直径49mm，50米防水
表盘：黑色，橘色数字显示液晶屏幕
机芯：电子机芯
功能：时、分、秒显示，计时，高度计，两地时，背光等功能
表带：橘色橡胶带
参考价：￥8,000～10,000

G-Timeless石英计时腕表 — 皮带
型号：YA126242
表壳：不锈钢表壳，黑色PVD外圈，直径44mm，50米防水
表盘：灰色，2时位1/10秒计时盘，4时位日期视窗，6时位小秒盘，10时位30分钟计时盘
机芯：石英机芯
功能：时、分、秒、日期显示，计时功能，测速功能
表带：灰色牛皮带
参考价：￥6,000～8,000

G-Timeless石英计时腕表 — 链带
型号：YA126238
表壳：不锈钢表壳，黑色PVD外圈，直径44mm，50米防水
表盘：灰色，2时位1/10秒计时盘，4时位日期视窗，6时位小秒盘，10时位30分钟计时盘
机芯：石英机芯
功能：时、分、秒、日期显示，计时功能，测速功能
表带：不锈钢链带
参考价：￥6,000～8,000

G-Timeless Sport运动腕表
型号：YA126239
表壳：不锈钢表壳，直径44mm，旋转计时外圈，100米防水
表盘：白色，4时位日期视窗
机芯：石英机芯
功能：时、分、秒、日期显示，潜水计时外圈
表带：织物表带，印有蓝、红色条装饰
参考价：￥6,000～8,000

G-Timeless自动计时腕表
型号：YA126241
表壳：不锈钢表壳，直径44mm，测速刻度外圈，50米防水
表盘：灰色，4时位日期视窗，6时位12消失计时盘，9时位小秒盘，12时位30分钟计时盘
机芯：ETA Cal./750自动机芯
功能：时、分、秒、日期显示，计时功能，测速功能
表带：灰色牛皮带
参考价：￥15,000～20,000

芝柏
GIRARD-PERREGAUX

GP
GIRARD-PERREGAUX
WATCHES FOR THE FEW SINCE 1791

年产量：约 12000 块
价格区间：RMB43,000 元起
网址：http://www.girard-perregaux.com

芝柏表于 1791 年由制表大师 J. F. 波特（Jean Francois Bautte）所创立，最初并不叫做芝柏表。J. F. 波特在日内瓦开办了自己的表厂，并把所有制表工序集中在一起，方便管理和沟通。1837 年，J. 波特（Jacques Bautte）和罗塞尔（Jean Samuel Rossel）从创办人 J. F. 波特手上接过公司的管理权，并继承了 J. F. 波特留给他们那无价的工业和文化遗产。

1854 年，表厂由天才横溢的制表师康士坦特·芝勒德（Constant Girard）和玛丽·柏利高（Marie Perregaux）两夫妇接管，两人把自己的姓氏结合，并于 1856 年正式成立 Girard-Perregaux 芝柏表厂。于是，一个经典品牌便开始了它在钟表界的辉煌岁月。在 220 余年间，这家瑞士制表商注册了 80 余项制表专利并赋予了其传奇式表款不竭的生命力。今天的 GP 芝柏表是世界上为数不多的几家将所有高级钟表制造技术和工艺融合在一起的制表品牌。

1966三问腕表

1966 系列三问表，集优雅风格及顶尖技术于一身，复杂精妙的机械报时结构敲出清脆动人之音，报时声效及简洁气质延续品牌 220 年的传统制表工艺及精益求精的坚持，为芝柏表超越传统复杂功能技术的又一杰作。

这款表的设计兼顾声音素质的要求，表壳制作蕴含三个技术重点，包括机芯直径及表壳内部直径的比例经过精密计算，确保最理想的共鸣效果。此外，弧形表背可以增加机芯及表壳之间的空间，提升声音传送效果。第三点是表背下方经过钻石抛光打磨，令表面更光滑，减少声效干扰。

型号：99650-52-711-BK6A
表壳：18K红金表壳，直径42mm，30米防水
表盘：白色珐琅表盘，蓝钢指针，6时位小秒盘
机芯：Cal.GP E09-0001手动机芯，直径32mm，厚5.36mm，27石，317个零件，摆频21,600A/H，三问功能，100小时动力储存
功能：时、分、秒显示，三问功能
表带：黑色鳄鱼皮带配18K红金针扣
参考价：￥2,500,000～3,000,000

Laureato三桥陀飞轮腕表

　　1889 年，芝柏于巴黎世界博览会展出了一款三金桥陀飞轮怀表，并一举摘取金奖，这一杰作也成为芝柏钟表艺术的代表。芝柏也在三金桥陀飞轮的基础上不断发挥其创意，记得早在 2006 年前后，便推出了一款三"水晶桥"陀飞轮腕表，透视出陀飞轮系列精妙的动感，2012 年，芝柏将这三条水晶桥进一步改成蓝色尖晶石制作，令人激赏的新意足以和 Constant Girard-Perregaux 当年的新作媲美。

型号：99071-27-001-21A
表壳：钛金属表壳，白金表冠，直径42.6mm，30米防水
表盘：镂空表盘，三条蓝色尖晶石桥式加班，6时位陀飞轮装置
机芯：Cal.9600-0004自动机芯，直径28.6mm，厚6.54mm，三条尖晶石桥式夹板，241个零件，31石，摆频21,600A/H，48小时动力储存
功能：时、分、秒显示，陀飞轮装置
表带：钛金属链带配折叠扣
限量：10枚
参考价：￥1,500,000～2,000,000

Vintage 1945三金桥陀飞轮

　　Vintage 1945 三金桥陀飞轮美得难以言传：经典三金桥气势依然，陀飞轮旋动不息，华贵的材料高雅含蓄，光泽质感令人目眩。玫瑰金表壳及夹板，与主板的色调形成鲜明对比，主板的哑面炭灰色涂层融入名贵铂族金属物料经高科技炼制，发条鼓、传动轮夹板及夹板支架都有相同涂层处理，营造出极佳的视觉效果。

型号：99880-52-001-BA6A
表壳：18K红金表壳，尺寸36.1mm×35.25mm，30米防水
表盘：NAC炭灰色涂层处理，三金桥加夹板，6时位陀飞轮装置
机芯：Cal.9600-0019自动机芯，尺寸28.6mm×30.3mm，厚3.2mm，三条红金桥式夹板，257个零件，31石，摆频21,600A/H，48小时动力储存
功能：时、分显示，陀飞轮装置
表带：黑色鳄鱼皮带配折叠扣
限量：50只
参考价：￥1,500,000～2,000,000

Vintage 1945大日历月相腕表—红金款
型号：25882-52-121-BB6B
表壳：18K红金表壳，尺寸36.1mm×
　　　35.25mm，30米防水
表盘：银白色，6时位月相视窗及小秒
　　　盘，12时位大日历视窗
机芯：Cal.GP3300-0062自动机芯，尺寸
　　　25.6mm×28.8mm，厚4.9mm，32
　　　石，282个零件，46小时动力储存
功能：时、分、秒、日期、月相显示
表带：黑色鳄鱼皮表带配18K红金折叠扣
参考价：￥150,000～250,000

**Vintage 1945大日历月相腕表—不锈
钢款**
型号：25882-11-121-BB6B
表壳：不锈钢表壳，尺寸36.1mm×
　　　35.25mm，30米防水
表盘：银白色，6时位月相视窗及小秒
　　　盘，12时位大日历视窗
机芯：Cal.GP3300-0062自动机芯，尺寸
　　　25.6×28.8mm，厚4.9mm，32石，
　　　282个零件，46小时动力储存
功能：时、分、秒、日期、月相显示
表带：黑色鳄鱼皮表带配不锈钢折叠扣
参考价：￥80,000～120,000

1966女装月相腕表—红金款
型号：49524-D52A751-CK6A
表壳：18K红金表壳，直径36mm，外圈镶
　　　嵌63颗钻石约重1.41克拉，30米防水
表盘：白色珍珠贝母表盘，9颗钻石时
　　　标，6时位月相视窗及小秒盘
机芯：Cal.GP3300-0067自动机芯，直径
　　　25.6mm，厚4.8mm，32石，摆频
　　　28,800A/H，46小时动力储存
功能：时、分、秒、月相显示
表带：黑色鳄鱼皮表带配18K红金针扣
参考价：￥200,000～250,000

1966女装月相腕表—白金款
型号：49524-D53A752-CK7A
表壳：18K白金表壳，直径36mm，外圈镶
　　　嵌63颗钻石约重1.41克拉，30米防水
表盘：白色珍珠贝母表盘，9颗钻石时
　　　标，6时位月相视窗及小秒盘
机芯：Cal.GP3300-0067自动机芯，直径
　　　25.6mm，厚4.8mm，32石，摆频
　　　28,800A/H，46小时动力储存
功能：时、分、秒、月相显示
表带：白色鳄鱼皮表带配18K白金针扣
参考价：￥200,000～250,000

1966珠宝腕表—白金黑色皮带
型号：49525-D53A1B1-BK6A
表壳：18K白金的表壳，直径38mm，镶嵌
　　　72颗钻石约重0.85克拉，30米防水
表盘：银色，镶嵌713颗钻石约重2.97克拉
机芯：Cal.GP3300-0066自动机芯，直径
　　　25.6mm，厚3.2mm，26石，摆频
　　　28,800A/H，46小时动力储存
功能：时、分显示
表带：黑色鳄鱼皮皮带配18K白金针扣，镶
　　　嵌22颗钻石
参考价：￥500,000～800,000

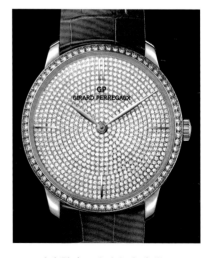

1966珠宝腕表—白金红色皮带
型号：49525-D53A1B1-BK6A
表壳：18K白金的表壳，直径38mm，镶嵌
　　　72颗钻石约重0.85克拉，30米防水
表盘：银色，镶嵌713颗钻石约重2.97克拉
机芯：Cal.GP3300-0066自动机芯，直径
　　　25.6mm，厚3.2mm，26石，摆频
　　　28,800A/H，46小时动力储存
功能：时、分显示
表带：红色鳄鱼皮皮带配18K白金针扣，镶
　　　嵌22颗钻石
参考价：￥500,000～800,000

经典回顾

1966金桥陀飞轮
型号：99535-52-111-BK6A
表壳：18K红金表壳，直径40mm，厚
　　　10.9mm，30米防水
表盘：白色，蓝钢指针，6时位陀飞轮装置
机芯：Cal.9610自动机芯，直径28.60mm，31
　　　石，摆频21,600A/H，48小时动力储存
功能：时、分、秒显示，陀飞轮装置
表带：黑色鳄鱼皮带配18K红金针扣
限量：50枚
参考价：￥600,000～800,000

1966小秒针腕表
型号：49534-52-711-BK6A
表壳：18K红金或白金表壳，直径40mm
表盘：白色珐琅表盘，蓝钢指针，6时位
　　　小秒盘
机芯：Cal.GP03300-50自动机芯，32石，
　　　摆频28,800A/H，46小时动力储存
功能：时分秒显示
表带：黑色鳄鱼皮带配18K红金针扣
参考价：￥150,000～200,000

1966柱轮计时腕表
型号：49539-52-151-BK6A
表壳：18K红金表壳，直径40mm，30米防水
表盘：银色，3时位30分钟计时盘，9时位
　　　小秒盘，测速刻度外圈
机芯：Cal.GP030CO自动机芯，直径
　　　23.68mm，38石，摆频28,800A/H，36
　　　小时动力储存
功能：时、分、秒显示，计时功能，测速功能
表带：黑色鳄鱼皮带配18K红金针扣
参考价：￥200,000～250,000

1966全历腕表
型号：49535-53-152-BK6A
表壳：18K白金表壳，直径40mm，30米防水
表盘：银色，6时位月相视窗及日历指
　　　示，12时位星期及月份视窗
机芯：Cal.GP033M0自动机芯，直径
　　　25.93mm，2石，摆频28,800A/H，46
　　　小时动力储存
功能：时、分、秒、日期、星期、月份、
　　　月相显示
表带：黑色鳄鱼皮带配18K白金针扣
参考价：￥150,000～200,000

Cat's Eye猫眼系列腕表
型号：80484-D53A761-BK7B
表壳：18K白金表壳，尺寸35.4×30.4mm，
　　　厚9.1mm，镶嵌62颗钻石约重0.85
　　　克拉，30米防水
表盘：白色珍珠贝母表盘，镶嵌8颗钻石时
　　　标，3时位日历视窗，9时位小秒盘
机芯：Cal.GP033C0自动机芯，直径
　　　25.93mm，28石，摆频28,800A/H，46
　　　小时动力储存
功能：时、分、秒、日历显示
表带：白色鳄鱼皮带配18K白金针扣
参考价：￥200,000～250,000

ww.tc – Financial世界时腕表
型号：49805-52-253-BACA
表壳：18K红金表壳，直径43mm，厚
　　　13.4mm，30米防水
表盘：深灰色，1-2时位日历视窗，3时位
　　　小小秒盘，6时位12小时计时盘，9
　　　时位30分钟计时盘，世界时外圈同
　　　时标注全球四大金融市场营业时间
机芯：Cal.GP033C0自动机芯，直径
　　　29.3mm，63石，摆频28,800A/H，
　　　46小时动力储存
功能：时、分、秒、日历显示，计时功
　　　能，世界时功能
表带：棕色鳄鱼皮带配18K红金折叠扣
参考价：￥200,000～250,000

格拉苏蒂
GLASHÜTTE ORIGINAL

Glashütte
ORIGINAL

HANDMADE IN GERMANY

年产量：5000 块
价格区间：RMB38,700 元起
网　址：http://www.glashuette-original.com

　　德国是世界上最早生产钟表的国家之一，虽历经数百年的沧桑、磨砺，德国制表工业毫不逊色于瑞士的技术水平。而格拉苏蒂是传承德国制表传统的典范，是代表德国制表业最高水准的品牌，背后积淀了长达 160 多年的深厚历史、文化内涵。做工考究的机芯，精美的德式打磨，具有德国特色的 3/4 夹板、K 金套筒、双鹅颈式微调都是格拉苏蒂引以为傲的标志。

　　对卓越手工工艺的执著追求，是格拉苏蒂品牌作为德国顶级腕表的代表对于消费者不变的承诺。每一块腕表都经过手工打磨，每一块腕表都与众不同！每年 8000 余块腕表的低产量，更显得弥足珍贵。复杂的表款甚至需要经验丰富的制表师独立工作一年才能完成。格拉苏蒂腕表完美地结合了时间和艺术，简洁的设计下却拥有复杂的功能，并且始终如一地坚守着精准、耐用的品牌理念。格拉苏蒂代表的是一种情感、一种艺术以及一种文化。

Grande Cosmopolite Tourbillon
环球陀飞轮腕表

　　环球陀飞轮是品牌有史以来最独特、最精密的腕表，从最初构想，设计，再到组装完成，费时达 6 年之久。它将世界和其 37 个时区资讯精确地呈现在 8.72 立方厘米的空间之中，成为旅行狂热者的首选腕表。除此之外，它也是世界上第一款集多种复杂功能于一体的机械表，采用了独具特色的飞行陀飞轮，并且腕表突破了向后调节万年历、自动同步日期时区等等设计难题。格拉苏蒂已经申请了四项专利以保护它的设计和制作。

　　此款腕表在全球仅限量发行 25 只。除此之外，格拉苏蒂将会为该表款未来的拥有者提供重新定制时区环、镶嵌字母组合或题字等高级服务。

型号： 89-01-03-93-04
表壳： 铂金表壳，直径48mm，厚16mm，50米防水，可开启后盖
表盘： 白色，3时位月份及闰年指示，4时位大日历视窗，6时位第二时区24小时盘，8时位第二时区城市名称视窗，9时位星期及昼夜显示，12时位小秒盘及陀飞轮
机芯： Cal.89-01手动机芯，直径39.2mm，厚7.5mm，528个零件，摆频21,600A/H，72小时动力储存
功能： 时、分、秒、日期、星期、月份、闰年、昼夜、第二时区显示，万年历功能，世界时功能，陀飞轮装置
表带： 黑色鳄鱼皮带配铂金折叠扣
限量： 25枚
参考价： ￥250,000～300,000

Senator Observer1911 JuliusAssmann
朱利叶斯·阿斯曼白金限量版观测表

　　观测表，更为人们所熟知的名字是"航海表"，海军军官用来决定战舰在海上的位置。航海天文钟和观测表直到二十世纪七十年代才在格拉苏蒂问世，见证了德国这座城市精湛制表工艺的日益精进，即使在充满挑战的环境中也从未间断。格拉苏蒂承担责任，延续这一传统，推出了新款观测表：为纪念朱利叶斯·阿斯曼和罗纳德·阿蒙森的白金限量版以及不锈钢款的典雅版、怀旧版两个版本。

型号：100-15-04-04-04
表壳：18K白金表壳，直径44mm，厚12mm，50米防水
表盘：银白色，3时位动力储存指示，6时位大日历视窗，9时位小秒盘
机芯：Cal.100-14自动机芯，直径31.15mm，厚6.5mm，594个零件，摆频28,800A/H，55小时动力储存
功能：时、分、秒、日期、动力储存显示
表带：黑色皮带
限量：限量
参考价：￥250,000～300,000

Senator Observer观测表 — 白盘
型号：100-14-05-02-04
表壳：不锈钢表壳，直径44mm，厚12mm，50米防水
表盘：银白色，3时位动力储存指示，6时位大日历视窗，9时位小秒盘
机芯：Cal.100-14自动机芯，直径31.15mm，厚6.5mm，594个零件，摆频28,800A/H，55小时动力储存
功能：时、分、秒、日期、动力储存显示
表带：黑色皮带
参考价：￥80,000～100,000

Senator Observer观测表 — 灰盘
型号：100-14-02-02-04
表壳：不锈钢表壳，直径44mm，厚12mm，50米防水
表盘：深灰色，3时位动力储存指示，6时位大日历视窗，9时位小秒盘
机芯：Cal.100-14自动机芯，直径31.15mm，厚6.5mm，594个零件，摆频28,800A/H，55小时动力储存
功能：时、分、秒、日期、动力储存显示
表带：黑色鳄鱼皮皮带
参考价：￥80,000～100,000

PanoGraph计时腕表
型号：61-03-25-15-04
表壳：18K红金表壳，直径40mm，厚13.7mm，50米防水
表盘：银白色，2时位扇形30分钟计时盘，4时位大日历视窗，8时位小秒盘，9时位时、分盘及计时秒针
机芯：Cal.61-03手动机芯，直径32.2mm，厚7.2mm，41石，摆频28,800A/H，42小时动力储存
功能：时、分、秒、日期显示，计时功能
表带：黑色鳄鱼皮皮带
参考价：￥200,000～250,000

三针一线逆跳陀飞轮腕表

型号：46-02-03-03-04
表壳：18K白金表壳，直径39.9mm，50米
　　　防水
表盘：黑色，右侧回跳式小时指示，9时
　　　位小秒盘及陀飞轮，中心分钟指针
机芯：Cal.46-02手动机芯，直径32.2mm，厚
　　　5.8mm，19石，摆频21,600A/H，60小
　　　时动力储存
功能：时、分、秒显示，陀飞轮装置
表带：黑色鳄鱼皮表带
限量：100枚
参考价：￥1,113,500

PanoInverse XL红金限量版腕表

型号：66-05-25-25-05
表壳：18K红金表壳，直径42mm，厚
　　　12mm，50米防水
表盘：开放式，机芯夹板直接作为表盘，
　　　1时位动力储存指示，8时位小秒
　　　盘，9时位时、分盘
机芯：Cal.66-05/66-06手动机芯，直径
　　　38.3mm，厚5.95mm，31石，摆频
　　　28,800A/H，41小时动力储存
功能：时、分、秒、动力储存显示
表带：棕色鳄鱼皮表带
限量：200枚
参考价：￥230,000～250,000

PanoInverse XL不锈钢腕表

型号：66-06-04-22-05
表壳：不锈钢表壳，直径42mm，厚
　　　12mm，50米防水
表盘：开放式，黑色处理机芯夹板直接作
　　　为表盘，1时位动力储存指示，8时
　　　位小秒盘，9时位时、分盘
机芯：Cal.66-05/66-06手动机芯，直径
　　　38.3mm，厚5.95mm，31石，摆频
　　　28,800A/H，41小时动力储存
功能：时、分、秒、动力储存显示
表带：深灰色鳄鱼皮表带
参考价：￥115,500

Senator万年历腕表—红金

型号：100-02-22-05-04
表壳：18K红金表壳，直径42mm，厚度
　　　13.6mm，50米防水
表盘：白色，2时位月份视窗，4时位大日
　　　历视窗，8时位月相视窗，10时位
　　　星期视窗，12时位圆点式闰年显示
机芯：Cal.100-02自动机芯，直径
　　　31.15mm，厚7.1mm，59石，摆频
　　　28,800A/H，55小时动力储存
功能：时、分、秒、日期、星期、月份、
　　　月相、闰年显示，万年历功能
表带：黑色橡胶表带
参考价：￥280,000～320,000

Senator万年历腕表—不锈钢白盘

型号：100-02-22-12-05
表壳：不锈钢表壳，直径42mm，厚
　　　13.6mm，50米防水
表盘：白色，2时位月份视窗，4时位大日
　　　历视窗，8时位月相视窗，10时位
　　　星期视窗，12时位圆点式闰年显示
机芯：Cal.100-02自动机芯，直径
　　　31.15mm，厚7.1mm，59石，摆频
　　　28,800A/H，55小时动力储存
功能：时、分、秒、日期、星期、月份、
　　　月相、闰年显示，万年历功能
表带：黑色鳄鱼皮表带
参考价：￥280,000～320,000

Senator万年历腕表—不锈钢白盘

型号：100-02-25-12-05
表壳：不锈钢表壳，直径42mm，厚
　　　13.6mm，50米防水
表盘：黑色，2时位月份视窗，4时位大日
　　　历视窗，8时位月相视窗，10时位
　　　星期视窗，12时位圆点式闰年显示
机芯：Cal.100-02自动机芯，直径
　　　31.15mm，厚7.1mm，59石，摆
　　　频28,800A/H，55小时动力储存
功能：时、分、秒、日期、星期、月份、
　　　月相、闰年显示，万年历功能
表带：黑色鳄鱼皮表带
参考价：￥280,000～320,000

PanoReserve偏心动力储存腕表—红金

型号：65-01-25-15-05

表壳：18K红金表壳，直径40mm，厚
11.7mm，50米防水

表盘：白色，2时位动力储存显示，4时位
大日历视窗，8时位小秒盘，9时位
时、分盘

机芯：Cal.65-01手动机芯，直径32.2mm，厚
6.1mm，48石，摆频28,800A/H，42小
时动力储存

功能：时、分、秒、日期、动力储存显示

表带：棕色鳄鱼皮带

参考价：￥180,000～220,000

PanoReserve
偏心动力储存腕表—不锈钢白盘

型号：65-01-22-12-04

表壳：不锈钢表壳，直径40mm，厚
11.7mm，50米防水

表盘：白色，2时位动力储存显示，4时位
大日历视窗，8时位小秒盘，9时位
时、分盘

机芯：Cal.65-01手动机芯，直径32.2mm，厚
6.1mm，48石，摆频28,800A/H，42小
时动力储存

功能：时、分、秒、日期、动力储存显示

表带：黑色鳄鱼皮带

参考价：￥100,000～130,000

PanoReserve
偏心动力储存腕表—不锈钢黑盘

型号：65-01-23-12-04

表壳：不锈钢表壳，直径40mm，厚
11.7mm，50米防水

表盘：黑色，2时位动力储存显示，4时位
大日历视窗，8时位小秒盘，9时位
时、分盘

机芯：Cal.65-01手动机芯，直径32.2mm，厚
6.1mm，48石，摆频28,800A/H，42小
时动力储存

功能：时、分、秒、日期、动力储存显示

表带：深灰色鳄鱼皮带

参考价：￥100,000～130,000

PanoMaticLunar 偏心月相腕表—红金

型号：90-02-45-35-05

表壳：18K红金表壳，直径40mm，厚
12.7mm，50米防水

表盘：白色，2时位月相视窗，4时位大日历
视窗，8时位小秒盘，9时位时、分盘

机芯：Cal.90-02自动机芯，直径32.6mm，
厚7mm，47石，摆频28,800A/H，
42小时动力储存

功能：时、分、秒、日期、月相显示

表带：黑色鳄鱼皮带

参考价：￥207,000

PanoMaticLunar
偏心月相腕表—不锈钢白盘

型号：90-02-42-32-05

表壳：不锈钢表壳，直径40mm，厚
12.7mm，50米防水

表盘：白色，2时位月相视窗，4时位人日历
视窗，8时位小秒盘，9时位时、分盘

机芯：Cal.90-02自动机芯，直径32.6mm，
厚7mm，47石，摆频28,800A/H，
42小时动力储存

功能：时、分、秒、日期、月相显示

表带：黑色鳄鱼皮带

参考价：￥106,000

PanoMaticLunar
偏心月相腕表—不锈钢黑盘

型号：90-02-43-32-05

表壳：不锈钢表壳，直径40mm，厚
12.7mm，50米防水

表盘：黑色，2时位月相视窗，4时位大日历
视窗，8时位小秒盘，9时位时、分盘

机芯：Cal.90-02自动机芯，直径32.6mm，
厚7mm，47石，摆频28,800A/H，
42小时动力储存

功能：时、分、秒、日期、月相显示

表带：深灰色鳄鱼皮带

参考价：￥106,000

Lady Serande**女装腕表—蓝色珍珠贝母**

型号：39-22-11-02-44

表壳：不锈钢表壳，直径36mm，厚
　　　10.2mm，50米防水
表盘：蓝色珍珠贝母表盘，镶嵌8颗钻石
　　　时标，6时位日期视窗
机芯：Cal.39-22自动机芯，直径26mm，
　　　厚4.3mm，摆频28,800A/H，40小
　　　时动力储存
功能：时、分、秒、日期显示
表带：蓝色鳄鱼皮带
参考价：￥100,000～120,000

Lady Serande
女装腕表—蓝色珍珠贝母镶钻

型号：39-22-11-22-44

表壳：不锈钢表壳，外圈镶嵌钻石装饰，
　　　直径36mm，厚10.2mm，50米防水
表盘：蓝色珍珠贝母表盘，镶嵌8颗钻石
　　　时标，6时位日期视窗
机芯：Cal.39-22自动机芯，直径26mm，
　　　厚4.3mm，摆频28,800A/H，40小
　　　时动力储存
功能：时、分、秒、日期显示
表带：蓝色鳄鱼皮带
参考价：￥110,000～140,000

Lady Serande**女装腕表—白色珍珠贝母**

型号：39-22-12-02-04

表壳：不锈钢表壳，直径36mm，厚
　　　10.2mm，50米防水
表盘：白色珍珠贝母表盘，镶嵌8颗钻石
　　　时标，6时位日期视窗
机芯：Cal.39-22自动机芯，直径26mm，
　　　厚4.3mm，摆频28,800A/H，40小
　　　时动力储存
功能：时、分、秒、日期显示
表带：绿色织物表带
参考价：￥100,000～120,000

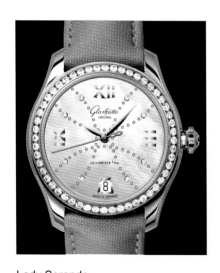

Lady Serande
女装腕表—白色珍珠贝母镶钻

型号：39-22-12-22-04

表壳：不锈钢表壳，外圈镶嵌钻石装饰，
　　　直径36mm，厚10.2mm，50米防水
表盘：白色珍珠贝母表盘，镶嵌8颗钻石
　　　时标，6时位日期视窗
机芯：Cal.39-22自动机芯，直径26mm，
　　　厚4.3mm，摆频28,800A/H，40小
　　　时动力储存
功能：时、分、秒、日期显示
表带：绿色织物表带
参考价：￥110,000～140,000

Lady Serande
女装腕表—红色鳄鱼皮带款

型号：39-22-14-02-44

表壳：不锈钢表壳，直径36mm，厚
　　　10.2mm，50米防水
表盘：白色珍珠贝母表盘，弧线装饰镶嵌
　　　钻石，6时位日期视窗
机芯：Cal.39-22自动机芯，直径26mm，
　　　厚4.3mm，摆频28,800A/H，40小
　　　时动力储存
功能：时、分、秒、日期显示
表带：红色鳄鱼皮带
参考价：￥100,000～120,000

Lady Serande **女装腕表—红金款**

型号：39-22-14-01-44

表壳：18K红金表壳，外圈镶嵌钻石装
　　　饰，直径36mm，厚10.2mm，50米
　　　防水
表盘：白色珍珠贝母表盘，弧线装饰镶嵌
　　　钻石，6时位日期视窗
机芯：Cal.39-22自动机芯，直径26mm，
　　　厚4.3mm，摆频28,800A/H，40小
　　　时动力储存
功能：时、分、秒、日期显示
表带：红色鳄鱼皮带
参考价：￥110,000～140,000

格拉夫
GRAFF

GRAFF
Geneva

年产量：5000 块以上
价格区间：RMB100,000 元起
网址：http://www.graffdiamonds.com

在过往三十多年里，Graff 这个名字早已与"世上最卓越的珠宝"画上等号。世上最稀有、最具历史的钻石都是 Laurence Graff 的挚爱，这位生命中充满精彩奇遇的企业家为钻石的奥秘、历史和未来发展而着迷："钻石是我的热爱所在，我天生就活在钻石群之中。"有人说他比任何一位钻石商处理过更多世上一等一的知名宝石的交易，当中包括 The Hope of Africa，The Star of America 及 The Lesotho Promise。创制具高度鉴赏力的珠宝始于天然钻石原石矿坑的开采，而 Graff 的钻石切割、打磨及镶嵌等工序皆由品牌遍布世界各地的自设工场负责。

2008 年初，Laurence Graff 邀请 Michel Pitteloud 为 Graff 制作一个腕表综合计划。Michel 先生于 1945 年在瑞士蒙特勒出生，取得 maturité 文凭后，1971 年开始了他的钟表生涯，2003 年至 2007 年间，Michel Pitteloud 以独立顾问身份，为全球多家超级品牌负责不同类型的项目。他以一个圆形切割的钻石作为 Graff 腕表的设计灵感，多面的切割闪耀出令人目眩心动的光芒，使人着迷。精湛的瑞士制表技术，加上 Graff 在珠宝上巧夺天工的工艺，每只 Graff 腕表都是美术及工艺的结晶。

Master Graff三问报时陀飞轮镶钻腕表
表壳：18K白金表壳，直径47mm，整表共镶嵌334颗钻石，总重约30.6克拉，30米防水
表盘：铺镶钻石装饰，6时位陀飞轮及小秒盘，12时位镶嵌一颗三角形切割祖母绿
机芯：手动机芯，80小时动力储存
功能：时、分、秒显示，陀飞轮装置，三问报时功能
表带：黑色鳄鱼皮带配18K白金镶钻折叠扣
限量：10枚
参考价：￥9,450,000

Master Graff双陀飞轮两地时间腕表
表壳：18K红金表壳，直径48mm，表冠镶嵌1颗钻石，30米防水
表盘：黑色，3时位镶嵌一颗三角形切割祖母绿，6时位陀飞轮，9时位第二时区显示，12时位陀飞轮及小秒盘
机芯：手动机芯，72小时动力储存
功能：时、分、秒、第二时区显示，双陀飞轮装置
表带：黑色鳄鱼皮带配18K红金折叠扣
限量：20枚
参考价：请洽经销商

Master Graff镂空腕表
表壳：18K红金表壳，直径47mm，生活性防水
表盘：开放式表盘，6时位陀飞轮
机芯：手动机芯，蓝宝石水晶夹板，72小时动力储存
功能：时、分显示，陀飞轮装置
表带：棕色鳄鱼皮带配18K红金折叠扣
限量：30枚
参考价：请洽经销商

Baby Galaxy腕表

表壳：18K白金表壳，整表共镶嵌90颗钻石约重13.14克拉，生活性防水

表盘：铺镶钻石装饰，12时位镶嵌1颗祖母绿

机芯：石英机芯

功能：时、分显示

表带：18K白金镶钻链带

参考价：请洽经销商

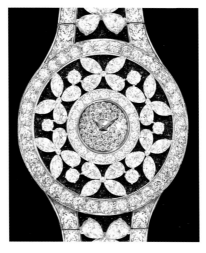

蝴蝶腕表

表壳：18K白金表壳，整表共镶嵌232颗钻石及78颗红宝石，生活性防水

表盘：铺镶钻石装饰

机芯：石英机芯

功能：时、分显示

表带：18K白金链带，镶嵌钻石及红宝石

参考价：请洽经销商

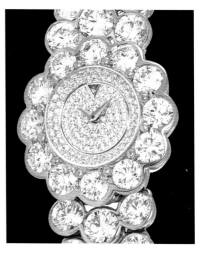

LadyGraff腕表

表壳：18K白金表壳，整表共镶嵌170颗钻石约重43克拉，生活性防水

表盘：铺镶钻石装饰，12时位镶嵌一颗三角形切割祖母绿

机芯：石英机芯

功能：时、分显示

表带：18K白金镶钻链带

限量：20枚

参考价：请洽经销商

SlimStar腕表

表壳：18K红金表壳，直径43mm，生活性防水

表盘：白色，12时位镶嵌一颗三角形切割祖母绿

机芯：Cal.3自动机芯

功能：时、分显示

表带：黑色鳄鱼皮带配18K红金折叠扣

限量：300枚

参考价：￥294,000

Gyro Graff腕表

表壳：18K红金表壳，直径48mm，30米防水

表盘：5时位双轴陀飞轮，8时位立体月相显示，11时位动力储存指示，12时位镶嵌一颗三角形切割祖母绿

机芯：手动机芯，60小时动力储存

功能：时、分、动力储存、月相显示、双轴陀飞轮装置

表带：黑色鳄鱼皮带配18K红金折叠扣

限量：10枚

参考价：请洽经销商

GraffStar Grande Date 香港限量版腕表

表壳：18K白金表壳，直径45mm，生活性防水

表盘：绿色，6时位动力储存指示，9时位小秒盘，12时位大日历视窗并镶嵌一颗三角形切割钻石

机芯：Cal.1手动机芯

功能：时、分、秒、日期、动力储存显示

表带：绿色鳄鱼皮带

限量：5枚

参考价：请洽经销商

高珀富斯

GREUBEL FORSEY

年产量：多于 100 块
价格区间：RMB2,000,000 元起
网址：http://www.greubelforsey.com

依靠一款款高复杂的立体陀飞轮腕表而享誉世界的 GREUBEL FORSEY 是目前腕表均价最高的钟表品牌。它的腕表动辄数百万，人民币最低也不会少于 7 位数，在如此之高的均价之上还能在表坛之中站稳脚跟，可称为奇迹。在 2012 年，GREUBEL FORSEY 的两位创始人 Stephen Forsey 和 Robert Greubel 与制表大师 Philippe Dufour 加入了 Le Garde Temps, la Naissance d'une Montre 这一前所未有的项目。该项目是在制表传统工艺水平不断下降，同时越来越多地被工业方法取代的环境下，保护及传承制表专业的传统。其项目涉及整枚手表的完全创造——从第一个草图到最后的手表制成品。这一项目将涉及两个关键角度：首先，为应获保护的制表技艺作详细记录；其次，把制表技艺传授给一位年轻有才华的制表师，以达传承之目的。

GMT世界时腕表

结合品牌过去十年间在陀飞轮世界中的探索、发明、发展，Stephen Forsey 和 Robert Greubel 现在将这些与另一复杂技术 GMT 相结合，并以自己的方式将其诠释出来。在表盘 8 时位的一个显眼位置，一个由钛金属制作的地球巧妙地固定在旋转轴的一端——南极，它的旋转方向与地球自转方向相同，每 24 小时自转一圈，各地区的位置刚好与赤道刻度环上带有昼夜标志的 24 小时刻度环相对应。在表背，有一个完整的世界时间转盘，刻有 24 城市名称并配有相应的 24 小时外环。这款腕表拥有品牌一直以来的精致加工技术和注重细节的品质，采用全方位的传统手工工艺，包括粒纹、倒角、抛光、研磨、磨砂和平面黑色抛光，是追求卓越的完美典范。

表壳：18K白金表壳，直径43.5mm，厚16.14mm，30米防水
表盘：银灰色，部分镂空装饰，1时位时、分显示盘，3时位小秒盘及动力储存指示，5时位立体陀飞轮装置，8时位地球式世界时显示，10时位第二时区显示
机芯：Cal.GF05手动机芯，直径36.4mm，厚9.8mm，50石，443个零件，摆频21,600A/H，双发条盒，72小时动力储存
功能：时、分、秒、动力储存、世界时显示、陀飞轮装置
表带：黑色鳄鱼皮表带配18K白金折叠扣
参考价：￥2,520,000～3,150,000

Tourbillon 24 SecondesContemporain
24秒陀飞轮腕表

表壳：铂金表壳，直径43.5mm，厚15.2mm

表盘：蓝色，部分镂空，3时位动力储存指示，7时位陀飞轮装置，9时位小秒盘

机芯：Cal.GF01C手动机芯，直径36.4mm，厚10.9mm，267个零件，40石，摆频21,600A/H，72小时动力储存

功能：时、分、秒、动力储存显示，陀飞轮装置

表带：深蓝色鳄鱼皮表带配铂金折叠扣

参考价：￥2,205,000～2,520,000

Quadruple Tourbillon Secret
神秘陀飞轮腕表

表壳：铂金表壳，直径43.5mm，厚16.11mm，30米防水

表盘：白色，2时位小秒盘及动力储存指示，5时位4分钟陀飞轮运转状态显示，8时位240秒陀飞轮云状状态显示

机芯：Cal.GF03J手动机芯，直径36.4mm，厚9.85mm，63石，519个零件，摆频21,600A/H，50小时动力储存

功能：时、分、秒、动力储存、4分钟及240秒陀飞轮运转状态显示

表带：黑色鳄鱼皮表带配铂金折叠扣

参考价：￥2,205,000～2,520,000

Tourbillon 24 Secondes
24秒陀飞轮腕表—红金黑盘

表壳：18K红金表壳，直径43.5mm，厚16.11mm，30米防水

表盘：深灰色，2时位动力储存指示，6时位小秒盘，8时位陀飞轮装置

机芯：Cal.GF01手动机芯，直径36.4mm，厚9.35mm，280个零件，36石，摆频21,600A/H，72小时动力储存

功能：时、分、秒、动力储存显示，陀飞轮装置

表带：黑色鳄鱼皮表带配18K红金折叠扣

参考价：￥2,205,000～2,520,000

Tourbillon 24 Secondes
24秒陀飞轮腕表—红金白盘

表壳：18K红金表壳，直径43.5mm，厚16.11mm，30米防水

表盘：白色，2时位动力储存指示，6时位小秒盘，8时位陀飞轮装置

机芯：Cal.GF01手动机芯，直径36.4mm，厚9.35mm，280个零件，36石，摆频21,600A/H，72小时动力储存

功能：时、分、秒、动力储存显示，陀飞轮装置

表带：黑色鳄鱼皮表带配18K红金折叠扣

参考价：￥2,205,000～2,520,000

Tourbillon 24 Secondes
24秒陀飞轮腕表—白金黑盘

表壳：18K白金表壳，直径43.5mm，厚16.11mm，30米防水

表盘：深灰色，2时位动力储存指示，6时位小秒盘，8时位陀飞轮装置

机芯：Cal.GF01手动机芯，直径36.4mm，厚9.35mm，280个零件，36石，摆频21,600A/H，72小时动力储存

功能：时、分、秒、动力储存显示，陀飞轮装置

表带：黑色鳄鱼皮表带配18K白金折叠扣

参考价：￥2,205,000～2,520,000

Tourbillon 24 Secondes
24秒陀飞轮腕表—白金白盘

表壳：18K白金表壳，直径43.5mm，厚16.11mm，30米防水

表盘：白色，2时位动力储存指示，6时位小秒盘，8时位陀飞轮装置

机芯：Cal.GF01手动机芯，直径36.4mm，厚9.35mm，280个零件，36石，摆频21,600A/H，72小时动力储存

功能：时、分、秒、动力储存显示，陀飞轮装置

表带：黑色鳄鱼皮表带配18K白金折叠扣

参考价：￥2,205,000～2,520,000

Double Tourbillon 30°
双体陀飞轮腕表—铂金

表壳：铂金表壳，直径47.5mm，厚16.84mm，30米防水

表盘：镂空，3时位动力储存指示，6时位陀飞轮装置配60秒刻度，9时位小秒盘

机芯：Cal.GF02c手动机芯，直径38.4mm，厚12.15mm，385个零件，43石，摆频21,600A/H，120小时动力储存

功能：时、分、秒、动力储存显示，陀飞轮装置

表带：黑色鳄鱼皮表带配铂金折叠扣

参考价：￥3,654,000

Double Tourbillon 30°
双体陀飞轮腕表—白金

表壳：18K白金表壳，直径47.5mm，厚16.84mm，30米防水

表盘：镂空，3时位动力储存指示，6时位陀飞轮装置配60秒刻度，9时位小秒盘

机芯：Cal.GF02c手动机芯，直径38.4mm，厚12.15mm，385个零件，43石，摆频21,600A/H，120小时动力储存

功能：时、分、秒、动力储存显示，陀飞轮装置

表带：黑色鳄鱼皮表带配18K白金折叠扣

参考价：￥3,654,000

Double Tourbillon 30°
双体陀飞轮腕表—红金

表壳：18K红金表壳，直径47.5mm，厚16.84mm，30米防水

表盘：镂空，3时位动力储存指示，6时位陀飞轮装置配60秒刻度，9时位小秒盘

机芯：Cal.GF02c手动机芯，直径38.4mm，厚12.15mm，385个零件，43石，摆频21,600A/H，120小时动力储存

功能：时、分、秒、动力储存显示，陀飞轮装置

表带：黑色鳄鱼皮表带配18K红金折叠扣

参考价：￥3,654,000

Quadruple Tourbillon双陀飞轮腕表

表壳：18K红金表壳，直径43.5mm，厚16.11mm，30米防水

表盘：黑色，2时位小秒盘及动力储存指示，5时位陀飞轮装置，8时位陀飞轮装置配240秒秒针

机芯：Cal.GF03手动机芯，直径36.4mm，厚9.7mm，531个零件，63石，摆频21,600A/H，50小时动力储存

功能：时、分、秒、动力储存显示，两个双体陀飞轮装置

表带：黑色鳄鱼皮表带配18K红金折叠扣

参考价：￥4,977,000

Invention Piece 2发明2号腕表—铂金

表壳：铂金表壳，直径43.5mm，厚16.28mm，30米防水

表盘：镂空，1时位陀飞轮装置配四臂秒针，5时位时、分盘，8时位陀飞轮装置，10时位小秒盘，11时位动力储存指示

机芯：Cal.GF03n手动机芯，直径37mm，厚11.87mm，594个零件，64石，摆频21,600A/H，56小时动力储存

功能：时、分、秒、动力储存显示，两个双体陀飞轮装置

表带：黑色鳄鱼皮表带配铂金折叠扣

限量：11枚

参考价：￥5,607,000

Invention Piece 2发明2号腕表—红金

表壳：18K红金表壳，直径43.5mm，厚16.28mm，30米防水

表盘：镂空，1时位陀飞轮装置配四臂秒针，5时位时、分盘，8时位陀飞轮装置，10时位小秒盘，11时位动力储存指示

机芯：Cal.GF03n手动机芯，直径37mm，厚11.87mm，594个零件，64石，摆频21,600A/H，56小时动力储存

功能：时、分、秒、动力储存显示，两个双体陀飞轮装置

表带：黑色鳄鱼皮表带配18K红金折叠扣

限量：11枚

参考价：￥5,607,000

亨利慕时
H. MOSER & CIE

年产量：多于 5000 块
价格区间：RMB94,000 元起
网址：http://www.h-moser.com

近年来流行着一种制造理念，即尽量全部自行生产各种零部件，这条原则是对该理念的明确否定。经典的钟表制造业经过长期的发展已经掌握了各种专用解决方案和百年的经验，因此只有在经过几代人不懈研发生产的专业供应商的协助下才能得到真正与众不同的零部件。而这也正是亨利慕时的方针：亨利慕时主要与瑞士汝拉山区的顶尖供货商紧密合作。尽管如此，有些用于样品和试生产品的部件还是由品牌自己在诺伊豪森的高现代化车床车间加工而成。同时，技术研发也是在诺伊豪森进行，而系列生产则在一般情况下由来自汝拉地区的专业企业负责。

此外，亨利慕时所致力于研制的机芯都具有一个特点，即零部件因其复杂的技术而无法进行大批量生产。而这一点也是那些机械表爱好者最感兴趣的。一款现代化的腕表配以经典的机芯，手工组装而成，因其复杂的生产技术而无法在大批量的生产商那里找到。

以上所说的是亨利慕时在经营、制造钟表产品方面的两个基本原则，在这个原则之上，公司网罗有经验的钟表匠、钟表设计师和样品设计师组成了一支拥有很高积极性的团队，他们融合了经验和热情。这个团队在扎实的经济基础上取得了出众的成绩，这些在亨利慕时的腕表产品上得到了充分展示。

Meridian两地时铂金腕表

这款表除了极受欢迎的两地时间功能外，还搭配了一种崭新技术：12 时位的一个大视窗内，数字可以在12 或 24 之间切换，以显示异地时间昼夜。稍细小的红色第二时区指针可以透过表冠前后旋动调节，有赖于品牌专利的两段式表冠定位系统，可以准确地将表冠拉到中间位置而不会停止腕表运行，亦不会错误拉至调校原居地时间的位置。如不需要设定第二时区时间，红色指针会藏于时针之下，两针一起并行。

型号：346.121-024
表壳：铂金表壳，直径40.80mm，厚10.97mm
表盘：深灰色，6时位小秒盘，12时位12、24小时制昼夜
　　　显示，中心红色第二时区指针
机芯：Cal.HMC346.121自动机芯，直径34mm，厚6.51mm，
　　　29石，摆频18,000A/H，72小时动力储存
功能：时、分、秒、昼夜、第二时区显示
表带：黑色鳄鱼皮带配铂金折叠扣
参考价：￥250,000～300,000

经典回顾

Meridian两地时红金腕表

型号：346.121-023

表壳：18K红金表壳，直径40.80mm，厚10.97mm

表盘：白色，6时位小秒盘，12时位12、24小时制昼夜显示，中心红色第二时区指针

机芯：Cal.HMC346.121自动机芯，直径34mm，厚6.51mm，29石，摆频18,000A/H，72小时动力储存

功能：时、分、秒、昼夜、第二时区显示

表带：棕色鳄鱼皮带配18K红金折叠扣

参考价：￥250,000～300,000

Monard Date大日历红金腕表

型号：342.502-006

表壳：18K红金表壳，直径40.80mm，厚10.85mm

表盘：棕色，放射状纹理，6时位大日历视窗

机芯：Cal.HMC 342.502手动机芯，直径34mm，厚5.8mm，28石，摆频18,000A/H，7天动力储存

功能：时、分、秒、日期显示

表带：棕色鳄鱼皮带配18K红金针扣

参考价：￥150,000～250,000

Monard Date大日历白金腕表

型号：342.502-007

表壳：18K白金表壳，直径40.80mm，厚10.85mm

表盘：棕色，放射状纹理，6时位大日历视窗

机芯：Cal.HMC 342.502手动机芯，直径34mm，厚5.8mm，28石，摆频18,000A/H，7天动力储存

功能：时、分、秒、日期显示

表带：棕色鳄鱼皮带配18K白金针扣

参考价：￥100,000～150,000

Mayu小三针红金腕表

型号：321.503-B15

表壳：18K红金表壳，直径38.8mm，厚9.30mm，表圈镶嵌64颗钻石

表盘：棕色，放射状纹理，6时位小秒盘

机芯：Cal.HMC 321.503手动机芯，直径32mm，厚4.8mm，27石，摆频18,000A/H，72小时动力储存

功能：时、分、秒显示

表带：棕色鳄鱼皮带配18K红金针扣

参考价：￥150,000～280,000

Mayu小三针白金腕表

型号：321.503-B16

表壳：18K白金表壳，直径38.8mm，厚9.30mm，表圈镶嵌64颗钻石

表盘：棕色，放射状纹理，6时位小秒盘

机芯：Cal.HMC 321.503手动机芯，直径32mm，厚4.8mm，27石，摆频18,000A/H，72小时动力储存

功能：时、分、秒显示

表带：棕色鳄鱼皮带配18K白金针扣

参考价：￥150,000～200,000

汉米尔顿
HAMILTON

年 产 量：多于 10000 块
价格区间：RMB72,200 元起
网　　址：www.hamiltonwatch.com

汉米尔顿于 1892 年在美国宾州的兰开斯特创立，以创新设计及精湛钟表技术著称。同时也是 Swatch 集团的成员之一。在众多的钟表品牌中，汉米尔顿可谓是钟表中的好莱坞明星，它出镜的好莱坞电影真的可以列出一个不短的单子，总数达 300 多部。其中最著名的，是猫王在《蓝色夏威夷》中佩戴了一款"探险"系列腕表。探险系列是汉米尔顿品牌个性与创新的标志，它不仅采用了独特的三角形设计，还是世界上第一块使用电池作为动力的腕表。

同时，汉米尔顿还有着辉煌的军表历史，特别是二战期间，据记载汉米尔顿所制作的 90% 以上的腕表均提供给了军队。所以在电影《珍珠港》中，一位美国军官抬起手腕，露出汉米尔顿腕表，也是情理之中的事。

Navy Pioneer限量版腕表

这是为了庆祝品牌 120 周年诞辰而特别制作。具有复古大尺寸外形，最特别的是，它的表壳可以整体取下，之后装入一个特别制作的航海钟木盒中，其尺寸、设计与航海钟非常合拍。

型号：H78719553
表壳：不锈钢表壳，直径
　　　46.5mm，100米防水，
　　　另配木质航海钟盒
表盘：银白色，6时位小秒盘
机芯：ETA Cal.6498手动机芯
功能：时、分、秒显示，可变
　　　化为航海钟
表带：棕色牛皮带
限量：1,892套
参考价：￥12,000～16,000

Khaki X-Patrol腕表 —黑盘链带

型号：H76556131

表壳：不锈钢表壳，直径42mm，100米防水

表盘：黑色，3时位星期、日期视窗，6时位12小时计时盘，9时位小秒盘，12时位30分钟计时盘，计算滑齿外圈

机芯：Cal.H21自动机芯，摆频28,800A/H

功能：时、分、秒、日期、星期显示，计时功能，计算滑齿

表带：不锈钢链带

参考价：￥12,000～14,000

Khaki X-Patrol腕表 — 黑盘橡胶带

型号：H76556331

表壳：不锈钢表壳，直径42mm，100米防水

表盘：黑色，3时位星期、日期视窗，6时位12小时计时盘，9时位小秒盘，12时位30分钟计时盘，计算滑齿外圈

机芯：Cal.H21自动机芯，摆频28,800A/H

功能：时、分、秒、日期、星期显示，计时功能，计算滑齿

表带：黑色橡胶带

参考价：￥12,000～14,000

Khaki X-Patrol腕表 — 黑盘皮带

型号：H76556731

表壳：不锈钢表壳，直径42mm，100米防水

表盘：黑色，3时位星期、日期视窗，6时位12小时计时盘，9时位小秒盘，12时位30分钟计时盘，计算滑齿外圈

机芯：Cal.H21自动机芯，摆频28,800A/H

功能：时、分、秒、日期、星期显示，计时功能，计算滑齿

表带：黑色牛皮带

参考价：￥12,000～14,000

Khaki X-Patrol腕表 —白盘链带

型号：H76566151

表壳：不锈钢表壳，直径42mm，100米防水

表盘：银白色，3时位星期、日期视窗，6时位12小时计时盘，9时位小秒盘，12时位30分钟计时盘，计算滑齿外圈

机芯：Cal.H21自动机芯，摆频28,800A/H

功能：时、分、秒、日期、星期显示，计时功能，计算滑齿

表带：不锈钢链带

参考价：￥12,000～14,000

Khaki X-Patrol腕表 — 白盘橡胶带

型号：H76566351

表壳：不锈钢表壳，直径42mm，100米防水

表盘：银白色，3时位星期、日期视窗，6时位12小时计时盘，9时位小秒盘，12时位30分钟计时盘，计算滑齿外圈

机芯：Cal.H21自动机芯，摆频28,800A/H

功能：时、分、秒、日期、星期显示，计时功能，计算滑齿

表带：黑色橡胶带

参考价：￥12,000～14,000

Khaki X-Patrol腕表 — 白盘皮带

型号：H76566751

表壳：不锈钢表壳，直径42mm，100米防水

表盘：银白色，3时位星期、日期视窗，6时位12小时计时盘，9时位小秒盘，12时位30分钟计时盘，计算滑齿外圈

机芯：Cal.H21自动机芯，摆频28,800A/H

功能：时、分、秒、日期、星期显示，计时功能，计算滑齿

表带：黑色牛皮带

参考价：￥12,000～14,000

海瑞温斯顿 HARRY WINSTON
HARRY WINSTON

年产量：多于 5000 块
价格区间：RMB150000 元起
网址：http://www.harrywinston.com

拥有"钻石之王"（King of Diamond）之称的海瑞温斯顿，于 1932 年成立，并以"明星珠宝商"（Jeweler to the Stars）的美誉而闻名。海瑞温斯顿精湛的珠宝工艺、稀有的宝石及独特的镶嵌设计技术，使得海瑞温斯顿在高级珠宝市场占有领导地位。其中最为人津津乐道的是在 1949 年，海瑞温斯顿购得世界上最知名的一颗钻石——希望之钻（The Hope Diamond），它是世界上最大的一颗蓝钻，并于 1957 年将这颗全世界最昂贵稀有的宝石捐赠给华盛顿的史密森博物馆收藏。海瑞温斯顿总公司位于纽约市，在全世界各大主要城市共有超过 20 家精品店，包括北京、上海、纽约、比弗利山庄、拉斯维加斯、芝加哥、巴黎、日内瓦、伦敦、东京、大阪、名古屋等。海瑞温斯顿计划将继续在全球经营并扩展市场。全球超过 150 个钟表特约经销商皆可以欣赏到海瑞温斯顿顶级腕表。

Opus 12腕表

每年来到海瑞温斯顿，最新的 Opus 系列一定是不能错过的。2012 年最新的 Opus 12 其实还是在时间显示方式上做文章。表盘外围有 12 对指针，每一对都包含一枚 5 分钟长针和指示小时的短针。长针绕轴旋转，短针随长针移动，或出现在其上方，或隐藏于其后。每一根指针都与传动齿轮相连，显示时间时呈现蓝色，不显示时间时则为无色。分针每小时绕表盘旋转一周，沿 5 分钟平台从一个转到下一个。而每一次的小时更替更加精彩，代表小时的短针按照顺时针方向依次做一次旋转动作，最后停在下一个小时的位置，同时还伴随一声报时声音，如同一场精彩的机械演练。

表壳：18K白金表壳，直径46mm，生活性防水
表盘：开放式表盘，12组旋转时、分指针，中心扇形回跳式5分钟指示，圆形小秒盘
机芯：手动机芯，80石，607个零件，摆频18,000A/H，45小时动力储存
功能：时、分、秒显示
表带：黑色鳄鱼皮带配18K白金折叠扣
限量：120枚
参考价：请洽经销商

史诗式陀飞轮3号

　　这是海瑞温斯顿对陀飞轮的第三次探索，通过编排两个旋转式擒纵系统，令时间成功跳脱地心引力的影响达到精准无误，体现出海瑞温斯顿创新的设计概念。三个陀飞轮同时运转，每一个皆以不同的速度旋转以发挥其各自不同的反重力功能。其中两个相互嵌套，外框以每120秒转动一圈速度，以驱动内框中的摆轮、游丝及擒纵装置，使陀飞轮转动一圈只需要40秒，这样便能确保陀飞轮装置进行多维旋转时仍能保持独一无二的精准性，并同时带来令人震撼的视觉效果。第二个陀飞轮框架以传统方式在单一的轴上旋转，发挥独立的平衡作用，但速度相对较高，每36秒旋转一周。当腕表在垂直位置时，这一陀飞轮的功效最为显著，通过摆轮高速旋转，重力的影响便能减到最低。

型号： 500/MMTWZL.K
表壳： 18K白金表壳，尺寸65mm×45.9mm，30米防水
表盘： 黑色蛋白石表盘，上部黄色指针指示小时，蓝色指针指示分钟，动力储存转盘镶嵌11颗蓝宝石及6颗黄水晶，6时位传统陀飞轮，9时位双轴立体陀飞轮
机芯： 手动机芯，479个零件，双陀飞轮装置，50小时动力储存
功能： 时、分、动力储存显示，双陀飞轮装置
表带： 黑色鳄鱼皮带配18K白金针扣
限量： 20枚
参考价： ￥3,918,600

Ocean Sport限量版计时腕表

型号： 411/MCA44ZC.K2
表壳： 锆合金表壳，直径44mm，厚14.8mm，200米防水
表盘： 黑色，部分镂空装饰，2时位机芯运转状态视窗，6时位12小时计时盘，9时位30分钟计时盘，12时位日期视窗
机芯： 自动机芯，42小时动力储存
功能： 时、分、秒、日期显示，计时功能，
表带： 黑色橡胶表带配锆合金折叠扣
限量： 300枚
参考价： ￥189,000

Premier Excenter Time Zone
偏心两地时腕表 — 黑盘

型号： 210/MATZ41WL.W
表壳： 18K白金表壳，直径41mm，厚10.9mm，30米防水
表盘： 黑色，2时位偏心时，分盘配昼夜视窗，7时位大日历视窗，9时位回跳式24小时指示
机芯： 自动机芯，45小时动力储存
功能： 时、分、日期、昼夜、第二时区显示
表带： 黑色鳄鱼皮带配18K白金折叠扣
参考价： ￥250,000

Premier Excenter Time Zone
偏心两地时腕表 — 白盘

型号： 210/MATZ41WL.W
表壳： 18K白金表壳，直径41mm，厚10.9mm，30米防水
表盘： 银色，2时位偏心时，分盘配昼夜视窗，7时位大日历视窗，9时位回跳式24小时指示
机芯： 自动机芯，45小时动力储存
功能： 时、分、日期、昼夜、第二时区显示
表带： 黑色鳄鱼皮带配18K白金折叠扣
参考价： ￥250,000

Premier Ladies
36毫米高珠宝自动腕表
型号：210/LA36WW.MD/D3.1/D3.1
表壳：18K白金表壳，直径36mm，厚
7.2mm，镶嵌62颗钻石约1.33克
拉，30米防水
表盘：白色珍珠贝母，镶嵌12颗钻石时标
约0.05克拉
机芯：自动机芯，42小时动力储存
功能：时、分显示
表带：18K白金链带，镶嵌376颗钻石约
5.65克拉
参考价：￥504,000～756,000

Premier Ladies
36毫米自动腕表 — 链带
型号：210/LA36WW.MD/D3.1
表壳：18K白金表壳，直径36mm，厚
7.2mm，镶嵌62颗钻石约1.33克
拉，30米防水
表盘：白色珍珠贝母，镶嵌12颗钻石时标
约0.05克拉
机芯：自动机芯，42小时动力储存
功能：时、分显示
表带：18K白金链带
参考价：￥252,000～378,000

Premier Ladies
36毫米自动腕表 — 绢带
型号：210/LA36WL.MD/D3.1
表壳：18K白金表壳，直径36mm，厚
6.7mm，镶嵌62颗钻石约1.33克
拉，30米防水
表盘：白色珍珠贝母，镶嵌12颗钻石时标
约0.05克拉
机芯：自动机芯，42小时动力储存
功能：时、分显示
表带：灰色绢带配18K白金针扣，镶嵌29
颗钻石约0.2克拉
参考价：￥202,000

Premier Ladies
36毫米高珠宝石英腕表
型号：210/LQ36WW.MD/D3.1/D3.1
表壳：18K白金表壳，直径36mm，厚
6.7mm，镶嵌62颗钻石约1.33克
拉，30米防水
表盘：白色珍珠贝母，镶嵌12颗钻石时标
约0.05克拉
机芯：石英机芯
功能：时、分显示
表带：18K白金链带，镶嵌376颗钻石约
5.65克拉
参考价：￥504,000～756,000

Premier Ladies
36毫米石英腕表 — 链带
型号：210/LQ36WW.MD/D3.1
表壳：18K白金表壳，直径36mm，厚
6.7mm，镶嵌62颗钻石约1.33克
拉，30米防水
表盘：白色珍珠贝母，镶嵌12颗钻石时标
约0.05克拉
机芯：石英机芯
功能：时、分显示
表带：18K白金链带
参考价：￥252,000～378,000

Premier Ladies
36毫米石英腕表 — 绢带
型号：210/LQ36WL.MD/D3.1
表壳：18K白金表壳，直径36mm，厚
7.2mm，镶嵌62颗钻石约1.33克
拉，30米防水
表盘：白色珍珠贝母，镶嵌12颗钻石时标
约0.05克拉
机芯：石英机芯
功能：时、分显示
表带：灰色绢带配18K白金针扣，镶嵌29
颗钻石约0.2克拉
参考价：￥202,000

Premier Feathers — 白腹锦鸡

型号：210/LQ36RL.PL02/D3.1
表壳：18K红金表壳，直径36mm，厚
7.2mm，镶嵌67颗钻石约1.45克
拉，30米防水
表盘：白腹锦鸡羽毛装饰表盘
机芯：石英机芯
功能：时、分显示
表带：灰色绢带配18K红金针扣，镶嵌29
颗钻石约0.19克拉
参考价：￥252,000～315,000

Premier Feathers — 孔雀

型号：210/LQ36WL.PL03/D3.1
表壳：18K白金表壳，直径36mm，厚
7.2mm，镶嵌67颗钻石约1.45克
拉，30米防水
表盘：孔雀羽毛装饰表盘
机芯：石英机芯
功能：时、分显示
表带：灰色绢带配18K白金针扣，镶嵌29
颗钻石约0.19克拉
参考价：￥252,000～315,000

Premier Feathers — 环颈野鸡

型号：210/LQ36WL.PL04/D3.1
表壳：18K白金表壳，直径36mm，厚
7.2mm，镶嵌67颗钻石约1.45克
拉，30米防水
表盘：环颈野鸡羽毛装饰表盘
机芯：石英机芯
功能：时、分显示
表带：灰色绢带配18K白金针扣，镶嵌29
颗钻石约0.19克拉
参考价：￥40,000～50,000

Premier Feathers — 银色野鸡

型号：210/LQ36RL.PL01/D3.1
表壳：18K红金表壳，直径36mm，厚
7.2mm，镶嵌67颗钻石约1.45克
拉，30米防水
表盘：银色锦鸡羽毛装饰表盘
机芯：石英机芯
功能：时、分显示
表带：灰色绢带配18K红金针扣，镶嵌29
颗钻石约0.19克拉
参考价：￥40,000～50,000

Premier Feathers — 上海旗舰店限量版

表壳：18K红金表壳，直径36mm，厚
7.2mm，镶嵌67颗钻石约1.45克
拉，30米防水
表盘：羽毛装饰表盘
机芯：石英机芯
功能：时、分显示
表带：灰色绢带配18K红金针扣，镶嵌29
颗钻石约0.19克拉
限量：限量
参考价：￥40,000～50,000

Ultimate Adornment 时计

型号：539LQPP.PL/01
表壳及项链：铂金及18K白金，镶嵌130颗圆
形钻石约36.15克拉，19颗橄榄形钻
石约10.31克拉，1颗梨形钻石约1.08
克拉，30米防水，另配18K白金吊坠，
11根孔雀羽毛，镶嵌10颗圆形钻石约
1.97克拉，21颗橄榄形钻石约0.93克
拉，3颗梨形钻石约1.08克拉
表盘：18K白金，镶嵌孔雀羽毛装饰
机芯：石英机芯
功能：时、分显示
限量：孤本
参考价：请洽经销商

HD3

年产量：约 1,000 枚
价格区间：RMB 31,500 元起
网址：https://www.hd3complication.com

2008 年，Jorg Hysek 和 Fabrice Gonet 共同创立了 HD3，他们计划设计出一款有革命性意义的腕表。他们使用传统制表工艺打造手表的外壳、表带等部件，而在内部则安装了个现代科技的电子机芯，以及一个 28mm×29mm 的液晶显示屏。配合蓝宝石触摸表镜，使用者可以像使用大多数现代电子产品一样，通过手指滑动在不同的功能之间切换，以及操作这些功能。包括时间、计时、日历等等。因为内部为电子机芯，所以手表的一切功能其实都是一个个的程序，除了手表中自带的功能

外，用户也可以到品牌专门开设的网站中下载不同的功能或界面。之后通过一根 USB 线缆为手表更新。手表的充电同样通过 USB 完成，同时它也非常节能，按照每天启动腕表 30 次计算，只需一周充电一次即可。

不过，如果没有精雕细刻的外壳，这款表可能只能是一个瑞士人制作的 iPod nano。这款表的表壳等外部部件完全按照瑞士的传统工艺制作，采用黑色 PVD 不锈钢、钛金属甚至 18K 红金打造，处处体现着顶级手表的奢华气质。

Slyde镶钻腕表
表壳：黑色PVD不锈钢表壳，尺寸
    47.71mm×57.84mm，厚17.53mm，镶
    嵌192颗钻石约重1克拉，30米防水
表盘：液晶显示屏，尺寸28mm×29mm，
    分辨率232×240
机芯：CLT电子机芯
功能：时、分、秒、万年历、计时等功
    能，可更新下载
表带：黑色鳄鱼皮带配折叠扣
参考价：￥54,000

Slyde黑色不锈钢腕表
表壳：黑色PVD不锈钢表壳，尺寸
    47.71mm×57.84mm，厚17.53mm，
    30米防水
表盘：液晶显示屏，尺寸28mm×29mm，
    分辨率232×240
机芯：CLT电子机芯
功能：时、分、秒、万年历、计时等功
    能，可更新下载
表带：黑色橡胶带配折叠扣
参考价：￥41,000

Slyde黑色不锈钢配红金腕表
表壳：黑色PVD不锈钢及18K红金表
    壳，尺寸47.71mm×57.84mm，厚
    17.53mm，30米防水
表盘：液晶显示屏，尺寸28mm×29mm，
    分辨率232×240
机芯：CLT电子机芯
功能：时、分、秒、万年历、计时等功
    能，可更新下载
表带：黑色鳄鱼皮带配折叠扣
参考价：￥81,000

爱马仕
HERMÈS

年产量：不详

价格区间：RMB17,600 元起

网址：http://www.hermes.com

爱马仕制表的历史可以追溯到 1912 年，对卓越、精湛工艺的孜孜追求，是此品牌亘古不变的传统。今天，爱马仕钟表首次推出两枚品牌自制机芯：Cal.H1837 和 Cal.H1912。这两枚机芯，分别搭载于 Dressage 和 Arceau 系列腕表中。

Dressage 系列腕表是品牌德高望重的设计师 Henri d'Origny 于 2003 年设计的作品，如今 Dressage 款型为配合全新的 Cal.H1837 机芯在外观上做了调整，保留原有美学设计的主调却更具当代感，细节处又充分体现了高级制表的精髓。

Arceau 腕表系列以不对称表耳设计见称，深具含蓄优雅之美。2012 年的女装新表款不但以新尺寸亮相，更搭载 Cal.H1912 自制机芯。此机芯的命名源自爱马仕家族于 1912 年拍摄的一张照片。照片中 Jacqueline Hermès 腕上佩戴着一枚怀表，配以出自爱马仕皮具工坊的 Porte Oignon 皮腕带，奠定了爱马仕日后制表的决心。

另外，一款款绝美的珐琅作品也是爱马仕每年不变的主题，这些产量稀少、可遇不可求的钟表艺术珍品更是彰显了爱马仕与众不同的艺术气质。

Arceau Pocket Astrolabe珐琅怀表

爱马仕 2012 年的主题为"TheGift of Time"，从宇宙星空取材，将银河星宿元素注入 Arceau 怀表系列，呈献独一无二的 Arceau Pocket Astrolabe 珐琅怀表，其表背选用罕见的镂空珐琅工艺，令人由衷赞赏。

表壳：18K白金表壳，直径48mm，可揭式底盖由镂空珐琅工艺制作，30米防水

表盘：蓝色大明火透明珐琅表盘

机芯：Cal.H1928自动机芯，直径25.6mm，厚3.5mm，32石，摆频28,800A/H，55小时动力储存

功能：时、分显示

表带：黑色鳄鱼皮挂绳

限量：孤本

参考价：￥1,897,000

Arceau Pocket Amazones女骑士怀表

表壳：18K红金表壳，直径43mm，30米防水

表盘：大明火金属箔片嵌饰珐琅和微绘珐琅工艺表盘

机芯：Cal.H1928自动机芯，直径25.6mm，厚3.5mm，32石，摆频28,800A/H，55小时动力储存

功能：时、分显示

表带：雪茄色鳄鱼皮表护套及皮绳

限量：孤本

参考价：请洽经销商

Cape Cod Coup de Fouet
微绘珐琅腕表—蓝色皮带款

表壳：18K白金表壳，尺寸36.5mm×35.4mm，30米防水

表盘：大明火微绘珐琅表盘

机芯：Cal.H1928自动机芯，直径25.6mm，厚3.5mm，32石，摆频28,800A/H，55小时动力储存

功能：时、分显示

表带：蓝色鳄鱼皮表带配18K白金针扣

限量：孤本

参考价：请洽经销商

Cape Cod Coup de Fouet
微绘珐琅腕表—棕色皮带款

表壳：18K白金表壳，尺寸36.5×35.4mm，30米防水

表盘：大明火微绘珐琅表盘

机芯：Cal.H1928自动机芯，直径25.6mm，厚3.5mm，32石，摆频28,800A/H，55小时动力储存

功能：时、分显示

表带：棕色鳄鱼皮表带配18K白金针扣

限量：孤本

参考价：请洽经销商

Arceau麦秆镶嵌腕表

表壳：18K白金表壳，直径41mm

表盘：麦秆镶嵌装饰表盘

机芯：Cal.H1928自动机芯，直径25.6mm，厚3.5mm，32石，摆频28,800A/H，55小时动力储存

功能：时、分显示

表带：深蓝色鳄鱼皮带配18K白金针扣

参考价：￥477,000

ArceauAttelageCéleste星空珐琅腕表

表壳：18K白金表壳，直径41mm，30米防水

表盘：大明火金属箔片嵌饰珐琅工艺表盘

机芯：Cal.H1928自动机芯，直径25.6mm，厚3.5mm，32石，摆频28,800A/H，55小时动力储存

功能：时、分显示

表带：深蓝色鳄鱼皮带配18K白金针扣

参考价：请洽经销商

ArceauParcoursd'H金雕透明珐琅腕表

表壳：18K白金表壳，直径41mm，30米防水

表盘：金雕覆大明火透明珐琅表盘

机芯：Cal.H1928自动机芯，直径25.6mm，厚3.5mm，32石，摆频28,800A/H，55小时动力储存

功能：时、分显示

表带：灰色鳄鱼皮带配18K白金针扣

参考价：请洽经销商

Arceau红金女装腕表

表壳：18K红金表壳，直径34mm，30米
　　　防水
表盘：白色，放射状纹饰，6时位小秒盘
机芯：Cal.H1912自动机芯，直径23.3mm，
　　　厚3.7mm，28石，193个零件，摆频
　　　28,800A/H，50小时动力储存
功能：时、分、秒显示
表带：棕色鳄鱼皮带
参考价：￥120,000

Arceau红金镶钻女装腕表

表壳：18K红金表壳，直径34mm，外圈镶
　　　嵌60钻石约重0.7克拉，30米防水
表盘：白色珍珠贝母表盘，放射状纹饰，
　　　6时位小秒盘
机芯：Cal.H1912自动机芯，直径23.3mm，
　　　厚3.7mm，28石，193个零件，摆频
　　　28,800A/H，50小时动力储存
功能：时、分、秒显示
表带：棕色鳄鱼皮带
参考价：￥253,000

Dressage红金限量版小秒针腕表

表壳：18K红金表壳，尺寸40.5mm×38.4mm，
　　　50米防水
表盘：灰色，6时位小秒盘
机芯：Cal.H1873自动机芯，直径25.6mm，
　　　厚3.9mm，28石，193个零件，摆频
　　　28,800A/H，50小时动力储存
功能：时、分、秒显示
表带：深灰色鳄鱼皮带配18K红金折叠扣
限量：175枚
参考价：￥210,000

Dressage小秒针腕表

表壳：不锈钢表壳，尺寸40.5mm×38.4mm，
　　　50米防水
表盘：黑色，6时位小秒盘
机芯：Cal.H1873自动机芯，直径25.6mm，
　　　厚3.9mm，28石，193个零件，摆频
　　　28,800A/H，50小时动力储存
功能：时、分、秒显示
表带：黑色鳄鱼皮带配不锈钢折叠扣
参考价：￥74,200

Dressage日历腕表—皮带款

表壳：不锈钢表壳，尺寸40.5mm×38.4mm，
　　　50米防水
表盘：白色，6时位日期视窗
机芯：Cal.H1873自动机芯，直径25.6mm，
　　　厚3.9mm，28石，193个零件，摆频
　　　28,800A/H，50小时动力储存
功能：时、分、秒、日期显示
表带：棕色鳄鱼皮带配不锈钢折叠扣
参考价：￥74,200

Dressage日历腕表—链带款

表壳：不锈钢表壳，尺寸40.5mm×38.4mm，
　　　50米防水
表盘：黑色，6时位日期视窗
机芯：Cal.H1873自动机芯，直径25.6mm，
　　　厚3.9mm，28石，193个零件，摆频
　　　28,800A/H，50小时动力储存
功能：时、分、秒、日期显示
表带：不锈钢链带配折叠扣
参考价：￥74,200

宇舶
HUBLOT

HUBLOT
GENEVE

年产量：约 24000 块

价格区间：RMB56,000 元起

网址：http://www.hublot.com

　　诞生于 1980 年的宇舶表是首家融合贵重金属和天然橡胶为原材料的瑞士顶级腕表品牌，它的诞生无论从制表材料还是从腕表所诠释的独特美学概念来讲，在钟表界都掀起了一场革命。2004 年，为数不多的能够在瑞士制表史上镌刻下名字的传奇人物让 - 克劳德•比弗先生接手宇舶表，用颠覆制表业的 Big Bang 系列让宇舶表一路高歌猛进。如今，位于日内瓦湖畔的宇舶表工厂大楼携手高新科技，见证了宇舶表令人瞠目的成绩。它以开创性的材料：陶瓷、碳纤维、钽、钨、钛、天然橡胶与历经岁月考验的金、白金、精钢、钻石和珍稀宝石等完美融合，忠于瑞士制表业传统的同时，赋予它属于 21 世纪的创造力和远见

卓识。自产 UNICO 机芯以及各种高复杂功能机芯的不断问世，为宇舶表的高速发展奠定坚实基础。

　　宇舶表在市场营销上与足球、F1、滑雪、帆船、篮球、马球、高尔夫、航海（由摩纳哥公国元首阿尔伯特二世亲王管理的摩纳哥游艇俱乐部、瑞士国家队阿灵基和美洲杯帆船赛）等各领域都有合作伙伴。作为 2010 年以及 2014 年两届 FIFA 世界杯的官方计时，以及 F1 一级方程式全球范围内的独家官方手表，宇舶表在绿茵场和轰鸣赛道上独领风骚。忠于瑞士制表业传统的同时，宇舶表更赋予品牌属于 21 世纪的创造力和远见卓识。品牌的灵魂——"融合的艺术"诠释了这一富有哲理的概念。

王者至尊系列尤塞恩•博尔特限量腕表

型号：703.CI.1129.NR.USB12

表壳：黑色陶瓷表壳，直径48mm，100米防水

表盘：黑色，3时位30分钟计时盘，4-5时位日期视窗，6时位12小时盘，9时位小秒盘

机芯：Cal.HUB410自动机芯

功能：时、分、秒、日期显示、计时功能

表带：黑色橡胶配金色皮革表带配黑色PVD钛金属折叠扣

限量：250枚

参考价：￥25,000

King Power Unico GMT
世界时腕表 — 陶瓷

型号：771.CI.1170.RX

表壳：黑色陶瓷及合成树脂表壳，直径48mm，100米防水

表盘：黑色，四个24小时转盘对应外圈显示世界时间

机芯：Cal.HUB 1220自动机芯，37石，405个零件，摆频28,800A/H，42小时动力储存

功能：时、分、世界时显示

表带：黑色橡胶带配黑色PVD钛金属折叠扣

参考价：￥40,000

King Power Unico GMT
世界时腕表 — 红金

型号：771.OM.1170.RX

表壳：18K红金及合成树脂表壳，直径48mm，100米防水

表盘：黑色，四个24小时转盘对应外圈显示世界时间

机芯：Cal.HUB 1220自动机芯，37石，405个零件，摆频28,800A/H，42小时动力储存

功能：时、分、世界时显示

表带：黑色橡胶带配黑色PVD钛金属折叠扣

参考价：￥45,000

Big Bang 法拉利魔力金腕表

型号：401.MX.0123.GR

表壳：18K魔力金表壳，黑色合成树脂表
侧及表耳，钛金属表把及按钮，直
径45.5mm，100米防水

表盘：透明表盘，3时位60分钟计时盘及
日期视窗

机芯：Cal. HUB1241 Unico自动机芯，摆
频28,800A/H，72小时动力储存

功能：时、分、日期显示，计时功能

表带：黑色鳄鱼皮衬黑色橡胶带配钛金属
折叠扣

限量：500枚

参考价：￥229,000

Big Bang 法拉利钛金属腕表

型号：401.NX.0123.GR

表壳：钛金属表壳，黑色合成树脂表侧及
表耳，直径45.5mm，100米防水

表盘：透明表盘，3时位60分钟计时盘及
日期视窗

机芯：Cal. HUB1241 Unico自动机芯，摆
频28,800A/H，72小时动力储存

功能：时、分、日期显示，计时功能

表带：黑色鳄鱼皮衬黑色橡胶带配钛金属
折叠扣

限量：1,000枚

参考价：￥166,000

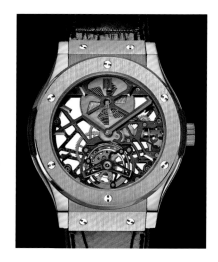

Classic Fusion镂空陀飞轮腕表 — 红金

型号：505.OX.0180.LR

表壳：18K红金表壳，黑色合成树脂表侧
及表耳，直径45mm，50米防水

表盘：无表盘，可见镂空装饰的机芯，6
时位陀飞轮装置

机芯：Cal.MHU6010.H1.8手动机芯，摆频
21,600A/H，120小时动力储存

功能：时、分显示，陀飞轮装饰

表带：黑色鳄鱼皮衬黑色橡胶带配钛金属
及不锈钢折叠扣

限量：50枚

参考价：￥680,600

Classic Fusion镂空陀飞轮腕表 — 钛金属

型号：505.NX.0170.LR

表壳：钛金属表壳，黑色合成树脂表侧及
表耳，直径45mm，50米防水

表盘：无表盘，可见镂空装饰的机芯，6
时位陀飞轮装置

机芯：Cal.MHU6010.H1.1手动机芯，摆频
21,600A/H，120小时动力储存

功能：时、分显示，陀飞轮装饰

表带：黑色鳄鱼皮衬黑色橡胶带配钛金属
及不锈钢折叠扣

限量：50枚

参考价：￥580,000

Classic Fusion超薄镂空腕表 — 红金

型号：505.OX.0180.LR

表壳：18K红金表壳，黑色合成树脂表侧
及表耳，直径45mm，50米防水

表盘：无表盘，可见镂空装饰机芯，7时
位小秒盘

机芯：Cal.HUB1300手动机芯，摆频
21,600A/H，90小时动力储存

功能：时、分、秒显示

表带：黑色鳄鱼皮衬黑色橡胶带配不锈钢
折叠扣

限量：500枚

参考价：￥136,100

Classic Fusion超薄镂空腕表 — 钛金属

型号：505.NX.0170.LR

表壳：钛金属表壳，黑色合成树脂表侧及
表耳，直径45mm，50米防水

表盘：无表盘，可见镂空装饰机芯，7时
位小秒盘

机芯：Cal.IIUB1300手动机芯，摆频
21,600A/H，90小时动力储存

功能：时、分、秒显示

表带：黑色鳄鱼皮衬黑色橡胶带配18K红
金及黑色PVD不锈钢折叠扣

限量：1,000枚

参考价：￥103,600

TuttiFrutti女装陀飞轮腕表 — 钻石

型号：345.PE.9010.LR.1704
表壳：18K红金表壳，直径41mm，镶嵌
312颗钻石约重2.18克拉，30米防水
表盘：18K红金表盘，镶嵌309颗钻石总重
约1.64克拉，6时位陀飞轮装置
机芯：Cal.HUB6004手动机芯，摆频
21,600A/H，120小时动力储存
功能：时、分显示，陀飞轮装置
表带：白色鳄鱼皮衬白色橡胶带配18K红
金折叠扣
限量：18枚
参考价：￥1,575,000

TuttiFrutti女装陀飞轮腕表 — 驼色宝石

型号：345.PA.5390.LR.0918
表壳：18K红金表壳，直径41mm，镶嵌
198颗钻石约重2.18克拉，外圈镶
嵌48颗驼色宝石，30米防水
表盘：驼色表盘，镶嵌50颗钻石总重约
0.26克拉，6时位陀飞轮装置
机芯：Cal.HUB6004手动机芯，摆频
21,600A/H，120小时动力储存
功能：时、分显示，陀飞轮装置
表带：驼色鳄鱼皮衬驼色橡胶带配18K红
金折叠扣
限量：18枚
参考价：￥945,000

TuttiFrutti女装陀飞轮腕表 — 棕色宝石

型号：341.PC.5490.LR.0916
表壳：18K红金表壳，直径41mm，镶嵌
198颗钻石约重2.18克拉，外圈镶
嵌48颗棕色宝石，30米防水
表盘：棕色表盘，镶嵌50颗钻石总重约
0.26克拉，6时位陀飞轮装置
机芯：Cal.HUB6004手动机芯，摆频
21,600A/H，120小时动力储存
功能：时、分显示，陀飞轮装置
表带：棕色鳄鱼皮衬棕色橡胶带配18K红
金折叠扣
限量：18枚
参考价：￥945,000

Big Bang 绿色蟒纹装饰红金腕表

型号：341.PX.7818.PR.1978
表壳：18K红金表壳，直径41mm，外圈镶
嵌48颗浅绿色沙弗莱石、碧玺和浅
绿色蓝宝石，30米防水
表盘：绿色豹纹装饰表盘，镶嵌8颗钻石时
标约0.14克拉，3时位小秒盘，4-5
时位日期视窗，6时位12小时计时
盘，9时位30分钟计时盘
机芯：Cal.HUB4300手动机芯，42小时动力储存
功能：时、分、秒、日期显示，计时功能
表带：绿色蟒纹牛仔布衬黑色橡胶带配
18K红金折叠扣
限量：250枚
参考价：￥272,200

Big Bang 棕色蟒纹装饰红金腕表

型号：41.PX.7918.PR.1979
表壳：18K红金表壳，直径41mm，外圈镶
嵌48颗方型红柱石、烟熏石英和透
明烟熏石英，30米防水
表盘：棕色豹纹装饰表盘，镶嵌8颗钻石
时标约0.14克拉，3时位小秒盘，
4-5时位日期视窗，6时位12小时计
时盘，9时位30分钟计时盘
机芯：Cal.HUB4300手动机芯，42小时动力储存
功能：时、分、秒、日期显示，计时功能
表带：棕色蟒纹牛仔布衬黑色橡胶带配
18K红金折叠扣
限量：250枚
参考价：￥266,500

TuttiFrutti女装陀飞轮腕表 — 蓝宝石

型号：345.PL.5190.LR.0901
表壳：18K红金表壳，直径41mm，镶嵌
198颗钻石约重2.18克拉，外圈镶
嵌48颗蓝宝石，30米防水
表盘：蓝色表盘，镶嵌50颗钻石总重约
0.26克拉，6时位陀飞轮装置
机芯：Cal.HUB6004手动机芯，摆频
21,600A/H，120小时动力储存
功能：时、分显示，陀飞轮装置
表带：蓝色鳄鱼皮衬蓝色橡胶带配18K红
金折叠扣
限量：18枚
参考价：￥945,000

Big Bang 绿色蟒纹装饰不锈钢腕表

型号：341.PX.7817.PR.1978
表壳：不锈钢表壳，直径41mm，外圈镶
　　　嵌48颗浅绿色沙弗莱石、碧玺和浅
　　　绿色蓝宝石，30米防水
表盘：绿色豹纹装饰表盘，镶嵌8颗钻石
　　　时标约0.14克拉，3时位小秒盘，
　　　4-5时位日期视窗，6时位12小时计
　　　时盘，9时位30分钟计时盘
机芯：Cal.HUB4300手动机芯，42小时动
　　　力储存
功能：时、分、秒、日期显示，计时功能
表带：绿色蟒纹牛仔布衬黑色橡胶带配不
　　　锈钢折叠扣
限量：250枚
参考价：￥266,500

TuttiFrutti Caviar — 蓝宝石

型号：346.CD.1800.LR.1901
表壳：黑色陶瓷表壳，黑色PVD 18K白金
　　　表圈，直径41mm，外圈镶嵌48颗
　　　蓝宝石，100米防水
表盘：黑色陶瓷表盘，3时位日历视窗
机芯：Cal.HUB 1112自动机芯，摆频
　　　28,800A/H，42小时动力储存
功能：时、分、秒、日期显示
表带：蓝色鳄鱼皮衬黑色橡胶带配黑色
　　　PVD不锈钢折叠扣
参考价：￥143,000

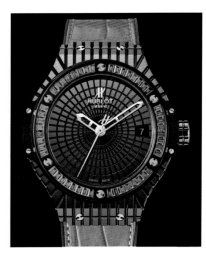

TuttiFrutti Caviar — 紫水晶

型号：346.CD.1800.LR.1905
表壳：黑色陶瓷表壳，黑色PVD 18K白金
　　　表圈，直径41mm，外圈镶嵌48颗
　　　紫水晶，100米防水
表盘：黑色陶瓷表盘，3时位日历视窗
机芯：Cal.HUB 1112自动机芯，摆频
　　　28,800A/H，42小时动力储存
功能：时、分、秒、日期显示
表带：紫色鳄鱼皮衬黑色橡胶带配黑色
　　　PVD不锈钢折叠扣
参考价：￥143,000

TuttiFrutti Caviar — 红色尖晶石

型号：346.CD.1800.LR.1913
表壳：黑色陶瓷表壳，黑色PVD 18K白金
　　　表圈，直径41mm，外圈镶嵌48颗
　　　红色尖晶石，100米防水
表盘：黑色陶瓷表盘，3时位日历视窗
机芯：Cal.HUB 1112自动机芯，摆频
　　　28,800A/H，42小时动力储存
功能：时、分、秒、日期显示
表带：红色鳄鱼皮衬黑色橡胶带配黑色
　　　PVD不锈钢折叠扣
参考价：￥143,000

TuttiFrutti Caviar — 绿色沙弗莱石

型号：346.CD.1800.LR.1922
表壳：黑色陶瓷表壳，黑色PVD 18K白金
　　　表圈，直径41mm，外圈镶嵌48颗
　　　绿色沙弗莱石，100米防水
表盘：黑色陶瓷表盘，3时位日历视窗
机芯：Cal.HUB 1112自动机芯，摆频
　　　28,800A/H，42小时动力储存
功能：时、分、秒、日期显示
表带：绿色鳄鱼皮衬黑色橡胶带配黑色
　　　PVD不锈钢折叠扣
参考价：￥143,000

TuttiFrutti Caviar — 黄水晶

型号：346.CD.1800.LR.1915
表壳：黑色陶瓷表壳，黑色PVD 18K白金
　　　表圈，直径41mm，外圈镶嵌48颗
　　　黄水晶，100米防水
表盘：黑色陶瓷表盘，3时位日历视窗
机芯：Cal.HUB 1112自动机芯，摆频
　　　28,800A/H，42小时动力储存
功能：时、分、秒、日期显示
表带：黄色鳄鱼皮衬黑色橡胶带配黑色
　　　PVD不锈钢折叠扣
参考价：￥143,000

海赛珂
HYSEK

年产量：2,000 枚以内
价格区间：RMB100,000 元起
网址：http://hysek.com

Jorg Hysek 先生原本主修雕刻及绘画，由于艺术与设计的共通性，他之后前往伦敦继续深造，并将兴趣转换为职业，在 1996 年自创品牌，并推出了以自己名字命名的第一个系列产品——文具。1997 年，首款 Hysek 手表诞生，就像很多年轻的钟表品牌一样，Hysek 的首款作品便以个性鲜明独特的造型让所有人记住了他的名字。Hysek 的手表设计有几个特别醒目的特点。首先他大量运用如同钢梁似的造型设计，同时融入人体工程学，看似大尺寸的表壳，佩戴起来却极为舒适。另外，不同于其他手表普遍使用 3、6、9、12 数字标识的表盘，在 Hysek 腕表的表盘上，大多是使用 1、5、7、11 数字标志，展现出他特立独行的设计风格。

因其超凡的创造力和独特型，Hysek 自成立以来每年都以极快的速度增长，今天，品牌在全球 40 多个国家开设了超过 180 家专卖店，2012 年，品牌在中国的首家旗舰店也落户上海淮海中路，150 平方米的空间，向人们展示了一个将现代设计元素与精密制表相融合的前卫钟表品牌。

Hysek Verdict三加二腕表

"三加二"这个名称来源于它不仅仅只是显示三时区时间，还具有其他两个时区的昼夜显示功能，因此名为"三（三时区）加二（日夜显示功能）"腕表。当地时间由中央时针和分针指示。在表盘的上半部，阿拉伯数字 1 到 12 代表第二时区的时间，这一时间是格林尼治标准时间的西半球城市时间。相反地，在表盘下半部，阿拉伯数字代表第三时区的时间，这一时间是格林尼治东半球城市的时间。表盘 6 时和 12 时上配有地名选择视窗，同时还配有日夜指示器。

型号：VE4619T01
表壳：钛金属表壳，直径45.8mm，30米防水
表盘：白色，6时位第二时区地名视窗，7时位第二时区昼夜视窗，11时位第三时区昼夜视窗，12时位第三时区地名视窗，中心第二及第三时区回跳式指示
机芯：自动机芯，406个零件，摆频28,800A/H，45小时动力储存
功能：时、分、昼夜、三地时间及地名显示
表带：黑色鳄鱼皮带配折叠扣
限量：30枚
参考价：￥150,000～200,000

HysekVerdict 都市女性腕表

型号： VE3601A92

表壳： 不锈钢表壳，直径36mm，30米防水

表盘： 蓝色珍珠贝母雕刻表盘，3时位日期视窗

机芯： 自动机芯，摆频28,800A/H，42小时动力储存

功能： 时、分、秒、日期显示

表带： 蓝色绢带配折叠扣

参考价： ￥180,000～240,000

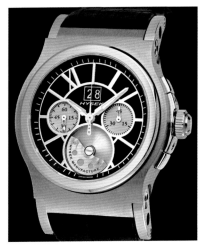

Hysek Verdict 计时腕表

型号： VE4522A01

表壳： 钛金属表壳，直径44.5mm，30米防水

表盘： 黑色，3时位45分钟计时盘，6时位自动摆陀，9时位小秒盘，12时位大日历视窗

机芯： Cal.HW4058自动机芯，22K金微型摆陀置于表盘，49石，412个零件，摆频28,800A/H，47小时动力储存

功能： 时、分、秒、日期显示，计时功能

表带： 黑色鳄鱼皮带配折叠扣

限量： 30枚

参考价： ￥180,000～250,000

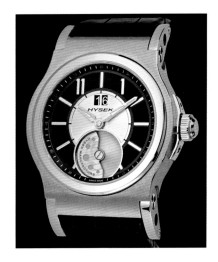

Hysek Verdict 腕表

型号： VE4523T01

表壳： 钛金属表壳，直径44.5mm，30米防水

表盘： 黑色与白色，6时位自动摆陀，12时位大日历视窗

机芯： Cal.HW3058自动机芯，22K金微型摆陀置于表盘，33石，275个零件，摆频28,800A/H，47小时动力储存

功能： 时、分、日期显示

表带： 黑色鳄鱼皮带配折叠扣

限量： 30枚

参考价： ￥150,000～200,000

Hysek Verdict 陀飞轮腕表

型号： VE4526T01

表壳： 钛金属表壳，直径44.5mm，30米防水

表盘： 黑色与银灰色，2时位大日历视窗，10时位陀飞轮

机芯： 自动机芯，345个零件，摆频28,800A/H，62小时动力储存

功能： 时、分、日期显示，陀飞轮装置

表带： 黑色鳄鱼皮带配折叠扣

限量： 30枚

参考价： ￥800,000～1,200,000

HysekFurtif计时腕表

型号： FU4422B03

表壳： 18K红金及钛金属表壳，尺寸44mm×51mm，30米防水

表盘： 黑色，3时位45分钟计时盘，6时位自动摆陀，9时位小秒盘，12时位大日历视窗

机芯： Cal.HW4057自动机芯，22K金微型摆陀置于表盘，49石，416个零件，摆频28,800A/H，48小时动力储存

功能： 时、分、秒、日期显示，计时功能

表带： 黑色鳄鱼皮带配折叠扣

限量： 30枚

参考价： ￥180,000～250,000

HysekFurtif腕表

型号： FU4423B03

表壳： 18K红金及钛金属表壳，尺寸44mm×51mm，30米防水

表盘： 黑色，6时位自动摆陀，12时位大日历视窗

机芯： Cal.HW3057自动机芯，22K金微型摆陀置于表盘，33石，275个零件，摆频28,800A/H，47小时动力储存

功能： 时、分、日期显示

表带： 黑色鳄鱼皮带配折叠扣

限量： 30枚

参考价： ￥150,000～200,000

HYT

HYT

年产量：不详

价格区间：RMB300,000 元起

网址：http://www.hytwatches.com

　　这是 2012 年刚刚诞生的全新品牌，只有一款作品，它的故事还要从 10 年前说起。

　　2002 年瑞士国际展览会上，Lucien Vouillamoz 向他的朋友们提出了一个想法——以瑞士素有钟表谷之称的汝拉山谷内的三个湖泊为灵感，设计一款"水表"，在当时因技术方面的障碍而搁置，而这个念头却一直存在于 Lucien 的脑海里。之后，他力邀高科技开发专家 Emmanuel Savioz 加入，成立了 HYT，并开始为这一项目筹集资金。2010 年，他们在 Jean-François Ruchonnet 的引荐下接触了已经成功在机芯中使用液体的制表师 Vincent Perriard，几人一拍即合，决定由 Vincent Perriard 负责机芯部分，HYT 负责研发其中装载液体的部件。

　　2012 年，HYT 的首个作品 H1 终于面世，为巴塞尔表展带来不小的震动，引得众人蜂拥而至来一睹这款腕表的神奇之处。它的核心在于内部有两个液压泵驱动的环形水管，水管内有荧光和透明色两种液体，但二者完全不相溶，因此可以看出明显的分界线。液压泵的运动由机芯驱动，通过挤压荧光液体到水管内的相应位置来指示小时，实在是绝妙的设计，令人印象深刻。

H1 — 钛金属版
表壳：钛金属表壳，直径48.8mm，厚17.9mm，100米防水
表盘：开放式表盘，2时位动力储存显示，12时位分钟盘，环形透明水管液体式小时指示
机芯：Cal.101手动机芯，35石，摆频28,800，65小时动力储存
功能：时、分、动力储存显示
表带：黑色帆布带配针扣
参考价：￥224,000～240,000

H1 — 红金版
表壳：18K红金表壳，直径48.8mm，厚17.9mm，100米防水
表盘：开放式表盘，2时位动力储存显示，12时位分钟盘，环形透明水管液体式小时指示
机芯：Cal.101手动机芯，35石，摆频28,800，65小时动力储存
功能：时、分、动力储存显示
表带：棕色鳄鱼皮带配针扣
参考价：￥224,000～240,000

万国
IWC

IWC
INTERNATIONAL WATCH CO. SCHAFFHAUSEN
SWITZERLAND, SINCE 1868

年产量：**20000** 块以上
价格区间：**RMB30,000** 元起
网址：http://www.iwc.com

　　瑞士制表商沙夫豪森 IWC（万国）专心致力于技术与研发，自 1868 年以来不断制作具有持久价值的腕表。公司热切追求创新解决方案和独创技术，在国际上已赢得广泛赞誉。作为奢华腕表领域的世界领先品牌之一，IWC（万国）表糅合精准无比的性能和独一无二的设计，打造体现高级制表艺术最高境界的典范之作。

　　2012 年，沙夫豪森 IWC（万国）将隆重呈献飞行员系列：这将是飞行员腕表之年。TOP GUN 海军空战部队系列新添五个全新表款，在 IWC（万国）飞行员腕表系列中自成一格。2012 年的瞩目之作要数 TOP GUN 海军空战部队 Miramar 腕表，这款时计特别向精英飞行员诞生地加利福尼亚致意。而两款搭载不同高级制表技术的飞行员腕表——大型飞行员系列 TOP GUN 海军空战部队万年历腕表和喷火战机万年历数字日期—月份腕表，亦同时准备就绪，一飞冲天。

　　全新飞行员系列 TOP GUN 海军空战部队腕表，传承了万国打造独特精密腕表的优良传统。1940 年代，沙夫豪森制造的飞行员腕表，又名为"B 腕表"，在飞行导航领域上获得广泛使用。当时，只有最高精准水平的腕表，才能迎合导航员的要求。

喷火战机万年历数字日期—月份腕表

　　这是首枚搭载大型日期和月份数字显示的万国飞行员腕表。其灵感源于现代航空业早期采用的驾驶舱仪器，这些仪器显示出高度等重要数据。数字显示在万国亦拥有悠久历史。逾 100 年前，以沙夫豪森为基地的万国，将波威柏（Pallweber）系统融于首枚配置数字小时和分钟显示的腕表内，这使万国这个品牌走在时代尖端。虽然现如今大众趋向指针显示腕表，而数字则一直用作标准的日期显示。此外，这枚机械腕表运用了大量的专门技术及一个精细轮系，以转换日期和月份至表盘的数字格式。

型号：IW379103
表壳：18K 红金表壳，直径 46mm，厚 17.5mm，60 米防水
表盘：黑色，3 时位月份视窗，6 时位小秒盘及闰年视窗，9 时位日期视窗，12 时位 60 分钟及 12 小时计时盘
机芯：Cal.89800 自动机芯，52 石，摆频 28,800A/H，68 小时动力储存
功能：时、分、秒、日期、月份、闰年显示，万年历功能，计时功能
表带：棕色鳄鱼皮表带配 18K 红金折叠扣
参考价：￥283,500

SidéraleScafusia

这款葡萄牙 Sidérale Scafusia 腕表是万国有史以来最复杂的钟表创作。它采用两种计时方式，表盘上除了显示正常时间的小秒盘外，12 时位还有一个 24 小时制的小表盘显示恒星时。9 时位的陀飞轮搭载恒力装置，可抵消发条盒持续运作的动力消耗，并可稳定将动力传送至摆轮，而设于钛金属陀飞轮框架的秒针则会以每秒前进，而在其余四天的动力储备时间，陀飞轮则随摆轮节奏继续平均运行。表背则是一幅唯美的星空图，带有黄色镌刻地平线，展示佩戴者自行选择的夜空位置。佩戴者更可自行选择星宿，展示出特定地理位置的夜空。而夜空构成的背景更备有偏振滤光镜，在日夜时间分别以灰色和蓝色显示。

型号：5041
表壳：18K白金或自定表壳材质，直径46mm，厚17.5mm，30米防水
表盘：正面：4时位动力储存指示，9时位陀飞轮装置及小秒盘，12时位恒星时24小时盘；背面：星空图，外圈显示日出日落时间，上方万年历显示
机芯：Cal.94900手动机芯，56石，摆频18,000A/H，96小时动力储存
功能：时、分、秒、动力储存、恒星时、自定星图及地平线、日出日落、恒星日及太阳日、昼、夜及黄昏显示、恒定陀飞轮装置
表带：黑色鳄鱼皮带或客户自定材质表带，配折叠扣
限量：只接受定制
参考价：￥6,000,000

大型飞行员腕表
型号：IW500901
表壳：不锈钢表壳，直径48mm，厚16mm，60米防水
表盘：黑色，3时位动力储存指示，6时位日历视窗
机芯：Cal.51111自动机芯，42石，摆频21,600A/H，168小时动力储存
功能：时、分、秒、日历、动力储存显示
表带：黑色鳄鱼皮带配不锈钢折叠扣
参考价：￥86,000

飞行员追针计时腕表
型号：IW377801
表壳：不锈钢表壳，直径46mm，厚17.5mm，60米防水
表盘：黑色，3时位星期、日历视窗，6时位12小时计时盘，9时位小秒盘，12时位30分钟计时盘
机芯：Cal.79420自动机芯，29石，摆频28,800A/H，44小时动力储存
功能：时、分、秒、日期、星期显示，双追针计时功能
表带：棕色鳄鱼皮表配不锈钢折叠扣
参考价：￥79,000

飞行员世界时间腕表
型号：IW326201
表壳：不锈钢表壳，直径45mm，厚13.5mm，60米防水
表盘：黑色，世界时间外圈，3时位日期视窗
机芯：Cal.30750自动机芯，31石，摆频28,800A/H，42小时动力储存
功能：时、分、秒、日期显示、世界时功能
表带：黑色鳄鱼皮带配不锈钢折叠扣
参考价：￥73,000

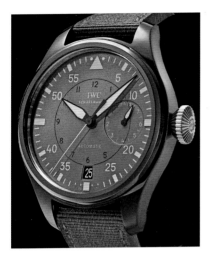

TOP GUN海军空战部队Miramar腕表

型号：IW501902

表壳：黑色陶瓷表壳，直径48mm，厚15mm，60米防水

表盘：深灰色，3时位动力储存指示，6时位日历视窗

机芯：Cal.51111自动机芯，42石，摆频21,600A/H，168小时动力储存

功能：时、分、秒、日历、动力储存显示

表带：军绿色织物内衬皮革带配不锈钢针扣

参考价：￥115,000

TOP GUN 海军空战部队Miramar计时腕表

型号：IW388002

表壳：黑色陶瓷表壳，直径46mm，厚15mm，60米防水

表盘：深灰色，3时位日期视窗，6时位小秒盘，12时位60分钟计时盘

机芯：Cal.89365自动机芯，35石，摆频28,800A/H，68小时动力储存

功能：时、分、秒、日期显示，计时功能

表带：军绿色织物内衬皮革带配不锈钢针扣

参考价：￥100,800

TOP GUN海军空战部队万年历腕表

型号：IW502902

表壳：黑色陶瓷表壳，直径48mm，厚16mm，60米防水

表盘：黑色，3时位动力储存及日期指示，6时位月份指示，7-8时位年份显示，9时位小秒盘及星期指示，12时位南北半球月相显示

机芯：Cal.51614自动机芯，62石，摆频21,600A/H，168小时动力储存

功能：时、分、秒、日期、星期、月份、年份、月相、动力储存显示，万年历功能

表带：黑色皮表带配不锈钢折叠扣

参考价：￥283,500

TOP GUN海军空战部队计时腕表

型号：IW388001

表壳：黑色陶瓷表壳，直径46mm，厚15mm，60米防水

表盘：黑色，3时位日期视窗，6时位小秒盘，12时位60分钟计时盘

机芯：Cal.89365自动机芯，35石，摆频28,800A/H，68小时动力储存

功能：时、分、秒、日期显示，计时功能

表带：黑色织物内衬皮革带配不锈钢针扣

参考价：￥100,800

TOP GUN海军空战部队腕表

型号：IW501901

表壳：黑色陶瓷表壳，直径48mm，厚15mm，60米防水

表盘：黑色，3时位动力储存指示，6时位日历视窗

机芯：Cal.51111自动机芯，42石，摆频21,600A/H，168小时动力储存

功能：时、分、秒、日历、动力储存显示

表带：黑色织物内衬皮革带配不锈钢针扣

参考价：￥115,000

马克十七飞行员腕表

型号：IW326501

表壳：不锈钢表壳，直径41mm，厚11mm，60米防水

表盘：黑色，3时位日历视窗

机芯：Cal.30110自动机芯，21石，摆频28,800A/H，42小时动力储存

功能：时、分、秒、日历显示

表带：黑色鳄鱼皮皮带配不锈钢针扣

参考价：￥29,000

喷火战机计时腕表

型号：IW387802

表壳：不锈钢表壳，直径43mm，厚
15.5mm，60米防水

表盘：灰色，3时位日期视窗，6时位小秒
盘，12时位60分钟计时盘

机芯：Cal.89365自动机芯，35石，摆频
28,800A/H，68小时动力储存

功能：时、分、秒、日期显示，计时功能

表带：棕色鳄鱼皮表带配不锈钢折叠扣

参考价：￥69,300

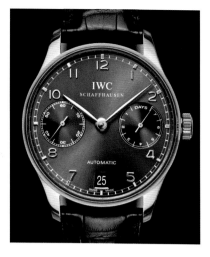

葡萄牙龙年限量版腕表

型号：IW500125

表壳：18K红金表壳，直径42.3mm，厚
14mm，30米防水

表盘：深灰色，3时位动力储存指示，6时
位日期视窗，9时位小秒盘

机芯：Cal.51011自动机芯，42石，摆频
21,600A/H，168小时动力储存

功能：时、分、秒、日期、动力储存显示

表带：黑色鳄鱼皮带配18K红金折叠扣

限量：888枚

参考价：￥126,000

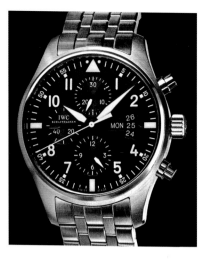

飞行员计时腕表

型号：IW377704

表壳：不锈钢表壳，直径46mm，厚
17.5mm，60米防水

表盘：黑色，3时位星期、日历视窗，6时
位12小时计时盘，9时位小秒盘，
12时位30分钟计时盘

机芯：Cal.79420自动机芯，29石，摆频
28,800A/H，44小时动力储存

功能：时、分、秒、日期、星期显示，计
时功能

表带：不锈钢链带配折叠扣

参考价：￥75,000

经典回顾

葡萄牙万年历腕表

型号：IW5021

表壳：18K白金表壳，直径44.2mm，厚
15.5mm，30米防水

表盘：蓝色，3时位动力储存及日期指
示，6时位月份指示，7-8时位年份
显示，9时位小秒盘及星期指示，
12时位南北半球月相显示

机芯：Cal.51614自动机芯，62石，摆频
21,600A/H，168小时动力储存

功能：时、分、秒、日期、星期、月份、年
份、月相、动力储存显示，万年历功能

表带：黑色鳄鱼皮带配18K白金折叠扣

参考价：￥30,900

葡萄牙自动腕表

型号：IW5001

表壳：不锈钢表壳，直径42.3mm，厚
14mm，30米防水

表盘：白色，3时位动力储存指示，6时位
日期视窗，9时位小秒盘

机芯：Cal.51011自动机芯，42石，摆频
21,600A/H，168小时动力储存

功能：时、分、秒、日期、动力储存显示

表带：黑色鳄鱼皮带配不锈钢折叠扣

参考价：￥79,000

葡萄牙计时腕表

型号：IW3714

表壳：不锈钢表壳，直径40.9mm，厚
12.3mm，30米防水

表盘：灰色，6时位小秒盘，12时位30分
钟计时盘

机芯：Cal.79350自动机芯，31石，摆频
28,800A/H，44小时动力储存

功能：时、分、秒显示，计时功能

表带：黑色鳄鱼皮带配不锈钢针扣

参考价：￥48,000

积家
JAEGER-LECOULTRE

年产量：多于 50000 块

价格区间：RMB60,000 元起

网址：http://www.jaeger-lecoultre.com

自 1833 年起，汝山谷成为钟表制造业的摇篮。那一年，天赋异禀的安东尼·勒考特（Antoine LeCoultre）在 Sentier 创立了生产钟表部件的工坊。在此之前，他曾发明一台用于切削钟表结构关键部件——齿轮的革命性机器。这是一个显著的进步，它开启了机芯标准化和大批量生产之路。该举动成为典范，如今仍作为其后继者的灵感源泉。安东尼·勒考特并未将这一来自于辛勤努力的成功当做止步不前的理由，恰恰相反，他将产品延伸到了钟表其他部件，并从未停止过研究提高生产质量的新生产方式。几乎是在十年之后，他发明了微米仪（Millionomètre）——史上首个测量精度达到一微米（一米的百万分之一）的仪器。

此项发明意义非凡。除了得到精确度上的极大提升外，它还使得在怀表中融入当时人们梦寐以求的复杂功能成为可能。这项新的发明引发了狂热的追捧，高级制表的诞生地 Vallée de Joux 也因此无可争议地获得了"复杂功能钟表之谷"的称号。

2012 年，积家重现了多款 Master Control 系列经典腕表作品，以纪念该系列问世 20 周年。坐落在瑞士 Vallée de Joux 的工坊是在 1992 年创造了这个以一系列严酷测试命名的经典腕表系列，即"1000 小时测试"，它同样问世于 1992 年，旨在检测腕表在极端环境下的可靠性、坚固性和精确度。

双翼立体双轴陀飞轮腕表

双翼（Duomètre）设计原则是：内部两组独立的动力系统同时为机芯的正常走时及复杂功能提供动力，同时在表盘上通过两个独立动力储存指针体现其双翼的设计理念。2012 年最新的双翼腕表又一次展现了积家立体陀飞轮的精彩。透过镂空表盘，人们目睹了陀飞轮奇异旋转这一迷人景观。陀飞轮除了围绕钛金陀飞轮框架轴旋转，同时以 20° 倾斜绕第二个轴运动。这两种截然不同的快速旋转（分别为 30 秒和 15 秒）让腕表摆脱了地心引力影响。

壮丽的陀飞轮集合了所有创新技术，让积家一举赢得了 21 世纪首届天文计时大赛。一体成型的钛金陀飞轮框架，轻盈而精准。圆筒形游丝具备两个末端曲线，以传统游丝不可比拟的同心度振动。惯性极大的平衡摆轮，以每小时 21600 次的频率振荡。而吊环螺钉套则通过螺丝锁定系统，免受腕表冲撞与振动的影响。

型号：Q6052520

表壳：18K 红金表壳，直径 42mm，厚 14.1mm，50 米防水

表盘：白色，1 时位复杂功能动力储存指示，3 时位时、分显示盘及日期指示，5 时位走时动力储存指示，6 时位小秒盘，9 时位立体陀飞轮装置，12 时位 24 小时第二时区显示

机芯：Cal.382 手动机芯，直径 33.7mm，厚 10.45mm，55 石，460 个零件，摆频 21,600A/H，50 小时动力储存

功能：时、分、秒、日期、第二时区、动力储存显示、立体陀飞轮装置

表带：棕色鳄鱼皮带配 18K 红金针扣

参考价：￥1,840,000

Master Control大三针腕表—红金款
型号：Q1542520
表壳：18K红金表壳，直径39mm，厚
　　　8.5mm，50米防水
表盘：白色，3时位日期视窗
机芯：Cal.899自动机芯，直径26mm，厚
　　　3.3mm，32石，219个零件，摆频
　　　28,800A/H，43小时动力储存
功能：时、分、秒、日期显示
表带：深棕色鳄鱼皮带配18K红金针扣
参考价：￥120,000～140,000

Master Control大三针腕表—不锈钢款
型号：Q1548420
表壳：不锈钢表壳，直径39mm，厚
　　　8.5mm，50米防水
表盘：银灰色，3时位日期视窗
机芯：Cal.899自动机芯，直径26mm，厚
　　　3.3mm，32石，219个零件，摆频
　　　28,800A/H，43小时动力储存
功能：时、分、秒、日期显示
表带：黑色鳄鱼皮带配不锈钢折叠扣
参考价：￥50,000～70,000

Master Ultra ThinRéserve de Marche
超薄动力储存腕表—红金款
型号：Q1372520
表壳：18K红金表壳，直径39mm，厚
　　　9.85mm，50米防水
表盘：蛋白色，2时位日期指示，6时位小
　　　秒盘，10时位动力储存指示
机芯：Cal.938自动机芯，直径26mm，厚
　　　4.9mm，41石，273个零件，摆频
　　　28,800A/H，43小时动力储存
功能：时、分、秒、日期、动力储存指示
表带：深棕色鳄鱼皮带配18K红金针扣
参考价：￥130,000～160,000

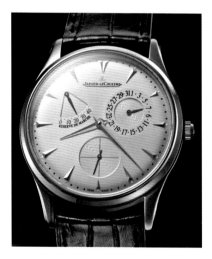

Master Ultra ThinRéserve de Marche
超薄动力储存腕表—不锈钢款
型号：Q1378420
表壳：不锈钢表壳，直径39mm，厚
　　　9.85mm，50米防水
表盘：银灰色，2时位日期指示，6时位小
　　　秒盘，10时位动力储存指示
机芯：Cal.938自动机芯，直径26mm，厚
　　　4.9mm，41石，273个零件，摆频
　　　28,800A/H，43小时动力储存
功能：时、分、秒、日期、动力储存指示
表带：深棕色鳄鱼皮带配不锈钢折叠扣
参考价：￥60,000～80,000

Master Ultra Thin Tourbillon
超薄陀飞轮腕表
型号：Q1322510
表壳：18K红金表壳，直径40mm，厚
　　　11.3mm，50米防水
表盘：蛋白色，6时位陀飞轮装置
机芯：Cal.982自动机芯，直径30mm，厚
　　　6.4mm，33石，262个零件，摆频
　　　28,800A/H，48小时动力储存
功能：时、分、秒显示，陀飞轮装置
表带：棕色鳄鱼皮表带配18K红金针扣
参考价：￥470,000

Deep Sea Vintage Chronograph
复古计时腕表
型号：Q206857J
表壳：不锈钢表壳，直径40.5mm，100米
　　　防水
表盘：黑色，3时位30分钟计时盘，9时位
　　　12小时计时盘
机芯：Cal.751G自动机芯，37石，235个零
　　　件，摆频28,800A/H，65小时动力
　　　储存
功能：时、分显示，计时功能
表带：黑色真皮表带配不锈钢针扣
参考价：￥40,000～60,000

Grande Reverso 1931 Rouge
大型红色表盘翻转腕表

表壳：不锈钢表壳，尺寸46mm×27.5mm，
厚7.27mm，30米防水

表盘：红色漆面，银色指针及时标

机芯：Cal.822手动机芯，厚2.94mm，21
石，134个零件，摆频21,600A/H，
45小时动力储存

功能：时、分显示

表带：黑色鳄鱼皮带

限量：专卖店特别款

参考价： ￥60,000～80,000

Grande Reverso Blue Enamel
大型蓝色珐琅表盘翻转腕表

型号：Q3735E1

表壳：18K白金表壳，尺寸48mm×30mm，
厚10.24mm，30米防水

表盘：蓝色大明火珐琅表盘

机芯：Cal.822手动机芯，厚2.94mm，21
石，134个零件，摆频21,600A/H，
45小时动力储存

功能：时、分显示

表带：黑色鳄鱼皮带配18K白金针扣

参考价： ￥120,000～150,000

Grande Reverso Calendar
大型日历翻转腕表

型号：Q3752520

表壳：18K红金表壳，尺寸48.5mm×29.5mm，
厚10.24mm，30米防水

表盘：白色，6时位月相视窗及日期指
示，12时位星期、月份视窗

机芯：Cal.843手动机芯，厚4.29mm，21
石，摆频21,600A/H，45小时动力
储存

功能：时、分、日期、星期、月份、月相
显示

表带：棕色鳄鱼皮带配18K红金针扣

参考价： ￥150,000～180,000

Grande Reverso超薄女装翻转腕表—
间金表壳粉色表带款

型号：Q3204422/20

表壳：不锈钢间18K红金表壳，尺寸
40mm×24mm，厚7.17mm，生活性防水

表盘：银白色，放射状纹饰

机芯：Cal.657石英机芯，厚2.15mm，4石

功能：时、分显示

表带：粉红色鳄鱼皮带配不锈钢针扣

参考价： ￥70,000～80,000

Grande Reverso超薄女装翻转腕表—
间金表壳白色表带款

型号：Q3204422/20

表壳：不锈钢间18K红金表壳，尺寸
40mm×24mm，厚7.17mm，生活性防水

表盘：银白色，放射状纹饰

机芯：Cal.657石英机芯，厚2.15mm，4石

功能：时、分显示

表带：白色鳄鱼皮带配不锈钢针扣

参考价： ￥70,000～80,000

Grande Reverso超薄女装翻转腕表—
间金链带款

型号：Q3204120

表壳：不锈钢间18K红金表壳，尺寸
40mm×24mm，厚7.17mm，生活性防水

表盘：银白色，放射状纹饰

机芯：Cal.657石英机芯，厚2.15mm，4石

功能：时、分显示

表带：不锈钢间18K红金链带

参考价： ￥80,000～100,000

AtmosMarqueterie镶木空气钟

型号： Q5543302

钟壳： 外层可开启木制钟壳有1200多片木片镶嵌，图案选自奥地利画家Gustav Klimt的名作《吻》，内层钟壳为夫镀铑及水晶玻璃，尺寸 321mm×171mm×257mm

表盘： 珍珠贝母配矽化木时标，60分钟位置为一颗黄色蓝宝石，6时位月份显示配矽化木制作月相视窗并镶嵌钻石装饰，12时位小时指示，中心分钟指示及24小时指示

机芯： Cal.582几近恒动机芯，386个零件，摆频120A/H

功能： 时、分、24小时、月份、月相显示（其中月相每3,821年才累计1天误差）

限量： 10座

参考价： 请洽经销商

Grande Reverso大型超薄镂空翻转腕表

型号： Q2783540

表壳： 18K白金表壳，尺寸46mm×27mm，厚7.27mm，30米防水

表盘： 镂空雕花装饰，外圈配蓝色透明珐琅

机芯： Cal.849RSQ手动机芯，19石，128个零件，摆频21,600A/H

功能： 时、分显示

表带： 蓝色鳄鱼皮带配18K白金针扣

参考价： ￥250,000～350,000

ReversoRépétition Minutes à Rideau "幕帘"三问腕表

型号： Q235352M

表壳： 18K白金表壳，尺寸55mm×35mm，厚12mm，30米防水

表盘： 双面显示，正面无表盘可直视机芯，配雕刻纹饰外圈，背面镂空装饰，蓝色分钟刻度外圈

机芯： Cal.944手动机芯，35石，340个零件，摆频21,600A/H

功能： 双面时、分显示，滑动幕帘启动三问报时功能

表带： 蓝色鳄鱼皮带配18K白金针扣

参考价： ￥2,400,000

Master Grande Tradition à Répétitions Minutes镂空三问腕表

型号： Q5012550

表壳： 18K红金表壳，直径44mm，厚15.6mm，50米防水

表盘： 镂空，金色刻度环，4时位扭矩指示，8时位动力储存指示

机芯： Cal.947手动机芯，直径34.7mm，厚8.95mm，43石，413个零件，摆频21,600，15天动力储存

功能： 时、分、扭矩、动力储存指示、三问报时功能

表带： 棕色鳄鱼皮带配18K红金针扣

参考价： ￥1,500,000

叶曼时度
JAERMANN & STÜBI

年产量：约 2,000 只

价格区间：RMB30,000 元起

网址：http://www.jaermann-stuebi.com

记得曾经有本钟表专业杂志就打高尔夫球该不该戴表特别做了一个专题，请了多位制表师、维修师讲述自己的观点，结论当然是否定。不过今天我要告诉大家，如果您喜欢打高尔夫球，叶曼时度将是您的首选。

叶曼时度的手表只出品顶级的高尔夫球手表，不涉猎其他，2007 年，这个由 UrsJaermann 创立的品牌推出了首个手表系列——Stroke Play，成为品牌的代表作。通过这款腕表，您可以在一局标准的 18 洞高尔夫球局中记录球局的进行，并累计总杆数。表盘的最外圈，是一圈标有 72 个刻度的刻度环，代表一场球的标准杆数。12 时位的小盘显示当前球洞所打的杆数，6 时位的扇形刻度盘则是当前所进行到的球洞数。在一场球局开始后，每击打一杆，就按动表壳 10 时位的按钮一次，中心绿色（或红色）指针继 12 时位小盘指针便会前进一格。当一个球洞打完后，按动表壳 8 时位的按钮，6 时位指针前进一格，12 时位指针归零，代表下一个球洞的开始。整局球打完后，中心指针所在的位置即是您的总杆数，当然，您也可以清楚地看到与标准杆数 72 之间的差点。同时表壳的可旋转外圈还为您提供与个人标准之间差点的计算功能。

它的内部，其实还是完全的机械结构，为了解决打高尔夫球时可能带来的损害，叶曼时度有其专利的减震装置安置于机芯与表壳之间，可以吸收运动中产生的震动。

经典回顾

Trans Atlantic腕表

表壳：不锈钢表壳，直径44mm，可旋转外圈上配有码与米换算刻度，100米防水

表盘：绿色，6时位球洞指示，12时位单一球洞杆数指示，外圈杆累计指示

机芯：Cal.A10自动机芯，25石，摆频28,800A/H，42小时动力储存，COSC天文台认证

功能：时、分、秒显示，高尔夫球杆数统计功能

表带：黑色橡胶带配折叠扣

参考价：请洽经销商

Stroke Play钛金属腕表

表壳：钛金属表壳，直径44mm，可旋转外圈，100米防水

表盘：黑色，6时位球洞指示，12时位单一球洞杆数指示，外圈杆数累计指示

机芯：Cal.A10自动机芯，25石，摆频28,800A/H，42小时动力储存，COSC天文台认证

功能：时、分、秒显示，高尔夫球杆数统计功能

表带：黑色鳄鱼皮带配折叠扣

参考价：请洽经销商

Stroke Play1759年首届高尔夫球锦标赛纪念腕表

表壳：不锈钢表壳，直径44mm，可旋转外圈，100米防水

表盘：银白色，6时位球洞指示，12时位单一球洞杆数指示，外圈杆数累计指示

机芯：Cal.A10自动机芯，25石，摆频28,800A/H，42小时动力储存，COSC天文台认证

功能：时、分、秒显示，高尔夫球杆数统计功能

表带：黑色皮带配折叠扣

限量：72枚

参考价：请洽经销商

雅克德罗
JAQUET DROZ

J*D
JAQUET DROZ

年 产 量：多于 10000 块
价格区间：RMB72,200 元起
网　　址：http://www.jaquet-droz.com

　　始于 1738 年，来自制表国度瑞士的钟表品牌雅克德罗，将顶级钟表的尊贵奢华、技艺精湛的特质完美呈献。作为瑞士钟表业最早的"特立独行"的杰出代表，雅克德罗 JaquetDroz 所制作的钟表艺术珍品不仅在欧洲宫廷和皇家广受赞誉，在与东方世界的早期交流中，也曾发挥过不可替代的作用。其举世闻名的"活动玩偶"和"过梁鸣鸟"提钟几乎成为判定一个使团外交等级和使命重要性的标志。如今在故宫钟表博物馆中收藏的雅克德罗作品，无不见证着品牌与中国长达 200 多年的传奇之交。

　　雅克德罗以精致制表和奢华工艺广受赞誉，尤其以 Grand Feu 大明火珐琅工艺见长。而阿拉伯数字"8"作为品牌的艺术灵感源泉，寓意完美和谐，被广泛用于品牌所有系列，与珐琅技艺一起，已然成为雅克德罗的标志，完美诠释出品牌工艺与设计并重的特点。

Petite Heure Minute Relief Dragon龙表

　　在龙年伊始之际，雅克德罗选择了这一华夏古国力量和智慧的象征——佩戴神珠的传说神物为图案。以黄金精心雕琢于表盘之上的龙形，通身透出蛟龙戏水的磅礴瑰丽。金龙好似从黑色珍珠贝母的汪洋中浮游而出，更显出道道波光的跃动。在这种娇柔的材质上雕刻，需要细之又细的专注，而今雅克德罗已成为业界推崇的行家里手。再窥美学技巧：表壳背面那片珍珠贝母上，雕着龙尾，营造出腕表上金龙穿身而过的真实效果。

型号：J005023271
表壳：18K红金表壳，直径41mm，30米防水
表盘：黑色珍珠贝母刻纹表盘镶嵌22K黄金雕龙和一颗红宝石，12时位偏心时、分盘
机芯：Cal.2653自动机芯，28石，摆频28,800A/H，双发条盒，68小时动力储存
功能：时、分显示
表带：黑色鳄鱼皮表带配18K红金针扣
限量：88枚
参考价：请洽经销商

Grande Seconde Off-Centered Ivory Enamel腕表

型号： J006033200

表壳： 18K红金表壳，直径43mm，30米防水

表盘： 白色大明火珐琅表盘，1时位偏心时、分盘，7时位小秒盘

机芯： Cal.2663A自动机芯，30石，摆频28,800A/H，68小时动力储存

功能： 时、分、秒显示

表带： 黑色鳄鱼皮带配18K红金针扣

参考价： ￥150,000～200,000

Eclipse Ivory Enamel腕表

型号： J012633203

表壳： 18K红金表壳，直径43mm，30米防水

表盘： 白色大明火珐琅表盘，6时位月相显示，12时位星期、月份视窗，中心日期指针

机芯： Cal.6553L2自动机芯，28石，摆频28,800A/H，68小时动力储存

功能： 时、分、日期、星期、月份、月相显示

表带： 黑色鳄鱼皮带配18K红金针扣

参考价： ￥150,000～200,000

Grande Date Ivory Enamel腕表

型号： J016933200

表壳： 18K红金表壳，直径43mm，30米防水

表盘： 白色大明火珐琅表盘，6时位大日历视窗，12时位偏心时、分盘

机芯： Cal.2653G自动机芯，35石，摆频28,800A/H，65小时动力储存

功能： 时、分、日期显示

表带： 黑色鳄鱼皮带配18K红金针扣

参考价： ￥150,000～200,000

Eclipse Onyx腕表

型号： J012630270

表壳： 不锈钢表壳，直径43mm，30米防水

表盘： 黑色缟玛瑙表盘，6时位月相显示，12时位星期、月份视窗，中心日期指针

机芯： Cal.6553L2自动机芯，28石，摆频28,800A/H，68小时动力储存

功能： 时、分、日期、星期、月份、月相显示

表带： 黑色鳄鱼皮带配不锈钢针扣

参考价： ￥80,000～130,000

Grande Heure Onyx腕表

型号： J025030270

表壳： 不锈钢表壳，直径43mm，30米防水

表盘： 黑色缟玛瑙表盘，单一24小时制指针

机芯： Cal.24JD53自动机芯，28石，摆频28,800A/H，68小时动力储存

功能： 24小时、15分钟显示

表带： 黑色鳄鱼皮带配不锈钢针扣

参考价： ￥80,000～130,000

Grande Seconde SW Steel-Rubber腕表

型号： J029030140

表壳： 不锈钢表壳，表冠及表圈覆盖橡胶涂层，直径45mm，50米防水

表盘： 黑色蚀刻工艺表盘，6时位小秒盘，12时位偏心时、分盘

机芯： Cal.2663A-S自动机芯，30石，摆频28,800，68小时动力储存

功能： 时、分、秒显示

表带： 不锈钢及黑色橡胶链带

参考价： ￥80,000～130,000

尚维沙 JEANRICHARD
JEAN RICHARD

年产量：4000 块

价格区间：RMB44,000 元

网址：http://www.jeanrichard.com

尚维沙是一家专注于设计和制造优质腕表的瑞士制表商，不仅沿用了传统知识和技艺，还融合了研发部门打造独具一格腕表的解决方案。尚维沙的总部位于瑞士的拉绍德封(La Chaux-de-Fonds)，拥有广泛的创新和技术自主性，致力于促进自家研制机芯和表壳的发展。尚维沙也是瑞士为数不多的完全自主生产机械机芯的制表品牌之一。尚维沙始创于 1681 年，与制表业天才 Daniel Jean Richard（被誉为汝拉山区制表业的创始人之一）有着密不可分的联系；1988 年，该品牌被 Sowind 集团并购。此后，尚维沙成功地重新定义了时间，并在开拓进取精神的激励下，为品牌注入了时尚元素和活力因子。潜水表 JR1000、2Time Zones、Paramount、Bressel、Chronoscope、专为合作伙伴 MV Agusta 打造的经典运动款式；尚维沙每一表款都是具有强烈个性特质的创作，彰显出独一无二的精湛工艺和探寻新天地的满腔激情。

Diverscope LPR潜水腕表

一直以来，尚维沙特立独行的创意及技术实力备受独具慧眼的顾客所赏识。现在，品牌为其 Diverscope 潜水表系列加入一款创新的作品。极其清晰易读的蛋白石黑色表盘在 7 点半位置设有日期显示；另外，时针与分针涂有夜光物料，时标与阿拉伯数字的边框同样饰以夜光物料，极为适合黑暗环境下阅读时间。其中的数字"12"更以独特的方式呈现，因为它被雕空并填入特别的装置，用以展现极其新颖的直线动力储存（Linear Power-Reserve）显示，而这正是该表款名称中"LPR"的来源。

型号：62130-11-60A-AC6D

表壳：不锈钢表壳，尺寸43mm×43mm，厚13.40mm，300米防水

表盘：黑色，潜水计时外圈，7-8时位日期视窗，12时位动力储存显示

机芯：Cal.JR1010自动机芯，直径26mm，26石，摆频28,800A/H，48小时动力储存

功能：时、分、秒、日期、动力储存显示，潜水计时功能

表带：黑色织物或黑色橡胶表带配不锈钢折叠扣

参考价：￥60,000～80,000

Aquascope系列海蓝色腕表

　　全新 Aquascope 腕表,其方中见圆的酒桶型设计配备浑圆玻璃表镜,具有极高识别度。单体表壳设计,不仅可以保护对称的双表冠,同时亦令表壳两面均有符合人体工学之独立浑圆切面,佩戴舒适。抛光及缎面的精钢表壳上设有双向旋转表圈,显示最后剩余之潜水时间,是潜水运动里最重要的功能显示。2012 年在这个系列中,尚维沙还特别制作了这枚蓝色的款式,正如蔚蓝的海洋,那里是潜水者的游乐场。

型号:60140-11-41C-AC4D
表壳:不锈钢表壳,尺寸44.5mm×40mm,厚11.85mm,单向旋转潜水计时外圈,300米防水
表盘:蓝色,3时位日期视窗
机芯:Cal.JR60自动机芯,直径25.9mm,21石,摆频28,800,42小时动力储存
功能:时、分、秒、日期显示,潜水计时功能
表带:蓝色橡胶带配不锈钢折叠扣
参考价:￥60,000～80,000

经典回顾

Aquascope系列女装潜水腕表
型号:60140-11-41C-AC4D
表壳:不锈钢表壳,尺寸44.5mm×40mm,厚11.85mm,单向旋转潜水计时外圈,300米防水
表盘:白色珍珠贝母,8颗钻石时标,3时位日期视窗
机芯:Cal.JR1000自动机芯,直径25.93mm,27石,摆频28,800A/H,48小时动力储存
功能:时、分、秒、日期显示,潜水计时功能
表带:白色织物表带配不锈钢折叠扣
参考价:￥80,000～100,000

Bressel 1665系列腕表
型号:63112-11-70E-AA6D
表壳:不锈钢表壳,直径38mm,厚10.75mm,30米防水
表盘:白色,3时位日期指示,5时位动力储存指示,8时位小秒盘,12时位时、分盘
机芯:Cal.1040自动机芯,直径25.93mm,29石,摆频28,800A/H,48小时动力储存
功能:时、分、秒、日期、动力储存显示
表带:黑色鳄鱼皮带配不锈钢折针扣
参考价:￥60,000～80,000

Bressel 1665系列腕表
型号:60119-52-70A-AA6
表壳:18K红金表壳,直径38mm,厚10.75mm,30米防水
表盘:白色,蓝钢指针,3时位日期视窗
机芯:Cal.JR1000自动机芯,直径25.93mm,27石,摆频28,800A/H,48小时动力储存
功能:时、分、秒、日期显示
表带:黑色鳄鱼皮带配18K红金针扣
参考价:￥60,000～80,000

尊皇
JUVENIA

年产量：20,000 只

价格区间：RMB15,000 元起

网址：http://www.juvenia.com

　　1860 年，尊皇由制表匠师积·狄狄逊（Jacques Didisheim）于圣依来亚（St. Imier）一手创立，并开设了他的第一家制表工厂。凭借对制表技术的执著和热诚，积·狄狄逊勾画出充满活力和领导表坛姿采的尊皇品牌，成为当时钟表时尚的象征。

　　在一百五十多年的历史里，尊皇一直享有力臻完美和超凡工艺的美誉，从不间断地追求突破，例如：1880 年率先发展和应用的滚筒式齿轮操作和 1914 年于瑞士国际展览会展出全球最细的单层式机械芯机件，至今仍堪称为不朽巨作。

　　每年尊皇都会推出炙手可热的系列，包括古董怀表系列、价值连城的 Mythique 系列及神秘系列等。而近年，尊皇传承了过百年对钟表制造的热诚和文化，向永无休止的艺术层次升华，推出了巧夺天工的三问怀表，为品牌立下新的里程碑，不断带动品牌迈向顶级钟表品牌的殿堂。除了钻研珍稀的材质和不断向大自然摄取超然的灵感外，尊皇最令人印象难忘的是那一份触动收藏家心弦的力量，这一切也源于尊皇一点一滴累积下来的魅力、传统和历史色彩，以及尽在不言中的美学国度。

Dragon珐琅龙表

表壳：18K红金表壳，直径41mm，厚6.15mm，30米防水

表盘：雕刻龙造型，蓝色珐琅背景

机芯：Cal.J1105手动机芯，直径23.3mm，厚2.5mm，42小时动力储存

功能：时、分显示

表带：棕色鳄鱼皮带配18K红金表扣

参考价：￥200,000～250,000

收藏家系列——孔雀散文三问报时怀表

表壳：18K黄金表壳，表盖雕刻孔雀造型，共镶嵌177颗钻石约2.18克拉，45颗蓝宝石约1.04克拉，45颗沙弗来石约0.95克拉，4颗黄水晶约0.28克拉，15颗石榴石约0.67克拉，2颗玫瑰榴石约0.23克拉，3颗拓帕石约0.3克拉，3颗橄榄石约0.35克拉

表盘：红色珐琅表盘，镶嵌127颗钻石，27颗沙弗石及10颗石榴石

机芯：手动机芯，直径36.55mm，厚5.4mm

功能：时、分显示，三问报时功能

限量：孤本

参考价：请洽经销商

Tourbillon陀飞轮腕表

表壳：18K红金表壳，直径38mm，30米防水

表盘：金色及银色，6时位陀飞轮

机芯：手动机芯，直径32.8mm，厚5.76mm，65小时动力储存

功能：时、分显示，陀飞轮装置

表带：黑色鳄鱼皮带配18K红金表扣

参考价：￥500,000～800,000

World Time世界时腕表 — 黑盘

表壳：18K红金表壳，直径40mm，30米防水

表盘：黑色，3时位日期视窗，世界时间外圈

机芯：Cal.J07-A自动机芯，直径36mm，厚5.3mm，42小时动力储存

功能：时、分、秒、日期显示，世界时功能

表带：棕色鳄鱼皮带配18K红金表扣

参考价：￥100,000～150,000

World Time世界时腕表 — 白盘

表壳：18K红金表壳，直径40mm，30米防水

表盘：白色，3时位日期视窗，世界时间外圈

机芯：Cal.J07-A自动机芯，直径36mm，厚5.3mm，42小时动力储存

功能：时、分、秒、日期显示，世界时功能

表带：棕色鳄鱼皮带配18K红金表扣

参考价：￥100,000～150,000

Slimatic腕表—金色表盘

表壳：18K红金表壳，直径40mm，30米防水

表盘：红金色，3时位日期视窗

机芯：Cal.J09自动机芯，直径32mm，厚4.51mm，40小时动力储存

功能：时、分、日期显示

表带：棕色鳄鱼皮带配18K红金表扣

参考价：￥80,000～150,000

Slimatic腕表—银色表盘

表壳：18K红金表壳，直径40mm，30米防水

表盘：银色，3时位日期视窗

机芯：Cal.J09自动机芯，直径32mm，厚4.51mm，40小时动力储存

功能：时、分、日期显示

表带：棕色鳄鱼皮带配18K红金表扣

参考价：￥80,000～150,000

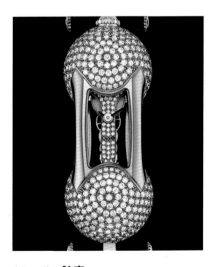

Attraction腕表

表壳：18K红金表壳，尺寸38.8mm×16.4mm，厚9.15mm，整表共镶嵌426钻石约重2.89克拉，30米防水

表盘：开放式表盘，机芯夹板镶嵌钻石装饰

机芯：Cal.J02手动机芯，厚3.35mm，104枚零件，30小时动力储存

功能：时、分显示

表带：棕色鳄鱼皮带配18K红金表扣

参考价：￥200,000～300,000

罗伦斐
LAURENT FERRIER

LAURENT FERRIER
GENEVE

年产量：少于 50 块
价格区间：RMB400,000 元起
网址：http://www.laurentferrier.ch

2008 年，Laurent Ferrier 先生创立了这个致力于传统制表工艺的品牌。他挑战自我，要完全独立地开发出全新的机芯，产品全部的设计、组装和调试都在日内瓦的工作室里完成，以确保符合传统的机械美学，并赋予其超前的价值。

在对设计潮流和原创精神不计代价的狂热追求之外，罗伦斐表也对制表传统进行反思。这间年轻的公司追溯着这一行业的最初源头，奉献出自己对机芯结构的现代审视。最新的研究成果证实了精确性与可靠性得以完美融合。罗伦斐表也以此获得了贝桑松天文台颁发的精密指标认

证。成功接踵而来，2010 年罗伦斐表的第一款产品 Galet Classic 荣获日内瓦制表大奖的最佳男士腕表奖。2011 年，罗伦斐表作为公认最有前途的品牌，被《REVOLUTION 芯动》杂志授予"新星奖"。

罗伦斐表以一种真诚的热情，把工作室设在毗邻日内瓦的古镇韦尔涅老城的中心区。新的工作室致力于不断提高自行开发和组装机芯的技术性能。令人骄傲的是，罗伦斐表在追求技术创新的同时，仍然始终贯彻遵循着传统的精细机械原理。

Galet Secret Tourbillon Double Spiral — 珐琅龙表

表壳：18K白金表壳，直径41mm，厚12.5mm，30米防水

表盘：可开启结构，内部微绘珐琅表盘，18K金指针

机芯：Cal.FBN916.1手动机芯，直径31.6mm，厚5.57mm，23石，182枚零件，摆频21,600A/H，80小时动力储存

功能：时、分显示，陀飞轮装置

表带：深灰色鳄鱼皮带配18K白金针扣

参考价：￥1,788,000

Galet ClassicRoman Numerals — 白金

表壳：18K白金表壳，直径41mm，厚12.50mm，30米防水

表盘：黑色珐琅表盘，18K金指针，6时位小秒盘

机芯：Cal.FBN 916.01手动机芯，直径31.60mm，厚5.57mm，23石，182个零件，摆频21,600A/H，80小时动力储存，贝桑松天文台认证

功能：时、分、秒显示，陀飞轮装置

表带：黑色鳄鱼皮带配18K白金针扣

参考价：￥1,158,500

Galet ClassicRoman Numerals — 黄金

表壳：18K黄金表壳，直径41mm，厚12.50mm，30米防水

表盘：白色珐琅表盘，18K金指针，6时位小秒盘

机芯：Cal.FBN 916.01手动机芯，直径31.60mm，厚5.57mm，23石，182个零件，摆频21,600A/H，80小时动力储存，贝桑松天文台认证

功能：时、分、秒显示，陀飞轮装置

表带：棕色鳄鱼皮带配18K黄金针扣

参考价：￥1,158,500

Galet ClassicRoman Numerals — 红金

表壳：18K红金表壳，直径41mm，厚12.50mm，30米防水

表盘：深灰色表盘，18K红金指针及罗马数字时标，6时位小秒盘

机芯：Cal.FBN 916.01手动机芯，直径31.60mm，厚5.57mm，23石，182个零件，摆频21,600A/H，80小时动力储存，贝桑松天文台认证

功能：时、分、秒显示，陀飞轮装置

表带：棕色鳄鱼皮带配18K红金针扣

参考价：￥331,000

Galet Micro-Rotor—红金黑盘

表壳：18K红金表壳，直径41mm，厚11.80mm，30米防水

表盘：黑色，18K红金指针及时标，6时位小秒盘

机芯：Cal.FBN 229.01自动机芯，直径31.60mm，厚4.35mm，34石，186个零件，摆频21,600A/H，80小时动力储存

功能：时、分、秒显示

表带：棕色鳄鱼皮带配18K红金针扣

参考价：￥331,000

Galet Micro-Rotor—红金白盘

表壳：18K红金表壳，直径41mm，厚11.80mm，30米防水

表盘：银白色，18K红金指针及时标，6时位小秒盘

机芯：Cal.FBN 229.01自动机芯，直径31.60mm，厚4.35mm，34石，186个零件，摆频21,600A/H，80小时动力储存

功能：时、分、秒显示

表带：棕色鳄鱼皮带配18K红金针扣

参考价：￥331,000

Galet Micro-Rotor—白金黑盘

表壳：18K白金表壳，直径41mm，厚11.80mm，30米防水

表盘：黑色，18K白金指针及时标，6时位小秒盘

机芯：Cal.FBN 229.01自动机芯，直径31.60mm，厚4.35mm，34石，186个零件，摆频21,600A/H，80小时动力储存

功能：时、分、秒显示

表带：黑色鳄鱼皮带配18K白金针扣

参考价：￥331,000

Galet Micro-Rotor—白金白盘

表壳：18K白金表壳，直径41mm，厚11.80mm，30米防水

表盘：银白色，18K白金指针及时标，6时位小秒盘

机芯：Cal.FBN 229.01自动机芯，直径31.60mm，厚4.35mm，34石，186个零件，摆频21,600A/H，80小时动力储存

功能：时、分、秒显示

表带：黑色鳄鱼皮带配18K白金针扣

参考价：￥331,000

Galet Micro-Rotor—限量版

表壳：铂金表壳，直径41mm，厚11.80mm，30米防水

表盘：白色珐琅表怕，18K白金指针，6时位小秒盘

机芯：Cal.FBN 229.01自动机芯，直径31.60mm，厚4.35mm，34石，186个零件，摆频21,600A/H，80小时动力储存

功能：时、分、秒显示

表带：蓝色鳄鱼皮带配铂金针扣

参考价：￥364,100

浪琴
LONGINES

年产量：不详
价格区间：RMB8,800 元起
网址：http://www.longines.com

浪琴于 1832 年在瑞士索伊米亚创立，2012 年，浪琴传承悠久的精湛工艺已达辉煌的 180 年，对传统、优雅与卓越性能的不懈追求成就了品牌精纯的制表专长。浪琴有着担任世界锦标赛官方计时和国际体育联合会合作伙伴的丰富经验与荣耀传统。品牌长期支持优雅的马术类运动，与其建立了密切牢固的关系。浪琴是全球领先的钟表制造商斯沃琪集团旗下的著名品牌。凭借创制精致时计产品而著称于世，这个以飞翼沙漏为标志的品牌目前已遍布世界 130 多个国家。

为此，浪琴 2012 年特别推出了几款独特的限量版表款，是浪琴历久优雅的完美写照，也是品牌制表技术传承的现代杰作。浪琴导柱轮单按钮计时秒表 180 周年限量版回溯品牌对专业计时和运动的悠久荣耀传统；同时，追求永恒优雅的女士们一定会被浪琴阿加西 180 周年限量版和嘉岚系列 180 周年限量版深深吸引。而独特的浪琴 Lépine 机芯 180 周年限量版黄金怀表则让人们回味与欣赏到浪琴精湛技术源头的精妙。

单按把导柱轮计时秒表180周年限量版

型号：L2.774.8.23.3

表壳：18K红金表壳，直径40mm，30米防水

表盘：白色，3时位30分钟计时盘，6时位日期视窗，9时位小秒盘

机芯：Cal.L788.2自动机芯，直径29.86mm，27石，摆频28,800A/H，54小时动力储存

功能：时、分、秒、日期显示，计时功能

表带：棕色鳄鱼皮带配18K红金表扣

限量：180枚

参考价：￥120,000～180,000

阿加西180周年限量版腕表

型号：L4.306.9.87.0

表壳：18K红金表壳，直径25.5mm，镶嵌180颗钻石约重0.522克拉，30米防水

表盘：白色珍珠贝母表盘，镶嵌12颗钻石时标

机芯：Cal.L209石英机芯

功能：时、分显示

表带：黑色鳄鱼皮带配18K红金表扣

限量：180枚

参考价：￥150,000～200,000

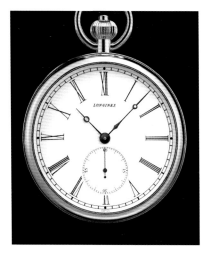

Lépine机芯180周年限量版怀表

型号：L7.022.6.11.1

表壳：18K黄金表壳，直径56mm，可开启雕花后盖

表盘：白色漆面，6时位小秒盘

机芯：Cal.L878.4手动先进，直径37.77mm，17石，摆频18,000A/H，40小时动力储存

功能：时、分、秒显示

限量：180枚

参考价：￥80,000～120,000

嘉岚系列180周年限量版

型号：L4.514.0.87.6

表壳：不锈钢表壳，直径29mm，镶嵌180
颗钻石约重0.714克拉，30米防水

表盘：白色珍珠贝母表盘，镶嵌12颗钻石
时标

机芯：Cal.L209石英机芯

功能：时、分显示

表带：不锈钢链带配折叠扣

限量：180枚

参考价：￥60,000～80,000

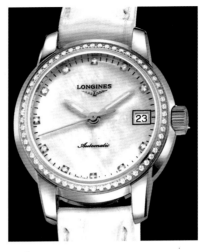

伊米亚系列腕表—26mm

型号：L2.263.0.87.2

表壳：不锈钢表壳，直径26mm，镶嵌60
颗钻石约重0.174克拉，30米防水

表盘：白色珍珠贝母表盘，镶嵌11颗钻石
时标，3时位日期视窗

机芯：Cal.L595自动机芯，20石，摆频
28,800A/H，40小时动力储存

功能：时、分、秒、日期显示

表带：白色鳄鱼皮带配不锈钢折叠扣

参考价：￥15,000～20,000

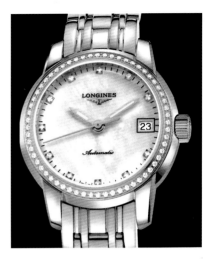

伊米亚系列腕表—26mm镶钻

型号：L2.263.5.87.7

表壳：不锈钢表壳，直径26mm，18K红
金外圈镶嵌60颗钻石约重0.174克
拉，30米防水

表盘：白色珍珠贝母表盘，镶嵌11颗钻石
时标，3时位日期视窗

机芯：Cal.L595自动机芯，20石，摆频
28,800A/H，40小时动力储存

功能：时、分、秒、日期显示

表带：18K红金及不锈钢链带配折叠扣

参考价：￥15,000～20,000

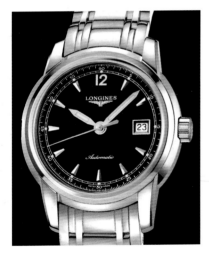

伊米亚系列腕表—30mm

型号：L2.563.4.59.6

表壳：不锈钢表壳，直径30mm，30米防水

表盘：黑色，3时位日期视窗

机芯：Cal.L595自动机芯，20石，摆频
28,800A/H，40小时动力储存

功能：时、分、秒、日期显示

表带：不锈钢链带配折叠扣

参考价：￥6,000～8,000

伊米亚系列腕表—38.5mm

型号：L2.763.5.52.7

表壳：不锈钢表壳，18K红金外圈，直径
38.5mm，30米防水

表盘：黑色，3时位日期视窗

机芯：Cal.L619自动机芯，21石，摆频
28,800A/H，42小时动力储存

功能：时、分、秒、日期显示

表带：18K红金及不锈钢链带配折叠扣

参考价：￥6,000～8,000

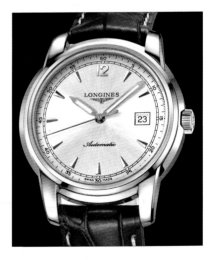

伊米亚系列腕表—41mm

型号：L2.766.4.79.0

表壳：不锈钢表壳，直径41mm，30米防水

表盘：银白色，3时位日期视窗

机芯：Cal.L619自动机芯，21石，摆频
28,800A/H，42小时动力储存

功能：时、分、秒、日期显示

表带：棕色鳄鱼皮带配不锈钢折叠扣

参考价：￥5,000～7,000

伊米亚系列计时腕表— 41mm不锈钢

型号：L2.752.4.53.6

表壳：不锈钢表壳，直径41mm，30米防水

表盘：黑色，3时位30分钟计时盘，4-5时位日期视窗，6时位12小时计时盘，9时位小秒盘

机芯：Cal.L688自动机芯，27石，摆频28,800A/H，54小时动力储存

功能：时、分、秒、日期显示，计时功能

表带：不锈钢链带配折叠扣

参考价：￥10,000~15,000

伊米亚系列计时腕表— 39mm不锈钢黑盘

型号：L2.753.4.53.3

表壳：不锈钢表壳，直径39mm，30米防水

表盘：黑色，3时位30分钟计时盘，4-5时位日期视窗，6时位12小时计时盘，9时位小秒盘

机芯：Cal.L688自动机芯，27石，摆频28,800A/H，54小时动力储存

功能：时、分、秒、日期显示，计时功能

表带：黑色鳄鱼皮带配折叠扣

参考价：￥10,000~15,000

伊米亚系列计时腕表— 39mm不锈钢白盘

型号：L2.753.4.73.0

表壳：不锈钢表壳，直径39mm，30米防水

表盘：银白色，3时位30分钟计时盘，4-5时位日期视窗，6时位12小时计时盘，9时位小秒盘

机芯：Cal.L688自动机芯，27石，摆频28,800A/H，54小时动力储存

功能：时、分、秒、日期显示，计时功能

表带：棕色鳄鱼皮带配折叠扣

参考价：￥10,000~15,000

伊米亚系列计时腕表— 41mm间金

型号：L2.752.5.72.7

表壳：不锈钢表壳，18K红金外圈，直径41mm，30米防水

表盘：银白色，3时位30分钟计时盘，4-5时位日期视窗，6时位12小时计时盘，9时位小秒盘

机芯：Cal.L688自动机芯，27石，摆频28,800A/H，54小时动力储存

功能：时、分、秒、日期显示，计时功能

表带：18K红金及不锈钢链带配折叠扣

参考价：￥10,000~15,000

伊米亚系列计时腕表— 39mm红金

型号：L2.753.8.72.3

表壳：18K红金表壳，直径39mm，30米防水

表盘：银白色，3时位30分钟计时盘，4-5时位日期视窗，6时位12小时计时盘，9时位小秒盘

机芯：Cal.L688自动机芯，27石，摆频28,800A/H，54小时动力储存

功能：时、分、秒、日期显示，计时功能

表带：黑色鳄鱼皮带配18K红金折叠扣

参考价：￥10,000~15,000

伊米亚系列逆跳月相腕表

型号：L2.764.4.73.0

表壳：不锈钢表壳，直径44mm，30米防水

表盘：银白色，3时位回跳式日期指示，6时位回跳式小秒针及月相视窗，9时位回跳式24小时显示，12时位回跳式星期及昼夜显示

机芯：Cal.L707自动机芯，25石，摆频28,800A/H，48小时动力储存

功能：时、分、秒、日期、星期、昼夜、24小时显示

表带：棕色鳄鱼皮带配不锈钢折叠扣

参考价：￥15,000~20,000

LOUIS MOINET

LOUIS MOINET
1806

年产量：2,000 枚之内
价格区间：RMB100,000 元起
网址：http://www.louismoinet.com

Louis Moinet 是历史上最伟大的制表师之一，他 1768 年在法国的一个农家出生，自学且由一位制表师处习得制表技术，他对艺术有极深的爱好，曾住在罗马 5 年，学习建筑、雕塑以及绘画，后定居于巴黎，与制表师宝玑结为好友。Moinet 一生在制表上有许多创见，由于他热爱科学及美术，特别能将新的理念融入制表之中，他对钟表最大的贡献不在其亲自制表，而是写下当时最齐全的制表学术著作 Traited´ Horlogerie，至今此书仍是研究古董钟表不可或缺的经典。

以 Louis Moinet 为名的钟表工坊由 Jean-Marie Schaller 和 Micaela Bartolucci 共同成立，致力于制造独特且具个人特色的时计，根据地在瑞士的侏罗山区，目前知名作品包括 Variograph、Twintech 等，表中使用不少源自 Moinet 的创意，像是特别的 Jura 波纹，就必须使用最尖端的制造技术生产；Twintech 更使用了 Moinet 在 17 世纪的发明法式摆轮夹板，为作品增添更多的赏玩乐趣。

Astralis腕表

型号：LM 27.75.50

表壳：18K红金表壳，直径46.5mm，厚17.62mm，50米防水

表盘：黑色放射状纹路装饰，3时位30分钟计时盘，6时位24小时盘，12时位陀飞轮装置

机芯：Cal.LM27手动机芯，31石，摆频21,600A/H，48小时动力储存

功能：时、分、秒、24小时显示，陀飞轮装置，计时功能

表带：黑色鳄鱼皮带配18红金折叠扣

参考价：请洽经销商

Geograph Rainforest腕表

型号：LM-24.30.56

表壳：18K红金及不锈钢表壳，直径45.5mm，厚17.7mm，50米防水

表盘：黑色放射状纹路装饰，两个计时盘为木制，6时位12小时计时盘，9时位小秒盘及日期视窗，12时位30分钟计时盘，中心蓝色第二时区指针

机芯：自动机芯，25石，摆频28,800A/H，48小时动力储存

功能：时、分、秒、日期、第二时区显示，计时功能

表带：黑色鳄鱼皮带配折叠扣

参考价：￥2,576,000

Mecanograph限量版腕表

型号：LM-31.20.50

表壳：钛金属表壳，直径43.5mm，厚15.6mm，50米防水

表盘：右侧黑色表盘，左侧镂空，9时位小秒盘

机芯：Cal.LM31自动机芯，26石，摆频28,800A/H，48小时动力储存

功能：时、分、秒显示

表带：黑色鳄鱼皮带配折叠扣

限量：365枚

参考价：￥98,000

Geograph 腕表 — 不锈钢

型号：LM-24.10.60

表壳：不锈钢表壳，直径45.5mm，厚17.7mm，50米防水

表盘：银白色放射状纹路装饰，6时位12小时计时盘，9时位小秒盘及日期视窗，12时位30分钟计时盘，中心蓝色第二时区指针

机芯：自动机芯，25石，摆频28,800A/H，48小时动力储存

功能：时、分、秒、日期、第二时区显示，计时功能

表带：黑色鳄鱼皮带配折叠扣

参考价：￥96,000

Geograph 腕表 — 间金

型号：LM-24.30.65

表壳：18K红金及不锈钢表壳，直径45.5mm，厚17.7mm，50米防水

表盘：银白色放射状纹路装饰，6时位12小时计时盘，9时位小秒盘及日期视窗，12时位30分钟计时盘，中心蓝色第二时区指针

机芯：自动机芯，25石，摆频28,800A/H，48小时动力储存

功能：时、分、秒、日期、第二时区显示，计时功能

表带：黑色鳄鱼皮带配折叠扣

参考价：￥136,000

Stardance 女装限量版腕表

型号：LM-32.20DSAP.80

表壳：钛金属表壳，白色陶瓷外圈，直径35.6mm，厚12.1mm，50米防水

表盘：白色珍珠贝母表盘，6时位小秒盘，12时位月相视窗

机芯：自动机芯，28石，摆频28,800A/H，42小时动力储存

功能：时、分、秒、月相显示

表带：白色鳄鱼皮带配钛金属及不锈钢折叠扣

限量：365枚

参考价：￥163,000

Treasures Of The World
限量版腕表 — 蛋白石

表壳：18K白金表壳，镶嵌56课方钻总重约3.46克拉，直径47mm，30米防水

表盘：木制，6时位陀飞轮装置，12时位镂空装饰

机芯：手动机芯，19石，摆频21,600A/H，72小时动力储存

功能：时、分显示，陀飞轮装置

表带：黑色鳄鱼皮带配折叠扣

限量：孤本制作

参考价：￥2,620,000

Treasures Of The World
限量版腕表 — 碧玉

表壳：18K红金表壳，直径47mm，30米防水

表盘：红色碧玉表盘，6时位陀飞轮装置，12时位镂空装饰

机芯：手动机芯，19石，摆频21,600A/H，72小时动力储存

功能：时、分显示，陀飞轮装置

表带：棕色鳄鱼皮带配折叠扣

限量：孤本制作

参考价：￥1,880,000

Treasures Of The World
限量版腕表 — 层叠石

表壳：18K红金表壳，直径47mm，30米防水

表盘：红色层叠石表盘，6时位陀飞轮装置，12时位镂空装饰

机芯：手动机芯，19石，摆频21,600A/H，72小时动力储存

功能：时、分显示，陀飞轮装置

表带：棕色鳄鱼皮带配折叠扣

限量：孤本制作

参考价：请洽经销商

路易威登 LOUIS VUITTON
LOUIS VUITTON

年产量：5000 块

价格区间：RMB8,000 元起

网址：http://www.louisvuitton.com

　　路易威登于 2002 年在瑞士汝拉山谷的拉绍德封设立了首座拥有三十位工匠的钟表工坊，翻开了其崭新的一页。品牌致力于研发自制机芯，并且选择以 Tambour 作为表壳外观和品牌特征。2009 年，路易威登钟表工坊又在原有基础上扩充，增加为五十位工匠。拉绍德封是瑞士连接日内瓦和巴塞尔中间的重要钟表城市，位于此地的钟表工坊与路易威登位于巴黎郊外的 Asnières 皮具工坊或是意大利 Fiesso 鞋履工坊的角色相当，在各个方面都要求严谨且追求完美独特。

　　Tambour 这个名字不仅让人联想到西方钟表始祖——座钟的钟盒，同时也代表着与庆典相联系的乐器——鼓。自 2002 年以来，Tambour 作为钟表界前所未见的腕表款式，在外观设计中融入了品牌最具代表性的元素：Louis Vuitton 12 个字母镌刻在表壳上，对应每小时的刻度；使用品牌经典棕色的表盘；令人想起路易威登皮具上黄色车线的指针。还有其他款式，例如 Tambour V，表盘上的 V 字灵感直接来自于路易威登具有悠久意义的标志。

　　除了呈现品牌传统价值之外，Tambour 也成了一种身份的象征，标志着永恒的价值与不断突破的技术成就。

Tambour Spin Time Regatta
帆船赛计时表

表壳：18K白金表壳，直径45.5mm，100米防水

表盘：蓝色半透明，右侧5个翻转倒计时"骰子"，6时位12小时计时盘，12时位30分钟计时盘及"计时"、"倒计时"状态视窗

机芯：Cal.LV 156自动机芯，48小时动力储存

功能：时、分显示，计时功能以及专为美洲杯帆船赛开发的倒计时功能

表带：蓝色鳄鱼皮带

参考价：¥300,000～400,000

Tambour Minute Repeater三问腕表

表壳：18K白金表壳，直径44mm，30米防水

表盘：半透明，1-2时位动力储存指示，6时位小秒盘，中心第二时区时间及昼夜显示

机芯：Cal.LV 178手动机芯，100小时动力储存

功能：时、分、秒、昼夜、第二时区、动力储存显示，三问报时功能

表带：黑色鳄鱼皮带

参考价：¥2,000,000～2,500,000

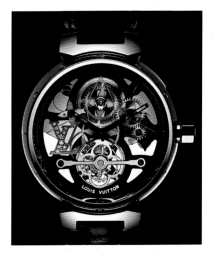

Tambour Monogram陀飞轮腕表

表壳：18K白金表壳，直径41.5mm，100米防水

表盘：透明，6时位陀飞轮及小秒盘，9时位镶钻"LV"标志装饰

机芯：Cal.LV 103手动机芯，90小时动力储存

功能：时、分、秒显示，陀飞轮装置

表带：黑色鳄鱼皮带

参考价：¥800,000～1,200,000

Tambour Spin Time两地时腕表—白金

表壳：18K白金表壳，直径44mm，100米防水

表盘：黑色镂空，12个翻转"骰子"显示小时，4-5时位日期视窗，中心黄色第二时区指针

机芯：Cal.LV 119自动机芯，摆频28,800A/H，40小时动力储存

功能：时、分、日期、第二时区显示

表带：黑色鳄鱼皮带

参考价：￥400,000～600,000

Tambour Spin Time两地时腕表—红金

表壳：18K红金表壳，直径44mm，100米防水

表盘：灰色镂空，12个翻转"骰子"显示小时，4-5时位日期视窗，中心红色第二时区指针

机芯：Cal.LV 119自动机芯，摆频28,800A/H，40小时动力储存

功能：时、分、日期、第二时区显示

表带：深灰色鳄鱼皮带

参考价：￥400,000～600,000

Tambour Spin Time女装珠宝腕表—白金

表壳：18K白金表壳，表耳镶钻装饰，直径39.5mm，100米防水

表盘：镶嵌白色或黑色钻石装饰，12个镶钻"骰子"指示小时

机芯：Cal.LV 96自动机芯，摆频28,800A/H，40小时动力储存

功能：时、分显示

表带：白色鳄鱼皮带

参考价：￥600,000～800,000

Tambour Spin Time
女装珠宝腕表—红金

表壳：18K红金表壳，表耳镶钻装饰，直径39.5mm，100米防水

表盘：镶嵌钻石装饰，12个镶钻"骰子"指示小时

机芯：Cal.LV 96自动机芯，摆频28,800A/H，40小时动力储存

功能：时、分显示

表带：黑色蜥蜴皮带

参考价：￥600,000～800,000

Tambour Mystérieuse神秘腕表

表壳：18K白金表壳，直径42.5mm，生活性防水

表盘：透明，中心可见镂空装饰的机芯，6时位镶嵌1颗钻石，12时位动力储存显示，5颗梯形钻石及1颗梯形红宝石组成刻度

机芯：Cal.LV 109手动机芯，8天动力储存

功能：时、分、动力储存显示

表带：黑色鳄鱼皮带

参考价：￥400,000～600,000

Tambour LV Cup自动计时表

表壳：不锈钢表壳，黑色天然橡胶涂层按钮及表把

表盘：蓝色表盘，12时位扇形5分钟到计时视窗

机芯：Cal.LV 138自动机芯，42小时动力储存

功能：时、分显示，5分钟飞返到计时功能

表带：深蓝色鳄鱼皮带

参考价：￥80,000～150,000

TambourDiving II潜水计时表

表壳：黑色橡胶涂层不锈钢表壳，单相旋转陶瓷外圈，直径45.5mm，300米防水

表盘：黑色，3时位日历视窗，6时位小秒盘，12时位30分钟计时盘

机芯：Cal.LV 105自动机芯

功能：时、分、秒、日期显示，计时功能，潜水计时外圈

表带：黑色橡胶带

参考价：￥60,000～80,000

Diving II蓝色潜水表

表壳：不锈钢表壳，单相旋转外圈，直径44mm，300米防水

表盘：蓝色，3时位日期视窗，6时位小秒盘

机芯：ETA Cal.2895自动机芯，42小时动力储存

功能：时、分、秒、日期显示，潜水计时外圈

表带：黑色橡胶带

参考价：￥40,000～60,000

Tambour Forever陶瓷腕表

表壳：黑色陶瓷表壳，不锈钢镶钻表耳，直径34mm，100米防水

表盘：黑色，四叶草镶钻装饰，10颗钻石时标

机芯：石英机芯

功能：时、分显示

表带：黑色漆皮表带

限量：200枚

参考价：￥80,000～120,000

Tambour Bijou神秘高珠宝腕表

表壳：18K白金表壳，整表镶嵌钻石总重约10克拉，直径22mm，可开启式表盖，镶嵌白色珍珠贝母及钻石，30米防水

表盘：白色珍珠贝母，四叶草镶钻装饰，

机芯：石英机芯

功能：时、分显示

表带：18K白金镶钻链带

参考价：￥300,000～400,000

Tambour Bijou神秘珠宝腕表—白金

表壳：18K白金表壳，直径22mm，可开启式表盖，镶嵌白色珍珠贝母及钻石，30米防水

表盘：白色珍珠贝母，四叶草镶钻装饰

机芯：石英机芯

功能：时、分显示

表带：三圈式白色鳄鱼皮带

参考价：￥150,000～200,000

Tambour Bijou神秘珠宝腕表—红金

表壳：18K红金表壳，直径22mm，可开启式表盖，镶嵌黑色珍珠贝母及钻石，30米防水

表盘：黑色珍珠贝母，四叶草镶钻装饰，

机芯：石英机芯

功能：时、分显示

表带：三圈式深灰色鳄鱼皮带

参考价：￥150,000～200,000

MAÎTRES *du* TEMPS

MAÎTRES du TEMPS

年 产 量：多于 10000 块

价格区间：RMB72,200 元起

网　　址：http://www.maitresdutemps.com

　　Maîtres du Temps 不仅是一家全新的钟表企业，更代表了钟表行业一个全新的概念。由 Steven Holtzman 先生创立的 Maîtres du Temps 就是要把最有才华的制表大师集合起来创造独一无二的钟表杰作。

　　二十五年前，Steven Holtzman 先生在美国开始从事钟表销售生意，开始了他在钟表行业的生涯。在 1997 年，他创立了 Helvetia Time Corporation (HTC)，主营包括豪爵表在内的高级瑞士腕表于中北美的分销生意。而在 2004 年，他更开创了 Jean Dunand 手表在美洲和澳门的分销生意。

　　2008 年，Holtzman 先生实现了他迄今为止最雄心勃勃的计划：创建他自己的品牌 Maîtres du Temps。Holtzman 先生将当今最伟大的钟表大师们集合在一起，共同创造超乎想象的、最创新的项目。他希望能通过创立 Maîtres du Temps 这一品牌，突显那些真正创造出顶级钟表的大师们。Maîtres du Temps 将这些钟表大师的影响力、实力和成就带到了台前发扬光大。

　　"为了达到最佳效果，我们不断地设计、再设计，" Holtzman 先生说，"我们一直遇到各种选择，但我们从不会在品质、工艺或设计上作任何妥协。这样，Maîtres du Temps 才能奉上一系列由钟表大师们所创造、令人惊叹不绝的钟表产品。"

Chapter Three Reveal

　　2012 年最新的作品由独立制表大师 Kari Voutilainen 与 Andreas Strehler 携手创作，Kari Voutilainen 负责腕表的机芯，搭配由 Andreas Strehler 精心规划的技术层面，不但是 Maîtres du Temps 第一款全制机芯，也是 Voutilainen 除了自创品牌以外，首度为其他品牌设计的顶级机芯。此外，Voutilainen 也亲自规划机芯细节处理，并负责执行机芯上的细致打磨设计。要将众多复杂的功能，全数凝聚于这款纤细优雅的表壳，需要投入超过三年的紧密合作才能完成。

表壳：18K红金表壳，直径42mm，30米防水

表盘：蓝色，2时位日期指示，4-5时位月相视窗，8时位小秒盘，6时位隐藏式第二时区时间滚筒，12时位隐藏式第二时区昼夜滚筒

机芯：Cal.SHC03手动机芯，直径35.6mm，厚8.2mm，39石，319个零件，摆频21,600A/H，36小时动力储存

功能：时、分、秒、日期、月相、第二时区及昼夜显示

表带：蓝色鳄鱼皮带配18K红金折叠扣

参考价：￥600,000～800,000

经典回顾

Chapter Two —— 大型全历显示腕表

Chapter Two 是三位制表大师——Daniel Roth 先生、Roger Dubuis 先生及 Peter Speake-Marin 先生，联袂突破精品时计极限的旷世之作，于 2009 年推出，这款表将高级钟表艺术推向无人企及的巅峰境界。以创新的滚轴式显示窗技术和千锤百炼的尖端工艺，本款创制出拥有大型日历显示窗的全历腕表杰作，傲然攀登全球首枚不以缩写显示全历的机械腕表，月份、星期及日历从此一览无遗！

Chapter Two 表盘上的时分刻度配合优雅的宝石切面纯金指针，为您忠实报时。除 6 时位设有子秒表外，12 时位更是焦点的大型全历显示窗所在，日期及月份的全写称号随着滚轴的卷动而徐徐显示。大型全历显示窗及全日、月历赋予 Chapter Two 一般全历腕表无法望其项背的易读性。

表壳：18K红金表壳，尺寸58mm×42mm，厚18mm，生活性防水
表盘：银质，黑色涂层，6时位小秒盘及滚筒式星期显示，12时位大日历视窗及滚筒式月份显示
机芯：Cal.SHC01自动机芯，尺寸45mm×32mm，厚9mm，32石，382个零件，摆频28,800A/H，50小时动力储存
功能：时、分、秒、日期、星期、月份显示
表带：黑色鳄鱼皮带配18K红金折叠扣
参考价：￥400,000~600,000

Chapter One腕表

Chapter One 是 Maîtres du Temps 在 2008 年推出的首款作品，集合了 Christophe Claret、Roger Dubuis 和 Peter Speake-Marin 三位大师联手打造。在 Chapter One 面世前，世界上还没有任何一款手表拥有这样的一枚陀飞轮机芯：集成了单键柱轮计时器、逆跳日历指针、逆跳 GMT 指针以及独立的显示月相和星期的滚动条，能有效地将能量九十度传输到两处滚动条，并确保其与时间、日历、GMT 和计时器同步运作，是一项巨大的技术挑战。而这项挑战的突破更彰显了三位大师的非凡实力。

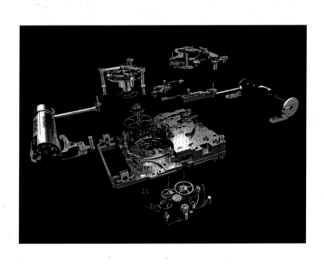

表壳：18K红金表壳，尺寸62.6mm×45.9mm，生活性防水
表盘：18K金表盘，3时位回跳式日期指示，6时位陀飞轮及滚筒式星期显示，9时位回跳式24小时第二时区指示，12时位60分钟计时盘及滚筒式月相显示
机芯：Cal.SHC02自动机芯，尺寸51.3mm×31.6mm，58石，558个零件，摆频21,600A/H，60小时动力储存
功能：时、分、日期、星期、月相、第二时区显示，计时功能，陀飞轮装置
表带：黑色鳄鱼皮带配18K红金折叠扣
参考价：￥1,200,000~1,600,000

艾美
MAURICE LACROIX

MAURICE LACROIX
Switzerland
艾美

年产量：约 90000 块

价格区间：RMB10,000 元起

网址：http://www.mauricelacroix.com

"艾美"的名字，凝聚了数十年制作高质量手表的经验。光辉历史始于 1961 年，位于苏黎世的 Desco Von Schulthess AG 公司收购了汝拉山谷 Saignelégier 镇内一间钟表零件厂，生产独家品牌供应国内和海外市场。1975 年，第一枚以"Maurice Lacroix"命名的艾美表于奥地利面世，从此奠定日后成功的基业。翌年，艾美表扬名西班牙市场。四年后，艾美表销售中心亦在德国成立。而在首枚产品面世后 20 年，即 1995 年，艾美表成功打开美国市场，建立起全球经销网络。2001 年秋季，原属于 Desco Von Schulthess AG 公司旗下部门的 Maurice Lacroix S.A.，正式注册成为一独立公司。2002 年，艾美表在英国开设附属公司，为发展国际业务的目标找到理想据点。

尽管几十年来，时代潮流瞬息万变，其中却有一个目标却恒常不易，就是公司对于设计心思、完美价值和优质素材的热切追求。艾美表对于旗下的"御宝之作"——匠心系列机械手表那超凡的工艺，尤其引以为傲。在 2006 年面世的匠心系列 Le Chronographe 计时表，配置了艾美表厂首枚自行生产的机芯——ML 106 机芯，奠定举足轻重的地位，带领瑞士钟表品牌迈进新时代。从"匠心系列"制作过程中汲取的宝贵经验，亦引用至 Pontos"奔涛系列"、Miros"流金系列"、Les Classiques"典雅系列"和 Divina 等经典系列。

匠心系列日历回拨月相腕表

匠心系列秒针方轮玫瑰金腕表

型号：MP7158-PG101-700

表壳：18K 红金表壳，直径 43mm，50 米防水

表盘：棕色，3 时位动力储存指示，6 时位齿轮式秒钟指示

机芯：Cal.ML156 手动机芯，34 石，摆频 18,000A/H，45 小时动力储存

功能：时、分、秒、动力储存显示

表带：棕色鳄鱼皮带配 18 红金针扣

参考价：￥120,000～160,000

匠心系列回拨月相腕表 — 灰盘

型号：MP6528-SS001-330

表壳：不锈钢表壳，直径 43mm，50 米防水

表盘：灰色，2 时位动力储存指示，6 时位星期指示及月相视窗，10 时位日期指示

机芯：Cal.ML192 自动机芯，59 石，摆频 18,000A/H，52 小时动力储存

功能：时、分、日期、星期、月相、动力储存显示

表带：黑色鳄鱼皮带配不锈钢折叠扣

参考价：￥40,000～60,000

匠心系列回拨月相腕表 — 蓝盘

型号：MP6528-SS001-430

表壳：不锈钢表壳，直径 43mm，50 米防水

表盘：蓝色，2 时位动力储存指示，6 时位星期指示及月相视窗，10 时位日期指示

机芯：Cal.ML192 自动机芯，59 石，摆频 18,000A/H，52 小时动力储存

功能：时、分、日期、星期、月相、动力储存显示

表带：蓝色鳄鱼皮带配不锈钢折叠扣

参考价：￥40,000～60,000

Masterpiece Tradition
五针红金限量版腕表

型号：MP6507-PG101-310
表壳：18K红金表壳，直径40mm，50米防水
表盘：黑色，中心白色短针指示日期，白色长针指示星期
机芯：Cal.ML159自动机芯，26石，摆频28,800A/H，38小时动力储存
功能：时、分、秒、日期、星期显示
表带：黑色鳄鱼皮带配18红金折叠扣
限量：88枚
参考价：￥100,000～150,000

Masterpiece Tradition
五针不锈钢限量版腕表

型号：MP6507-SS001-112
表壳：不锈钢表壳，直径40mm，50米防水
表盘：白色，中心蓝钢短针指示日期，蓝钢长针指示星期
机芯：Cal.ML159自动机芯，26石，摆频28,800A/H，38小时动力储存
功能：时、分、秒、日期、星期显示
表带：黑色鳄鱼皮带配不锈钢折叠扣
限量：88枚
参考价：￥30,000～50,000

Masterpiece Tradition
五针不锈钢限量版腕表

型号：MP6507-SS001-110
表壳：不锈钢表壳，直径40mm，50米防水
表盘：银色，中心蓝钢短针指示日期，蓝钢长针指示星期
机芯：Cal.ML159自动机芯，26石，摆频28,800A/H，38小时动力储存
功能：时、分、秒、日期、星期显示
表带：黑色鳄鱼皮带配不锈钢折叠扣
参考价：￥30,000～50,000

Masterpiece Tradition
月相腕表 — 银色表盘

型号：MP6607-SS001-110
表壳：不锈钢表壳，直径40mm，50米防水
表盘：银色，6时位月相视窗，12时位星期、月份视窗，中心日期指针
机芯：Cal.ML37自动机芯，25石，摆频28,800A/H，38小时动力储存
功能：时、分、秒、日期、星期、月份、月相显示
表带：黑色鳄鱼皮带配不锈钢折叠扣
参考价：￥30,000～50,000

Masterpiece Tradition
月相腕表 — 白色表盘

型号：MP6607-SS001-112
表壳：不锈钢表壳，直径40mm，50米防水
表盘：白色，6时位月相视窗，12时位星期、月份视窗，中心日期指针
机芯：Cal.ML37自动机芯，25石，摆频28,800A/H，38小时动力储存
功能：时、分、秒、日期、星期、月份、月相显示
表带：黑色鳄鱼皮带配不锈钢折叠扣
参考价：￥30,000～50,000

Masterpiece Tradition
月相腕表 — 黑色表盘

型号：MP6607-SS001-310
表壳：不锈钢表壳，直径40mm，50米防水
表盘：黑色，6时位月相视窗，12时位星期、月份视窗，中心日期指针
机芯：Cal.ML37自动机芯，25石，摆频28,800A/H，38小时动力储存
功能：时、分、秒、日期、星期、月份、月相显示
表带：黑色鳄鱼皮带配不锈钢折叠扣
参考价：￥30,000～50,000

Masterpiece Tradition GMT
两地时间腕表 — 银色表盘
型号：MP6707-SS001-111
表壳：不锈钢表壳，直径40mm，50米防水
表盘：银色，6时位第二时区盘，12时位大日历视窗
机芯：Cal.ML129自动机芯，21石，摆频28,800A/H，42小时动力储存
功能：时、分、秒、日期、第二时区显示
表带：棕色鳄鱼皮带配不锈钢折叠扣
参考价：￥20,000～40,000

Masterpiece Tradition GMT
两地时间腕表 — 白色表盘
型号：MP6707-SS001-112
表壳：不锈钢表壳，直径40mm，50米防水
表盘：白色，6时位第二时区盘，12时位大日历视窗
机芯：Cal.ML129自动机芯，21石，摆频28,800A/H，42小时动力储存
功能：时、分、秒、日期、第二时区显示
表带：黑色鳄鱼皮带配不锈钢折叠扣
参考价：￥20,000～40,000

Masterpiece Tradition GMT
两地时间腕表 — 黑色表盘
型号：MP6707-SS001-310
表壳：不锈钢表壳，直径40mm，50米防水
表盘：黑色，6时位第二时区盘，12时位大日历视窗
机芯：Cal.ML129自动机芯，21石，摆频28,800A/H，42小时动力储存
功能：时、分、秒、日期、第二时区显示
表带：黑色鳄鱼皮带配不锈钢折叠扣
参考价：￥20,000～40,000

Masterpiece Tradition
小秒针红金限量版腕表
型号：MP6907-PG101-311
表壳：18K红金表壳，直径40mm，50米防水
表盘：黑色，3时位日期视窗，6时位小秒盘
机芯：Cal.ML158自动机芯，31石，摆频28,800A/H，38小时动力储存
功能：时、分、秒、日期显示
表带：黑色鳄鱼皮带配18K红金折叠扣
参考价：￥80,000～120,000

Masterpiece Tradition
小秒针红金限量版腕表 — 蓝钢指针
型号：MP6907-SS001-110
表壳：不锈钢表壳，直径40mm，50米防水
表盘：银色，3时位日期视窗，6时位小秒盘
机芯：Cal.ML158自动机芯，31石，摆频28,800A/H，38小时动力储存
功能：时、分、秒、日期显示
表带：黑色鳄鱼皮带配不锈钢折叠扣
参考价：￥15,000～30,000

Masterpiece Tradition
小秒针红金限量版腕表 — 金色指针
型号：MP6907-SS001-111
表壳：不锈钢表壳，直径40mm，50米防水
表盘：银色，3时位日期视窗，6时位小秒盘
机芯：Cal.ML158自动机芯，31石，摆频28,800A/H，38小时动力储存
功能：时、分、秒、日期显示
表带：棕色鳄鱼皮带配不锈钢折叠扣
参考价：￥15,000～30,000

Masterpiece Tradition
动力储存腕表 — 蓝色指针
型号：MP6807-SS001-110
表壳：不锈钢表壳，直径40mm，50米防水
表盘：银色，3时位日期视窗，7时位动力
　　　储存指示
机芯：Cal.ML113自动机芯，21石，摆频
　　　28,800A/H，42小时动力储存
功能：时、分、秒、日期、动力储存显示
表带：黑色鳄鱼皮带配不锈钢折叠扣
参考价：￥30,000～60,000

Masterpiece Tradition
动力储存腕表 — 金色指针
型号：MP6807-SS001-111
表壳：不锈钢表壳，直径40mm，50米防水
表盘：银色，3时位日期视窗，7时位动力
　　　储存指示
机芯：Cal.ML113自动机芯，21石，摆频
　　　28,800A/H，42小时动力储存
功能：时、分、秒、日期、动力储存显示
表带：棕色鳄鱼皮带配不锈钢折叠扣
参考价：￥30,000～60,000

Masterpiece Tradition
动力储存腕表 — 白盘
型号：MP6807-SS001-112
表壳：不锈钢表壳，直径40mm，50米防水
表盘：白色，3时位日期视窗，7时位动力
　　　储存指示
机芯：Cal.ML113自动机芯，21石，摆频
　　　28,800A/H，42小时动力储存
功能：时、分、秒、日期、动力储存显示
表带：黑色鳄鱼皮带配不锈钢折叠扣
参考价：￥30,000～60,000

典雅传统系列红金男装腕表
型号：LC6007-PG101-310-001
表壳：18K红金表壳，直径38mm，30米防水
表盘：黑色，6时位日期视窗
机芯：Cal.ML155自动机芯，25石，摆频
　　　28,800A/H，38小时动力储存
功能：时、分、秒、日期显示
表带：黑色鳄鱼皮带配18K红金针扣
参考价：￥80,000～120,000

典雅传统系列不锈钢男装腕表
型号：LC6067-SS001-330-001
表壳：不锈钢表壳，直径38mm，30米防水
表盘：黑色，6时位日期视窗
机芯：Cal.ML155自动机芯，25石，摆频
　　　28,800A/H，38小时动力储存
功能：时、分、秒、日期显示
表带：黑色鳄鱼皮带配不锈钢针扣
参考价：￥8,000～12,000

典雅传统系列不锈钢女装腕表
型号：LC6063-SS001-110-002
表壳：不锈钢表壳，直径28mm，30米防水
表盘：白色，6时位日期视窗
机芯：Cal.ML132自动机芯，20石，摆频
　　　28,800A/H，38小时动力储存
功能：时、分、秒、日期显示
表带：棕色鳄鱼皮带配不锈钢针扣
参考价：￥8,000～12,000

经典系列计时月相腕表 — 银色表盘
型号：LC1148-SS001-131
表壳：不锈钢表壳，直径40mm，30米防水
表盘：银色，2时位小秒盘，4时位日期视
　　　窗，6时位月相视窗，10时位小秒盘
机芯：Cal.ML49石英机芯
功能：时、分、秒、日期、月相显示，计
　　　时功能
表带：黑色鳄鱼皮带配不锈钢折叠扣
参考价：￥8,000～12,000

经典系列计时月相腕表 — 黑色表盘
型号：LC1148-SS001-331
表壳：不锈钢表壳，直径40mm，30米防水
表盘：黑色，2时位小秒盘，4时位日期视
　　　窗，6时位月相视窗，10时位小秒盘
机芯：Cal.ML49石英机芯
功能：时、分、秒、日期、月相显示，计
　　　时功能
表带：黑色鳄鱼皮带配不锈钢折叠扣
参考价：￥8,000～12,000

经典系列计时月相腕表 — 链带
型号：LC1148-SS002-331
表壳：不锈钢表壳，直径40mm，30米防水
表盘：黑色，2时位小秒盘，4时位日期视
　　　窗，6时位月相视窗，10时位小秒盘
机芯：Cal.ML49石英机芯
功能：时、分、秒、日期、月相显示，计
　　　时功能
表带：不锈钢链带配折叠扣
参考价：￥8,000～12,000

经典系列月相腕表 — 银色表盘
型号：LC6068-SS001-131
表壳：不锈钢表壳，直径40mm，30米防水
表盘：银色，6时位月相视窗，12时位星
　　　期、月份视窗，中心日期指针
机芯：Cal.ML37自动机芯，25石，摆频
　　　28,800A/H，38小时动力储存
功能：时、分、秒、日期、星期、月份、
　　　月相显示
表带：黑色鳄鱼皮带配不锈钢折叠扣
参考价：￥24,500

经典系列月相腕表—银色表盘金色指针
型号：LC6068-SS001-132
表壳：不锈钢表壳，直径40mm，30米防水
表盘：银色，6时位月相视窗，12时位星
　　　期、月份视窗，中心日期指针
机芯：Cal.ML37自动机芯，25石，摆频
　　　28,800A/H，38小时动力储存
功能：时、分、秒、日期、星期、月份、
　　　月相显示
表带：棕色鳄鱼皮带配不锈钢折叠扣
参考价：￥24,500

经典系列月相腕表 — 黑色表盘
型号：LC6068-SS001-331
表壳：不锈钢表壳，直径40mm，30米防水
表盘：黑色，6时位月相视窗，12时位星
　　　期、月份视窗，中心日期指针
机芯：Cal.ML37自动机芯，25石，摆频
　　　28,800A/H，38小时动力储存
功能：时、分、秒、日期、星期、月份、
　　　月相显示
表带：黑色鳄鱼皮带配不锈钢折叠扣
参考价：￥24,500

奔涛系列
偏心两地时间腕表 — 黑色表盘
型号：PT6118-SS001-331
表壳：不锈钢表壳，直径43mm，50米防水
表盘：黑色，4时位偏心第二时区盘及昼夜视窗，6时位日期视窗，10时位偏心本地时间盘
机芯：Cal.ML121自动机芯，34石，摆频28,800A/H，38小时动力储存
功能：时、分、秒、日期、第二时区及昼夜显示
表带：黑色鳄鱼皮带配不锈钢折叠扣
参考价：￥53,100

奔涛系列
偏心两地时间腕表 — 银色表盘
型号：PT6118-SS001-131
表壳：不锈钢表壳，直径43mm，50米防水
表盘：银色，4时位偏心第二时区盘及昼夜视窗，6时位日期视窗，10时位偏心本地时间盘
机芯：Cal.ML121自动机芯，34石，摆频28,800A/H，38小时动力储存
功能：时、分、秒、日期、第二时区及昼夜显示
表带：黑色鳄鱼皮带配不锈钢折叠扣
参考价：￥53,100

奔涛系列
S计时表 — 黑色织物表带
型号：PT6008-SS001-330
表壳：不锈钢表壳，直径43mm，200米防水
表盘：黑色，6时位12小时计时盘及日期视窗，9时位小秒盘，12时位30分钟计时盘，旋转潜水计时外圈
机芯：Cal.ML112自动机芯，25石，摆频28,800A/H，46小时动力储存
功能：时、分、秒、日期、显示、计时功能，潜水计时外圈
表带：黑色织物表带配不锈钢针扣
参考价：￥20,000～40,000

奔涛系列S计时表 — 黑色不锈钢链带
型号：PT6008-SS002-330
表壳：不锈钢表壳，直径43mm，200米防水
表盘：黑色，6时位12小时计时盘及日期视窗，9时位小秒盘，12时位30分钟计时盘，旋转潜水计时外圈
机芯：Cal.ML112自动机芯，25石，摆频28,800A/H，46小时动力储存
功能：时、分、秒、日期、显示、计时功能，潜水计时外圈
表带：不锈钢链带配折叠扣
参考价：￥20,000～40,000

奔涛系列S计时表 — 蓝色不锈钢链带
型号：PT6008-SS002-331
表壳：不锈钢表壳，直径43mm，200米防水
表盘：黑色及蓝色刻度，6时位12小时计时盘及日期视窗，9时位小秒盘，12时位30分钟计时盘，旋转潜水计时外圈
机芯：Cal.ML112自动机芯，25石，摆频28,800A/H，46小时动力储存
功能：时、分、秒、日期、显示、计时功能，潜水计时外圈
表带：不锈钢链带配折叠扣
参考价：￥20,000～40,000

奔涛系列S计时表 — 橘色织物表带
型号：PT6008-SS001-332
表壳：不锈钢表壳，直径43mm，200米防水
表盘：黑色及橘色刻度，6时位12小时计时盘及日期视窗，9时位小秒盘，12时位30分钟计时盘，旋转潜水计时外圈
机芯：Cal.ML112自动机芯，25石，摆频28,800A/H，46小时动力储存
功能：时、分、秒、日期、显示、计时功能，潜水计时外圈
表带：黑色配橘色线条织物表带配不锈钢针扣
参考价：￥20,000～40,000

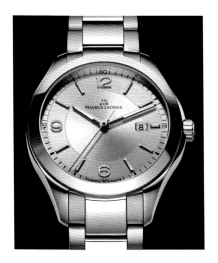

Miros女装间金日期腕表

型号： MI1014-PVP13-130

表壳： 不锈钢表壳，外圈镀红金，直径
32mm，100米防水

表盘： 银色，3时位日期视窗

机芯： 石英机芯

功能： 时、分、秒、日期显示

表带： 部分镀红金不锈钢链带配折叠扣

参考价： ￥5,000～8,000

Miros女装镶钻日期腕表

型号： MI1014-SD502-130

表壳： 不锈钢表壳，镶嵌60颗钻石约重
0.45克拉，直径32mm，100米防水

表盘： 银色，3时位日期视窗

机芯： 石英机芯

功能： 时、分、秒、日期显示

表带： 不锈钢链带配折叠扣

参考价： ￥8,000～10,000

Miros男装日期腕表

型号： MI1014-SD502-130

表壳： 不锈钢表壳，直径40mm，100米防水

表盘： 银色，3时位日期视窗

机芯： 石英机芯

功能： 时、分、秒、日期显示

表带： 不锈钢链带配折叠扣

参考价： ￥4,000～6,000

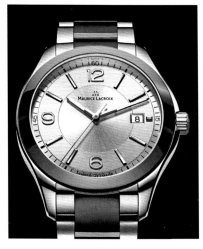

Miros男装黑色PVD日期腕表

型号： MI1018-SS002-131

表壳： 不锈钢表壳，黑色PVD外圈，直径
40mm，100米防水

表盘： 银色，3时位日期视窗

机芯： 石英机芯

功能： 时、分、秒、日期显示

表带： 部分黑色PVD不锈钢链带配折叠扣

参考价： ￥5,000～8,000

Miros男装纯黑计时腕表

型号： MI1028-SS002-330

表壳： 黑色PVD不锈钢表壳，测速刻度外
圈，直径41mm，100米防水

表盘： 黑色，3时位小秒盘，6时位1/10秒
计时盘，9时位30分钟计时盘，12
时位日期视窗

机芯： 石英机芯

功能： 时、分、秒、日期显示，计时功
能，测速功能

表带： 黑色PVD不锈钢链带配折叠扣

参考价： ￥8,000～10,000

Miros男装计时腕表

型号： MI1028-SS002-331

表壳： 不锈钢表壳，黑色PVD测速刻度外
圈，直径41mm，100米防水

表盘： 黑色，3时位小秒盘，6时位1/10秒
计时盘，9时位30分钟计时盘，12
时位日期视窗

机芯： 石英机芯

功能： 时、分、秒、日期显示，计时功
能，测速功能

表带： 部分黑色PVD不锈钢链带配折叠扣

参考价： ￥8,000～10,000

MB&F

年产量：少于 500 枚
价格区间：RMB800,000 元起
网址：http://www.mbandf.com

　　最开始是听说 MB&F 在日内瓦开设了首家专卖店，但到这里时，发现这里不只是专卖店那么简单。它名为 M. A. D. 艺廊（M. A. D.Gallery），除了 MB&F 全系列的钟表机器外，艺廊内还陈列了众多其他机械艺术装置作品，正如品牌的名称一样，这些作品均出自于 Maximilian Büsser 先生的朋友们，他们同时也是 MB & F 腕表设计的灵感源泉。

　　令人叹为观止的收藏品包括由德国柏林的 Frank Buchwald 所设计的"光机械"（Machine Lights）灯具、明星设计师 Marc Newson 出品的手工玻璃沙漏、中国雕塑家夏航的作品、集合专搞诙谐幽默的设计师团队之英国品牌 Laikingland 制作的逗趣人力驱动小玩意，以及一台由斯洛文尼亚设计师 Nika Zupanc 设计的无敌玩具车——绝对会启发我们每个人心里潜藏的童心；艺廊里的收藏品会不断增加，未来一整年的典藏计划都已经规划完毕。

Legacy Machine No.1 — 红金

　　MB & F2012 年从内到外皆新颖的作品是这款 Legacy Machine No 1，或称 LM1。对于这款表的构想，Maximilian Büsser 如是说："如果我早一百年出生，不是 1967 年，而是 1867 年，会怎么样呢？在 1900 年代初期手表才出现，如果在那个时刻，我希望创作出一款佩戴在手腕上的表，那时没有'无敌铁金刚'、'星际大战'或是'战斗机'启发灵感，我只有怀表、埃菲尔铁塔跟科幻小说'海底两万里'可以参考，这样子造出来的表会是什么样子？它必须是圆的，同时也是三维立体的，Legacy Machine No.1 就是我的答案。"

表壳：18K红金表壳，直径44mm，厚16mm，
表盘：银白色，3时位本地时间显示，6时位垂直动力储存显示，9时位第二时区显示，中心擒纵系统
机芯：手动机芯，23石，279个零件，摆频18,000A/H，45小时动力储存
功能：时、分、动力储存、第二时区显示
表带：棕色鳄鱼皮带配18K红金表扣
参考价：￥800,000～1,200,000

Legacy Machine No.1 — 白金

表壳：18K白金表壳，直径44mm，厚16mm，

表盘：灰色，3时位本地时间显示，6时位垂直动力储存显示，9时位第二时区显示，中心擒纵系统

机芯：手动机芯，23石，279个零件，摆频18,000A/H，45小时动力储存

功能：时、分、动力储存、第二时区显示

表带：黑色鳄鱼皮表带配18K白金表扣

参考价：￥800,000～1,200,000

Horological Machine No.4
Razzle Dazzle机鼻艺术腕表

表壳：钛金属表壳，尺寸54mm×52mm×24mm，手绘"机鼻艺术"图案

表盘：双表盘，左侧时、分盘，右侧动力储存显示

机芯：手动机芯，50石，311枚零件，摆频21,600A/H，72小时动力储存

功能：时、分、动力储存显示

表带：棕色牛皮表带搭配钛金属折叠扣

限量：8枚

参考价：￥1,200,000～1,500,000

Horological Machine No.4
红金限量版腕表

表壳：18K红金与钛金属表壳，尺寸54mm×52mm×24mm

表盘：双表盘，左侧时、分盘，右侧动力储存显示

机芯：手动机芯，50石，311枚零件，摆频21,600A/H，72小时动力储存

功能：时、分、动力储存显示

表带：棕色牛皮表带搭配18K红金折叠扣

限量：18枚

参考价：￥1,200,000～1,500,000

MOONMACHINE — 黑色钛金属

表壳：黑色处理钛金属表壳，尺寸47mm×50mm，厚19mm

表盘：三个独立是表盘，3时位月相显示，8时位拱形分钟显示，10时位拱形小时显示

机芯：自动机芯，36石，319枚零件，摆频28,800A/H

功能：时、分、月相显示

表带：黑色鳄鱼皮表带配黑色处理钛金属折叠扣

限量：18枚

参考价：￥1,200,000～1,500,000

MOONMACHINE — 红金

表壳：18K红金表壳，尺寸47mm×50mm，厚19mm

表盘：三个独立是表盘，3时位月相显示，8时位拱形分钟显示，10时位拱形小时显示

机芯：自动机芯，36石，319枚零件，摆频28,800A/H

功能：时、分、月相显示

表带：黑色鳄鱼皮表带配18K红金折叠扣

限量：18枚

参考价：￥1,200,000～1,500,000

MOONMACHINE — 钛金属

表壳：钛金属表壳，尺寸47mm×50mm，厚19mm

表盘：三个独立是表盘，3时位月相显示，8时位拱形分钟显示，10时位拱形小时显示

机芯：自动机芯，36石，319枚零件，摆频28,800A/H

功能：时、分、月相显示

表带：黑色鳄鱼皮表带配钛金属折叠扣

限量：18枚

参考价：￥1,200,000～1,500,000

美度
MIDO

瑞士美度表

年产量：不详
价格区间：RMB5,000 元起
网址：http://www.mido.ch

"A Mark of True Design 灵感创造永恒"是瑞士美度表的品牌精髓。瑞士美度表自1918年创立以来，便始终追求将永恒设计和实用功能相结合，在技术领域不倦追求，目的就是制造出一块拥有高品质材料、精准机芯并具有卓越防水性能可长时间拥有的腕表。

世事变迁，沧海桑田。在如水般岁月的流逝中，经典建筑经受住时光的洗礼，用光华闪现的灵感留住每个时代的智慧，用创意灵感在人类文明史上留下夺目的光芒：跨越千年时空的中国长城讲述了一个民族的浑厚历史，古罗马竞技场记录了一个帝国曾经的荣耀；米兰伊曼纽尔二世拱廊则因为它的玻璃穹顶和无限对称圆弧概念成为现代商场建筑的鼻祖，新古典主义建筑的杰出代表——法国雷恩歌剧院反映了法国大革命前期艺术界的风云激荡；悉尼海港大桥、巴黎埃菲尔铁塔和纽约克莱斯勒大厦则将尖端的建筑技术发挥到极致，通过自然曲线与硬朗几何形体等多样元素的对比运用，充分表现了建筑设计的多样性和一个城市的抱负，一个人类的永恒灵感……这些建筑历经时间的考验，彰显了它们作为时间与空间坐标的独特意义。经典建筑传达的时空哲学与瑞士美度表的制表哲学不谋而合，2012年，瑞士美度表从中汲取设计灵感，以全新的形象闪耀登场，将建筑的时空哲学演绎腕间，用灵感创造永恒，续写腕表传奇，为人们呈现精准的时间。

舵手系列双历腕表 — 不锈钢灰色表盘

型号： M005.430.11.082.00
表壳： 不锈钢表壳，直径42mm，100米防水
表盘： 灰色，3时位日期、星期视窗
机芯： ETA Cal.2836-2自动机芯
功能： 时、分、秒、日期、星期显示
表带： 不锈钢链带配折叠扣
参考价： ￥6,400

舵手系列双历腕表 — 皮带咖啡色表盘

型号： M005.430.16.292.12
表壳： 不锈钢表壳，直径42mm，100米防水
表盘： 咖啡色，3时位日期、星期视窗
机芯： ETA Cal.2836-2自动机芯
功能： 时、分、秒、日期、星期显示
表带： 棕色小牛皮带配不锈钢折叠扣
参考价： ￥5,900

舵手系列双历腕表 — 双色PVD表壳

型号： M005.430.37.057.09
表壳： 黑色及红金PVD不锈钢表壳，直径42mm，100米防水
表盘： 黑色，3时位日期、星期视窗
机芯： ETA Cal.2836-2自动机芯
功能： 时、分、秒、日期、星期显示
表带： 黑色橡胶带
参考价： ￥6,700

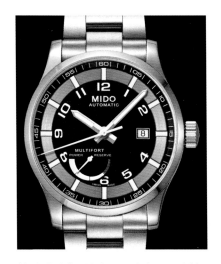

舵手系列动力储存男士腕表 — 不锈钢

型号：M005.424.11.052.02

表壳：不锈钢表壳，直径42mm，100米防水

表盘：黑色，3时位日期视窗，7时位动力
　　　储存指示

机芯：ETA Cal.2897自动机芯，21石，摆
　　　频28,800A/H，42小时动力储存

功能：时、分、秒、日期、动力储存显示

表带：不锈钢链带配折叠扣

参考价：￥7,000

**舵手系列动力储存男士腕表—
黑色PVD不锈钢**

型号：M005.424.11.052.02

表壳：黑色PVD不锈钢表壳，直径42mm，
　　　100米防水

表盘：黑色，3时位日期视窗，7时位动力
　　　储存指示

机芯：ETA Cal.2897自动机芯，21石，摆
　　　频28,800A/H，42小时动力储存

功能：时、分、秒、日期、动力储存显示

表带：黑色小牛皮带配黑色PVD不锈钢折
　　　叠扣

参考价：￥7,300

**舵手系列多功能计时码表—
不锈钢配皮带**

型号：M005.614.16.292.12

表壳：不锈钢表壳，直径44mm，100米防水

表盘：咖啡色表盘，3时位日期，星期视
　　　窗，6时位12小时盘，9时位小秒
　　　盘，12时位30分钟计时盘

机芯：Cal.1320自动机芯，25石，摆频
　　　28,800A/H，48小时动力储存

功能：时、分、秒、日期、星期显示、计
　　　时功能

表带：棕色小牛皮带配不锈钢折叠扣

参考价：￥13,800

**舵手系列多功能计时码表—
不锈钢配橡胶带**

型号：M005.614.17.051.09

表壳：不锈钢表壳，直径44mm，100米防水

表盘：黑色表盘，3时位日期，星期视窗，6时
　　　位12小时盘，9时位小秒盘，12时位
　　　30分钟计时盘，测速刻度外圈

机芯：Cal.1320自动机芯，25石，摆频
　　　28,800A/H，48小时动力储存

功能：时、分、秒、日期、星期显示、计
　　　时功能，测速功能

表带：黑色橡胶带配不锈钢折叠扣

参考价：￥13,800

**舵手系列多功能计时码表—
红金PVD不锈钢配皮带**

型号：M005.614.36.291

表壳：红金PVD不锈钢表壳，直径
　　　44mm，100米防水

表盘：咖啡色表盘，3时位日期，星期视
　　　窗，6时位12小时盘，9时位小秒盘，
　　　12时位30分钟计时盘，测速刻度外圈

机芯：Cal.1320自动机芯，25石，摆频
　　　28,800A/H，48小时动力储存

功能：时、分、秒、日期、星期显示、计
　　　时功能，测速功能

表带：棕色小牛皮带配红金PVD不锈钢折
　　　叠扣

参考价：￥13,300

**舵手系列多功能计时码表—
双色PVD不锈钢配橡胶带**

型号：M005.614.37.057.09

表壳：红金及黑色PVD不锈钢表壳，直径
　　　44mm，100米防水

表盘：黑色表盘，3时位日期，星期视
　　　窗，6时位12小时盘，9时位小秒
　　　盘，12时位30分钟计时盘

机芯：Cal.1320自动机芯，25石，摆频
　　　28,800A/H，48小时动力储存

功能：时、分、秒、日期、星期显示、计
　　　时功能

表带：黑色橡胶带配不锈钢折叠扣

参考价：￥14,200

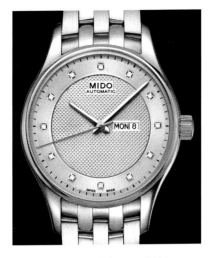

布鲁纳系列双历腕表 — 不锈钢

型号：M001.230.11.036.91

表壳：不锈钢表壳，直径33mm，100米防水

表盘：银色，镶嵌12颗钻石时标，3时位
　　　日期、星期视窗

机芯：ETA Cal.2678自动机芯

功能：时、分、秒、日期、星期显示

表带：不锈钢链带配不锈钢折叠扣

参考价：￥6,500～7,500

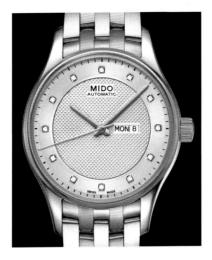

布鲁纳系列双历腕表 — 间金

型号：M001.230.22.036.91

表壳：不锈钢表壳，红金PVD外圈，直径
　　　33mm，100米防水

表盘：银色，镶嵌12颗钻石时标，3时位
　　　日期、星期视窗

机芯：ETA Cal.2678自动机芯

功能：时、分、秒、日期、星期显示

表带：部分红金PVD不锈钢链带配不锈钢
　　　折叠扣

参考价：￥7,000～8,000

布鲁纳系列双历腕表 — 红金

型号：M001.230.36.291.12

表壳：红金ＰＶＤ不锈钢表壳，直径
　　　33mm，100米防水

表盘：咖啡色，3时位日期、星期视窗

机芯：ETA Cal.2678自动机芯

功能：时、分、秒、日期、星期显示

表带：棕色小牛皮带配红金PVD不锈钢折
　　　叠扣

参考价：￥5,000～7,000

布鲁纳系列天文台双历腕表 — 不锈钢

型号：M001.431.11.066.92

表壳·不锈钢表壳，直径40mm，100米防水

表盘：黑色，镶嵌12颗钻石时标，3时位
　　　日期、星期视窗

机芯：ETA Cal.2836-2自动机芯，25石，
　　　摆频28,800A/H，38小时动力储
　　　存，COSC天文台认证

功能：时、分、秒、日期、星期显示

表带：不锈钢链带配不锈钢折叠扣

参考价：￥6,500～7,500

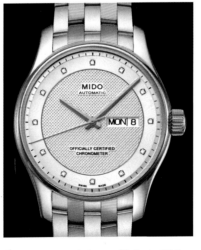

布鲁纳系列天文台双历腕表 — 间金

型号：M001.431.22.036.92

表壳：不锈钢表壳，红金PVD外圈，直径
　　　40mm，100米防水

表盘：银色，镶嵌12颗钻石时标，3时位
　　　日期、星期视窗

机芯：ETA Cal.2836-2自动机芯，25石，
　　　摆频28,800A/H，38小时动力储
　　　存，COSC天文台认证

功能：时、分、秒、日期、星期显示

表带：部分红金PVD不锈钢链带配不锈钢
　　　折叠扣

参考价：￥7,000～8,000

布鲁纳系列天文台双历腕表 — 红金

型号：M001.431.36.291.12

表壳：红金PVD不锈钢表壳，直径40mm，
　　　100米防水

表盘：咖啡色，镶嵌12颗钻石时标，3时
　　　位日期、星期视窗

机芯：ETA Cal.2836-2自动机芯，25石，
　　　摆频28,800A/H，38小时动力储
　　　存，COSC天文台认证

功能：时、分、秒、日期、星期显示

表带：棕色小牛皮带配红金PVD不锈钢折
　　　叠扣

参考价：￥5,000～7,000

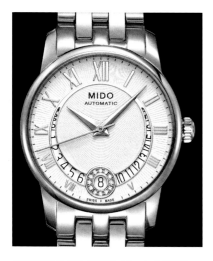

贝伦赛丽系列"SMILE"女士腕表 — 不锈钢

型号：M007.207.11.038.00

表壳：不锈钢表壳，直径33mm，50米防水

表盘：白色，6时位日期视窗，镶嵌12颗钻石约重0.03克拉

机芯：ETA Cal.2824-2自动机芯，25石，摆频28,800A/H，38小时动力储存

功能：时、分、秒、日期显示

表带：不锈钢链带配折叠扣

参考价：￥7,000～8,000

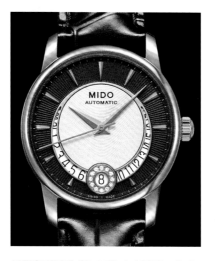

贝伦赛丽系列"SMILE"女士腕表—红金

型号：M007.207.36.291.00

表壳：红金ＰＶＤ不锈钢表壳，直径33mm，50米防水

表盘：咖啡色及白色，6时位日期视窗，镶嵌12颗钻石约重0.03克拉

机芯：ETA Cal.2824-2自动机芯，25石，摆频28,800A/H，38小时动力储存

功能：时、分、秒、日期显示

表带：棕色小牛皮带配红金PVD不锈钢折叠扣

参考价：￥6,500～7,500

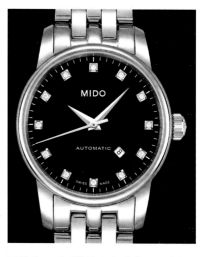

贝伦赛丽系列茱比力女腕表 — 不锈钢

型号：M7600.4.68.1

表壳：不锈钢表壳，直径29mm，50米防水

表盘：黑色，镶嵌12颗钻石时标，4-5时位日期视窗

机芯：ETA Cal.2671自动机芯

功能：时、分、秒、日期显示

表带：不锈钢链带配折叠扣

参考价：￥6,600

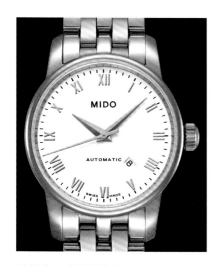

贝伦赛丽系列茱比力女腕表 — 间金

型号：M7600.9.N6.1

表壳：不锈钢表壳，红金PVD外圈，直径29mm，50米防水

表盘：白色，4-5时位日期视窗

机芯：ETA Cal.2671自动机芯

功能：时、分、秒、日期显示

表带：部分红金PVD不锈钢链带配折叠扣

参考价：￥7,600

贝伦赛丽系列茱比力男装腕表 — 黄金

型号：M8600.3.26.4

表壳：黄金PVD不锈钢表壳，直径38mm，50米防水

表盘：白色，4-5时位日期视窗

机芯：ETA Cal.2824-2自动机芯，25石，摆频28,800A/H，38小时动力储存

功能：时、分、秒、日期显示

表带：黑色小牛皮带配黄金PVD不锈钢折叠扣

参考价：￥7,000

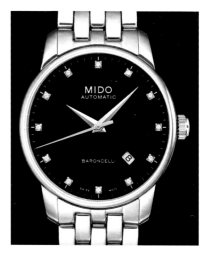

贝伦赛丽系列茱比力男装腕表 — 不锈钢

型号：M8600.4.68.1

表壳：不锈钢表壳，直径38mm，50米防水

表盘：黑色，镶嵌12颗钻石时标，4-5时位日期视窗

机芯：ETA Cal.2824-2自动机芯，25石，摆频28,800A/H，38小时动力储存

功能：时、分、秒、日期显示

表带：不锈钢链带配折叠扣

参考价：￥7,000

贝伦赛丽系列茱比力天文台腕表 — 灰盘

型号：M8690.4.71.1
表壳：不锈钢表壳，直径42mm，50米防水
表盘：银色，4-5时位日期视窗
机芯：ETA Cal.2836-2自动机芯，25石，
　　　摆频28,800A/H，38小时动力储
　　　存，COSC天文台认证
功能：时、分、秒、日期显示
表带：不锈钢链带配折叠扣
参考价：￥10,000

贝伦赛丽系列茱比力天文台腕表 — 黑盘

型号：M8690.4.78.4
表壳：不锈钢表壳，直径42mm，50米防水
表盘：黑色，4-5时位日期视窗
机芯：ETA Cal.2836-2自动机芯，25石，
　　　摆频28,800A/H，38小时动力储
　　　存，COSC天文台认证
功能：时、分、秒、日期显示
表带：黑色小牛皮带配不锈钢折叠扣
参考价：￥9,600

长城系列男装天文台腕表 — 白盘

型号：M015.631.11.037.00
表壳：不锈钢表壳，直径42mm，100米防水
表盘：白色，方形刻纹装饰，3时位日
　　　期、星期视窗
机芯：ETA Cal.2836-2自动机芯，25石，
　　　摆频28,800A/H，38小时动力储
　　　存，COSC天文台认证
功能：时、分、秒、日期、星期显示
表带：不锈钢链带配折叠扣
参考价：￥10,000～12,000

长城系列男装天文台腕表 — 白盘灰色刻度

型号：M015.631.11.037.09
表壳：不锈钢表壳，直径42mm，100米防水
表盘：白色，方形刻纹装饰，3时位日
　　　期、星期视窗
机芯：ETA Cal.2836-2自动机芯，25石，
　　　摆频28,800A/H，38小时动力储
　　　存，COSC天文台认证
功能：时、分、秒、日期、星期显示
表带：不锈钢链带配折叠扣
参考价：￥10,000～12,000

长城系列男装天文台腕表 — 黑盘

型号：M015.631.11.057.00
表壳：不锈钢表壳，直径42mm，100米防水
表盘：黑色，方形刻纹装饰，3时位日
　　　期、星期视窗
机芯：ETA Cal.2836-2自动机芯，25石，
　　　摆频28,800A/H，38小时动力储
　　　存，COSC天文台认证
功能：时、分、秒、日期、星期显示
表带：不锈钢链带配折叠扣
参考价：￥10,000～12,000

长城系列男装天文台腕表 — 灰盘

型号：M015.631.11.067.00
表壳：不锈钢表壳，直径42mm，100米防水
表盘：深灰色，方形刻纹装饰，3时位日
　　　期、星期视窗
机芯：ETA Cal.2836-2自动机芯，25石，
　　　摆频28,800A/H，38小时动力储
　　　存，COSC天文台认证
功能：时、分、秒、日期、星期显示
表带：不锈钢链带配折叠扣
参考价：￥10,000～12,000

完美系列十周年限量版腕表

型号：M8340.4.23.1
表壳：不锈钢表壳，直径42mm，100米防水
表盘：深灰色，3时位日期、星期视窗
机芯：ETA Cal.2836-2自动机芯，25石，
　　　摆频28,800A/H，38小时动力储
　　　存，COSC天文台认证
功能：时、分、秒、日期、星期显示
表带：不锈钢链带配折叠扣
限量：1,000枚
参考价：￥10,100

指挥官系列腕表 — 银色与黑色表盘

型号：M014.430.11.031.00
表壳：不锈钢表壳，直径40mm，50米防水
表盘：银色，黑色分钟刻度，3时位日
　　　期、星期视窗
机芯：ETA Cal.2836-2自动机芯，25石，
　　　摆频28,800A/H，38小时动力储存
功能：时、分、秒、日期、星期显示
表带：不锈钢链带配折叠扣
参考价：￥6,000～8,000

指挥官系列腕表 —黑色与灰色表盘

型号：M014.430.11.051.00
表壳：不锈钢表壳，直径40mm，50米防水
表盘：黑色，灰色分钟刻度，3时位日
　　　期、星期视窗
机芯：ETA Cal.2836-2自动机芯，25石，
　　　摆频28,800A/H，38小时动力储存
功能：时、分、秒、日期、星期显示
表带：不锈钢链带配折叠扣
参考价：￥6,000～8,000

指挥官系列腕表 —灰色表盘

型号：M014.430.11.061.00
表壳：不锈钢表壳，直径40mm，50米防水
表盘：灰色，3时位日期、星期视窗
机芯：ETA Cal.2836-2自动机芯，25石，
　　　摆频28,800A/H，38小时动力储存
功能：时、分、秒、日期、星期显示
表带：不锈钢链带配折叠扣
参考价：￥6,000～8,000

指挥官系列天文台腕表 —银色表盘

型号：M014.431.11.031.00
表壳：不锈钢表壳，直径40mm，50米防水
表盘：银色，3时位日期、星期视窗
机芯：ETA Cal.2836-2自动机芯，25石，
　　　摆频28,800A/H，38小时动力储
　　　存，COSC天文台认证
功能：时、分、秒、日期、星期显示
表带：不锈钢链带配折叠扣
参考价：￥6,000～8,000

指挥官系列天文台腕表 —黑色表盘

型号：M014.431.11.051.00
表壳：不锈钢表壳，直径40mm，50米防水
表盘：黑色，3时位日期、星期视窗
机芯：ETA Cal.2836-2自动机芯，25石，
　　　摆频28,800A/H，38小时动力储
　　　存，COSC天文台认证
功能：时、分、秒、日期、星期显示
表带：不锈钢链带配折叠扣
参考价：￥6,000～8,000

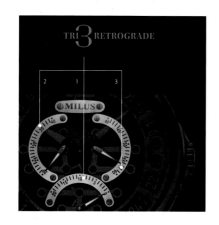

美利是
MILUS

MILUS
SWISS MADE SINCE 1919

年产量：不详
价格区间：RMB20,000 元起
网址：http://www.milus.com

瑞士高质腕表品牌美利是源于始创人保罗威廉·尊奥欲创造出一枚世人都想拥有，既典雅又准确的珍贵腕表的理想。为了实现理想，尊奥先生于 1919 年在柏恩市 Route de Reuchenette 21 号设立公司，直至 2002 年，公司都由尊奥家族所拥有。保罗威廉·尊奥先生实事求是、坐言起行，在培训工匠、设计概念上都一直努力不懈，从未偏离轨道，旨把梦想及理想变成事实。

随着由香港宜进利集团支持的美利是国际有限公司之成立，标志着美利是新纪元的开始。2003 年巴塞尔钟表展上，美利是以全新面貌示人，75% 产品专为女性而设，以制造完美、准确及高贵的腕表为理想，有着鲜明取向。"美利是腕表并不单是一件产品，而是显示一个理念，一种生活态度，美利是腕表本身已代表着高贵华丽。"美利是有限国际公司总裁 Jan Edöcs 如是说。高贵华美的美利是产品，具备高准确性，注重细致，不断创新，主要是把内在美配合外在美而力臻完美境界，令佩戴者信心十足，有着独特的个人风格。所有美利是腕表皆准确可靠，瑞士制造。

Snow Star Heritage限量版腕表—红金

在上世纪 40 年代，美国海军飞行员们习惯于在执行任务时随身携带一些精细而贵重的物品，以提高因意外迫降在未知区域甚至敌区时的生还几率。这"危难求生包"中包含两枚戒指、一条带有黄金吊坠的项链，以及一款 Milus Snow Star "Instant Date" 表款的腕表。为了纪念这个很可能挽救了众多生命的"危难求生包"，美利是发行这套 Snow Star 限量版腕表，除了腕表外，同时还为男士选择了几件精美的配饰，包括一对设计非常独特的 18K 红金袖扣以及一个标有限量标号的 18K 红金军用吊牌，以及一条额外的织物表带。

型号：HKIT400
表壳：18K红金表壳，直径40mm，30米防水
表盘：银色，18K红金指针及时标，3时位日期视窗
机芯：ETA Cal.2408手动机芯，36小时动力储存
功能：时、分、秒、日期显示
表带：黑色鳄鱼皮带配18K红金针扣，另附赠一条黑色织物表带
限量：99枚
参考价：￥150,000~200,000

Snow Star Heritage
限量版腕表—不锈钢
型号：HKIT001
表壳：不锈钢表壳，直径40mm，30米防水
表盘：银色，3时位日期视窗
机芯：SellitaCal.SW200自动机芯，38小时
　　　动力储存
功能：时、分、秒、日期显示
表带：黑色牛皮带配不锈钢针扣，另附赠
　　　一条黑色织物表带
限量：1,940枚
参考价：￥60,000～80,000

TirionTriRetrograde
三逆跳秒针腕表—红色
型号：TIRI019
表壳：不锈钢表壳，部分黑色PVD涂层，
　　　直径45mm，30米防水
表盘：红色及棕色，碳纤维纹理，中心镂
　　　空装饰，4-5时位日期视窗，中心
　　　三根逆跳秒针，梅根秒针运行20秒
机芯：Cal.3838自动机芯，40小时动力储存
功能：时、分、秒、日期显示
表带：黑色鳄鱼皮带配不锈钢针扣
参考价：￥80,000～120,000

TirionTriRetrograde
三逆跳秒针腕表—黑色
型号：TIRI741
表壳：红金及黑色PVD不锈钢表壳，直径
　　　45mm，30米防水
表盘：黑色，中心镂空装饰，4-5时位日期
　　　视窗，中心三根逆跳秒针，梅根秒
　　　针运行20秒
机芯：Cal.3838自动机芯，40小时动力储存
功能：时、分、秒、日期显示
表带：黑色鳄鱼皮带配不锈钢针扣
参考价：￥80,000～120,000

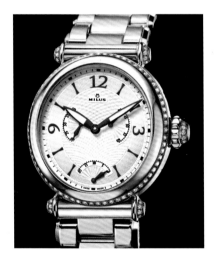

MereaTriRetrograde
三逆跳秒针腕表—不锈钢
型号：MER026
表壳：不锈钢表壳，直径35.8mm，30米防
　　　水，镶嵌钻石总重约1.08克拉
表盘：白色，三根逆跳秒针，梅根秒针运
　　　行20秒
机芯：Cal.3838自动机芯，40小时动力储存
功能：时、分、秒显示
表带：不锈钢链带配配折叠扣
参考价：￥120,000～160,000

MereaTriRetrograde
三逆跳秒针腕表—白色
型号：MER027
表壳：不锈钢表壳，直径35.8mm，30米防
　　　水，镶嵌钻石总重约1.08克拉
表盘：乳白色，三根逆跳秒针，梅根秒针
　　　运行20秒
机芯：Cal.3838自动机芯，40小时动力储存
功能：时、分、秒显示
表带：白色鳄鱼皮带配不锈钢针扣
参考价：￥100,000～150,000

MereaTriRetrograde
三逆跳秒针腕表—黑色
型号：MER029
表壳：不锈钢表壳，直径35.8mm，30米防
　　　水，镶嵌钻石总重约1.08克拉
表盘：黑色，三根逆跳秒针，梅根秒针运
　　　行20秒
机芯：Cal.3838自动机芯，40小时动力储存
功能：时、分、秒显示
表带：黑色鳄鱼皮带配不锈钢针扣
参考价：￥100,000～150,000

万宝龙
MONTBLANC

年产量：不详
价格区间：RMB10,000 元起
网址：http://www.montblanc.com.cn

　　可靠、精准及耐用，是评价高级机械腕表性能的三大准则；出自瑞士里诺 (Le Locle) 万宝龙表厂的所有自制腕表（manufacture watches），全部经过严谨的"500 小时测试"（500-Hour Test），保证产品符合可靠、精准及耐用三大指标。万宝龙"500 小时测试"适用于所有万宝龙自制腕表，即腕表的机芯由万宝龙表厂自行研制。COSC 只测试入壳前的机芯，但万宝龙的系统则针对所有已入壳的制成品，因为机芯入壳、装配表盘及指针等工序，亦有可能影响腕表的功能及走时精准度，所以表厂的测试系统尽量仿真腕表出厂后日常佩戴的现实情况。

　　测试环节包括几个阶段，应用的测试方法及测试设备为制表业界所普遍采用及认同。其独特之处在于结合了多个独立的测试程序，而且测试长达 500 小时。

　　1. 测试机芯上链及最后组装质素；

　　2. 不同方位测试走时精准度，累计 80 小时，精准度必须达到负 4 秒及正 6 秒的范围之内；

　　3. Cyclotest 模拟测试中，模拟现实中佩戴环境，测试 336 个小时；

　　4. 整体功能测试，累计 80 小时，包括温度变化，以及机芯各项功能；

　　5. 防水测试，累计 2 小时。

　　万宝龙表厂产品质量管理部门，确保每枚自制腕表符合"500 小时测试"所有标准要求，才会让其出厂，务求客人购买腕表至首次维修期之间的三至五年内，腕表运作良好无须修理。

时间书写者II 双摆轮1,000 计时表

　　维莱尔万宝龙制表厂的制表大师，成功研发时间书写者 II 双摆轮 1,000 计时表，装配 50 赫兹摆轮，表盘清楚显示 1/1000 秒计时准确度，可谓重大技术成就。表盘上，中置时分针显示标准时间，7 时位置的码螺丝摆轮以每小时摆频 18,000 次的速度运转，在 10 时位置可见计时系统的小摆轮，计时工序启动后以每小时 36 万次频率运转，速度之快肉眼难以分辨。中置红色计时秒针每秒转一圈，连同外缘的刻度指示出 1/100 秒单位，6 时位的定时器有两支指针，较长的红尖指针指示 1 至 60 秒计时，短的全红色指针指示最长 15 分钟累积计时，3 时位的窗口有计时系统的动力储备显示，最触目者乃 12 时位置窗口的一弯弧形刻度，有 N(表示 neutral，即停止运作) 及 0 至 9 的刻度，下面有一个三角标志，指示出 1/1000 秒的显示单位。

表壳：18K白金表壳，直径47mm，厚15.1mm，30米防水
表盘：3时位动力储存显示，6时位小秒盘及15分钟计时盘，12时位千分之一秒计时显示
机芯：Cal.MBTW02手动机芯，直径38.4mm，厚10.6mm，45石，472个零件，双擒纵系统，走时部分摆频18,000A/H，计时部分摆频360,000A/H，100小时动力储存（关闭计时），45分钟动力储存（开启计时）
功能：时、分、秒、动力储存显示，千分之一秒计时功能
表带：黑色鳄鱼皮带配18K白金针扣
限量：36枚
参考价：￥1,500,000～2,000,000

维莱尔1858系列新纪元 —— 规范指针航海计时表及航海钟套装

追本溯源，当今精准时计的起源其实就是古老航海钟，万宝龙表厂从中得到启发，推出了这款万宝龙维莱尔1858系列的"规范式指针航海计时表及航海钟套装"。套装包括一枚规范式指针双时区计时表，以及一座大型规范式指针航海钟。

规范指针航海计时表

表壳：18K红金或白金表壳，直径43.5mm，厚14.67mm，30米防水

表盘：白色，蓝色刻度环，2时位昼夜显示，3时位30分钟计时盘，6时位双针动力储存显示，9时位小秒盘，本地及异地时间小时指示

机芯：Cal.MBM16.30手动机芯，直径38.3mm，厚7.9mm，35石，304个零件，摆频18,000，约50小时动力储存

功能：时、分、秒、昼夜、动力储存、第二时区显示，计时功能

表带：鳄鱼皮表带配18K红金或白金针扣

限量：8套

参考价：请洽经销商

航海钟

表壳：镀镍或镀红金黄铜外壳，花岗岩底座，配有LED灯光系统，直径64cm，高93cm

表盘：白色，蓝色刻度环，2时位小秒盘，3时位目的地港口第二时区显示，6时位双针动力储存显示，9时位出发港口第二时区显示，12时位本地时间小时显示，中心分钟指示

机芯：手动机芯，芝麻链系统，13石，摆频18,000，约360小时动力储存

功能：时、分、秒、动力储存、三地时显示

限量：8套

参考价：请洽经销商

维莱尔1858系列复刻版测速日历计时表

表壳：18K红金表壳，直径43.5mm，厚13mm，30米防水

表盘：白色，3时位30分钟计时盘，6时位日期指示，9时位小秒盘，测速刻度外圈

机芯：Cal.MBM16.32手动机芯，直径38.3mm，厚7mm，22石，268个零件，摆频18,000A/H，约50小时动力储存

功能：时、分、秒、日历显示、计时功能、测速功能

表带：棕色鳄鱼皮表带配18K红金针扣

限量：58枚

参考价：￥300,000~500,000

尼古拉斯凯世镂空双时区计时表

表壳：18K红金或白金表壳，直径43mm，厚15mm，30米防水

表盘：黑色，3时位日历视窗，4时位30分钟计时盘，8时位60秒钟计时盘，9时位昼夜显示，12时位时、分盘配第二时区显示

机芯：Cal.MBR210自动机芯，40石，295个零件，摆频28,800A/H，72小时动力储存

功能：时、分、秒、日期、昼夜、第二时区显示、计时功能

表带：鳄鱼皮表带配18K红金或白金折叠扣

参考价：￥200,000~300,000

明星经典自动腕表

表壳：18K红金表壳，直径39mm，厚8.9mm，30米防水

表盘：白色，6时位小秒盘

机芯：Cal.4810/408自动机芯，27石，摆频28,800A/H，42小时动力储存

功能：时、分、秒显示

表带：棕色鳄鱼皮表带配18K红金针扣

参考价：￥80,000~120,000

摩纳哥格蕾丝王妃系列Pétales de Rose motif腕表

表壳：18K白金表壳，直径34mm，厚
10mm，表圈镶嵌44颗方钻约重
2.04克拉，表把镶嵌1颗万宝龙星
形钻石约重0.06克拉，生活性防水

表盘：白色珍珠贝母表盘，共镶嵌192颗
钻石约重0.87克拉

机芯：Cal.4810/160石英机芯，4石

功能：时、分显示

表带：18K白金链带，共镶嵌605颗钻石约
重6.09克拉

限量：孤本

参考价：请洽经销商

**摩纳哥格蕾丝王妃系列
PétalesEntrelacés腕表**

表壳：18K红金表壳，
直径34mm，厚
10mm，表圈镶嵌
44颗方钻约重2.04
克拉，表把镶嵌1颗
万宝龙星形钻石约
重0.06克拉，生活
性防水

表盘：白色珍珠贝母表
盘，共镶嵌142颗钻
石约重0.37克拉

机芯：Cal.4810/160石英机
芯，4石

功能：时、分显示

表带：18K红金链带，共
镶嵌567颗钻石约重
6.84克拉

限量：孤本

参考价：请洽经销商

**摩纳哥格蕾丝王妃系列不锈钢镶钻腕
表—黑色表带款**

表壳：不锈钢表壳，直径34mm，厚9.7mm，
生活性防水

表盘：白色珍珠贝母表盘，共镶嵌136颗
钻石约重0.33克拉，1颗粉红蓝宝
石约重0.02克拉，6时位小秒盘

机芯：Cal.4810/160石英机芯，4石

功能：时、分、秒显示

表带：黑色鳄鱼皮带配不锈钢针扣

参考价：￥80,000～120,000

**摩纳哥格蕾丝王妃系列不锈钢镶钻腕
表—白色表带款**

表壳：不锈钢表壳，直径34mm，厚
9.7mm，生活性防水

表盘：白色珍珠贝母表盘，共镶嵌136颗
钻石约重0.33克拉，1颗粉红蓝宝
石约重0.02克拉，6时位小秒盘

机芯：Cal.4810/160石英机芯，4石

功能：时、分、秒显示

表带：白色鳄鱼皮带配不锈钢针扣

参考价：￥200,000～300,000

摩纳哥格蕾丝王妃系列高级珠宝表

表壳：18K红金表壳，直径34mm，厚
10mm，表圈镶嵌44颗方钻约重
2.04克拉，表把镶嵌1颗万宝龙星
形钻石约重0.06克拉，生活性防水

表盘：白色珍珠贝母表盘，共镶嵌175颗
钻石约重0.42克拉，1颗粉红蓝宝
石约重0.02克拉，6时位小秒盘

机芯：Cal.4810/160石英机芯，4石

功能：时、分、秒显示

表带：白色鳄鱼皮带配18K红金针扣，镶
嵌76颗钻石约重0.32克拉

限量：8枚

参考价：￥600,000～800,000

时光行者双飞返灰钛计时表

表壳：钛金属表壳，直径43mm，厚15.3mm，30米防水

表盘：灰色，日历环镂空，6时位小秒盘，9时位日期视窗，12时位12小时计时盘，白色计时分钟指针及灰色计时秒针

机芯：Cal.MB LL110自动机芯，36石，摆频28,800A/H，72小时动力储存

功能：时、分、秒、日期显示，计时功能

表带：鳄鱼皮带配钛金属针扣

限量：888枚

参考价：¥60,000～80,000

时光行者世界标准时间计时表

表壳：不锈钢表壳，钛金属外圈及按钮，直径43mm，厚14.8mm，30米防水

表盘：灰色，4时位星期视窗，6时位12小时计时盘，9时位小秒盘，12时位30分钟计时盘；中心第二时区指针。

机芯：Cal.4810/503自动机芯，25石，摆频28,800A/H，46小时动力储存

功能：时、分、秒、日期、第二时区显示，计时功能

表带：深灰色鳄鱼皮带

参考价：¥60,000～80,000

经典回顾

时光行者双碳涂层两地时腕表

表壳：黑色DLC处理不锈钢表壳，表耳配18K红金穿钉，直径43mm，30米防水

表盘：黑色，镀红金时标及指针，6时位第二时区盘，12时位大日历视窗

机芯：Cal.MB4810/911自动机芯，21石，摆频28,800A/H，42小时动力储存

功能：时、分、秒、日期、第二时区显示

表带：黑色鳄鱼皮带配黑色DLC处理不锈钢针扣

参考价：¥40,000～60,000

维莱尔1858系列复刻计时表

表壳：18K红金表壳，直径43.5mm，厚12.48mm，30米防水

表盘：白色珐琅，3时位30分钟计时盘，9时位小秒盘，中心测速刻度，测距刻度外圈

机芯：Cal.16.29手动机芯，直径38.4mm，厚6.3mm，22石，252个零件，摆频18,000A/H，55小时动力储存

功能：时、分、秒显示，单按钮计时功能，测距、测速功能

表带：棕色鳄鱼皮带配18K红金针扣

限量：58枚

参考价：¥300,000～500,000

明星4810自动上链计时表

表壳：不锈钢表壳，直径44mm，厚14.5mm，30米防水

表盘：银色，纽索纹装饰，6时位12小时计时盘及日期视窗，9时位小秒盘，12时位30分钟计时盘

机芯：Cal.4810/501自动机芯，25石，240个零件，摆频28,800，46小时动力储存

功能：时、分、秒、日期显示，计时功能

表带：黑色鳄鱼皮带配不锈钢折叠扣

参考价：¥40,000～60,000

摩凡陀
MOVADO

MOVADO

年产量：50000 块以上
价格区间：RMB10,000 元起
网址：http://www.movado.com

秉承世界语中"永动不息"的深厚内涵，1881年，19岁的企业家阿奇尔·迪茨希姆在瑞士拉夏德芬创立了Movado。从此以后，摩凡陀就奠定了创新设计的口碑，并以其腕表设计的艺术性和创新性获得了100多项专利和200多项国际奖项。

品牌标志性的博物馆表盘诞生于1947年，该博物馆无数字表盘设计被誉为现代主义的典范，单一圆点位于12时位置，象征正午的太阳。它是由包豪斯学派艺术家内森·乔治·霍威特先生设计。他通过这一设计表达出对时间的独特诠释："我们不知道时间是按数字顺序排列的，我们只知道时间是地球沿着其轨道围绕太阳运转的位置"。简化表盘，排除表盘上的数字，将表盘设计成只有象征正午太阳位置的金色圆点和暗示地球运动的指针，摩凡陀充分体现了上世纪20年代包豪斯设计学派的精髓，并于1960年被纽约现代艺术博物馆永久珍藏，亦获得"博物馆珍藏表"的美誉。今天，摩凡陀腕表已成为世界各地多家博物馆的珍藏，而博物馆珍藏表盘更成为品牌独一无二的设计元素。

Museum运动型计时表
表壳： 不锈钢表壳，黑色PVD外圈，直径44mm，30米防水
表盘： 黑色，3时位小秒盘，4时位日期视窗，6时位1/10秒计时盘，9时位30分钟计时盘
机芯： 石英机芯
功能： 时、分、秒、日期显示，计时功能
表带： 黑色橡胶带配不锈钢针扣
参考价： ￥6,000~8,000

瑞红Planisphere腕表
表壳： 不锈钢表壳，直径42mm，30米防水
表盘： 世界地图图案表盘，6时位日期盘，10时位月相显示
机芯： Sellita Cal.SW300自动机芯，配有Dubois-Depraz DD9235组件
功能： 时、分、日期、月相显示
表带： 黑色鳄鱼皮带配不锈钢针扣
参考价： ￥8,000~12,000

瑞红Skymap腕表
表壳： 黑色PVD不锈钢表壳，直径42mm，30米防水
表盘： 黑色，星空图图案，6时位日期盘，10时位月相显示
机芯： Sellita Cal.SW300自动机芯，配有Dubois-Depraz DD9235组件
功能： 时、分、日期、月相显示
表带： 黑色鳄鱼皮带配黑色PVD不锈钢针扣
参考价： ￥10,000~15,000

Bold Titaniums腕表

表壳：灰色钛金属表壳，直径46mm，100
米防水
表盘：黑色哑光蜂窝状表盘，6时位日期
视窗
机芯：石英机芯
功能：时、分、秒、日期显示
表带：灰色钛金属链带配折叠扣
参考价：￥6,000～8,000

黑色PVD石英计时表

表壳：黑色PVD不锈钢表壳，直径40密
码，50米防水
表盘：黑色，3时位小秒盘，6时位1/10秒
计时盘，9时位30分钟计时盘，12
时位大日历视窗
机芯：石英机芯
功能：时、分、秒、日期显示，计时功能
表带：黑色PVD不锈钢链带配折叠扣
参考价：￥6,000～8,000

Luma女装腕表

表壳：褐色PVD 不锈钢表壳，直径
28.5mm，30米防水
表盘：带有粉末质地的灰褐色表盘
机芯：石英机芯
功能：时、分显示
表带：褐色PVD不锈钢链带配锁扣
参考价：￥3,000～5,000

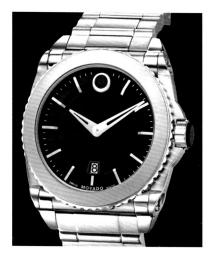

名匠男士石英表

表壳：不锈钢表壳，直径44mm，300米防水
表盘：黑色，6时位日期视窗
机芯：石英机芯
功能：时、分、日期显示
表带：不锈钢链带配折叠扣
参考价：￥4,000～6,000

Series 800计时表

表壳：不锈钢表壳，直径42mm，单相旋
转外圈，200米防水
表盘：黑色，3时位小秒盘，4时位日期视
窗，6时位1/10秒计时盘，9时位30
分钟计时盘
机芯：石英机芯，
功能：时、分、秒、日期显示，计时功
能，潜水计时外圈
表带：黑色橡胶带配不锈钢针扣
参考价：￥6,000～8,000

Verto逆跳计时表

表壳：不锈钢表壳，直径42mm，30米防水
表盘：黑色，2时位逆跳5分钟计时盘，6
时位小秒盘及日期视窗，10时位逆
跳60分钟计时盘，中心逆跳式30秒
计时秒针
机芯：石英机芯
功能：时、分、秒、日期显示，计时功能
表带：部分黑色PVD不锈钢链带配锁扣
参考价：￥6,000～8,000

诺莫斯

NOMOS GLASHÜTTE

NOMOS

年产量：不详

价格区间：RMB20,000 元（均价）

网址：www.nomos-glashuetle.com

世界各地的人都想拥有来自格拉苏蒂镇的腕表。在亚洲，有些人甚至认为格拉苏蒂是座大城市，应该就是这样的！实际上，格拉苏蒂只是一座小村庄。位于厄尔士东部群山之间的这座小镇人口仅有 2500 人，镇内设有1 座酒店、2 家银行、5 个社区协会、6 间理发店，还有就是"表"，这是当地居民对于整个制表业的简称，包括10 家制表厂，其中 3 家已经达到专业表厂的地位。再加上若干配套行业，这些就是格拉苏蒂的全部面貌。

NOMOS 是这三家专业表厂之一，生产的时计作品堪称高档制表王国中的璀璨明珠。只有在厄尔士山脉东部的这座小镇才能诞生出这样的钟表杰作。格拉苏蒂镇以悠久的历史与传统，孕育了众多独一无二的创新发明，而其他地方的制表工匠对此往往一知半解，甚至根本就不能理解。

对于 NOMOS 腕表，仪器或许是最恰如其分的形容词。Tangente、Tetra、Tangomat：它是如此的简洁，高效，直接，没有任何繁复的装饰。迄今为止，没有任何事物能与之相提并论，也许只有天然雕饰的手腕能与之媲美。2012 年 NOMOS 似乎尝试了一点点改变，实际并没有实质性的新款，但是特别引用了两款亮丽的金属色作为表盘，这在 NOMOS 的历史上确是不多见的。

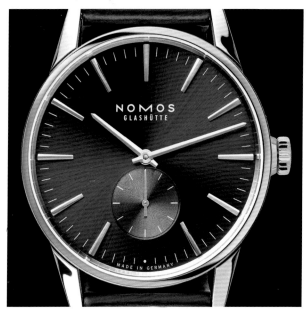

Zürich Blaugol

型号：822

表壳：不锈钢表壳，直径39.7mm，厚9.65mm，30米防水

表盘：金属蓝色，6时位小秒盘

机芯：Epsilon自动机芯，乌金夹板，26石

功能：时、分、秒显示

表带：黑色科尔多瓦马皮表带配针扣

参考价：￥15,000～20,000

Zürich Braungold

型号：823

表壳：不锈钢表壳，直径39.7mm，厚9.65mm，30米防水

表盘：金属棕色，6时位小秒盘

机芯：Epsilon自动机芯，乌金夹板，26石

功能：时、分、秒显示

表带：黑色科尔多瓦马皮表带配针扣

参考价：￥15,000～20,000

欧米茄
OMEGA

年产量：多于 750000 块
价格区间：RMB23,600 元起
网址：http://www.omegawatches.com

　　2012 年因伦敦奥运会的举办，对于欧米茄来说有着非凡的意义。本届奥运会是欧米茄第 25 次担任奥运会指定计时，同时还将荣耀庆祝首次担任奥运会指定计时的 80 周年纪念。与此前的每一届奥运会一样，2012 年欧米茄也将在伦敦引入多项全新计时技术。全新技术在计时结果的传输、显示和存储上具有更大的灵活性，然而不管是 2012 年的全新设备，还是在 1932 年洛杉矶奥运会上首次担任指定计时时使用的计时秒表，欧米茄的目标始终如一：为后人记录世界顶级运动员的卓越表现。

　　欧米茄在伦敦奥运会上使用的各种新技术中，最吸引人眼球的是全新量子计时器及量子水上计时器，它的计时精确度达 1 微妙（百万分之一秒），标志着新一代欧米茄计时设备的问世。与之前的设备相比，全新计时器的分辨率提高了 100 倍。此外，其精度也达到了千万分之一。这意味着此计时器的最大误差只有千万分之一秒，换而言之，即每一千秒中只会产生千分之一秒的误差。而前代设备的精度为两百万分之一，因此量子计时器的精度是之前设备的 5 倍。如此超凡的精度是通过一种装置在计时器内的元件实现的，这个元件由欧米茄所属的斯沃琪集团旗下公司 Micro Crystal 研发。

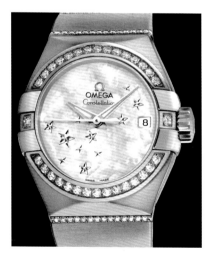

Constellation 27mm红金腕表
型号：123.55.27.20.05.003
表壳：18K 红金表壳，直径 27mm，厚 12.85mm，外圈镶嵌 32 颗钻石总重约 0.5 克拉，100 米防水
表盘：白色珍珠贝母表盘，红金星星装饰，3 时位日期视窗
机芯：Cal.8521 自动机芯，同轴擒纵，28 石，摆频 25,200A/H，50 小时动力储存，COSC 天文台认证
功能：时、分、秒、日期显示
表带：18K 红金链带配折叠扣，镶嵌 144 颗钻石总重约 0.54 克拉
参考价：￥140,000～180,000

Constellation 24mm不锈钢腕表
型号：123.15.24.60.05.003
表壳：精钢表壳，直径 24mm，厚 8.07mm，外圈镶嵌 28 颗钻石总重约 0.34 克拉，100 米防水
表盘：黑色表盘，银色星星装饰
机芯：Cal.1376 石英机芯
功能：时、分显示
表带：不锈钢链带配折叠扣
参考价：￥100,000～120,000

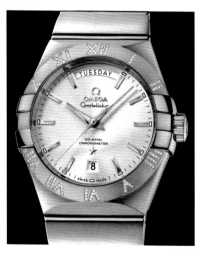

Constellation 38mm双历腕表
型号：123.25.38.22.02.001
表壳：不锈钢表壳，18K 红金外圈及表冠，镶嵌 116 颗钻石，总重约 0.13 克拉，直径 38mm，厚 13.52mm，100 米防水
表盘：银白色，6 时位日期视窗，12 时位星期视窗
机芯：Cal.8602/8612 自动机芯，同轴擒纵，39 石，摆频 25,200A/H，55 小时动力储存，COSC 天文台认证
功能：时、分、秒、日期、星期显示
表带：不锈钢间 18K 红金链带配折叠扣
参考价：￥80,000～120,000

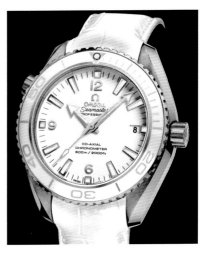

**Seamaster Aqua Terra GMT
两地时腕表**

型号：231.13.43.22.01.001

表壳：不锈钢表壳，直径43mm，厚14.15mm，150米防水

表盘：黑色，条纹装饰，6时位日期视窗，中心红色箭头第二时区指针

机芯：Cal.8605自动机芯，同轴擒纵，38石，摆频25,200A/H，60小时动力储存，COSC天文台认证

功能：时、分、秒、日期、第二时区显示

表带：黑色鳄鱼皮带配不锈钢折叠扣

参考价：￥70,100

**Seamaster Planet Ocean Ceragold
45.5 mm计时表**

型号：232.63.46.51.01.001

表壳：18K红金表壳，Ceragold单向旋转外圈，直径45.50mm，厚19.25mm，600米防水

表盘：黑色，3时位计时小时即分钟盘，6时位日期视窗，9时位小秒盘

机芯：Cal.9301自动机芯，同轴擒纵，54石，摆频28,800，60小时动力储存，COSC天文台认证

功能：时、分、秒、日期显示，计时功能，潜水计时外圈

表带：黑色鳄鱼皮带配18K红金折叠扣

参考价：￥120,000～180,000

**Seamaster Planet Ocean Ceragold
42mm女装腕表**

型号：232.63.42.21.04.001

表壳：18K红金表壳，Ceragold单向旋转外圈，直径42mm，厚15.05mm，600米防水

表盘：白色，3时位日期视窗

机芯：Cal.8501自动机芯，同轴擒纵，28石，摆频25,200A/H，50小时动力储存，COSC天文台认证

功能：时、分、秒、日期显示，潜水计时外圈

表带：白色鳄鱼皮带配18K红金折叠扣

参考价：￥100,000～150,000

Speedmaster "First Omega in Space" 限量计时腕表

型号：311.32.40.30.01.001

表壳：不锈钢表壳，直径39.70mm，厚14mm，测速刻度外圈，50米防水

表盘：黑色，3时位30分钟计时盘，6时位12小时计时盘，9时位小秒盘

机芯：Cal.1861手动机芯，18石，摆频21,600A/H，45小时动力储存

功能：时、分、秒显示，计时功能，测速功能

表带：棕色小牛皮带配不锈钢针扣

参考价：￥40,000～60,000

Speedmaster Racing计时腕表 — 不锈钢链带

型号：326.30.40.50.01.002

表壳：不锈钢表壳，直径40mm，厚15.05mm，测速刻度外圈，100米防水

表盘：黑色及白色，3时位30分钟计时盘，6时位12小时计时盘及日期视窗，9时位小秒盘

机芯：Cal.3330自动机芯，同轴擒纵，31石，摆频28,800A/H，52小时动力储存，COSC天文台认证

功能：时、分、秒、日期显示，计时功能，测速功能

表带：不锈钢链带配折叠扣

参考价：￥30,000～50,000

Speedmaster Racing计时腕表 — 橡胶带

型号：326.32.40.50.06.001

表壳：不锈钢表壳，直径40mm，厚15.05mm，测速刻度外圈，100米防水

表盘：黑色，3时位30分钟计时盘，6时位12小时计时盘及日期视窗，9时位小秒盘

机芯：Cal.3330自动机芯，同轴擒纵，31石，摆频28,800A/H，52小时动力储存，COSC天文台认证

功能：时、分、秒、日期显示，计时功能，测速功能

表带：黑色橡胶带配不锈钢折叠扣

参考价：￥30,000～50,000

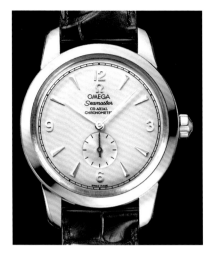

Seamaster 1948 Co-Axial 2012
伦敦奥运会限量版腕表
型号：522.23.39.20.02.001
表壳：不锈钢表壳，直径39mm，18K红金表
　　　背刻有伦敦奥运会标志，120米防水
表盘：银白色，6时位小秒盘
机芯：Cal.2202自动机芯，同轴擒纵，33
　　　石，摆频25,200A/H，48小时动力
　　　储存，COSC天文台认证
功能：时、分、秒显示
表带：黑色鳄鱼皮带配不锈钢表扣
限量：1,948枚
参考价：￥44,400

Seamaster Aqua Terra Co-Axial 2012
伦敦奥运会特别版计时腕表 — 不锈钢
型号：522.10.44.50.03.001
表壳：不锈钢表壳，直径44mm，150米防水
表盘：蓝色，条纹装饰，3时位30分钟计
　　　时盘，4-5时位日期视窗，6时位12
　　　小时计时盘，9时位小秒盘
机芯：Cal.3313自动机芯，同轴擒纵，37
　　　石，摆频28,800A/H，52小时动力
　　　储存，COSC天文台认证
功能：时、分、秒、日期显示，计时功能
表带：不锈钢链带配折叠扣
参考价：￥56,800

Seamaster Aqua Terra Co-Axial2012
伦敦奥运会特别版计时腕表 — 间金
型号：522.23.44.50.03.001
表壳：不锈钢表壳，18K红金外圈及表
　　　冠、按钮，直径44mm，150米防水
表盘：蓝色，条纹装饰，3时位30分钟计
　　　时盘，4-5时位日期视窗，6时位12
　　　小时计时盘，9时位小秒盘
机芯：Cal.3313自动机芯，同轴擒纵，37
　　　石，摆频28,800A/H，52小时动力
　　　储存，COSC天文台认证
功能：时、分、秒、日期显示，计时功能
表带：蓝色鳄鱼皮带配不锈钢折叠扣
参考价：￥78,100

Seamaster Aqua Terra Co-Axial 2012
伦敦奥运会特别版女装腕表
型号：522.23.34.20.03.001
表壳：不锈钢表壳，18K黄金外圈及表
　　　冠，直径34mm，150米防水
表盘：蓝色，条纹装饰，3时位日期视窗
机芯：Cal.8520自动机芯，同轴擒纵，28
　　　石，摆频25,200A/H，50小时动力
　　　储存，COSC天文台认证
功能：时、分、秒、日期显示
表带：蓝色鳄鱼皮带配不锈钢折叠扣
参考价：￥51,900

De Ville Chronograph**计时腕表**
型号：431.53.42.51.03.001
表壳：18K红金表壳，直径42mm，厚
　　　15.9mm，100米防水
表盘：蓝色，3时位30分钟计时盘，6时位
　　　12小时计时盘及日期视窗，9时位
　　　小秒盘
机芯：Cal.9301自动机芯，同轴擒纵，54
　　　石，摆频28,800A/H，60小时动力
　　　储存，COSC天文台认证
功能：时、分、秒、日期显示，计时功能
表带：蓝色鳄鱼皮带配18K红金折叠扣
参考价：￥150,000～200,000

Speedmaster SpacemastEr Z-33
型号：325.92.43.79.01.001
表壳：钛金属表壳，尺寸43mm×53mm，
　　　厚19.85mm，30米防水
表盘：黑色，两个红色背光液晶显示屏
机芯：Cal.5666石英机芯
功能：时、分、秒显示，异地时间，万年
　　　历，计时，倒计时，响闹功能
表带：黑色橡胶带配钛金属折叠扣
限量：专卖店特别款
参考价：￥60,000～80,000

豪利时
ORIS

ORIS
Swiss Made Watches
Since ORIS 1904

年产量：不详
价格区间：RMB7,000 元起
网址：http://www.oris.ch

豪利时，是欧洲凯尔特语（小河）的意思，同时也是靠近瑞士西北部 Holstein（赫斯坦）的一个村庄。1904年，Paul Cattin 和 Georges Christian 两人在 Holstein 建立了豪利时表厂，在这个众多名表汇集的侏罗山区，豪利时就靠着二十四名员工开始了日后影响深远的制表工业，其后的六年，员工陆续增加到三百名，表厂也多扩充了十个分厂。经过不断努力，终于在 1925 年有了自己的电镀厂，从此豪利时就专精于制造价格不高、但品质良好的手表。

从 1982 年开始，豪利时总裁 Ulrich Herzog 就开始经常到日本和世界其他主要市场考察。在当时日本石英表风行世界的时代，Herzog 以其敏锐的眼光，捕捉到依然有一批机械手表的拥戴者，接下来几乎每隔几年，豪利时就有新产品陆续浮现：机械式响闹腕表、计时计数的运动表或多功能的自动表等，让豪利时在制造科技上跨进了一大步。90 年代，市场形象和赞助活动陆续展开：1996 年的豪利时伦敦爵士节，让豪利时和爵士乐之间有了强烈的情感联结；电影界、运动界及音乐界的知名人士纷纷开始佩戴豪利时腕表；从 2000 年开始，豪利时也在世界各地分别与航空、赛车和音乐等相关活动结合。2003 年开始，豪利时与著名的威廉姆斯 F1 车队签订协议，正式成为威廉姆斯 F1 车队的合作伙伴。2004 年，是豪利时诞生的一百周年，极具纪念意义的豪利时百年限量纪念套表，象征着完美与骄傲，也象征着豪利时在 1 个世纪以来的信念与坚持。

艺术大师GT计时码表

豪利时家族的最新成员——豪利时艺术大师 GT 计时码表融合了最新的设计和创新，既秉承了豪利时赛车运动的传统风格，又将高雅运动和当代设计完美融合。该款手表的运转动能来自于全自动机械机芯，同时还有计时和日历功能。两片式表盘配上亚黑表圈，准距仪的刻度直接就在表盘上，小表圈的分钟和小时计时器，都有指针和刻度。另外一个有趣的装置就是根据豪利时开发的逆行倒退装置而设置的秒针显示，运转起来就像赛车上的计数器一样。

型号：674 7661 4434
表壳：不锈钢表壳，黑色陶瓷外圈，直径44mm，100米防水
表盘：黑色，6时位12小时计时盘及日期视窗9时位直线式秒钟显示，12时位30分钟计时盘，测速刻度外圈
机芯：ETA Cal.7750自动机芯，摆频28,800A/H，约42小时动力储存
功能：时、分、秒、日期显示，计时功能，测速功能
表带：黑色想价带配折叠扣
参考价：￥15,000～25,000

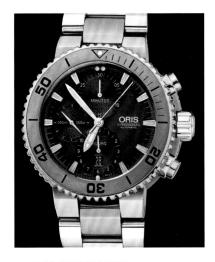

Aquis钛金属计时码表

型号：67476557253

表壳：钛金属表壳，直径46mm，潜水计时外圈，500米防水

表盘：灰色，6时位12小时计时盘及日期视窗9时位直线式秒钟显示，12时位30分钟计时盘

机芯：ETA Cal.7750自动机芯，摆频28,800A/H，约42小时动力储存

功能：时、分、秒、日期显示，计时功能，潜水计时外圈

表带：钛金属链带

参考价：￥12,000～13,000

Chet Baker 限量表

型号：73375914084

表壳：不锈钢表壳，直径40mm，30米防水

表盘：黑色，五线谱图案装饰，6时位日期视窗

机芯：Cal.733自动机芯

功能：时、分、秒、日期显示

表带：黑色皮带配不锈钢折叠扣

限量：1,929枚

参考价：CHF 1,750

参考价：￥8,000～12,000

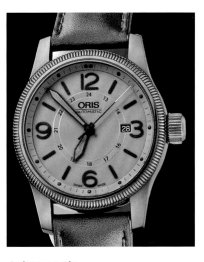

大表冠日历表

型号：73376294263

表壳：灰色PVD不锈钢表壳，直径44mm，30米防水

表盘：灰色，3时位日期视窗

机芯：Cal.733自动机芯

功能：时、分、秒、日期显示

表带：深灰色牛皮带配不锈钢针扣

参考价：￥8,000～12,000

Big Crown Timer飞行员腕表

型号：73576604264

表壳：炮筒色PVD不锈钢表壳，直径44mm，30米防水

表盘：黑色，3时位星期视窗，9时位额小时视窗

机芯：Cal.SW 220自动机芯

功能：时、分、秒、日期、星期显示

表带：棕色牛皮带配炮筒色PVD不锈钢表扣

参考价：￥8,000～12,000

图巴塔哈潜水限量表

型号：749766371 85

表壳：不锈钢表壳，直径46mm，潜水计时外圈，500米防水

表盘：蓝色，3时位小时盘，6时位日期视窗，9时位小秒盘

机芯：Cal.749自动机芯

功能：时、分、秒、日期显示，潜水计时外圈

表带：黑色鳄鱼皮带配折叠扣

限量：2,000枚

参考价：￥10,000～15,000

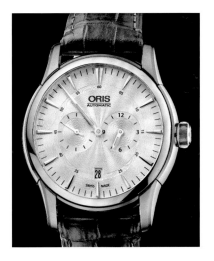

艺术家校准表

型号：74976674051

表壳：不锈钢表壳，直径40.5mm，50米防水

表盘：银白色，3时位小时盘，6时位日期视窗，9时位小秒盘

机芯：Cal.749自动机芯

功能：时、分、秒、日期显示

表带：棕色牛皮带配折叠扣

参考价：￥8,000～12,000

沛纳海
PANERAI

年产量：多于 10000 块

价格区间：RMB30,000 元起

网址：http://www.panerai.com

20 世纪 30 年代，沛纳海为意大利海军之精密仪器的官方供货商。在许多制作的仪器中，有一系列专为在极高危险环境中使用的腕表。直到 1993 年，这些特殊及秘密的军用腕表还以 Luminor 及 Mare Nostrum 两个品牌在民间市场限量发行。但是直到整整 10 年前，当沛纳海在全球市场上正式发行，沛纳海品牌的成功才得以认可。1998 年，成为历峰集团一员的沛纳海首次在日内瓦表展上展示其腕表产品。沛纳海腕表的每一个细节，包括腕表的设计和发想在内，都凝结着传承的力量，同时更放眼未来，持续不断地追求更高超的工艺技术，令每一个全新推出的沛纳海表款均独特出众。如今，所有的沛纳海表款均搭载了自行研发生产的机芯，反映了沛纳海自最初的品牌价值。品牌展现出构想的价值、男性与女性的价值、发源地佛罗伦萨和其在工艺、创意及审美观指针的价值。

Radiomir 1940— 47毫米腕表

Radiomir 是专为水下军事行动而设计的腕表中最著名的一个表款。随着全新 Radiomir1940 腕表的推出其辉煌的历史又掀开新的篇章。两款全新限量版腕表首次采用与众不同的沛纳海复古风格表壳。与试作品表款及 1930 年代末出产的表款不同，于 1940 年代制作的部分 Radiomir 历史表款采用了不一样的表壳设计，其表耳并非以钢线制成再焊接到表壳上，而是与表壳一起由同一块精钢一体成型，因此其表耳更强韧更坚固。全新推出的 Radiomir1940 腕表正是采用这种与众不同的表壳，尺寸沿用经典的 47 毫米直径，同时也融入源自历史表款的其他元素：保护表盘的 Plexiglase 树脂玻璃、浑圆的弧形表框、圆柱形表冠和旋入式底盖。

型号： PAM00399

表壳： 不锈钢表壳，直径47mm，300米防水

表盘： 黑色表盘，9时位小秒盘

机芯： Cal.OPXXVII手动机芯（以Minerva16-17手动机芯为基础），直径37.8mm，18石，摆频18,000A/H，55小时动力储存

功能： 时，分，秒显示

表带： 棕色皮带配不锈钢针扣

限量： 100枚，包含与PAM00398配套推出的50套对表

参考价： 请洽经销商

RADIOMIR 8DAYS GMT ORO ROSSO
— 45毫米8天动力储存两地时间红金腕表

这款腕表的 45 毫米直径红金 Radiomir 表壳散发着古典的美感，内部搭载极其精密的新版本 P.2002 机芯，透过表背上的大型蓝宝石水晶底盖即可欣赏其精致的镂空桥板和发条盒。镂空装饰展露出与红金表壳相同色泽的齿轮装置和夹板上的圆纹修饰。此外，在腕表运转时，它能让佩戴者看到主发条不断展开；而在上链时，能看到主发条不断旋紧。表厂对细节一丝不苟，对修饰工艺制定了极高的标准，这也体现在桥板的手工倒角加工，机芯上的金质镂刻，以及在表背的表框上选用浮雕铭文来记录品牌和技术细节，而不是传统的镂刻工艺。

型号：PAM00395
表壳：18K红金表壳，直径45mm
表盘：棕色，3时位日历视窗，6时位动力储存显示，9时位小秒盘及昼夜指示，中心第二时区指针及本地时间时、分指针
机芯：Cal.P.2002/10手动机芯，直径31mm，厚6.6mm，21石，246个零件，摆频28,800A/H，8天动力储存
功能：时、分、秒、日期、昼夜、动力储存、第二时区显示
表带：鳄鱼皮表带配18K红金表扣
参考价：￥277,900

RADIOMIR 1940 ORO ROSSO—
47毫米红金腕表

型号：PAM00398
表壳：18K红金表壳，直径47mm，300米防水
表盘：棕色表盘，9时位小秒盘
机芯：Cal.OPXXVII手动机芯（以Minerva16-17手动机芯为基础），直径37.8mm，18石，摆频18,000A/H，55小时动力储存
功能：时、分、秒显示
表带：棕色鳄鱼皮带配18K红金针扣
限量：100枚，包含与PAM00399配套推出的50套对表
参考价：请洽经销商

LUMINOR MARINA 1950 3 DAYS —
47毫米3日动力储存腕表

型号：PAM00422
表壳：不锈钢表壳，直径47mm，100米防水
表盘：黑色，9时位小秒盘
机芯：Cal.P.3001手动机芯，直径37.2mm，厚6.3mm，21石，207个零件，摆频21,600A/H，3天动力储存
功能：时、分、秒显示
表带：棕色皮带配不锈钢针扣
参考价：￥77,000

LUMINOR MARINA 1950 3 DAYS
POWER RESERVE — 47毫米3日动
力储存腕表

型号：PAM00423
表壳：不锈钢表壳，直径47mm，100m防水
表盘：黑色，4时位动力储存指示，9时位小秒盘
机芯：Cal.P.3002手动机芯，直径37.2mm，厚6.3mm，21石，208个零件，摆频21,600A/H，3天动力储存
功能：时、分、秒、动力储存显示
表带：棕色皮带配不锈钢针扣
参考价：￥78,000

RADIOMIR CALIFORNIA 3 DAYS —
47毫米3日动力储存腕表
型号：PAM00424
表壳：不锈钢表壳，直径47mm，100米防水
表盘：黑色，3时位日期视窗
机芯：Cal.P.3000手动机芯，直径37.2mm，
　　　厚5.3mm，21石，162个零件，摆频
　　　21,600A/H，3天动力储存
功能：时、分、日期显示
表带：棕色皮带配不锈钢针扣
参考价：￥61,200

RADIOMIR S.L.C. 3 DAYS —
47毫米3日动力储存腕表
型号：PAM00425
表壳：不锈钢表壳，直径47mm，100米防水
表盘：黑色，6时位配有潜水艇图案
机芯：Cal.P.3000手动机芯，直径37.2mm，
　　　厚5.3mm，21石，162个零件，摆频
　　　21,600A/H，3天动力储存
功能：时、分显示
表带：棕色皮带配不锈钢针扣
参考价：￥61,200

RADIOMIR CALIFORNIA 3 DAYS —
47毫米3日动力储存限量版腕表
型号：PAM00448
表壳：不锈钢表壳，直径47mm，100米防水
表盘：黑色，蓝钢指针
机芯：Cal.P.3000手动机芯，直径37.2mm，
　　　厚5.3mm，21石，162个零件，摆频
　　　21,600A/H，3天动力储存
功能：时、分显示
表带：棕色皮带配不锈钢针扣
限量：750枚
参考价：请洽经销商

RADIOMIR S.L.C. 3 DAYS —
47毫米3日动力储存限量版腕表
型号：PAM00449
表壳：不锈钢表壳，直径47mm，100米防水
表盘：黑色，蓝钢指针
机芯：Cal.P.3000手动机芯，直径37.2mm，
　　　厚5.3mm，21石，162个零件，摆频
　　　21,600A/H，3天动力储存
功能：时、分显示
表带：棕色皮带配不锈钢针扣
限量：750枚
参考价：请洽经销商

LUMINOR 1950 CERAMICA —
3日动力储存两地时腕表链带款
型号：PAM00438
表壳：黑色陶瓷表壳，直径44mm，100m
　　　防水
表盘：黑色，3时位日期视窗，9时位小秒
　　　盘，中心第二时区及本地时间时、
　　　分指针
机芯：Cal.P.9001/B自动机芯，直径
　　　31mm，厚7.9mm，29石，229个零
　　　件，摆频28,800A/H，3天动力储存
功能：时、分、秒、日期、第二时区显示
表带：陶瓷表链配黑色PVD涂层不锈钢表扣
参考价：￥115,100

LUMINOR 1950 CERAMICA —
3日动力储存两地时腕表链带款
型号：PAM00441
表壳：黑色陶瓷表壳，直径44mm，100m
　　　防水
表盘：黑色，3时位日期视窗，9时位小秒
　　　盘，中心第二时区及本地时间时、
　　　分指针
机芯：Cal.P.9001自动机芯，直径31mm，
　　　厚7.9mm，29石，229个零件，摆
　　　频28,800A/H，3天动力储存
功能：时、分、秒、日期、第二时区显示
表带：棕色皮带配黑色PVD涂层钛金属针扣
参考价：￥88,300

RADIOMIR 3 DAYS PLATINO—
47毫米3日动力储存铂金腕表

型号：PAM00373
表壳：铂金表壳，直径47mm，100米防水
表盘：棕色，金色时，分指针
机芯：Cal.P.3000手动机芯，直径37.2mm，
　　　厚5.3mm，21石，160个零件，摆频
　　　21,600A/H，3天动力储存
功能：时，分显示
表带：棕色鳄鱼皮带配18K白金针扣
限量：199枚
参考价：￥331,800

LUMINOR SUBMERSIBLE 1950 3
DAYS AUTOMATIC BRONZO—47 毫
米3日动力储存自动专业潜水青铜腕表

型号：PAM00382
表壳：青铜表壳，直径47mm，单向旋转
　　　潜水计时外圈，300米防水
表盘：绿色，3时位日期视窗，9时位小秒盘
机芯：Cal.P.9000自动机芯，直径31mm，
　　　厚7.9mm，28石，197个零件，摆
　　　频28,800A/H，3天动力储存
功能：时，分，秒，日期显示，潜水计时功能
表带：棕色皮带配钛金属针扣
限量：1,000枚
参考价：￥80,200

LUMINOR 1950 3 DAYS—
47毫米3日动力储存腕表

型号：PAM00372
表壳：不锈钢表壳，直径47mm，100米防水
表盘：黑色，夜光小时刻度及指针
机芯：Cal.P.3000手动机芯，直径37.2mm，
　　　厚5.3mm，21石，160个零件，摆频
　　　21,600A/H，3天动力储存
功能：时，分显示
表带：棕色皮带配不锈钢针扣
限量：3,000枚
参考价：￥71,800

RADIOMIR TITANIO —42毫米腕表

型号：PAM00338
表壳：不锈钢表壳，直径42mm，100米防水
表盘：黑色，9时位小秒盘
机芯：Cal.P.999/1手动机芯，直径27.06mm，
　　　厚3mm，19石，144个零件，摆频
　　　21,600A/H，60小时动力储存
功能：时，分，秒显示
表带：黑色鳄鱼皮带配不锈钢针扣
参考价：￥61,200

LUMINOR MARINA 1950 —
44毫米3天动力储存自动腕表

型号：PAM00359
表壳：不锈钢表壳，直径44mm，300米防水
表盘：黑色，3时位日期视窗，9时位小秒盘
机芯：Cal.P.9000自动机芯，直径31mm，
　　　厚7.9mm，28石，197个零件，摆
　　　频28,800A/H，3天动力储存
功能：时，分，秒，日期显示
表带：黑色皮带配不锈钢针扣，另附赠一
　　　条备用表带及更换工具
参考价：￥58,400

RADIOMIR 8 DAYS TITANIO —
45毫米8天动力储存腕表

型号：PAM00346
表壳：钛金属表壳，直径45mm，100米防水
表盘：棕色，3时位日期视窗，9时位小秒盘
机芯：Cal.P.2002/9手动机芯，直径31mm，
　　　厚6.6mm，21石，246个零件，摆频
　　　28,800A/H，8天动力储存
功能：时，分，秒，日期显示
表带：棕色皮带配钛金属针扣
参考价：￥101,300

帕玛强尼 PARMIGIANI
HAUTE HORLOGERIE AUTHENTIQUE
PARMIGIANI FLEURIER

年产量：约4000块
价格区间：RMB100,000元起
网址：http://www.parmigiani.ch

　　大约三十多年前，手工制造的文化和工艺技术便引领着米歇尔·帕玛钱宁（Michel Parmigiani）充满创意的灵魂。1950年出生于瑞士Couvet，在Val-de-Travers的山谷里成长，并且自童年起便浸淫在丰富这个小山谷的工匠世界里。受到工匠们精巧手艺的吸引，米歇尔·帕玛钱宁遂进入富乐业钟表学校（l'Ecoled'Horlogerie de Fleurier）接受教育，并且自那时起便不离富乐业的钟表传统。因此，他在1976年创建了帕玛钱宁钟表艺术公司（PARMIGIANI MESURE ET ART DU TEMPS）并且在富乐业开设他的第一批工坊。他的钟表修复工作给予他

关于高级制表丰富的知识以及相关的工艺技巧，也渐渐地让整个Val-de-Travers地区的工业规模得以复兴。

　　幸而有山度士家族基金会积极地参与，帕玛强尼品牌终于在1996年成立，发展并且贯彻同样的理念：遵循高级制表传统精益求精。品牌制造工坊，透过在装饰、微机械处理以及精确切削方面的几项重要工业收购，持续不断成长，使得帕玛强尼能够逐渐提升其技术还有美学要求的能力。

Le Dragon et La Perle du Savoir "游龙戏珠" 座钟

　　这款"游龙戏珠"向世人证明帕玛强尼在高级钟表领域全面的技术能力。其龙形先以蜡雕刻，随后龙身分三段铸模。接着熟练地对实心银模进行雕刻。龙身覆满鳞片共计585片，以天然翡翠制作，经过设计、切割、镶放，最后一片片用铆钉固定在整条龙身上，龙爪和龙须为白金材质，眼睛为红宝石，舌头为玛瑙，成为一件复杂的珠宝艺术品。在机械结构上，这件作品也展现出了品牌的独创性。龙每小时绕行一圈，追着耀眼的宝珠，宝珠珠则每小时六次挣脱龙的掌握；每当宝珠移动位置，就会"咚"地响起一声钟声，通知主人。

钟壳： 龙形为手工锻造银材质，镶嵌585片绿玉及翡翠鳞片，红宝石镶眼，龙舌为玛瑙。水晶底座，925银波浪框架，镶嵌一颗帝王玉

机芯： Cal.PF670手动机芯，直径132mm，高350mm，42石，摆频18,000A/H，8天动力储存

功能： 龙形及龙珠可旋转，下方以时辰为单位显示时间

参考价： 请洽经销商

15天座钟

帕玛强尼荣耀推出集现代美学与传统制表集于一身的这款"15天座钟"内含品牌研发出的全新动力存储显示方法，这一创新专利更是首次采用于座钟上。其灵感源自马耳他十字装置，使得2周动力存储可直接用于发条盒之上。位于发条盒侧边的马耳他十字与截停装置确保发条弹簧实现最佳性能，不会太紧，也不会太松。上链后，动力存储系统的轴承与凸轮相连，发条盒四周形似蜘蛛的四个指针做反向运动。摆锤周边有四处显示动力存储，即使发条不停旋转也能查看动力存储情况。

钟壳：框架由镀铑处理的白银制成（约1kg），矿物水晶玻璃，尺寸142mm×96mm×80mm
表盘：银色，日内瓦条纹装饰中间配蓝色时、分盘，12时位小秒盘
机芯：Cal.PF920手动机芯，19石，15天动力储存
功能：时、分、秒、动力储存显示
参考价：请洽经销商

**TondaQuantièmeAnnuelRétrograde
年历腕表 — 钯金款**

表壳：钯金表壳，直径40mm，厚11.2mm，30米防水
表盘：黑色，3时位月份指示，6时位月相视窗，9时位星期指示，中心回跳式日期指针
机芯：Cal.PF339自动机芯，55小时动力储存。
功能：时、分、秒、日期、星期、月份、月相显示，年历功能
表带：黑色鳄鱼皮带配针扣
参考价：￥250,000～300,000

**TondaQuantièmeAnnuelRétrograde
年历腕表 — 红金款**

表壳：18K红金表壳，直径40mm，厚11.2mm，30米防水
表盘：白色，3时位月份指示，6时位月相视窗，9时位星期指示，中心回跳式日期指针
机芯：Cal.PF339自动机芯，55小时动力储存。
功能：时、分、秒、日期、星期、月份、月相显示，年历功能
表带：黑色鳄鱼皮带配针扣
参考价：￥200,000～250,000

Kalparisma不锈钢款女装腕表

表壳：不锈钢表壳，尺寸3750mm×31.20mm，厚8.40mm，镶嵌46颗钻石约重0.88克拉，30米防水
表盘：白色，6时位小秒盘及日期视窗
机芯：Cal.PF331自动机芯，直径25.6mm，厚3.5mm，32石，摆频28,800，双发条盒，55小时动力储存
功能：时、分、秒、日期显示
表带：鳄鱼皮表带配针扣
参考价：￥100,000～150,000

经典回顾

Pershing 002计时腕表

表壳：不锈钢表壳，直径42mm，厚13.1mm，外圈镶嵌55颗长方形钻石约重2.5克拉，17颗长方形蓝宝石约重0.7克拉，100米防水

表盘：白色珍珠贝母表盘，3时位海星形状小秒针，6时位12小时计时盘及日期视窗，9时位30分钟计时盘

机芯：Cal.PF334自动机芯

功能：时、分、秒、日期显示，计时功能

表带：白色皮带配不锈钢折叠扣

参考价：￥600,000～800,000

Pershing Tourbillon Ajouré镂空陀飞轮腕表

表壳：钯金表壳，直径45mm，厚14.2mm，单向旋转潜水计时外圈，200米防水

表盘：银白色，镂空装饰，6时位陀飞轮装置，12时位动力储存指示

机芯：Cal.PF511自动机芯，直径33.9mm，厚5.55mm，30石，摆频21,600A/H，7天动力储存

功能：时、分、秒、动力储存显示，潜水计时功能，30秒陀飞轮装置

表带：黑色橡胶带配不锈钢折叠扣

参考价：￥1,000,000～1,500,000

KalpaHémisphères 两地时间腕表

表壳：不锈钢表壳，直径42mm，厚10.7mm，30米防水

表盘：黑色，1时位第二时区昼夜显示，6时位小面盘配本地时间昼夜显示，9时位日期视窗，12时位第二时区时、分盘

机芯：Cal.337.01自动机芯，直径35.6mm，厚5.1mm，38石，摆频28,800A/H

功能：时、分、秒、日期、昼夜、第二时区显示

表带：黑色鳄鱼皮带配不锈钢折叠扣

参考价：￥80,000～120,000

Dragon Phoenix "明珠龙凤" 三问陀飞轮万年历计时腕表

表壳：铂金表壳，可开启表背，直径44mm，厚16mm，防水10米

表盘：18K金雕刻装饰，3时位30分钟计时盘继星期指示，6时位陀飞轮装置，9时位月份及闰年显示，12时位日期盘

机芯：Cal.PF352手动机芯，直径29.3mm，47石，摆频21,600A/H，48小时动力储存

功能：时、分、秒、日期、星期、月份、闰年显示，万年历功能，计时功能，陀飞轮装置，三问报时功能

表带：黑色鳄鱼皮表带配18K白金针扣

限量：孤本

参考价：请洽经销商

Tonda 1950腕表

表壳：18K红金表壳

表盘：黑色，6时位小秒盘

机芯：Cal.PF701自动机芯，直径30mm，厚2.6mm，29石，摆频21,600A/H，42小时动力储存

功能：时、分、秒显示

表带：黑色鳄鱼皮带配18K红金折叠扣

参考价：￥162,000

Tonda 1950特别版腕表

表壳：钛金属表壳，直径39mm，厚7.8mm，30米防水

表盘：银白色LIGA工艺表盘，6时位小秒盘

机芯：Cal.PF701自动机芯，直径30mm，厚2.6mm，29石，摆频21,600A/H，42小时动力储存

功能：时、分、秒显示

表带：黑色鳄鱼皮带配钛金属针扣

限量：60只

参考价：请洽经销商

百达翡丽
PATEK PHILIPPE

年产量：约40000块
价格区间：RMB100,000元起
网址：http://www.patek.com

百达翡丽的名号无需多言，尽管从客观角度，制表业中没有排名一说，但相信在大多数人心中，百达翡丽一直是毫无争议的No.1。百达翡丽始终关注着一种趋势，为制表商弘扬其优良传统灌注了强劲动力。这种趋势涉及赋予复杂功能和超级复杂功能时计更多的关注，以及各种复杂功能腕表越发被受女性青睐的趋势。这在百达翡丽2012年巴塞尔国际钟表珠宝展上首度亮相的三部曲中就可见一斑：款式经典的 Ref. 5204 双秒追针计时万年历腕表的问世，就此宣告了采用专利计时机芯的百达翡丽传统计时表三部曲的完美收官。Ladies First 超薄万年历腕表 Ref. 7140 全新演绎了复杂年历腕表的魅力迷人之处，炫丽的钻石镶嵌更让该款女式腕表美妙绝伦。而男士则可选择新款 Ref. 5940 超薄万年历腕表；采用靠垫形表壳，彰显了当年百达翡丽推出的世界首款万年历腕表的设计理念。这三款复杂功能腕表再度证明这家日内瓦家族制表企业的精湛工艺足以从容应对钟表行业的各种严苛挑战。

万年历双秒追针计时腕表

新款带万年历的双秒追针计时表继承了百达翡丽令其忠诚拥趸怦然心动的各种传统特征——手动上弦、双星柱轮、水平离合器——另外还是计时表中最为现代时尚的表款。这一方面是使用了融合了六大创新专利技术的 CH 29-535 PS 基础机芯；另一方面则是因为 2011 年 Ref. 5270 配备的万年历功能的推出。相应地，全新的 CHR 29-535 PS Q 着重在追针机械装置方面创新，包括两项：一个创新的双秒追针推进杆离合杠杆和一个正在申请专利的装置，优化了追针计时指针和计时指针的精确运行。

型号：5204P
表壳：铂金表壳，直径40mm，14.19mm，30米防水
表盘：白色，3时位30分钟计时盘，4-5时位闰年视窗，6时位日期指示及月相视窗，9时位小秒盘，12时位星期及月份视窗
机芯：Cal.CHR29-535PSQ手动机芯，直径32mm，厚8.70mm，34石，496个零件，摆频28,800，65小时动力储存
功能：时、分、秒、日期、星期、月份、月相、闰年显示，双追针计时功能，万年历功能
表带：黑色皮表带配铂金折叠扣
参考价：￥1,133,000～1,473,000

三问万年历腕表

型号: 5213G

表壳: 18K白金表壳, 可开启底盖, 直径 40.6mm, 生活性防水

表盘: 白色, 3时位月份视窗, 6时位小秒盘 及月相视窗, 9时位星期视窗, 12时 位闰年视窗, 中心回跳式日期指针

机芯: Cal.R27PSQR自动机芯, 直径28mm, 厚7.23mm, 41石, 515个零件, 摆频 21,600A/H, 48小时动力储存

功能: 时、分、秒、日期、星期、月份、 月相、闰年显示, 万年历功能, 三 问报时功能

表带: 黑色鳄鱼皮配18K白金折叠扣

参考价: ￥5,400,000

三问万年历陀飞轮腕表

型号: 5207R

表壳: 18K红金表壳, 直径41mm, 生活性 防水

表盘: 黑色, 1-2时位月份视窗, 4-5时位闰 年视窗, 6时位小秒盘及月相视窗, 10-11时位星期视窗, 12时位日期视窗

机芯: Cal.RTO27PSQI手动机芯, 直径 32mm, 厚9.33mm, 35石, 549个零 件, 摆频21,600A/H, 48小时动力储存

功能: 时、分、秒、日期、星期、月份、 月相、闰年显示, 陀飞轮装置, 万 年历功能, 三问报时功能

表带: 黑色鳄鱼皮带配18K红金针扣

参考价: ￥395,000～513,000

男装万年历腕表

型号: 5940J

表壳: 18K黄金表壳, 尺寸37mm×44.6mm, 25米防水

表盘: 象牙色, 3时位月份及闰年指示, 6 时位日期及月相视窗, 6时位星期 及24小时显示

机芯: Cal.240Q自动机芯, 直径27.5mm, 厚3.88mm, 27石, 275个零件, 摆 频21,600A/H, 48小时动力储存, 22K金迷你摆陀

功能: 时、分、日期、星期、月份、月相、 闰年、24小时显示, 万年历功能

表带: 棕色鳄鱼皮带配18K黄金针扣

参考价: 请洽经销商

年历腕表 — 红金

型号: 5396-1R

表壳: 18K红金表壳, 直径38mm, 30米防水

表盘: 金属棕色, 6时位24小时指示及日期、 月相视窗, 12时位星期及月份视窗

机芯: Cal.324SQALU24H自动机芯, 直径 32.6mm, 厚5.78mm, 34石, 347个 零件, 摆频28,800A/H, 45小时动力储存

功能: 时、分、秒、日期、星期、月份、 月相、24小时显示, 年历功能

表带: 18K红金链带配折叠扣

参考价: 请洽经销商

年历腕表 — 白金

型号: 5396-1G

表壳: 18K白金表壳, 直径38mm, 30米防水

表盘: 金属蓝色, 6时位24小时指示及日期、 月相视窗, 12时位星期及月份视窗

机芯: Cal.324SQALU24H自动机芯, 直径 32.6mm, 厚5.78mm, 34石, 347个 零件, 摆频28,800A/H, 45小时动力储存

功能: 时、分、秒、日期、星期、月份、 月相、24小时显示, 年历功能

表带: 18K白金链带配折叠扣

参考价: 请洽经销商

Lady First女装月相万年历

型号: 7140R

表壳: 18K红金表壳, 直径35.1mm, 表圈镶 嵌68颗钻石约0.68克拉, 30米防水

表盘: 金色, 3时位月份及闰年指示, 6时 位日期及月相视窗, 6时位星期及 24小时显示

机芯: Cal.240Q自动机芯, 直径27.5mm, 厚3.88mm, 27石, 275个零件, 摆 频21,600A/H, 48小时动力储存, 22K金迷你摆陀

功能: 时、分、日期、星期、月份、月相、 闰年、24小时显示, 万年历功能

表带: 灰褐色鳄鱼皮带配18K红金针扣

参考价: 请洽经销商

长动力陀飞轮腕表

型号：5101J-001
表壳：18K黄金表壳，尺寸29.6mm×
　　　51.7mm，30米防水
表盘：金色，6时位小秒盘，12时位动力
　　　储存指示
机芯：Cal.TO28-20REC10JPSIRM手动机
　　　芯，尺寸28mm×20mm，厚6.3mm，
　　　29石，231个零件，摆频21,600A/H，
　　　双发条盒，10天动力储存
功能：时、分、秒、动力储存显示，陀飞轮装置
表带：棕色鳄鱼皮带配18K黄金针扣
限量：限量
参考价：￥3,000,000

世界时腕表 — 白金

型号：5130-1G
表壳：18K白金表壳，直径39.5mm，30米
　　　防水
表盘：黑色，世界时间外圈
机芯：al.240HU自动机芯，直径32mm，
　　　厚3.88mm，33石，239个零件，摆
　　　频21,600A/H，48小时动力储存
功能：时、分、世界时间显示
表带：18K白金链带配折叠扣
参考价：请洽经销商

世界时腕表 — 白金

型号：5130-1R
表壳：18K红金表壳，直径39.5mm，30米
　　　防水
表盘：棕色，世界时间外圈
机芯：al.240HU自动机芯，直径32mm，
　　　厚3.88mm，33石，239个零件，摆
　　　频21,600A/H，48小时动力储存
功能：时、分、世界时间显示
表带：18K红金链带配折叠扣
参考价：请洽经销商

年历计时腕表 — 黑盘

型号：5960R-010
表壳：18K红金表壳，直径40.5mm，30米防水
表盘：黑色，1-2时位月份视窗，6时位
　　　时、分计时盘及昼夜视窗，10-11
　　　时位星期视窗，12时位日期视窗及
　　　动力储存指示
机芯：Cal.CH28-520IRMQA24H自动机
　　　芯，直径33mm，厚7.68mm，40
　　　石，456个零件，摆频28,800A/H，
　　　55小时动力储存
功能：时、分、秒、日期、星期、月份、
　　　昼夜、动力储存显示，计时功能
表带：黑色鳄鱼皮带配18K红金折叠扣
参考价：￥251,000～300,000

年历计时腕表 — 白盘

型号：5960R-011
表壳：18K红金表壳，直径40.5mm，30米防水
表盘：象牙色，1-2时位月份视窗，6时位
　　　时、分计时盘及昼夜视窗，10-11
　　　时位星期视窗，12时位日期视窗及
　　　动力储存指示
机芯：Cal.CH28-520IRMQA24H自动机
　　　芯，直径33mm，厚7.68mm，40
　　　石，456个零件，摆频28,800A/H，
　　　55小时动力储存
功能：时、分、秒、日期、星期、月份、
　　　昼夜、动力储存显示，计时功能
表带：棕色鳄鱼皮带配18K红金折叠扣
参考价：￥251,000～300,000

星空腕表

型号：6102P
表壳：铂金表壳，直径44mm，30米防水
表盘：三层金属电镀蓝宝石水晶表盘，星
　　　空图，6时位月相视窗，中心日期
　　　指针
机芯：Cal.240 LU CL C自动机芯，直径
　　　38mm，厚6.81mm，45石，315个
　　　零件，摆频28,800A/H，48小时动
　　　力储存
功能：时、分、日期、月相、月行轨迹、
　　　星空图显示
表带：蓝色鳄鱼皮带配铂金折叠扣
参考价：￥2,400,000

女装月相小三针腕表 — 白金

型号：4968G
表壳：18K白金表壳，镶嵌273颗钻石约
　　　2.12克拉，直径33.3mm，30米防水
表盘：黑色珍珠贝母，6时位小秒盘及月
　　　相视窗
机芯：Cal.215PSLU手动机芯，直径
　　　21.9mm，厚3mm，18石，157个零
　　　件，摆频28,800A/H，44小时动力储存
功能：时、分、秒、月相显示
表带：灰褐色鳄鱼皮带配18K白金针扣
参考价：￥240,000～320,000

女装月相小三针腕表 — 白金

型号：4968R
表壳：18K红金表壳，镶嵌273颗钻石约
　　　2.12克拉，直径33.3mm，30米防水
表盘：白色珍珠贝母，6时位小秒盘及月
　　　相视窗
机芯：Cal.215PSLU手动机芯，直径
　　　21.9mm，厚3mm，18石，157个零
　　　件，摆频28,800A/H，44小时动力储存
功能：时、分、秒、月相显示
表带：棕色鳄鱼皮带配18K红金针扣
参考价：￥240,000～320,000

Nautilus大三针日历腕表

型号：5711
表壳：不锈钢表壳，直径40mm，120米
　　　防水
表盘：白色，3时位日期视窗
机芯：Cal.324SC自动机芯，直径27mm，
　　　厚3.3mm，29石，213个零件，摆
　　　频28,800A/H，45小时动力储存
功能：时、分、秒、日期显示
表带：不锈钢链带配折叠扣
参考价：￥240,000～320,000

Nautilus月相年历腕表 — 黑盘

型号：5726-1A-001
表壳：不锈钢表壳，直径40.5mm，，120
　　　米防水
表盘：黑色，6时位24小时指示及日期，
　　　月相视窗，12时位星期及月份视窗
机芯：Cal.324SQALU24H自动机芯，直径
　　　32.6mm，厚5.78mm，34石，347个
　　　件，摆频28,800A/H，45小时动力储存
功能：时、分、秒、日期、星期、月份、
　　　月相、24小时显示、年历功能
表带：不锈钢链带配折叠扣
参考价：￥240,000～320,000

Nautilus月相年历腕表 — 白色

型号：5726-1A-010
表壳：不锈钢表壳，直径40.5mm，120米
　　　防水
表盘：白色，6时位24小时指示及日期，
　　　月相视窗，12时位星期及月份视窗
机芯：Cal.324SQALU24H自动机芯，直径
　　　32.6mm，厚5.78mm，34石，347个零
　　　件，摆频28,800A/H，45小时动力储存
功能：时、分、秒、日期、星期、月份、
　　　月相、24小时显示、年历功能
表带：不锈钢链带配折叠扣
参考价：￥240,000～320,000

Nautilus计时腕表

型号：5980
表壳：不锈钢表壳，直径40.5mm，120米
　　　防水
表盘：白色，3时位日期视窗，6时位时、
　　　分计时盘
机芯：Cal.CH28-520C自动机芯，直径
　　　30mm，厚6.63mm，35石，327个零
　　　件，摆频28,800，55小时动力储存
功能：时、分、秒、日期显示、计时功能
表带：不锈钢链带配折叠扣
参考价：￥240,000～320,000

Ref.5123R小三针

型号： 5123R-001

表壳： 18K红金表壳，直径38mm，30米防水

表盘： 白色，3时位小秒盘

机芯： Cal.215PS手动机芯，直径21.9mm，厚2.55mm，18石，130个零件，摆频28,800A/H，44小时动力储存

功能： 时、分、秒显示

表带： 棕色鳄鱼皮表带配18K红金针扣

参考价： ￥119,000～155,000

Gondolo女装珠宝腕表

型号： 7099R-001

表壳： 18K红金表壳，尺寸29.6mm×38.9mm，表圈雪花镶嵌480颗钻石约3.31克拉，30米防水

表盘： 镶嵌367颗钻石约0.56克拉，花卉造型

机芯： Cal.25-21REC手动机芯，尺寸24.6mm×21.5mm，厚2.57mm，18石，142个零件，摆频28,800A/H，44小时动力储存

功能： 时、分显示

表带： 灰褐色鳄鱼皮表带配徐18K红金针扣，镶嵌26颗钻石约0.15克拉

参考价： 请洽经销商

女装镂空腕表

型号： 7180-1G-001

表壳： 18K白金表壳，直径31.4mm，30米防水

表盘： 开放式表盘，可见镂空雕花装饰的机芯

机芯： Cal.177SQU超薄手动机芯，镂空雕花，直径20.8mm，厚1.77mm，18石，110个零件，摆频21,600A/H，43小时动力储存

功能： 时、分显示

表带： 18K白金链带配折叠扣

参考价： ￥588,000～764,000

Lady First女装计时腕表—白盘

型号： 7071G-001

表壳： 18K白金表壳，尺寸35mm×39mm，30米防水

表盘： 白色，外圈镶嵌116颗钻石约重0.55克拉，3时位30分钟计时盘，9时位小秒盘

机芯： Cal.CH 29-535 PS手动机芯，直径29.6mm，厚5.35mm，33石，269个零件，摆频28,800A/H，65小时动力储存

功能： 时、分、秒显示，计时功能

表带： 棕色鳄鱼皮表带配18K白金针扣

参考价： ￥562,000～730,000

Lady First女装计时腕表—灰盘

型号： 7071G-010

表壳： 18K白金表壳，尺寸35mm×39mm，30米防水

表盘： 深灰色，外圈镶嵌116颗钻石约重0.55克拉，3时位30分钟计时盘，9时位小秒盘

机芯： Cal.CH 29-535 PS手动机芯，直径29.6mm，厚5.35mm，33石，269个零件，摆频28,800A/H，65小时动力储存

功能： 时、分、秒显示，计时功能

表带： 灰色鳄鱼皮表带配18K白金针扣

参考价： ￥562,000～730,000

Lady First女装计时腕表—蓝盘

型号： 7071G-011

表壳： 18K白金表壳，尺寸35mm×39mm，30米防水

表盘： 蓝色，外圈镶嵌116颗钻石约重0.55克拉，3时位30分钟计时盘，9时位小秒盘

机芯： Cal.CH 29-535 PS手动机芯，直径29.6mm，厚5.35mm，33石，269个零件，摆频28,800A/H，65小时动力储存

功能： 时、分、秒显示，计时功能

表带： 蓝色鳄鱼皮表带配18K白金针扣

参考价： ￥562,000～730,000

PEQUIGNET

年产量：约 1,000 只

价格区间：RMB120,000 元起

网址：http://www.pequignet.com

在宗教革命之前，世界制表中心其实还不是在瑞士，而是在法国路易十四时代，巴黎及周边就有多达 2000 多名制表师。之后的事情想必大家都知道，对新教教徒的压迫，迫使这些制表师及手工业者开始往瑞士或德国迁移，大多数迁移到了瑞法边境一带，也就是为什么如今的纳沙泰尔成为了世界的钟表摇篮。然而在边境法国一侧的 Morteau 小镇，同样也汇集了众多的制表师，1960 年代，这里有 250 多名工匠，15 家制表厂，PEQUIGNET 便诞生在这里。

1973 年，石英风暴来临前夕，Emile Pequignet 创立了 PEQUIGNET，这个品牌之所以能够在那场风暴中生存下来，主要归功于 Emile Pequignet 先生的创造力、设计思路和记忆。著名的"Pequignet 链接"成为品牌最为鲜明的特征，这种设计在历史上曾获得过五个 Cadrans d'Or 奖项。2009 年，PEQUIGNET 推出了首枚现代自产基础机芯，除了内部特有的专利技术外，它展现给人的面貌同样不同于瑞士或德国的钟表，或许这是一种法国本土的风格。这枚机芯的各方面素质也是极好的，相信在未来，会有越来越多的中国人认识这个品牌。

Rue Royale系列红金腕表

型号：9011548 CN

表壳：18K红金表壳，直径42mm，50米防水

表盘：黑色，4时位小秒盘，6时位月相视窗，8时位动力储存指示，12时位日期，星期视窗

机芯：Cal.Royal自动机芯，摆频21,600A/H，72小时动力储存（设计动力储存可达100小时）

功能：时、分、秒、日期、星期、月相、动力储存显示

表带：黑色鳄鱼皮带配18K红金折叠扣

参考价：￥150,000~250,000

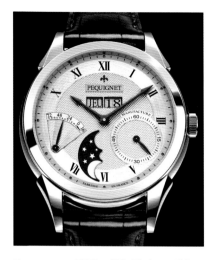

Rue Royale系列不锈钢腕表 — 蓝钢指针

型号：9010437 CG
表壳：不锈钢表壳，直径42mm，50米防水
表盘：银白色，蓝钢指针，4时位小秒盘，6时位月相视窗，8时位动力储存指示，12时位日期、星期视窗
机芯：Cal.Royal自动机芯，摆频21,600A/H，72小时动力储存（设计动力储存可达100小时）
功能：时、分、秒、日期、星期、月相、动力储存显示
表带：棕色鳄鱼皮带配不锈钢折叠扣
参考价：￥80,000～120,000

Rue Royale系列不锈钢腕表 — 银色指针

型号：9030433 CG
表壳：不锈钢表壳，直径42mm，50米防水
表盘：银白色，4时位小秒盘，6时位月相视窗，8时位动力储存指示，12时位日期、星期视窗
机芯：Cal.Royal自动机芯，摆频21,600A/H，72小时动力储存（设计动力储存可达100小时）
功能：时、分、秒、日期、星期、月相、动力储存显示
表带：棕色鳄鱼皮带配不锈钢折叠扣
参考价：￥80,000～120,000

Rue Royale系列不锈钢腕表 — 黑盘

型号：9030443 CN
表壳：不锈钢表壳，直径42mm，50米防水
表盘：黑色，4时位小秒盘，6时位月相视窗，8时位动力储存指示，12时位日期、星期视窗
机芯：Cal.Royal自动机芯，摆频21,600A/H，72小时动力储存（设计动力储存可达100小时）
功能：时、分、秒、日期、星期、月相、动力储存显示
表带：黑色鳄鱼皮带配不锈钢折叠扣
参考价：￥80,000～120,000

Paris Royal系列黄金腕表

型号：9001438 CG
表壳：18K黄金表壳，直径41mm，50米防水
表盘：银白色，4时位小秒盘，8时位动力储存指示，12时位日期、星期视窗
机芯：Cal.Royal自动机芯，摆频21,600A/H，72小时动力储存（设计动力储存可达100小时）
功能：时、分、秒、日期、星期、动力储存显示
表带：棕色鳄鱼皮带配18K黄金折叠扣
参考价：￥150,000～200,000

Paris Royal系列黄金腕表

型号：9007443 CN
表壳：不锈钢表壳，直径41mm，50米防水
表盘：黑色，4时位小秒盘，6时位月相视窗，8时位动力储存指示，12时位日期、星期视窗
机芯：Cal.Royal自动机芯，摆频21,600A/H，72小时动力储存（设计动力储存可达100小时）
功能：时、分、秒、日期、星期、月相、动力储存显示
表带：黑色鳄鱼皮带配不锈钢折叠扣
参考价：￥80,000～120,000

Moorea Royal Triomphe系列腕表

型号：9020448-30
表壳：黑色处理钛金属表壳，18K红金外圈，直径44mm，100米防水
表盘：黑色，4时位小秒盘，8时位动力储存指示，12时位日期、星期视窗
机芯：Cal.Royal自动机芯，摆频21,600A/H，72小时动力储存（设计动力储存可达100小时）
功能：时、分、秒、日期、星期、动力储存显示
表带：黑色橡胶带配18K红金链节及折叠扣
参考价：￥60,000～80,000

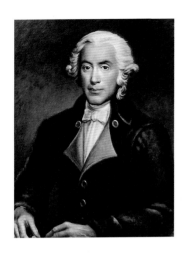

伯特莱
PERRELET

年产量：15000 块
价格区间：RMB50,000 元起
网址：http://www.perrelet.com

与很多在纳沙泰尔经营农场的家族一样，Abraham-Louis Perrelet 的父亲在漫漫冬季中帮助当地的钟表匠制造手工工具以维系生计，小 Louis 便是在这样的环境中长大。足智多谋的他慢慢地开始不满足于只是制作工具，于是开始尝试制作钟表机芯，在这个目标实现时候，他开始思考怎样的机制能从每天上链发展至可持续运作的模式。1770 年，他开始为钟表上链需要一种全新的模式，一种旋转的摆陀开始出现在钟表机芯中，这个发明终于在 1777 年被正式承认可行。

如今，伯特莱仍然延续着自动上链的传统，旗下所有的产品均采用自动上链机芯，并且除了机芯中以外，在表盘上仍然配有一个微型自动摆陀，以彰显品牌为钟表业带来变革的创造。而就在近两年，伯特莱的设计风格发生了翻天覆地的变化，充分发挥了将摆陀置于表盘上这个设计的潜力，将手表打造得更加前卫现代。之前的摆陀摇身一变成为由 12 片钛金属材质叶片组成的涡轮，覆盖整个表盘。而在这个叶片下方，是一个由两种对比鲜明的颜色组成的表盘，使叶片旋转起来时产生一种特殊的视觉效果，动感更加强烈，将这款表的独创性发挥得淋漓尽致，令人对这个品牌另眼相看。

表环双自动陀腕表

型号：A1061-1
表壳：不锈钢表壳，直径42mm，厚13.15，防水50米
表盘：白色，6时位日期视窗，外圈镂空视窗内可见内部环形自动摆陀
机芯：Cal.P-341自动机芯
功能：时、分、秒、日期显示
表带：黑色鳄鱼皮带配不锈钢折叠扣
参考价：￥40,000～60,000

Turbine Diver潜水腕表—黑色

型号：A1066-1
表壳：不锈钢表壳，直径47.5mm，厚14.82mm，300米防水
表盘：黑色，钛金属旋转涡轮装置，潜水计时外圈
机芯：Cal.P-331自动机芯
功能：时、分、秒显示，潜水计时功能
表带：黑色橡胶带配不锈钢折叠扣
参考价：￥50,000～80,000

**Turbine Diver潜水腕表—
黑色PVD不锈钢**

型号：A1067-1
表壳：不锈钢表壳，黑色PVD外圈，直径47.5mm，厚14.82mm，300米防水
表盘：黑色，钛金属旋转涡轮装置，潜水计时外圈芯
功能：时、分、秒显示，潜水计时功能
表带：黑色橡胶带配不锈钢折叠扣
参考价：￥50,000～80,000

**Turbine Diver潜水腕表—
蓝色配黄色潜水外圈**

型号： A1066-3
表壳： 不锈钢表壳，直径47.5mm，厚
14.82mm，300米防水
表盘： 蓝色，钛金属旋转涡轮装置，潜水
计时外圈
机芯： Cal.P-331自动机芯
功能： 时、分、秒显示，潜水计时功能
表带： 蓝色橡胶带配不锈钢折叠扣
参考价： ￥50,000～80,000

**Turbine Diver潜水腕表—
黑色配黄色潜水外圈**

型号： A1067-2
表壳： 不锈钢表壳，黑色PVD外圈，直径
47.5mm，厚14.82mm，300米防水
表盘： 黑色，钛金属旋转涡轮装置，潜水
计时外圈
机芯： Cal.P-331自动机芯
功能： 时、分、秒显示，潜水计时功能
表带： 黑色橡胶带配不锈钢折叠扣
参考价： ￥50,000～80,000

Turbine系列腕表 — 黑色DLC不锈钢

型号： A1047-1
表壳： 黑色DLC不锈钢表壳，直径
50mm，厚14.3mm，50米防水
表盘： 黑色及红色，钛金属旋转涡轮装置
机芯： Cal.P-181自动机芯，21石，摆频
28,800A/H，40小时动力储存
功能： 时、分、秒显示
表带： 黑色橡胶带配黑色DLC不锈钢折
叠扣
参考价： ￥50,000～80,000

Turbine系列腕表 — 钛金属

型号： A5006-1
表壳： 钛金属表壳，直径50mm，厚
14.3mm，50米防水
表盘： 银色，钛金属旋转涡轮装置
机芯： Cal.P-181自动机芯，21石，摆频
28,800A/H，40小时动力储存
功能： 时、分、秒显示
表带： 黑色橡胶带配钛金属折叠扣
参考价： ￥60,000～100,000

Turbine XL — 黑色DLC不锈钢

型号： A1051-3
表壳： 黑色DLC不锈钢表壳，直径
50mm，厚14.3mm，50米防水
表盘： 黑色及红色，钛金属旋转涡轮装置
机芯： Cal.P-181自动机芯，21石，摆频
28,800A/H，40小时动力储存
功能： 时、分、秒显示
表带： 黑色橡胶带配黑色DLC不锈钢折
叠扣
参考价： ￥50,000～80,000

Turbine XL — 红金及黑色DLC不锈钢

型号： A3027-1
表壳： 18K红金表壳，部分黑色DLC不锈
钢表壳，直径50mm，厚14.3mm，
50米防水
表盘： 黑色，钛金属旋转涡轮装置
机芯： Cal.P-181自动机芯，21石，摆频
28,800A/H，40小时动力储存
功能： 时、分、秒显示
表带： 黑色橡胶带配折叠扣
参考价： ￥150,000～200,000

伯爵
PIAGET

年产量：20000 块
价格区间：RMB45,400 元起
网址：http://www.piaget.com

糅合传统工艺与尖端科技的伯爵高级制表工作坊，致力于创作出非凡的造型设计，并藉 Gouverneur 系列展现全新角度，Gouverneur 系列也成为伯爵 2012 年最重要动作。

透过参考众多的艺术作品，让伯爵设计师从中汲取灵感。该系列运用圆形与椭圆形设计，巧妙地排列出独特的美学结构，营造平衡的视觉效果。椭圆形置于圆形之中，而圆形又融于椭圆形之内，从外部到表盘中心，Gouverneur 腕表均展现出优雅和谐的造型设计。圆形表壳搭配椭圆形表盘开孔，再加上置于表盘中心的圆形设计，这些叠合形状让 Gouverneur 系列流露独特气质之余，并在造型结构中增添细致的修饰及标志。备有三个

搭载伯爵表厂机芯的型号，包括两款展现出品牌精髓的全新超薄机芯。Gouverneur 日历自动腕表配备伯爵自制 800P 机芯；Gouverneur 计时腕表搭载全新 882P 机芯；而 Gouverneur 陀飞轮腕表则搭载全新 642P 机芯。

Gouverneur 系列与 Emperador、Emperador Coussin、Protocole 等表款一起，成为 Black Tie 系列中的重要一员，备有三个搭载伯爵表厂机芯的型号，包括两款展现出品牌精髓的全新超薄机芯。Gouverneur 日历自动腕表配备伯爵自制 800P 机芯；Gouverneur 计时腕表搭载全新 882P 机芯；而 Gouverneur 陀飞轮腕表则搭载全新 642P 机芯。这些表款在下一页中列出，在此之前，我们先来看一款极为优雅细腻的腕表。

Altiplano镂空腕表

在世上最纤薄的自动上链机芯上进行镂镂艺术，自然需要最上乘的雕琢工艺方能完成。唯有世上最顶尖的镂雕工艺师，方能在这枚堪称大匠之作的机芯上进行雕刻及镂空，同时无损机芯运行的精准度与顺畅度。在进行镂镂前，需预先周详研究装饰纹路的构图及计算雕刻镂空的范围，并微幅更动机芯设计，以确保这枚世上最纤薄的自动上链机芯运行的耐受度及可靠度。机芯本身杰出的设计结构成为最大的帮助，大幅横越机板及表桥的护盖，协调地保护着机芯所需的坚实度与耐受度，成就了伯爵 1200S 机芯量度时间的最佳精确性。

型号：G0A37132
表壳：18K白金表壳，直径38mm，厚5.34mm，生活性防水
表盘：镂空装饰，放射状纹理表面，边缘抛光倒角
机芯：Cal.1200S超薄镂空自动机芯，直径31.9mm，厚2.40mm，26石，摆频21,600A/H，44小时动力储存
功能：时、分显示
表带：黑色鳄鱼皮表带配18K白金折叠扣
参考价：￥250,000～350,000

Gouverneur大三针日历腕表—红金款

型号：G0A37110

表壳：18K红金表壳，直径43mm，生活性防水

表盘：白色，18K红金时标，6时位日期视窗

机芯：Cal.800P自动机芯，直径26.8mm，厚4mm，25石，摆频21,600A/H，双发条盒，85小时动力储存

功能：时、分、秒、日期显示

表带：棕色鳄鱼皮带配18K红金针扣

参考价：￥150,000～200,000

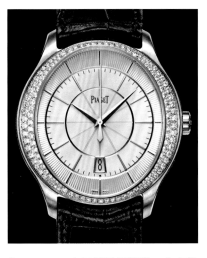

Gouverneur大三针日历腕表—白金款

型号：G0A37111

表壳：18K白金表壳，直径43mm，镶嵌128颗钻石约重1.4克拉，生活性防水

表盘：白色，18K白金时标，6时位日期视窗

机芯：Cal.800P自动机芯，直径26.8mm，厚4mm，25石，摆频21,600A/H，双发条盒，85小时动力储存

功能：时、分、秒、日期显示

表带：黑色鳄鱼皮带配18K白金针扣

参考价：￥250,000～350,000

Gouverneur计时腕表—红金款

型号：G0A37112

表壳：18K红金表壳，直径43mm，生活性防水

表盘：白色，18K红金时标，3时位30分钟计时盘，6时位日期盘，9时位第二时区显示

机芯：Cal.882P自动机芯，直径27mm，厚5.6mm，33石，摆频28,800A/H，双发条盒，50小时动力储存

功能：时、分、日期、第二时区显示，飞返计时功能

表带：棕色鳄鱼皮带配18K红金折叠扣

参考价：￥200,000～300,000

Gouverneur计时腕表—白金款

型号：G0A37113

表壳：18K白金表壳，直径43mm，镶嵌128颗钻石约重1.4克拉，生活性防水

表盘：白色，18K白金时标，3时位30分钟计时盘，6时位日期盘，9时位第二时区显示

机芯：Cal.882P自动机芯，直径27mm，厚5.6mm，33石，摆频28,800A/H，双发条盒，50小时动力储存

功能：时、分、日期、第二时区显示，飞返计时功能

表带：黑色鳄鱼皮带配18K白金折叠扣

参考价：￥300,000～400,000

Gouverneur陀飞轮—红金款

型号：G0A37114

表壳：18K红金表壳，直径43mm，生活性防水

表盘：白色，18K红金时标，6时位月相指示，12时位陀飞轮装置

机芯：Cal.642P手动机芯，尺寸22.4mm×28.6mm，厚4mm，23石，摆频21,600A/H，40小时动力储存

功能：时、分、秒、月相显示

表带：棕色鳄鱼皮带配18K红金折叠扣

参考价：￥800,000～1,200,000

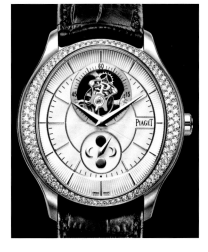

Gouverneur陀飞轮—白金款

型号：G0A37115

表壳：18K白金表壳，直径43mm，镶嵌128颗钻石约重1.4克拉，生活性防水

表盘：白色，18K白金时标，6时位月相指示，12时位陀飞轮装置

机芯：Cal.642P手动机芯，尺寸22.4mm×28.6mm，厚4mm，23石，摆频21,600A/H，40小时动力储存

功能：时、分、秒、月相显示

表带：黑色鳄鱼皮带配18K白金折叠扣

参考价：￥1,000,000～1,500,000

Limelight Dancing Light蝴蝶

型号：G0A36159

表壳：18K白金表壳，直径39mm，共镶嵌
128颗钻石约重1.7克拉

表盘：珍珠贝母镶嵌，配旋转蝴蝶装饰

机芯：Cal.56P石英机芯

功能：时、分显示

表带：绢制表带搭配18K白金折叠扣，镶
嵌15颗钻石约重0.1克拉

参考价：￥497,000

Limelight Dancing Light蜜蜂

型号：G0A36160

表壳：18K白金表壳，直径39mm，共镶嵌
72颗钻石约重1.6克拉

表盘：白色珍珠贝母，配旋转蜜蜂装饰

机芯：Cal.56P石英机芯

功能：时、分显示

表带：绢制表带搭配18K白金折叠扣，镶
嵌15颗钻石约重0.1克拉

参考价：￥497,000

Limelight Dancing Light枫叶

型号：G0A36161

表壳：18K白金表壳，直径39mm，共镶嵌
126颗钻石约重1.8克拉

表盘：粉红色珍珠贝母，配旋转枫叶装饰

机芯：Cal.56P石英机芯

功能：时、分显示

表带：绢制表带搭配18K白金折叠扣，镶
嵌15颗钻石约重0.1克拉

参考价：￥497,000

Limelight Dancing Light雪花

型号：G0A36162

表壳：18K白金表壳，直径39mm，共镶嵌
72颗钻石约重1.1克拉

表盘：浅蓝色珍珠贝母，配旋转雪花装饰

机芯：Cal.56P石英机芯

功能：时、分显示

表带：绢制表带搭配18K白金折叠扣，镶
嵌15颗钻石约重0.1克拉

参考价：￥497,000

Limelight Dancing Light腕表

型号：G0A37171

表壳：18K白金表壳，直径39mm，共镶嵌
52颗钻石约重1.6克拉

表盘：黑色，可旋转玫瑰花装饰镶嵌155
颗钻石约重0.6克拉

机芯：Cal.56P石英机芯

功能：时、分显示

表带：绢制表带配18K红金或白金折叠
扣，镶嵌15颗钻石约重0.1克拉

参考价：￥406,000

Limelight High Jewellery Secret Watch神秘腕表

型号：G0A37180

表壳：18K白金表壳，共镶嵌668颗钻石约
重8.7克拉，可开启表盖设计

表盘：白色珍珠贝母表盘

机芯：Cal.56P石英机芯

功能：时、分显示

表带：黑色绢质表带配18K白金折叠扣，
镶嵌40颗钻石约重0.2克拉

参考价：请洽经销商

雷达
RADO

年产量：不详

价格区间：RMB7,700 元起

网址：http://www.rado.com

自 1957 年诞生以来，瑞士雷达表一直是全球腕表设计与创新材质的领导者，也是最早进入中国的奢侈腕表品牌。秉持着"远见、创新、标志性设计"的品牌核心精神，瑞士雷达表的设计展现在高科技材质与科技上不断地突破革新，以设计创造先锋，创造未来历史。

1962 年，瑞士雷达表推出世界上第一块不易磨损腕表——DiaStar 钻星，以其独特的椭圆外形设计和创新的高科技钨钛合金材质震惊业界。自此，瑞士雷达表开始了将创新材质和独特设计结合的创新历程。1986 年瑞士雷达表史无前例地推出 Integral 精密陶瓷系列腕表，率先将高科技陶瓷引入制表业并视为最受青睐的材质。1990 年，充满传奇色彩的 Ceramica 整体陶瓷系列面市，世界上第一块通体采用高科技陶瓷的腕表由此诞生。

2011 年，RADO 瑞士雷达表更臻突破，开发出陶瓷与金属合金碳化钛的全新材质 Ceramos® 碳化钛金属陶瓷，开启高科技腕表材质新页；True Thinline 真系列超薄款以最薄不到 5 毫米的厚度成为全世界最薄的高科技陶瓷腕表。2012 年通过该工艺对陶瓷和金属黏结剂的成分进行微调，雷达让 Ceramos® 碳化钛金属陶瓷呈现自然的金色。新推出的 RADO 瑞士雷达表 Specchio 系列和瑞士雷达表 HyperChrome 系列表款结合了玫瑰金色 Ceramos ™ 碳化钛金属陶瓷及白色或黑色的高科技陶瓷，外观优雅美丽，佩戴舒适，无可匹敌。

R-One 系列腕表

雷达 R-One 系列腕表自动计时器的成型引人遐想，一组细长的矩形元素和几许柔和的曲线，以一种迷人的方式组合在一起，将现代材质的运用带到了全新的物质极限。由于腕表表壳的棱角状造型以及计时器按钮的无缝设计，将弧形蓝宝石水晶固定在繁复的外壳结构之上，代表了一项严峻的技术挑战。

表壳：黑色陶瓷表壳，尺寸34.6mm×48.5mm，厚12.4mm

表盘：黑色，3时位30分钟计时盘，4时位日期视窗，6时位12小时计时盘，9时位小秒盘

机芯：ETA Cal.2094自动机芯，直径23.7mm，33石，37小时动力储存

功能：时、分、秒、日期显示，计时功能

表带：橡胶表带配陶瓷覆盖钛金属折叠扣

限量：300枚

参考价：￥30,000～50,000

HyperChrome自动表

表壳：陶瓷及镀红金不锈钢表壳，不锈钢
表把覆盖橡胶涂层，直径36mm，
厚10.4mm，100米防水

表盘：白色，3时位日期视窗

机芯：ETA Cal.2681自动机芯，25石，摆
频28,800A/H，38小时动力储存

功能：时、分、秒、日期显示

表带：黑色陶瓷表带配钛金属折叠扣

参考价：￥15,000～20,000

HyperChrome计时表

表壳：陶瓷及不锈钢表壳，不锈钢表把
覆盖橡胶涂层，直径45mm，厚
13mm，100米防水

表盘：黑色，3时位30分钟计时盘，4时位
日期视窗，6时位12小时计时盘，9
时位小秒盘

机芯：ETA Cal.2894-2自动机芯，25石，
摆频28,800A/H，42小时动力储存

功能：时、分、秒、日期显示，计时功能

表带：黑色陶瓷表带配钛金属折叠扣

参考价：￥20,000～30,000

D-STAR 帝星系列白色陶瓷腕表

表壳：白色陶瓷表壳，尺寸38.2mm×41.6mm，
厚10.8mm，100米防水

表盘：白色，6时位日期视窗

机芯：ETA Cal.2824-2自动机芯，摆频
28,800A/H，38小时动力储存

功能：时、分、秒、日期显示

表带：白色陶瓷链带配钛金属折叠扣

参考价：￥15,000～20,000

D-STAR 帝星系列黑色陶瓷腕表

表壳：黑色陶瓷表壳，尺寸42mm×46mm，
厚11mm，100米防水

表盘：黑色，6时位日期视窗

机芯：ETA Cal.2824-2自动机芯，摆频
28,800A/H，38小时动力储存

功能：时、分、秒、日期显示

表带：黑色陶瓷链带配钛金属折叠扣

参考价：￥150,000～200,000

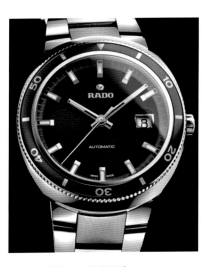

D-Star系列200自动腕表

表壳：不锈钢表壳，直径44mm，200米防水

表盘：蓝色，3时位日期视窗

机芯：自动机芯

功能：时、分、秒、日期显示

表带：不锈钢链带配折叠扣

参考价：￥8,000～15,000

True Thinline真薄系列自动腕表

表壳：黑色陶瓷表壳，直径40mm，30米
防水

表盘：黑色，银白色棒形指针

机芯：自动机芯

功能：时、分显示

表带：黑色陶瓷链带配折叠扣

参考价：￥20,000～30,000

拉尔夫劳伦

RALPH LAUREN
WATCH AND JEWELRY CO.

RALPH LAUREN

年产量：15000 块

价格区间：RMB74,000 元起

网址：http://www.ralphlaurenwatches.com

Ralph Lauren 2012 年腕表系列基于品牌款式多样的稳固基础，进一步推出崭新的表现手法、尺寸及饰面。这些焕然一新的风格彰显出品牌对传统工艺的恒久热情，并向设计师所著称的卓越眼光致敬。这些全面而独特的腕表系列均糅合了 Ralph Lauren 的奢华、魅惑及不朽特质，体现瑞士钟表制造的超卓传统。

其中 Modern Art Deco 是 2012 年全新推出的，以 18K 白金或红金打造，尺寸为 27.5 毫米，令人想起装饰艺术时期的时尚腕表传统比例。为衬托表壳的独特设计，腕表选配高雅的黑色缎面表带，以及 18K 白金或玫瑰金折叠式表扣，并缀以钻石、黑玛瑙，以及红、绿或白色装饰。每枚时计均饰以近 300 颗钻石，包括一颗镶嵌于表冠的古董式玫瑰型切割钻石，尽展隽永迷人的风韵，同时彰显出高级制表工艺和非凡的珠宝技术。

Modern Art Deco — 绿玛瑙

型号：RLR0151900

表壳：18K红金表壳，尺寸27.5mm×27.5mm，厚5.7mm，共镶嵌284颗钻石，总重约1.36克拉

表盘：白色，宝玑式指针

机芯：Cal.RL430手动机芯，131个零件，摆频21,600A/H，40小时动力储存

功能：时、分显示

表带：黑色绢质表带搭配18K红金镶钻及黑玛瑙、绿玛瑙装饰，18K红金折叠扣

参考价：请洽经销商

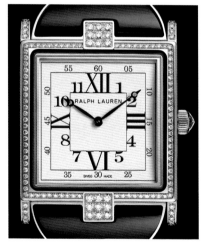

Modern Art Deco — 红珊瑚

型号：RLR0152901

表壳：18K白金表壳，尺寸27.5mm×27.5mm，厚5.7mm，共镶嵌284颗钻石，总重约1.36克拉

表盘：白色，宝玑式指针

机芯：Cal.RL430手动机芯，131个零件，摆频21,600A/H，40小时动力储存

功能：时、分显示

表带：黑色绢质表带搭配18K白金镶钻及黑玛瑙、红珊瑚装饰，18K红金折叠扣

参考价：请洽经销商

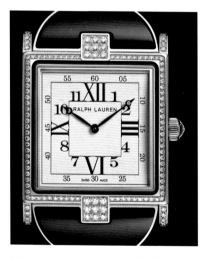

Modern Art Deco — 白色陶瓷

型号：RLR0152900

表壳：18K白金表壳，尺寸27.5mm×27.5mm，厚5.7mm，共镶嵌284颗钻石，总重约1.36克拉

表盘：白色，宝玑式指针

机芯：Cal.RL430手动机芯，131个零件，摆频21,600A/H，40小时动力储存

功能：时、分显示

表带：黑色绢质表带搭配18K白金镶钻及黑玛瑙、白色陶瓷装饰，18K红金折叠扣

参考价：请洽经销商

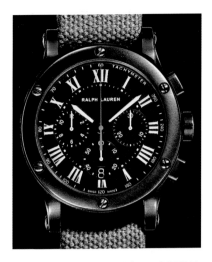

SPORTING系列计时码表 — 青铜修饰

型号：RLR0240900

表壳：炮铜色处理不锈钢表壳，直径
　　　44.8mm，厚12.2mm，50米防水

表盘：黑色，3时位30分钟计时盘，6时位
　　　小秒盘配日历视窗，9时位12小时
　　　计时盘，测速刻度外圈

机芯：Cal.RL751/1自动机芯，267个零件，
　　　摆频28,800A/H，65小时动力储存

功能：时、分、秒、日历显示，计时功
　　　能，测速功能

表带：皮革衬里绿色帆布表带配不锈钢针扣

参考价：￥40,000～60,000

SPORTING系列计时码表 — 黑色哑光陶瓷及红色赛车表带

型号：RLR0236800

表壳：黑色哑光陶瓷表壳，直径
　　　44.80mm，厚12.20mm，50米防水

表盘：黑色，3时位30分钟计时盘，6时位
　　　小秒盘配日历视窗，9时位12小时
　　　计时盘，测速刻度外圈

机芯：Cal.RL750自动机芯，261个零件，
　　　摆频28,800A/H，48小时动力储存

功能：时、分、秒、日历显示，计时功
　　　能，测速功能

表带：黑色哑光陶瓷和红色或黄色橡胶链带

参考价：￥60,000～80,000

SLIM CLASSIQUE 系列867 型号白金单排钻石腕表

型号：RLR0132703

表壳：18K白金表壳，直径27.5mm，厚
　　　5.75mm，镶嵌96颗钻石约重0.38克
　　　拉，30米防水

表盘：白色，宝玑式指针

机芯：Cal.RL430手动机芯，131个零件，
　　　摆频21,600A/H，40小时动力储存

功能：时、分显示

表带：黑色绢带配18K白金针扣

参考价：￥100,000～150,000

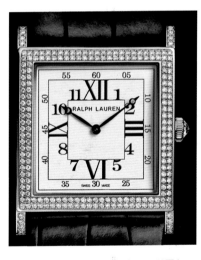

SLIM CLASSIQUE 系列867 型号红金双排钻石腕表

型号：RLR0131702

表壳：18K红金表壳，直径27.5mm，厚
　　　5.75mm，镶嵌201颗钻石约重0.96
　　　克拉，30米防水

表盘：白色，宝玑式指针

机芯：Cal.RL430手动机芯，131个零件，
　　　摆频21,600A/H，40小时动力储存

功能：时、分显示

表带：黑色绢带配18K红金针扣

参考价：￥120,000～180,000

STIRRUP 系列大型不锈钢计时腕表

型号：RLR0030701

表壳：不锈钢表壳，尺寸36.6mm×38.5mm，
　　　厚12.15mm，30米防水

表盘：白色，3时位30分钟计时盘，6时位
　　　小秒盘，9时位12小时计时盘

机芯：Cal.RL750自动机芯，261个零件，
　　　摆频28,800A/H，48小时动力储存

功能：时、分、秒显示，计时功能

表带：白色皮带配不锈钢针扣

参考价：￥30,000～50,000

STIRRUP 系列小链节型号红金腕表

型号：RLR0011100

表壳：18K红金表壳，尺寸27.70mm×29.30mm，
　　　厚7.10mm，30米防水

表盘：白色，黑色罗马数字刻度

机芯：Cal.RL430手动机芯，131个零件，
　　　摆频21,600A/H，40小时动力储存

功能：时、分显示

表带：18K红金表链

参考价：￥80,000～150,000

蕾蒙威
RAYMOND WEIL

年 产 量：不详
价格区间：RMB20,000 元（均价）
网 址：http://www.raymond-well.com

蕾蒙威凭借卓越的"瑞士制造"品质在国际市场持续其惊人的发展，同时 35 年来，依然是一家家族企业。2006 年，公司迎来 30 周年庆典，第三代传人 ElieBernheim 和 Pierre Bernheim 也正式加入领导团队，为其父 Olivier Bernheim（蕾蒙威先生之婿）效力，传承辉煌的家族事业及事务。对于该品牌的合作伙伴而言，家族延续是平衡、稳定和持续的保证。然而，满怀雄心壮志的年轻一代还会推陈出新：新鲜的视觉体验、全新的奢华推广方案以及最新科研技术的应用。

由于两代人的成功经营，这家由蕾蒙威先生创立于 1976 年的同名公司一直屹立不倒。品牌的成功取决于众多因素，如更丰富多元的产品系列、拥有更高机械化程度的新表款、不断发展的入门级产品系列和系统的宣传策略以及创立蕾蒙威俱乐部（首个由腕表品牌创立的俱乐部）。

自由骑士都会炫黑腕表

该系列的名称——"自由骑士（freelancer）"一词预示着这一瑞士品牌是当今硕果仅存的几家独立制表企业之一。新款计时码表在 42 毫米表壳上首次采用了黑色 PVD 涂层工艺。其黑色类蛋白石表盘极为炫目，上面刻有 8 枚荧光阿拉伯数字时标，边缘镀银。此表款风格十分醒目，如同表盘上的时标和指针散发出的石榴红光芒一般迷人夺目。螺丝是自由骑士系列的标志，在设计中被反复应用，以固定日历视窗周围的立体时标。最后，腕表的折叠扣也经由 PVD 涂层处理，阳刚而硬朗，并同哑光黑色牛皮表带的柔软温润形成强烈反差，堪称优雅气质与舒适体验的完美结合。

型号：7730-BK-05207
表壳：黑色PVD不锈钢表壳，直径42mm，厚13.7mm，100米防水
表盘：黑色，3时位日期、星期视窗，6时位12小时计时盘，9时位小秒盘，12时位30分钟计时盘，测速刻度外圈
机芯：Cal.RW5000自动机芯，25石，摆频28,800A/H，46小时动力储存
功能：时、分、秒，日期、星期显示，计时功能，测速功能
表带：黑色牛皮带配黑色PVD不锈钢折叠扣
参考价：￥30,000～50,000

香槟城43毫米INTENSO腕表

2007 年，香槟城系列在蕾蒙威家族第三代的主导下隆重亮相。该系列生动活泼、高贵典雅、刚劲有力，世界各地不同文化背景的钟表鉴赏家们均为其倾倒。不过，并不是所有的鉴赏家皆适合佩戴自己的倾心之物。但现在情况有所改观，香槟城著名的计时装置被巧妙地安于直径为 43 毫米的 Intenso 表壳内，比之前缩小了 3mm，可谓匠心独具。

型号：7700-TIR-00207

表壳：钛金属表壳，直径43mm，厚14.2mm，测速刻度外圈，200米防水

表盘：黑色，3时位30分钟计时盘，4-5时位日期视窗，6时位12小时计时盘，9时位小秒盘

机芯：Cal.RW5010自动机芯，27石，摆频28,800A/H，46小时动力储存

功能：时、分、秒、日期显示，计时功能，测速功能

表带：黑色鳄鱼皮带配钛金属折叠扣

参考价：￥30,000～50,000

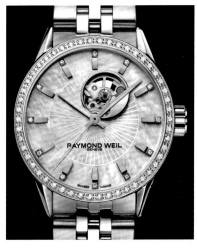

自由骑士阳光俪人腕表

型号：2410-STS-97981

表壳：不锈钢表壳，直径29mm，厚8.9mm，100米防水

表盘：白色珍珠贝母表盘，1时位镂空视窗装饰

机芯：Cal.RW2000自动机芯，25石，38小时动力储存

功能：时、分、秒显示

表带：不锈钢链带配折叠扣

参考价：￥25,000～45,000

经典大师玫瑰金小三针腕表

型号：2838-PC5-00209

表壳：红金PVD不锈钢表壳，直径39.5mm，厚9.93mm，50米防水

表盘：黑色，3时位日期视窗，6时位小秒盘

机芯：Cal.RW4250自动机芯，31石，38小时动力储存

功能：时、分、秒、日期显示

表带：黑色牛皮带配不锈钢针扣

参考价：￥15,000～30,000

经典大师全新Quantième à Aiguille腕表

型号：2846-STC-00659

表壳：不锈钢表壳，直径41.5mm，厚10.35mm，50米防水

表盘：银白色，3时位日期指示，9时位小秒盘

机芯：Cal.RW4800自动机芯，33石，38小时动力储存

功能：时、分、秒、日期显示

表带：棕色牛皮带配不锈钢针扣

参考价：￥15,000～30,000

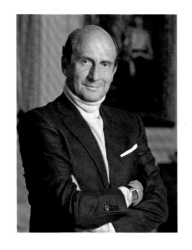

RICHARD MILLE

RICHARD MILLE

年产量：多于 500 块
价格区间：RMB250,000 元起
网址：http://www.richardmille.com

以革命性的制表技术，研制出最精密的陀飞轮腕表作而蜚声国际。以自己名字命名品牌的创办人 Richard Mille 曾经说："我的目标是要制作出手表业界的'F1 一级方程式'。"直至今天，已面世的 Richard Mille 腕表，从设计理念、制表物料到表内每部分的外形及性能，均如同一级方程式赛车一样，具有前卫的设计理念，尖端科技以及出色的性能。它引起全球收藏名表人士，以及亿万富豪的瞩目。许多拥有 Ferrari、上亿游艇，收藏世界名画的顶尖成功人士争相收藏 Richard Mille 限量腕表，对于其卓越的功能与收藏价值给予极高的评价。Ferrari 总裁 Jean Todt 以及电影巨星成龙都是 Richard Mille 的爱好者。

Richard Mille 先生说："我设计手表的风格，就像一级方程式跑车的设计技术一样，目的是利用最坚硬和最轻巧的物料，创造出一只结构坚固、在最严苛的情况下也能表现稳定、并能承受各种振荡和撞击的手表。"手表制造奇葩 Richard Mille 拥有制表天赋，把旧世界的传统手表制造，与未来的物料互相配合，加上高超技术，成功开发出超卓的手表功能，亦顺理成章地成为豪华钟表制术中的佼佼者。

RM 056 Felipe Massa Sapphire蓝宝石陀飞轮双秒追针竞赛计时表

这款表的一大特色在于，其整枚表壳：包括表圈、表环和表壳底盖采用整块蓝宝石切割、打磨而成。可谓工程壮举、视觉盛宴。为了做出这种蓝宝石结构，他们耗费了多年时间进行研究和试验，以确保满足强度和舒适性要求，这也是首次运用蓝宝石材质实现如此复杂的表壳设计。这类机件的加工是 Richard Mille 所面临的最大挑战，这让一切变得更为艰难，要做出一枚达到如此品质的表壳需要加工 1000 小时以上，其中，表壳机件的预成型历时 430 小时，抛光历时 350 小时。并且必须采用带钻石头的特制切割工具。尽管异常艰巨，但是蓝宝石在磨制与切割的时候绝不允许丝毫的误差。

型号：RM056
表壳：蓝宝石水晶表壳，尺寸50.5mm×42.70mm，厚19.25 mm
表盘：透明，2时位扭矩显示，3时位表冠功能显示，6时位陀飞轮及小秒盘，9时位30分钟计时盘，11时位动力储存指示
机芯：Cal.RMCC1手动机芯，尺寸36.7mm×32mm，厚7.53mm，35石，摆频21,600A/H，70小时动力储存
功能：时、分、秒、表冠功能、动力储存、扭矩显示、陀飞轮装置、计时功能
表带：白色橡胶带
限量：5枚
参考价：￥10,395,000

RM057 Dragon-Jackie Chan Tourbillon 成龙特别版陀飞轮腕表

型号：RM057

表壳：18K红金或者白金表壳，尺寸50mm×
42.70mm，厚14.55mm

表盘：镂空，龙形雕刻装饰，6时位陀飞轮装置

机芯：Cal.RM057手动机芯，尺寸32.80mm×
29.00mm，厚5.17mm，21石，摆频
21,600A/H，黑玛瑙机芯底板，48小时
动力储存

功能：时、分显示，陀飞轮装置

表带：黑色橡胶带

限量：36枚

参考价：￥3,591,000

RM039 Aviation E6-B Flyback 飞返倒计时腕表

型号：RM039

表壳：钛金属表壳，直径50mm，厚19.4mm

表盘：透明表盘，2时位动力储存指示，5时
位表冠功能显示，6时位小秒盘继陀
飞轮装置，8时位倒计时开关显示，9
时位12小时计时盘，12时位大日历视
窗，中心计时秒针、分针及第二时区
指针，旋转滑齿计算外圈继测速刻度

机芯：Cal.RM039手动机芯，直径38.95mm，
厚7.95mm，58石，740个零件，摆频
21,600A/H，70小时动力储存

功能：时、分、秒、日期、动力储存、表冠功
能、动力储存、第二时区、倒计时状态
显示、飞返计时与倒计时功能、测速功
能、飞行计算滑齿、陀飞轮装置

表带：黑色橡胶带

限量：30枚

参考价：￥650,000

RM 050 Felipe Massa腕表

型号：RM050

表壳：碳纳米管注入复合材料表壳，尺寸
50mm×42.70mm，厚16.30mm

表盘：透明表盘，2时位扭矩显示，3时位
表冠功能显示，6时位陀飞轮及小
秒盘，9时位30分钟计时盘，11时
位动力储存指示

机芯：Cal.RMCC1手动机芯，尺寸
32.00mm×36.70mm，厚7.53mm，35
石，摆频21,600A/H，70小时动力储存

功能：时、分、秒、表冠功能、动力储存、
扭矩显示、陀飞轮装置、计时功能

表带：黑色橡胶带

限量：10枚

参考价：￥5,355,000

RM052 Tourbillon Skull 骷髅陀飞轮腕表

型号：RM052

表壳：钛金属表壳，尺寸42.70mm×50.00mm，
厚15.95mm

表盘：无表盘，可见镂空机芯及骷髅造型
装饰

机芯：Cal.RM052手动机芯，尺寸32.80mm×
30.90mm，厚6.87mm，19石，摆频
21,600A/H，48小时动力储存

功能：时、分显示，6时位陀飞轮装置

表带：黑色橡胶带

限量：15枚

参考价：￥3,150,000

RM053 Pablo MacDonough 陀飞轮腕表

型号：RM053

表壳：钛金属表壳，尺寸50mm×42.70mm、
厚20.00mm

表盘：镂空，右侧时、分盘，左侧小秒盘
及陀飞轮装置

机芯：Cal.RM053手动机芯，尺寸
32.55mm×30.80mm，厚12.70mm，21
石，摆频21,600A/H，48小时动力储存

功能：时、分、秒显示，陀飞轮装置

表带：黑色橡胶带

限量：15枚

参考价：￥3,717,000

RM037 CRMA1机芯腕表

型号：RM0347

表壳：钛金属及不锈钢表壳，尺寸52.2mm×
34.4mm，厚12.5mm，

表盘：透明表盘，3时位表冠功能显示，
12时位大日历视窗

机芯：CRMA1自动机芯，尺寸28mm×
22.9mm，厚4.82mm，25石，摆频
28,800A/H，50小时动力储存

功能：时、分、日期、表冠功能显示

表带：黑色橡胶带

参考价：￥441,000

超薄陀飞轮腕表

型号：RM017

表壳：钛金属表壳，尺寸49.8mm×38mm，厚8.7mm，生活性防水

表盘：透明，2时位动力储存显示，3时位表冠功能选择，6时位陀飞轮装置

机芯：手动机芯，碳纳米纤维基板，尺寸30.2mm×28.45mm，23石，摆频21,600A/H，72小时动力储存

功能：时、分、动力储存、表冠功能显示、陀飞轮装置

表带：黑色鳄鱼皮带

参考价：￥2,362,500

潜水腕表

型号：RM028

表壳：钛金属表壳，潜水计时外圈，直径47mm，厚14.6mm，300米防水

表盘：透明，7时位日历视窗

机芯：自动机芯，直径30.25mm，厚4.33mm，镂空装饰，32石，摆频28,800A/H，55小时动力储存

功能：时、分、秒、日期显示，潜水计时功能

表带：黑色橡胶带

参考价：￥4,189,500

双时区陀飞轮腕表

型号：RM022

表壳：钛金属表壳，尺寸48mm×39.7mm，厚13.85mm，生活性防水

表盘：透明，1时位扭矩指示，3时位第二时区显示，6时位陀飞轮装置，11时位动力储存指示

机芯：手动机芯，尺寸30.2mm×28.6mm，厚7.14mm，28石，摆频21,600A/H，70小时动力储存

功能：时、分、扭矩、动力储存、第二时区显示

表带：黑色鳄鱼皮带

参考价：￥2,646,000

RM033超薄自动腕表

型号：RM033

表壳：钛金属表壳，直径45.7mm，厚6.3mm，30米防水

表盘：透明表盘，科技黑色处理的机芯夹板

机芯：自动机芯，直径33mm，厚2.6mm，29石，摆频21,600A/H

功能：时、分显示

表带：黑色橡胶表带

参考价：￥504,000

RM038 Bubba Watson腕表

型号：RM038

表壳：AZ91镁铝合金表壳，尺寸48mm×39.70mm，厚12.80mm，50米防水

表盘：无表盘，可见镂空机芯，6时位陀飞轮装置

机芯：手动机芯，尺寸30.60mm×29.37mm，厚7.55mm，19石，摆频21,600A/H，48小时动力储存

功能：时、分显示，6时位陀飞轮装置

表带：白色橡胶带

参考价：￥3,717,000

RM035 Rafael Nadal腕表

型号：RM035

表壳：AZ91镁铝合金表壳，尺寸48mm×39.7mm，厚12.25mm，50米防水

表盘：无表盘，可见镂空机芯

机芯：手动机芯，尺寸30.25mm×28.45mm，厚13.15mm，24石，摆频28,800A/H，55小时动力储存

功能：时、分、秒显示

表带：黑色橡胶表带

参考价：￥6,294,000

罗马
Roamer

年产量：150000 块

价格区间：RMB5,500 元（均价）

网址：http://www.roamer.com.cn

　　从成立以来罗马品牌表就代表着瑞士表的持续发展。罗马表将传统的质量和现代的发展结合在一起——使得人们既能享受生活又能享受生活的每一刻。120 多年来瑞士传统品牌表使用的是高质量的材料和钟表构件，从而生产出瑞士高级腕表。瑞士表集古朴典雅，优秀的设计和运动性能于一身。

　　2012 年的罗马表系列重新展示了一批独特的机械表和石英表，充满着魅力和轻描淡写的品味是新系列的设计特点。当 Stingray，Mercury 和 Vanguard 系列在表达古典风格的同时，R-Power Chrono 和 Superior 系列着重表现的是运动性能。高品质和多功能的 Trekk Master 系列重新又一次在众多腕表中独领风骚。以现代款式 Ceraline Saphira、Ceraline Bijoux 和 Ceramic Carré 为代表的罗马表也考虑到了日益普及的需要。这些永恒的款式，有白色和黑色，并且像所有的罗马表一样，由蓝宝石水晶玻璃镜覆盖来完善 2012 年系列。

型号：677972415560

表壳：不锈钢表壳，直径40mm，30米防水

表盘：黑色，6时位日期视窗

机芯：石英机芯

功能：时分秒日期显示

表带：不锈钢及黑色陶瓷链带

参考价：￥2,500～3,500

CeralineSaphira女装腕表

型号：677981415560

表壳：不锈钢表壳，直径30mm，30米防水

表盘：黑色，6时位日期视窗

机芯：石英机芯

功能：时分秒日期显示

表带：不锈钢及黑色陶瓷链带

参考价：￥2,500～3,500

Mars系列腕表

型号：943637411490

表壳：不锈钢表壳，直径42mm，100米防水

表盘：白色，3时位星期，日期视窗

机芯：自动机芯

功能：时、分、秒、日期、星期显示

表带：不锈钢链带

参考价：￥3,000～5,000

罗杰杜彼
ROGER DUBUIS

MANUFACTURE
ROGER DUBUIS

年产量：少于 5000 块
价格区间：RMB98,000 元起
网址：http://www.rogerdubuis.com

罗杰杜彼创办于 1995 年，1999 年其制造架构完全成形，其首栋大厦于 2001 年在 Meyrin 揭幕。随着其能够自行生产摆轮游丝调节机构，品牌于 2003 年实现生产独立。2005 年，品牌第二栋建筑建成，从而在单一地点重新组合工场和服务。这种最先进的完全垂直的工业化模式顺利确立罗杰杜彼公司作为一家真正腕表制造商的地位。2006 年 4 月，6 种机芯在日内瓦国际高级钟表沙龙（SIHH）上展出，其中三种为首次推出。它们主要安装在最新的 Excalibur 型手表（罗杰杜彼的旗舰系列产品之一）上，从而使自主制造的机芯数达到 28。这些机芯均盖有日内瓦优质印记（有时称作日内瓦印记）。2007 年 SIHH 组织的一次展览展示所有 28 种机芯，并因此彰显出罗杰杜彼的非凡传统。

2008 年 4 月，罗杰杜彼展出一套称作 King Square 的系列。这种技术规格高度精细的型号继承并发扬罗杰杜彼血统。它的结构独具一格，整体设计创意十足，从而打开了一个由无数变款组成的新天地。其中之一就是采用镂空机芯的奢华型号，该型号经过改良，将镂空机芯从伟大的古典样式变为完全符合现代潮流的艺术臻品。

如今，Pulsion、Velvet、Excalibur 以及 La Monegasque 四个系列以其个性鲜明的主题组成了罗杰杜彼曼妙的腕表世界。在机芯方面，罗杰杜彼更是具有全面的机芯生产能力，并且所有机芯都通过了日内瓦印记的认证。

Pulsion钛金属计时表

Pulsion 系列表款最令人瞩目的设计是它的蓝宝石水晶镜面直接固定在表壳之上，令此表款极易识别。而革命性的结构设计将阿拉伯数字时标镌刻于镜面之下，并覆有夜光材质。

除了 Pulsion 系列所有表款共有的此独特标志之外，钛金属计时码表蕴含了更加出类拔萃的工艺。其表盘设计错落有致，外层区域饰有日内瓦波纹，数字 12 和 6 分别固定于两个迷你圆圈中，展示出精雕细琢的复杂工艺。

表壳：钛金属表壳，直径44mm，100米防水
表盘：银色，镂空装饰，3时位30分钟盘，9时位小秒盘，测速刻度外圈
机芯：Cal.RD680自动机芯，直径31mm，厚6.30mm，42石，261个零件，摆频28,800A/H，52小时动力储存。日内瓦印记，COSC天文台认证
功能：时、分、秒显示，计时功能，测速功能
表带：黑色橡胶表带配钛金属折叠扣
参考价：￥242,000

Pulsion黑色DLC钛金属计时表

表壳：黑色DLC钛金属表壳，直径44mm，100米防水

表盘：黑色，镂空装饰，3时位30分钟盘，9时位小秒盘，测速刻度外圈

机芯：Cal.RD680自动机芯，直径31mm，厚6.30mm，42石，261个零件，摆频28,800A/H，52小时动力储存，日内瓦印记，COSC天文台认证

功能：时、分、秒显示，计时功能，测速功能

表带：黑色橡胶表带配钛金属折叠扣

参考价：￥242,000

Pulsion红金计时表

表壳：18K红金表壳，直径44mm，100米防水

表盘：黑色，镂空装饰，3时位30分钟盘，9时位小秒盘，测速刻度外圈

机芯：Cal.RD680自动机芯，直径31mm，厚6.30mm，42石，261个零件，摆频28,800A/H，52小时动力储存，日内瓦印记，COSC天文台认证

功能：时、分、秒显示，计时功能，测速功能

表带：黑色橡胶表带配18K红金折叠扣

参考价：￥312,000

Pulsion钛金属飞行陀飞轮腕表

表壳：钛金属表壳，直径44mm，100米防水

表盘：无表盘，可见黑色处理镂空机芯，8时位陀飞轮装置

机芯：Cal.RD505SQ手动机芯，直径36.1mm，厚5.70mm，19石，165个零件，摆频21,600A/H，60小时动力储存。日内瓦印记，COSC天文台认证

功能：时、分、秒显示，陀飞轮装置

表带：黑色橡胶表带配钛金属折叠扣

参考价：￥793,800

Velvet — 紫水晶

表壳：黑色DLC钛金属表壳，镶嵌46颗紫水晶约重0.74克拉，40颗尖晶石约重0.5克拉，直径36mm，30米防水

表盘：黑色，放射状大型罗马数字时标

机芯：Cal.RD821自动机芯，直径25.9mm，厚3.43mm，33石，172个零件，摆频28,800A/H，48小时动力储存，日内瓦印记，COSC天文台认证

功能：时、分显示

表带：黑色绢制表带配不锈钢折叠扣

限量：188枚

参考价：￥242,000

Velvet — 白金

表壳：18K白金表壳，共镶嵌100颗钻石约重1.77克拉，直径36mm，30米防水

表盘：银白色，放射状大型罗马数字时标

机芯：Cal.RD821自动机芯，直径25.9mm，厚3.43mm，33石，172个零件，摆频28,800A/H，48小时动力储存，日内瓦印记，COSC天文台认证

功能：时、分显示

表带：黑色绢制表带配18K白金镶钻折叠扣

参考价：￥235,000

Velvet — 红金

表壳：18K红金表壳，共镶嵌262颗钻石约重2.98克拉，直径36mm，30米防水

表盘：银白色，放射状大型罗马数字时标

机芯：Cal.RD821自动机芯，直径25.9mm，厚3.43mm，33石，172个零件，摆频28,800A/H，48小时动力储存，日内瓦印记，COSC天文台认证

功能：时、分显示

表带：18K红金镶钻链带

参考价：￥346,000

Excalibur两针自动腕表 — 珍珠贝母

表壳：18K红金表壳，直径42mm，30米防水

表盘：白色珍珠贝母表盘，放射状大型罗马数字时标

机芯：Cal.RD622自动机芯，直径31mm，厚4.5mm，35石，179个零件，摆频28,800A/H，52小时动力储存，日内瓦印记

功能：时、分显示

表带：黑色鳄鱼皮带配18K红金折叠扣

限量：188枚

参考价：￥184,000

Excalibur两针自动腕表 — 青金石

表壳：18K白金表壳，直径42mm，30米防水

表盘：蓝色青金石表盘，放射状大型罗马数字时标

机芯：Cal.RD622自动机芯，直径31mm，厚4.5mm，35石，179个零件，摆频28,800A/H，52小时动力储存，日内瓦印记

功能：时、分显示

表带：黑色鳄鱼皮带配18K白金折叠扣

限量：188枚

参考价：￥184,000

Excalibur两针自动腕表 — 缟玛瑙

表壳：18K白金表壳，直径42mm，30米防水

表盘：黑色缟玛瑙表盘，放射状大型罗马数字时标

机芯：Cal.RD622自动机芯，直径31mm，厚4.5mm，35石，179个零件，摆频28,800A/H，52小时动力储存，日内瓦印记

功能：时、分显示

表带：黑色鳄鱼皮带配18K白金折叠扣

限量：188枚

参考价：￥184,000

Excalibur小三针自动腕表 — 白金镶钻

表壳：18K白金表壳，镶嵌36颗钻石约重2.09克拉，直径42mm，30米防水

表盘：银灰色表盘，放射状大型罗马数字时标，9时位小秒盘

机芯：Cal.RD620自动机芯，直径31mm，厚4.5mm，35石，184个零件，摆频28,800A/H，52小时动力储存，日内瓦印记，COSC天文台认证

功能：时、分、秒显示

表带：黑色鳄鱼皮带配18K白金折叠扣，镶嵌17颗钻石约重0.12克拉

参考价：￥269,000

Excalibur小三针自动腕表 — 红金

表壳：18K红金表壳，直径42mm，30米防水

表盘：银灰色表盘，放射状大型罗马数字时标，9时位小秒盘

机芯：Cal.RD620自动机芯，直径31mm，厚4.5mm，35石，184个零件，摆频28,800A/H，52小时动力储存，日内瓦印记，COSC天文台认证

功能：时、分、秒显示

表带：黑色鳄鱼皮带配18K红金折叠扣

参考价：￥163,000

Excalibur小三针自动腕表 — 红金紫色皮带

表壳：18K红金表壳，直径42mm，30米防水

表盘：深灰色表盘，放射状大型罗马数字时标，9时位小秒盘

机芯：Cal.RD620自动机芯，直径31mm，厚4.5mm，35石，184个零件，摆频28,800A/H，52小时动力储存，日内瓦印记，COSC天文台认证

功能：时、分、秒显示

表带：紫色鳄鱼皮带配18K红金折叠扣

参考价：￥163,000

Excalibur**小三针自动腕表 ―**
白金紫色皮带

表壳：18K白金表壳，直径42mm，30米防水
表盘：深灰色表盘，放射状大型罗马数字
　　　时标，9时位小秒盘
机芯：Cal.RD620自动机芯，直径31mm，
　　　厚4.5mm，35石，184个零件，摆
　　　频28,800A/H，52小时动力储存。
　　　日内瓦印记，COSC天文台认证
功能：时，分，秒显示
表带：紫色鳄鱼皮带配18K白金折叠扣
参考价：￥169,000

Excalibur**小三针自动腕表 ― 白金**

表壳：18K白金表壳，直径42mm，30米防水
表盘：银灰色表盘，放射状大型罗马数字
　　　时标，9时位小秒盘
机芯：Cal.RD620自动机芯，直径31mm，
　　　厚4.5mm，35石，184个零件，摆
　　　频28,800A/H，52小时动力储存。
　　　日内瓦印记，COSC天文台认证
功能：时，分，秒显示
表带：黑色鳄鱼皮带配18K白金折叠扣
参考价：￥169,000

Excalibur**小三针自动腕表 ―**
红金镶钻棕色皮带

表壳：18K红金表壳，镶嵌36颗钻石约重
　　　2.09克拉，直径42mm，30米防水
表盘：银灰色表盘，放射状大型罗马数字
　　　时标，9时位小秒盘
机芯：Cal.RD620自动机芯，直径31mm，
　　　厚4.5mm，35石，184个零件，摆
　　　频28,800A/H，52小时动力储存。
　　　日内瓦印记，COSC天文台认证
功能：时，分，秒显示
表带：棕色鳄鱼皮带配18K红金折叠扣，
　　　镶嵌17颗钻石约重0.12克拉
参考价：￥184,000

Excalibur**小三针自动腕表 ― 红金镶钻绿色皮带**

表壳：18K红金表壳，镶嵌36颗钻石约重2.09克拉，直径42mm，30米防水
表盘：银灰色表盘，放射状大型罗马数字时标，9时位小秒盘
机芯：Cal.RD620自动机芯，直径31mm，厚4.5mm，35石，184个零件，摆频28,800A/H，
　　　52小时动力储存。日内瓦印记，COSC天义台认证
功能：时，分，秒显示
表带：绿色鳄鱼皮带配18K红金折叠扣，镶嵌17颗钻石约重0.12克拉
参考价：￥263,000

Excalibur**小三针自动腕表 ―**
红金镶钻紫色皮带

表壳：18K红金表壳，镶嵌36颗钻石约重
　　　2.09克拉，直径42mm，30米防水
表盘：银灰色表盘，放射状大型罗马数字
　　　时标，9时位小秒盘
机芯：Cal.RD620自动机芯，直径31mm，
　　　厚4.5mm，35石，184个零件，摆
　　　频28,800A/H，52小时动力储存。
　　　日内瓦印记，COSC天文台认证
功能：时，分，秒显示
表带：紫色鳄鱼皮带配18K红金折叠扣，
　　　镶嵌17颗钻石约重0.12克拉
参考价：￥263,000

劳力士
ROLEX

年产量：多于 1000000 块
价格区间：RMB35,000 元起
网址：http://www.rolex.com

劳力士是全球公认的瑞士腕表制造业翘楚，在质量和技术方面享有无可匹敌的声誉。它的成功与世界首枚防水腕表劳力士蚝式腕表的超卓发展进程，以及品牌创办人汉斯·威尔斯多夫（Hans Wilsdorf）先生的开拓精神和远见卓识密不可分。

一切辉煌始于蚝式腕表的诞生。1926 年，世界第一只防水防尘腕表诞生，这是劳力士发展史上的重要里程碑。命名为"蚝式"（Oyster），源于腕表采用完全密封表壳，就如同一个微型保险箱，为机芯提供最佳保护。蚝式腕表的组成包括旋入式表冠、表壳及配备旋入式后盖的外圈。同年，这个超凡的设计被劳力士申请专利，后来它也使劳力士成为防水性能的代名词。

蚝式腕表的出现本身即是对传统钟表市场的冒险挑战。对于精密计时与防水性能的不懈追求，让这次冒险立刻取得了巨大成功。劳力士在科技与设计上不断创新，不仅被公认为超卓品质和尊崇地位的典范，更成为奢华腕表的杰出代表，深受消费者的青睐，品牌的传奇亦从此开启。坚持探索求进的精神并不懈追求完美，即是劳力士的理念所在。如此的坚持不断激励着品牌的惊喜创新，经由一枚枚经典又不失现代感的腕表，转化为恒久经典。

蚝式恒动SKY-DWELLER—白金

SKY-DWELLER 凭借 14 项专利技术（其中 5 项为全新专利），以全新方式为环球旅游人士提供所需的信息，让他们在旅程中轻松掌握时间。这腕表功能包括双时区显示，即表盘中央指针指示当地时间，另配一个偏心 24 小时盘显示参考时区的时间；还带有一个创新的年历装置，名为 SAROS，灵感来自一种天文现象，每年只需在 2 至 3 月间调校日历一次。此外，表盘周边更设有 12 个小窗，以显示月份。

型号：326939–72419
表壳：18K白金表壳，直径42mm，100米防水
表盘：白色，3时位日期视窗，中心第二时区显示，外圈12个
　　　可变色视窗代表月份
机芯：Cal.9001自动机芯，摆频28,800A/H，72小时动力储
　　　存，COSC天文台认证
功能：时、分、秒、日期、月份、第二时区显示，年历功能
表带：18K白金链带配折叠扣
参考价：￥380,000

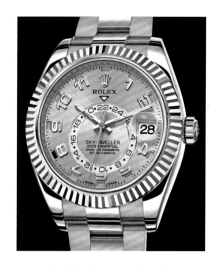

蚝式恒动SKY-DWELLER—黄金

型号：326938-72418

表壳：18K黄金表壳，直径42mm，100米防水

表盘：黄色，3时位日期视窗，中心第二时区显示，外圈12个可变色视窗代表月份

机芯：Cal.9001自动机芯，摆频28,800A/H，72小时动力储存，COSC天文台认证

功能：时、分、秒、日期、月份、第二时区显示，年历功能

表带：18K黄金链带配折叠扣

参考价：￥380,000

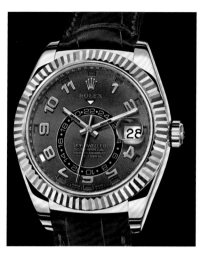

蚝式恒动SKY-DWELLER—红金

型号：326935

表壳：18K红金表壳，直径42mm，100米防水

表盘：棕色，3时位日期视窗，中心第二时区显示，外圈12个可变色视窗代表月份

机芯：Cal.9001自动机芯，摆频28,800A/H，72小时动力储存，COSC天文台认证

功能：时、分、秒、日期、月份、第二时区显示，年历功能

表带：棕色鳄鱼皮带配18K红金折叠扣

参考价：￥300,000

蚝式恒动宇宙计型迪通拿腕表

型号：116598 RBOW-78608

表壳：18K黄金表壳，直径40mm，表圈镶嵌36颗彩虹色调宝石，表耳和表把护肩分别镶嵌36颗和20颗钻石，100米防水

表盘：表盘镶嵌8颗钻石时标，三个子表盘材质为黄色金晶，3时位30分钟计时盘，6时位小秒盘，9时位12小时计时盘

机芯：Cal.4130自动机芯，44石，摆频28,800A/H，72小时动力储存，COSC天文台认证

功能：时、分、秒显示，计时功能

表带：18K黄金链带配折叠扣

参考价：请洽经销商

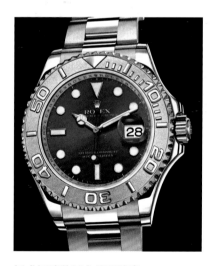

蚝式恒动游艇名仕型腕表

型号：116622-78800

表壳：不锈钢表壳，铂金潜水计时外圈，直径40mm，100米防水

表盘：蓝色，3时位日期视窗

机芯：Cal.3135自动机芯，摆频28,800A/H，48小时动力储存，COSC天文台认证

功能：时、分、秒、日期显示，潜水计时功能

表带：不锈钢链带配折叠扣

参考价：￥92,800

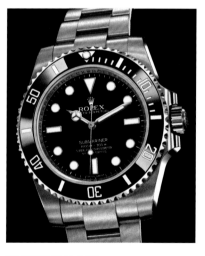

蚝式恒动潜航者型

型号：114060-97200

表壳：不锈钢表壳，直径40mm，潜水计时外圈，300米防水

表盘：黑色表盘，荧光指针及刻度时标

机芯：Cal.3130自动机芯，31石，摆频28,800A/H，48小时动力储存，COSC天文台认证

功能：时、分、秒显示，潜水计时功能

表带：不锈钢链带配折叠扣

参考价：￥61,500

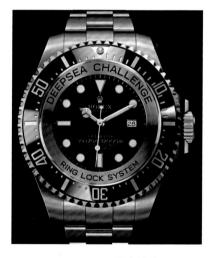

Deepsea Challenge潜水腕表

表壳：不锈钢表壳，直径51.4mm，厚28.5mm，潜水计时外圈，12,000米防水

表盘：黑色，3时位日期视窗

机芯：Cal.3135自动机芯，摆频28,800A/H，48小时动力储存，COSC天文台认证

功能：时、分、秒显示，潜水计时功能

表带：不锈钢链带配折叠扣

限量：实验性型，非公开发售

蚝式恒动女装日志型腕表

型号：179178–83138

表壳：18K黄金表壳，直径26mm，100米防水

表盘：金色，罗马数字"VI"镶嵌11颗红宝石，3时位日期视窗

机芯：Cal.2235自动机芯，摆频28,800A/H，48小时动力储存，COSC天文台认证

功能：时，分，秒，日期显示

表带：18K黄金链带配折叠扣

参考价：￥165,000

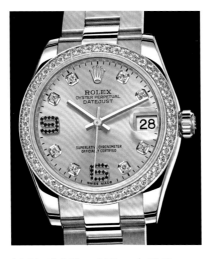

蚝式恒动女装日志型31mm腕表

型号：178288–73168

表壳：18K黄金表壳，直径31mm，外圈镶嵌48可钻石，100米防水

表盘：金色,8可钻石时标，数字"6"、"9"镶嵌16颗红宝石，3时位日期视窗

机芯：Cal.2235自动机芯，摆频28,800A/H，48小时动力储存，COSC天文台认证

功能：时，分，秒，日期显示

表带：18K黄金链带配折叠扣

参考价：￥315,000

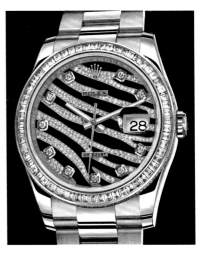

蚝式恒动日志型腕表

型号：116285 BBR–73605

表壳：18K红金表壳，直径36mm，表圈镶嵌60颗方钻，侧面镶嵌120颗钻石，100米防水

表盘：18K红金表盘镶嵌262颗钻石和10颗钻石时标，3时位日期视窗

机芯：Cal.3135自动机芯，摆频28,800A/H，48小时动力储存，COSC天文台认证

功能：时，分，秒，日期显示

表带：18K红金链带配折叠扣

参考价：￥535,500

蚝式恒动星期日历型腕表

型号：118235–73205

表壳：18K红金表壳，直径36mm，100米防水

表盘：巧克力色表盘，镶嵌8颗钻石，6、9时位各镶嵌一颗长方形红宝石，3时位日期视窗，12时位星期视窗

机芯：Cal.3155自动机芯，31石，摆频28,800A/H，48小时动力储存，COSC天文台认证

功能：时，分，秒，日期，星期显示

表带：18K红金链带配折叠扣

参考价：￥252,000

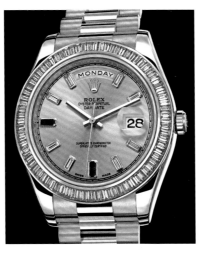

蚝式恒动星期日历型II腕表

型号：218398 BR–83218

表壳：18K黄金表壳，直径41mm，外圈镶嵌80颗长方形钻石，100m防水

表盘：香槟色表盘，镶嵌8颗长方形钻石及2颗长方形红宝石，3时位日期视窗，12时位星期视窗

机芯：Cal.3156自动机芯，31石，摆频28,800A/H，48小时动力储存，COSC天文台认证

功能：时，分，秒，日期，星期显示

表带：18K黄金链带配折叠扣

参考价：￥945,000

蚝式恒动日志型II腕表

型号：116300–72210

表壳：不锈钢表壳，直径41mm，100米防水

表盘：灰色，3时位日期视窗

机芯：Cal.3136自动机芯，31石，摆频28,800A/H，48小时动力储存，COSC天文台认证

功能：时，分，秒，日期显示

表带：不锈钢链带配折叠扣

参考价：￥45,000

豪门世家
SARCAR

年产量：15000 块
价格区间：RMB150,000 元起
网址：http://www.sarcar.ch

　　卡罗·萨尔扎诺（Carlo Sarzano）曾为多个在意大利和西班牙具有代表性的著名瑞士品牌工作，在这期间，他积累了丰富的钟表专业知识。之后，他偶然发现了一家成立于 1919 年的制表工厂正在待售，卡罗·萨尔扎诺收购了这家工厂。1948 年，豪门世家在日内瓦诞生。凭借卡罗·萨尔扎诺在市场中已建立的业务往来，他得以率先在全球市场上推出他的产品。生产以顶级制造工艺和采用最优质钻石而著称的腕表。

　　2003 年是豪门世家集团的历史转折点，新起点、新标志，但是理念始终如一。豪门世家提出了如今闻名于世的口号："梦想缔造者"，并隆重推出了一个令全世界难以置信的 Solitaire 系列，也是豪门世家家族的旗舰系列。一颗 1 克拉明亮切割的钻石上附有一个旋转的装饰圆环，通过自身重量驱动，在钻石表盘上优雅地绕轴旋转。手腕轻轻一摆，腕表的光芒便会照亮流逝的每一刻。18K 黄金表壳、表圈和表盘采用明亮切割的钻石手工制成，配以鳄鱼皮表带，更是耀眼光彩。这一设计之后也成了豪门世家的招牌设计，让喜爱钻石人们的大呼过瘾，而这背后，则凝聚了豪门世家太多的努力。

碧海龙腾系列腕表

表壳：18K红金表壳，直径40mm，整表共镶嵌203颗钻石约重6.66克拉，生活性防水

表盘：绿色珍珠贝母表盘配金龙造型，龙珠为一颗0.50克拉钻石重的圆钻

机芯：Frédéric Piguet机芯

功能：时、分显示

表带：黑色鳄鱼皮表带配18K白金镶钻折叠扣

参考价：请洽经销商

北极星腕表

表壳：18K白金表壳，直径40mm，整表共镶嵌577可钻石约重23.88克拉，生活性防水

表盘：表盘铺镶梯形钻石，4颗祖母绿约0.14克拉，一颗王妃形2.15克拉方钻

机芯：Frédéric Piguet机芯

功能：时、分显示

表带：黑色鳄鱼皮表带配18K白金镶钻折叠扣

参考价：请洽经销商

尊显里拉琴音腕表

表壳：18K红金表壳，直径40mm，整表共镶嵌361颗钻石约重6.54克拉，生活性防水

表盘：18K红金镶钻表盘，竖琴造型旋转装置，两翼各镶嵌一颗0.35克拉钻石

机芯：Frédéric Piguet机芯

功能：时、分显示

表带：黑色鳄鱼皮表带

参考价：请洽经销商

精工
SEIKO

SEIKO

年产量：多于 100000 块
价格区间：RMB2,900 元起
网址：http://www.seiko.com.cn

精工最高级精密腕表的制作重任，由两所技艺卓越的高级工坊来承担。一所工坊坐落于日本北部靠近盛冈市的森林中，另一所则位于日本中部的层峦之间。

70 多年来，盛冈表厂始终坚持在制表艺术的各个领域中不断地发展其制表工艺，目前它仍是世界上极少数的能够自行制造机械表的每个构成零件，包括游丝和发条的腕表制造厂之一。2004 年，"雫石"制表工坊加入了盛冈表厂，并且被赋予了加强研发其高级机械表制作工艺的重任，以满足不断增加的收藏家和机械表狂热爱好者的需求。

"雫石"制表工坊的独到之处在于将最高端科技和卓越的手工技艺相结合。例如在这所工坊内，最先进的微型化科技可以制作出 0.03mm 厚的游丝，与此同时雕刻大师们依靠全手工和肉眼，在机芯的自动陀夹板上以深度仅 0.15mm 的雕刻创作图案，并且曲线的修改公差控制在 0.01mm 范围内。雫石制表工坊在任何意义上都可称得上是真正的"制表工厂"。

此外，在信州制表工坊内有一个由十名腕表大师组成的精英团队。他们专门制作特别版作品，如：一年只产出五只的 CREDOR（贵朵）Spring Drive Sonnerie 自鸣腕表，Spring Drive（睿智）腕表等等。这座工坊虽小，但同样是一间完整的"真正的表厂"。所有腕表作品都由微型艺术大师们自己独立策划、设计、制作、组装并悉心调整。

Grand Seiko Hi-Beat 36,000 高振频自动腕表—黄金

型号：SBGH020
表壳：18K黄金表壳，直径38mm，100米防水
表盘：白色表盘，3时位日期视窗
机芯：Cal.9S85自动机芯，摆频36,000A/H，55小时动力储存
功能：时、分、秒、日期显示
表带：黑色鳄鱼皮带配18K黄金表扣
参考价：￥188,000

Grand Seiko Hi-Beat 36,000
高振频自动腕表—白金
型号：SBGH019
表壳：18K白金表壳，直径38mm，100米防水
表盘：白色表盘，3时位日期视窗
机芯：Cal.9S85自动机芯，摆频36,000A/H，55小时动力储存
功能：时、分、秒、日期显示
表带：黑色鳄鱼皮带配18K黄金表扣
参考价：￥199,000

Grand Seiko GMT 10周年纪念限量—链带
型号：SBGM029
表壳：不锈钢表壳及链带，直径39.2mm，100m防水
表盘：蓝色表盘，3时位日期显示，中心黄色第二时区指针
机芯：Cal.9S66自动机芯，摆频28,800A/H，72小时动力储存
功能：时、分、秒、日期、第二时区显示
表带：不锈钢链带
限量：700枚
参考价：￥53,000

Grand Seiko GMT 10周年纪念限量—皮带
型号：SBGM031
表壳：不锈钢表壳，直径39.5mm，30米防水
表盘：蓝色表盘，3时位日期显示，中心黄色第二时区指针
机芯：Cal.9S66自动机芯，摆频28,800A/H，72小时动力储存
功能：时、分、秒、日期、第二时区显示
表带：蓝色鳄鱼皮带配不锈钢折叠扣
限量：1,000枚
参考价：￥51,000

Premier双飞返显示式计时腕表
型号：SPC067J1
表壳：不锈钢表壳，直径约40mm，100米防火
表盘：黑色，3时位日期视窗，6时位100分钟计时盘，9时位小秒盘，12时位10分钟计时盘
机芯：Cal.7T85石英机芯
功能：时、分、秒、日期显示，计时功能
表带：不锈钢链带
参考价：￥4,600

AnantaKumadori彩绘脸谱计时
型号：SRQ015J1
表壳：黑色抗磨碳素膜处理不锈钢表壳，直径42.8mm，测速刻度外圈，100米防水
表盘：黑色，3时位小秒盘，4-5时位小秒盘，6时位12小时计时盘，9时位30分钟计时盘，测距刻度外圈
机芯：Cal.8R28自动机芯
功能：时、分、秒、日期显示，计时功能，测距功能，测速功能
表带：黑色抗磨碳素膜处理不锈钢链带
限量：800枚
参考价：￥35,000

Sportura巴塞罗那足球俱乐部计时腕表
型号：SNAE93J1
表壳：不锈钢表壳，直径约42mm，100米防水
表盘：黑色，4-5时位日期视窗，6时位响闹时间设定盘，9时位小秒盘，12时位60分钟计时盘
机芯：Cal.7T62石英机芯
功能：时、分、秒、日期显示，响闹功能，计时功能，测速功能
表带：黑色橡胶带
参考价：￥4,300

Sportura女士计时表—白色陶瓷

型号：SNDX95J1

表壳：不锈钢及白色陶瓷表壳，测速刻度
　　　外圈，直径约38mm，100米防水
表盘：白色珍珠贝母表盘，8颗钻石时
　　　标，3时位日期视窗，6时位时、
　　　分计时盘，9时位小秒盘，12时位
　　　1/20秒计时盘
机芯：Cal.7T62石英机芯
功能：时、分、秒、日期显示，计时功
　　　能，测速功能
表带：不锈钢及白色陶瓷链带
参考价：￥4,900

Sportura女士计时表—白色陶瓷

型号：SNDX98J1

表壳：红金DLC不锈钢及白色陶瓷表壳，
　　　测速刻度外圈，直径约38mm，100
　　　米防水
表盘：白色珍珠贝母表盘，8颗钻石时
　　　标，3时位日期视窗，6时位时、
　　　分计时盘，9时位小秒盘，12时位
　　　1/20秒计时盘
机芯：Cal.7T62石英机芯
功能：时、分、秒、日期显示，计时功
　　　能，测速功能
表带：白色皮带
参考价：￥4,600

Galante滚石乐队成立50周年纪念限量版腕表

型号：SBLL017

表壳：不锈钢表壳，直径45mm，厚
　　　13.5mm，200米防水
表盘：黑色，滚石标志图案，10时位镂空
　　　视窗
机芯：Cal.8L38自动机芯，直径28.4mm，
　　　厚5.3mm，摆频28,800A/H，50小
　　　时动力储存
功能：时、分、秒显示
表带：黑色鳄鱼皮带配不锈钢折叠扣
限量：数量未定
参考价：约￥61,000

CredorNode J Pique腕表

型号：GTWE896

表壳：18K红金表壳，尺寸30.7mm×
　　　18.1mm，厚6.4mm，生活性防水
表盘：白色珍珠贝母表盘，Pique工艺，镶
　　　嵌铂金和黄金
机芯：Cal.5A70石英机芯
功能：时、分显示
表带：棕色鳄鱼带配18K红金针扣
限量：30枚
参考价：￥77,000

CredorSigno Pique腕表 — 黄金

型号：GTAW982

表壳：18K黄金表壳，外圈镶嵌52颗钻石，
　　　直径28.7mm，厚5.4mm，生活性防水
表盘：白色珍珠贝母表盘，Pique工艺，镶
　　　嵌铂金和黄金
机芯：Cal.4J80石英机芯
功能：时、分显示
表带：灰色绢带配18K黄金针扣
限量：30枚
参考价：￥144,000

CredorSigno Pique腕表 — 白金

型号：GTAW983

表壳：18K白金表壳，外圈镶嵌52颗钻石，
　　　直径28.7mm，厚5.4mm，生活性防水
表盘：白色珍珠贝母表盘，Pique工艺，镶
　　　嵌铂金和黄金
机芯：Cal.4J80石英机芯
功能：时、分显示
表带：灰色绢带配18K白金针扣
限量：30枚
参考价：￥155,000

SINN

年 产 量：多于 10000 块

价格区间：RMB72,200 元起

网　　址：http://www.sinnwatches.com

在瑞士表统领天下的今天，德国表异军突起，在以朗格和格拉苏蒂为代表的顶级手表之外，一些价格较为平实的品牌因德国风格的设计，细致扎实的做工而拥有了大批粉丝。之前有较为斯文的 NOMOS，设计颇为阳刚的军表品牌中，SINN 称得上是代表之一。

SINN 品牌于 1961 年由 Helmut Sinn 创立，从创立之初，SINN 便是以制作飞行员腕表为专长。今天，很多人购买 SINN 腕表的原因在于他们对其腕表产品耐用性及稳定性的信赖，这依赖于一系列的技术创新。比如采用 HYDRO 技术，在一款不锈钢潜水表中注入油性物质，使其具有超强的防水性能，足以满足任何想象得到的水下工作环境；一款天文台腕表的表壳内增加一个防磁保护壳，使防磁性能达到普通腕表的 20 倍；其特质的润滑油可以允许腕表在零下 45 摄氏度至 80 摄氏度的环境下正常运转，而借由 DIAPAL 技术，在一些关键部件更可以无需添加爱润滑油；经过 TEGIMENT 技术处理的不锈钢表壳，硬度可达 1,500 维氏度，切实保护表壳不易被划伤。种种这些特性，让 SINN 拥有了众多拥戴者，同时您也无需为此支付过高的代价。

103 Classic计时腕表

表壳：不锈钢表壳，直径41mm，厚17mm，旋转计时外圈，200米防水

表盘：黑色，3时位30分钟计时盘，4-5时位日期视窗，6时位12小时计时盘，9时位小秒盘

机芯：Valjoux Cal.7750自动机芯，27石，摆频28,800A/H

功能：时、分、秒、日期显示，计时功能

表带：黑色橡胶带配不锈钢针扣

参考价：￥16,600

901计时腕表

表壳：不锈钢表壳，尺寸38.4×36.8mm，厚16.5mm，表耳尺寸可调，100米防水

表盘：黑色，3时位日期视窗，6时位12时计时盘，9时位小秒盘，12时位30分钟计时盘

机芯：Valjoux Cal.7750自动机芯，27石，摆频28,800A/H

功能：时、分、秒、日期显示，计时功能

表带：黑色牛皮带配不锈钢表扣

参考价：￥29,000

140A计时腕表

表壳：不锈钢表壳，直径44mm，厚15mm，100米防水

表盘：黑色，3时位日期视窗，4-5时位日期视窗，6时位12小时计时盘，9时位小秒盘，中心60分钟计时指针，旋转计时外圈

机芯：Cal.SZ01自动机芯，33石，摆频28,800A/H

功能：时、分、秒、日期显示，计时功能

表带：黑色牛皮带配不锈钢表扣

参考价：￥13,500

140A计时腕表 — 黑色PVD不锈钢

表壳：黑色PVD不锈钢表壳，直径
44mm，厚15mm，100米防水

表盘：黑色，3时位日期视窗，4-5时位日
期视窗，6时位12小时计时盘，9时
位小秒盘，中心60分钟计时指针，
旋转计时外圈

机芯：Cal.SZ01自动机芯，33石，摆频
28,800A/H

功能：时、分、秒、日期显示，计时功能

表带：黑色牛皮带配不锈钢表扣

参考价：￥25,200

6090两地时大日历腕表 — 皮带

表壳：不锈钢表壳，直径41.5mm，厚
11mm，100米防水

表盘：黑色，6时位第二时区盘，12时位
大日历视窗

机芯：ETA Cal.2892-A2自动机芯，21石，
摆频28,800A/H

功能：时、分、秒、日期、第二时区显示

表带：黑色牛皮带配不锈钢表扣

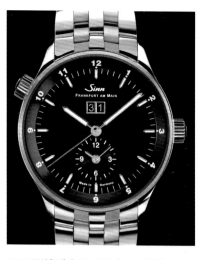

6090两地时大日历腕表 — 链带

表壳：不锈钢表壳，直径41.5mm，厚
11mm，100米防水

表盘：黑色，6时位第二时区盘，12时位
大日历视窗

机芯：ETA Cal.2892-A2自动机芯，21石，
摆频28,800A/H

功能：时、分、秒、日期、第二时区显示

表带：不锈钢链带配折叠扣

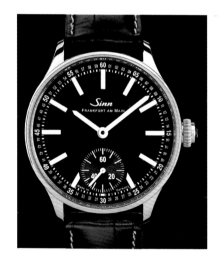

6110小秒针腕表

表壳：不锈钢表壳，直径44mm，厚
10.6mm，100米防水

表盘：黑色，6时位小秒盘

机芯：Unitas Cal.6498-1手动机芯，17石，
摆频18,000A/H

功能：时、分、秒显示

表带：黑色牛皮带配不锈钢表扣

EZM 10计时腕表 — 皮带

表壳：钛金属表壳，直径44mm，厚
15.6mm，旋转计时外圈，200米防水

表盘：黑色，3时位24小时盘，4-5时位日
期视窗，6时位12小时计时盘，9时
位小秒盘

机芯：Cal.SZ01自动机芯，34石，摆频
28,800A/H

功能：时、分、秒、日期、24小时显示，
计时功能

表带：黑色牛皮带配钛金属表扣

EZM 10计时腕表 — 链带

表壳：钛金属表壳，直径44mm，厚
15.6mm，旋转计时外圈，200米防水

表盘：黑色，3时位24小时盘，4-5时位日
期视窗，6时位12小时计时盘，9时
位小秒盘

机芯：Cal.SZ01自动机芯，34石，摆频
28,800A/H

功能：时、分、秒、日期、24小时显示，
计时功能

表带：钛金属链带配折叠扣

参考价：￥16,200

SPEAKE-MARIN
INDEPENDENT & ORIGINAL WATCHMAKING

SPEAKE-MARIN

年产量：少于 200 块
价格区间：RMB300,000 元起
网址：http://www.speake-marin.com

Speake-Marin 为独立制表大师 Peter Speake-Marin 在 2000 年创立，的表壳设计以 The Piccadilly 著称，原因是彼德认为他在伦敦皮卡底里大道上所度过的岁月，仍然是其工作生涯中最具影响力的。这段日子让彼德吸取了很多不同的前人制表方法，他将其中最好的应用到自己的腕表设计上。

渐渐地，Peter 在国际表坛上闯出名声来，很多制表大师都青睐它，十分欣赏其制表天赋及创意。品牌合作过的品牌包括：海瑞温斯顿 Harry Winston（2006 年作品：

ExcenterToubillon）、MB & F（2008 年作品：HM1）及 Maîtres du Temps（2008 年作品：Chapter One 及 2009 年作品：Chapter 2）。

Peter 的所有作品都是向传统制表工艺表示敬意，集过往宝贵工作经验之代表作，为今天腕表市场提供一些别具风格的产品。他曾说："我的制表目的不在今天的销售数字，腕表的真正价值在于其经历时间变迁而历久弥坚。"

Immortality Dragon腕表
表壳：18K 白金表壳，直径42mm，厚12mm
表盘：手动雕龙装饰，9时位秒针轮。
机芯：Cal.SM2m手动机芯，夹板雕花装饰，23石，146个零件，摆频21,600A/H，80小时动力储存
功能：时、分、秒显示
表带：黑色鳄鱼皮带配18K白金表扣
限量：孤本
参考价：￥500,000～800,000

Renaissance 陀飞轮三问表
表壳：18K 红金表壳，直径44mm，厚11mm
表盘：银色镂空，5时位小秒盘及陀飞轮
机芯：手动机芯，夹板雕花装饰，29石，330个零件，摆频21,600A/H，100小时动力储存
功能：时、分、秒显示，陀飞轮装置，三问报时功能
表带：黑色鳄鱼皮带配18K红金表扣
参考价：￥2,000,000～3,000,000

Serpent不锈钢日历腕表
表壳：不锈钢表壳，直径42mm，厚12mm
表盘：白色，中心蛇形日期指针
机芯：Cal.Eros 1自动机芯，35石，120个零件，摆频28,800A/II，120小时动力储存
功能：时、分、秒、日期显示
表带：黑色鱼皮带配18K白金表扣
参考价：￥300,000～500,000

豪雅
TAG HEUER

年产量：100000 块

价格区间：RMB5,900 元起

网 址：http://www.tagheuer.com

1963 年，查尔斯·爱德华·豪雅 (Charles Edouard Heuer) 之子杰克·豪雅 (Jack Heuer) 开始着手研发一种专门为车手和赛车爱好者设计的新型计时码表。一生热爱赛车运动的杰克·豪雅深知此款腕表必须满足驾驶佩戴的需求，易于读取的表盘以及抗震防水表壳。第二年，他的心血终于成型——CARRERA（卡莱拉）手动上弦机械计时码表诞生。腕表的得名源自 20 世纪 50 年代具有传奇色彩的卡莱拉泛美公路车赛，这项赛事历时 5 天、行程 3300 公里（2100 英里），穿越整个墨西哥。CARRERA 在西班牙语中意为"终极竞赛"，是当时最负盛名、风险最大的耐力赛，而卡莱拉至今仍是激动人心、危机四伏、勇往直前和英雄主义的代名词。

CARRERA 卡莱拉腕表是杰克·豪雅最具有激情的作品。独特的表盘和简约经典的外观设计为 CARRERA 卡莱拉赢得了极大的成功，并拉开了豪雅品牌创作与革新之黄金时代的序幕。最先佩戴这款腕表的是法拉利车队的传奇车手们，其中有 Carlos Reutemann、Clay Regazzoni、Jacky Ickx、Niki Lauda 等。20 世纪 70 年代的其他社会名流，包括 Jo Siffert、Ronnie Peterson、Emerson Fittipaldi、Denis Hulme 和 John Surtees 等也佩戴过该系列腕表。

MikrotourbillonS腕表

表壳：18K红金及钽金属表壳，直径45mm，100米防水

表盘：黑色，3时位30分钟计时盘，6时位小秒盘，8时位高震频陀飞轮，10时位常规陀飞轮，12时位动力储存指示，中心1/100秒计时针

机芯：自动机芯，直径35.8mm，厚9.79mm，75石，439个零件，双陀飞轮，摆频分别为28,800A/H及360,000A/H，45小时动力储存（开启计时状态为60分钟）

功能：时、分、动力储存显示，1/100秒计时功能，双陀飞轮装置，超高振频

表带：黑色鳄鱼皮带配钛金属折叠扣

参考价：请洽经销商

卡莱拉Calibre 17 Jack Heuer
80寿辰特别限量版 — 链带

型号：CV2119.BA0722
表壳：不锈钢表壳，直径41mm，100米防水
表盘：银色，3时位小秒盘，6时位日期视窗，9时位30分钟计时盘，测速刻度外圈
机芯：Cal.17自动机芯
功能：时、分、秒、日期显示，计时功能，测速功能
表带：不锈钢链带
限量：3,000枚
参考价：￥40,300

卡莱拉Calibre 17 Jack Heuer
80寿辰特别限量版 — 皮带

型号：CV2119.FC6310
表壳：不锈钢表壳，直径41mm，100米防水
表盘：银色，3时位小秒盘，6时位日期视窗，9时位30分钟计时盘，测速刻度外圈
机芯：Cal.17自动机芯
功能：时、分、秒、日期显示，计时功能，测速功能
表带：黑色牛皮带
限量：3,000枚
参考价：￥38,700

卡莱拉CalibreCalibre1887
计时腕表 — 白盘链带

型号：CAR2012.BA0796
表壳：不锈钢表壳，直径43mm，100米防水
表盘：白色，6时位12小时计时盘及日期视窗，9时位小秒盘，12时位30分钟计时盘。
机芯：Cal.1887自动机芯，320个零件，摆频28,800A/H，50小时动力储存
功能：时、分、秒、日期显示，计时功能
表带：不锈钢链带
参考价：￥47,800

卡莱拉CalibreCalibre1887
计时腕表— 白盘皮带

型号：CAR2012.FC6235
表壳：不锈钢表壳，直径43mm，100米防水
表盘：白色，6时位12小时计时盘及日期视窗，9时位小秒盘，12时位30分钟计时盘。
机芯：Cal.1887自动机芯，320个零件，摆频28,800A/H，50小时动力储存
功能：时、分、秒、日期显示，计时功能
表带：黑色鳄鱼皮带配折叠扣
参考价：￥47,800

卡莱拉CalibreCalibre1887
计时腕表 — 黑盘链带

型号：CAR2014.BA0796
表壳：不锈钢表壳，直径43mm，100米防水
表盘：黑盘，6时位12小时计时盘及日期视窗，9时位小秒盘，12时位30分钟计时盘。
机芯：Cal.1887自动机芯，320个零件，摆频28,800A/H，50小时动力储存
功能：时、分、秒、日期显示，计时功能
表带：不锈钢链带
参考价：￥47,800

卡莱拉CalibreCalibre1887
计时腕表 — 黑盘皮带

型号：CAR2014.FC6235
表壳：不锈钢表壳，直径43mm，100米防水
表盘：黑色，6时位12小时计时盘及日期视窗，9时位小秒盘，12时位30分钟计时盘。
机芯：Cal.1887自动机芯，320个零件，摆频28,800A/H，50小时动力储存
功能：时、分、秒、日期显示，计时功能
表带：黑色鳄鱼皮带配折叠扣
参考价：￥47,800

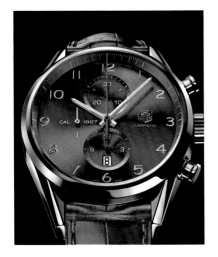

卡莱拉CalibreCalibre1887
计时腕表 — 灰盘皮带
型号：CAR2013.FC6313
表壳：不锈钢表壳，直径43mm，100米防水
表盘：灰色，6时位12小时计时盘及日期视窗，9时位小秒盘，12时位30分钟计时盘。
机芯：Cal.1887自动机芯，320个零件，摆频28,800A/H，50小时动力储存
功能：时、分、秒、日期显示，计时功能
表带：黑色鳄鱼皮带配折叠扣
参考价：￥47,800

卡莱拉CalibreCalibre1887
计时腕表 — 红金
型号：CAR2013.FC6313
表壳：18K红金表壳，直径41mm，100米防水
表盘：白色，6时位12小时计时盘及日期视窗，9时位小秒盘，12时位30分钟计时盘。
机芯：Cal.1887自动机芯，320个零件，摆频28,800A/H，50小时动力储存
功能：时、分、秒、日期显示，计时功能
表带：黑色鳄鱼皮带配折叠扣
参考价：￥120,000～160,000

卡莱拉CalibreCalibre1887
计时腕表 — 间金
型号：CAR2150.FC6266
表壳：不锈钢表壳，18K黄金外圈，直径41mm，100米防水
表盘：白色，6时位12小时计时盘及日期视窗，9时位小秒盘，12时位30分钟计时盘。
机芯：Cal.1887自动机芯，320个零件，摆频28,800A/H，50小时动力储存
功能：时、分、秒、日期显示，计时功能
表带：黑色鳄鱼皮带配折叠扣
参考价：￥47,800

F1计时腕表
型号：CAU1117.FT6024
表壳：黑色DLC不锈钢表壳，铝制红色外圈配测速刻度，直径42mm，200米防水
表盘：黑色，3时位小秒盘，4时位日期视窗，6时位1/10秒计时盘
机芯：Ronda Cal.5040石英机芯
功能：时、分、秒、日期显示，计时功能，测速功能
表带：黑色橡胶带配折叠扣
参考价：￥16,400

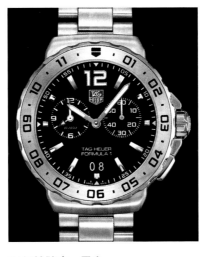

F1闹铃腕表—黑盘
型号：WAU111A.BA0858
表壳：不锈钢表壳，旋转计时外圈，直径42mm，200米防水
表盘：黑色，3时位小秒盘，6时位大日历视窗，9时位响闹时间盘
机芯：Ronda Cal.4120石英机芯
功能：时、分、秒、日期显示，响闹功能，计时外圈
表带：不锈钢链带配可伸缩折叠扣
参考价：￥12,000

F1闹铃腕表—白盘
型号：WAU111B.BA0858
表壳：不锈钢表壳，旋转计时外圈，直径42mm，200米防水
表盘：白色，3时位小秒盘，6时位大日历视窗，9时位响闹时间盘
机芯：Ronda Cal.4120石英机芯
功能：时、分、秒、日期显示，响闹功能，计时外圈
表带：不锈钢链带配可伸缩折叠扣
参考价：￥12,000

LINK Lady Diamond Star女装腕表

表壳：18K红金表壳，整表共镶嵌192可钻
　　　石约重1.35克拉
表盘：白色刻纹装饰表盘
机芯：自动机芯
功能：时、分显示
表带：18K红金链带
限量：试做款式，尚未量产

Link Lady女装不锈钢腕表

型号：WAT1413.B0954
表壳：不锈钢表壳，直径29mm，外圈镶
　　　嵌6颗钻石，100米防水
表盘：白色刻纹装饰，镶嵌11颗钻石时
　　　标，6时位日期视窗
机芯：石英机芯
功能：时、分、秒、日期显示
表带：不锈钢链带
参考价：￥20,000～30,000

Link Lady女装不锈钢腕表 — 外圈镶钻

型号：WAT1414.BA0954
表壳：不锈钢表壳，直径29mm，外圈镶
　　　嵌钻石装饰，100米防水
表盘：白色刻纹装饰，镶嵌11颗钻石时
　　　标，6时位日期视窗
机芯：石英机芯
功能：时、分、秒、日期显示
表带：不锈钢链带
参考价：￥20,000～30,000

Link Lady女装不锈钢腕表 — 粉色表盘

型号：WAT1415.B0954
表壳：不锈钢表壳，直径29mm，100米防水
表盘：粉色刻纹装饰，镶嵌11颗钻石时
　　　标，6时位日期视窗
机芯：石英机芯
功能：时、分、秒、日期显示
表带：不锈钢链带
参考价：￥20,000～30,000

Link Lady女装不锈钢腕表 — 罗马数字

型号：WAT1416.B0954
表壳：不锈钢表壳，直径29mm，100米防水
表盘：白色刻纹装饰，6时位日期视窗
机芯：石英机芯
功能：时、分、秒、日期显示
表带：不锈钢链带
参考价：￥20,000～30,000

**Link Lady女装不锈钢腕表 —
珍珠贝母表盘**

型号：WAT1417.B0954
表壳：不锈钢表壳，直径29mm，100米防水
表盘：白色珍珠贝母，镶嵌11颗钻石时
　　　标，6时位日期视窗
机芯：石英机芯
功能：时、分、秒、日期显示
表带：不锈钢链带
参考价：￥20,000～30,000

天梭
TISSOT

SWISS WATCHES SINCE 1853

年产量：多于 200000 块
价格区间：RMB2,000 元起
网址：http://www.tissot.ch

对于天梭而言，"时间，随你掌控"不仅仅是一句广告词。它传递了天梭品牌的 DNA，天梭一直致力将前沿科技与时尚设计在钟表制作中完美融合，希望带给顾客更多的价值和感动。自 1853 年起，天梭便一直立足传统进行创新，时至今日已经成长为全球销量第一的瑞士传统制表品牌。在过去的 159 年间，天梭从一家总部位于瑞士汝拉山区力洛克小镇的手表工厂，发展成了一个销售网点遍布 160 多个国家的全球品牌。天梭的领先地位得益于其无可比拟的创新能力，它在特殊材料的运用、先进功能的开发和细节设计的追求上不遗余力。天梭推出的优质手表品种越来越多，但性价比却比任何其他瑞士手表品牌都更具吸引力，这也体现了它对"入门奢侈品"的承诺。天梭是全球最大的手表制造商和经销商 - 斯沃琪集团的一员，同时也担任世界摩托车锦标赛 MotoGP、超级摩托车赛、国际篮球联盟 FIBA、澳大利亚橄榄球联盟 AFL、中国篮球职业联赛 CBA 以及世界自行车、击剑和冰球锦标赛的官方指定计时。而其在市场宣传和产品设计上，天梭也始终如一地书写着它的品牌理念："创新，源于传统"。

Classic系列男款金表

型号：T912.428.46.058.00
表壳：不锈钢表壳，18K红金外圈，直径
　　　41.5mm，30米防水
表盘：黑色，6时位小秒盘
机芯：自动机芯，摆频28,800A/H
功能：时、分、秒显示
表带：黑色鳄鱼皮带
参考价：￥4,000～6,000

PR 516复刻版腕表

型号：T071.430.11.041.00
表壳：不锈钢表壳，直径40mm，100米
　　　防水
表盘：蓝色，3时位日期、星期视窗
机芯：自动机芯
功能：时、分、秒、日星、期显示
表带：不锈钢穿孔式表带
参考价：￥4,000～6,000

力洛克系列自动机械天文台腕表

型号：T006.408.36.057.00
表壳：红金PVD不锈钢表壳，39.5mm，30
　　　米防水
表盘：黑色，3时位日期视窗
机芯：自动机芯，COSC天文台认证
功能：时分秒日期显示
表带：黑色牛皮带配折叠扣
参考价：￥11,000～13,000

腾智系列专业版龙年限量款

型号：T013.420.47.201.01

表壳：黑色和红色PVD钛金属表壳，直径43.6mm，100米防水

表盘：黑色碳纤维，6时位液晶显示屏，上方金色龙形装饰

机芯：电子机芯

功能：时、分、秒显示，天气预报、高度计、登山速度计算、计时、指南针、固定目标跟踪、响闹、温度计、万年历、双时区功能

表带：黑色皮带配折叠扣

限量：88枚

参考价：￥11,700

腾智精英版女士腕表

型号：T047.220.46.126.00

表壳：钛金属表壳，直径42.7mm，100米防水

表盘：黑色珍珠贝母表盘，6时位液晶显示屏，刻度时标镶嵌钻石

机芯：电子机芯

功能：时、分、秒显示，天气预报、高度计、计时、指南针、响闹、温度计、万年历、双时区等共计13项功能

表带：黑色皮带配折叠扣

参考价：￥8,000～12,000

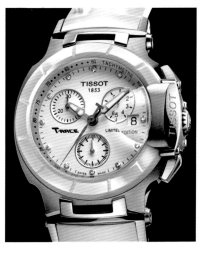

竞速系列丹妮卡·帕特里克2012限量版腕表

型号：T048.217.17.017.00

表壳：不锈钢表壳，陶瓷外圈，直径36.65mm，100米防水

表盘：白色，镶嵌12颗钻石时标，2时位1/10秒盘，3时位日期视窗，6时位小秒盘，10时位30分钟计时盘，测速刻度外圈

机芯：石英机芯

功能：时、分、秒、日期显示，计时功能，测速功能

表带：白色橡胶带配折叠扣

限量：4,999枚

参考价：￥5,000～8,000

竞速系列MotoGP 2012限量版腕表

型号：T048.417.27.202.01

表壳：不锈钢表壳，直径36.65mm，100米防水

表盘：黑色碳纤维，2时位1/10秒盘，3时位日期视窗，6时位小秒盘，10时位30分钟计时盘，测速刻度外圈

机芯：石英机芯

功能：时、分、秒、日期显示，计时功能，测速功能

表带：黑色及黄色橡胶带配折叠扣

限量：8,888枚

参考价：￥5,000～8,000

竞速系列MotoGP C01.211机械自动计时码表2012限量版腕表

型号：T048.427.27.052.01

表壳：不锈钢表壳，直径45.3mm，100米防水

表盘：黑色及白色，3时位日期视窗，6时位6小时计时盘，9时位小秒盘，12时位30分钟计时盘，测速刻度外圈

机芯：自动机芯

功能：时、分、秒、日期显示，计时功能，测速功能

表带：黑色及黄色橡胶带配折叠扣

限量：2,012枚

参考价：￥10,000～13,000

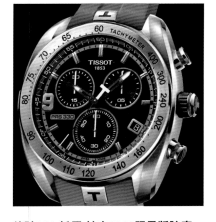

律驰330 托尼·帕克2012限量版腕表

型号：T076.417.17.087.00

表壳：不锈钢表壳，直径44mm，测速刻度外圈，100米防水

表盘：黑色，2时位1/10秒盘，4时位日期视窗，6时位小秒盘，10时位30分钟计时盘

机芯：石英机芯

功能：时、分、秒、日期显示，计时功能，测速功能

表带：橘色橡胶带配折叠扣

限量：4,999枚

参考价：￥4,000～6,000

钛系列计时码表 — 链带

型号：T069.417.44.031.00

表壳：钛金属表壳，直径43mm，100米防水

表盘：黑色，2时位1/10秒盘，4时位日期
　　　视窗，6时位小秒盘，10时位30分
　　　钟计时盘

机芯：石英机芯

功能：时、分、秒、日期显示，计时功能

表带：钛金属链带

参考价：￥4,000～6,000

钛系列计时码表 — 链带

型号：T069.417.47.051.00

表壳：钛金属表壳，直径43mm，100米防水

表盘：黑色，2时位1/10秒盘，4时位日期
　　　视窗，6时位小秒盘，10时位30分
　　　钟计时盘

机芯：石英机芯

功能：时、分、秒、日期显示，计时功能

表带：黑色橡胶带配折叠扣

参考价：￥4,000～6,000

T-10腕表

型号：T073.310.11.017.00

表壳：不锈钢表壳，尺寸25.4mm×31.2mm，
　　　30米防水

表盘：白色，中心刻纹装饰

机芯：石英机芯

功能：时、分、秒显示

表带：不锈钢链带

参考价：￥2,000～3,000

T-12腕表 — 不锈钢

型号：T082.210.61.116.00

表壳：不锈钢表壳，直径41.5mm，镶嵌79
　　　颗钻石，30米防水

表盘：白色珍珠贝母，4颗钻石时标，3时
　　　位日期视窗

机芯：石英机芯

功能：时、分、秒、日期显示

表带：不锈钢链带

参考价：￥8,000～12,000

T-12腕表 — 不锈钢

型号：T082.210.62.116.00

表壳：不锈钢表壳，外圈镀红金，直径
　　　41.5mm，镶嵌79颗钻石，30米防水

表盘：白色珍珠贝母，4颗钻石时标，3时
　　　位日期视窗

机芯：石英机芯

功能：时、分、秒、日期显示

表带：部分红金PVD不锈钢链带

参考价：￥8,000～12,000

卡森女款自动机械腕表

型号：T907.007.16.106.01

表壳：18K红金表壳，直径29.5mm，30米
　　　防水

表盘：白色珍珠贝母，4颗钻石时标，3时
　　　位日期视窗

机芯：自动机芯

功能：时、分、秒、日期显示

表带：白色漆皮带配针扣

参考价：￥3,000～5,000

音韵系列怀表 — 春

型号：T852.436.99.037.02
表壳：铜质镀铑表壳，被盖雕花装饰，直
　　　径59.6mm
表盘：白色及彩绘装饰，部分镂空，6时
　　　位可见内部音乐盒装置
机芯：手动机芯，镂空装饰
功能：时、分、秒显示，音乐盒功能
参考价：四枚一套价格￥40,300

音韵系列怀表 — 夏

型号：T852.436.99.037.01
表壳：铜质镀铑表壳，被盖雕花装饰，直
　　　径59.6mm
表盘：白色及彩绘装饰，部分镂空，6时
　　　位可见内部音乐盒装置
机芯：手动机芯，镂空装饰
功能：时、分、秒显示，音乐盒功能
参考价：四枚一套价格￥40,300

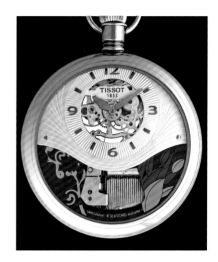

音韵系列怀表 — 秋

型号：T852.436.99.037.03
表壳：铜质镀铑表壳，被盖雕花装饰，直
　　　径59.6mm
表盘：白色及彩绘装饰，部分镂空，6时
　　　位可见内部音乐盒装置
机芯：手动机芯，镂空装饰
功能：时、分、秒显示，音乐盒功能
参考价：四枚一套价格￥40,300

音韵系列怀表 — 冬

型号：T852.436.99.037.00
表壳：铜质镀铑表壳，被盖雕花装饰，直
　　　径59.6mm
表盘：白色及彩绘装饰，部分镂空，6时
　　　位可见内部音乐盒装置
机芯：手动机芯，镂空装饰
功能：时、分、秒显示，音乐盒功能
参考价：四枚一套价格￥40,300

1920复刻版怀表

型号：T854.405.19.037.00
表壳：不锈钢表壳，侧边镶贴皮革，直径49mm
表盘：银色，6时位小秒盘，8时位镂空装饰
机芯：手动机芯
功能：时、分、秒显示
参考价：￥8,000～12,000

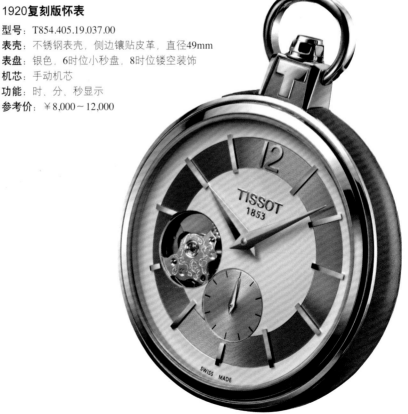

帝舵
TUDOR

TUDOR

年产量：不详
价格区间：RMB25,000 元起
网址：http://www.tudorwatch.com

　　帝舵表，始创于瑞士 1926 年。两项推崇备至的劳力士研发：防水蚝式表壳及配备高精度恒动上链机械装置的自动机芯，成为当时帝舵表设计不可或缺的一环。50 年代，蚝式的设计概念带领帝舵表蚝式王子型及公主型系列迅速冒起，凭着其坚固可靠的性能于中国市场大受欢迎。90 年代，帝舵表以先进技术及非凡工艺，秉承母公司劳力士集团的完美质素，发展出一系列原创款式腕表。今天，每只帝舵表，均于日内瓦工作室装嵌。腕表内的自动上链机械机芯，不但经过特别装设，更通过多重测试，将美学及性能的平衡发挥得恰到好处。巧夺天工的表壳设计，由整块物料精工打造而成，令腕表内外皆坚固耐用，毋惧时间考验。

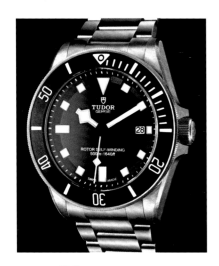

Pelagos腕表

型号：25500TN
表壳：钛金属和不锈钢表壳，直径42mm，
　　　500米防水
表盘：黑色，大型荧光指针及时标，3时
　　　位日期视窗
机芯：Cal.2824自动机芯，直径26mm，厚
　　　4.60mm，25石，摆频28,800A/H，
　　　38小时动力储存
功能：时、分、秒、日期显示，潜水计时
　　　功能
表带：钛金属链带配不锈钢折叠扣，并附
　　　赠一根可加长的橡胶表带
参考价：￥30,000～50,000

Heritage Black Bay — 织物表带

型号：79220R
表壳：不锈钢表壳，直径41mm，单向旋
　　　转潜水计时外圈，200米防水
表盘：黑色，大型荧光指针及时标
机芯：Cal.2824自动机芯，直径26mm，厚
　　　4.60mm，25石，摆频28,800A/H，
　　　38小时动力储存
功能：时、分、秒显示，潜水计时功能
表带：织物表带配针扣
参考价：￥20,000～40,000

Heritage Black Bay — 皮带

型号：79220R
表壳：不锈钢表壳，直径41mm，单向旋
　　　转潜水计时外圈，200米防水
表盘：黑色，大型荧光指针及时标
机芯：Cal.2824自动机芯，直径26mm，厚
　　　4.60mm，25石，摆频28,800A/H，
　　　38小时动力储存
功能：时、分、秒显示，潜水计时功能
表带：旧皮表带配折叠扣
参考价：￥20,000～40,000

雅典
ULYSSE NARDIN

年产量：不详
价格区间：RMB70,000 元起
网址：http://www.ulysse-nardin.ch

早在 165 年前创立的雅典，由于石英风暴的冲击，1983 年，将表厂出售给了史耐德先生，史耐德先生和他领导的雅典梦幻团队，包括欧克林博士、行政副总裁皮尔·吉斯和总工程师卢卡斯修曼以及雅典匠心独运的制表师团队，携手将品牌由纵向一体化跃升至一个全型号、新层面的品牌，成功将雅典表定位为创意国王。

遗憾的是，2011 年 4 月，史耐德先生突然离世。董事会和行政管理团队将继续秉承史耐德先生的愿景，维持公司独立发展及管理层不变。蔡爱华·史耐德女士获董事会推选为董事会新主席，她拥有英国贝尔法斯特女王大学的制造工程理学硕士学历。派翠克·霍夫曼先生获任命为行政总裁一职，他在钟表业渡过其职业生涯的主要部分，在过去的二十多年，雅典表在北美洲和中美洲能成功发展，霍夫曼先生担当着重要角色。

2011 年雅典推出了全新的 Cal.UN-118 机芯，经过深思熟虑，今年终于推出了搭载这一机芯的腕表——航海天文台腕表。

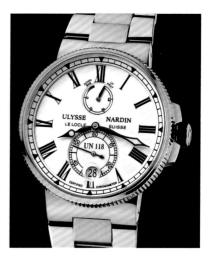

航海天文台红金腕表—皮带

型号：1186-122
表壳：18K红金表壳，直径45mm，200米防水
表盘：白色珐琅表盘，6时位小秒盘及日期视窗，12时位动力储存指示
机芯：Cal.UN-118自动机芯，直径31.6mm，厚6.45mm，50石，248个零件，摆频28,800A/H，60小时动力储存，COSC天文台认证
功能：时、分、秒、日期、动力储存显示
表带：黑色鳄鱼皮带配18K红金折叠扣
限量：350枚
参考价：￥232,000

航海天文台红金腕表—橡胶带

型号：1186-122-3
表壳：18K红金表壳，直径45mm，200米防水
表盘：白色珐琅表盘，6时位小秒盘及日期视窗，12时位动力储存指示
机芯：Cal.UN-118自动机芯，直径31.6mm，厚6.45mm，50石，248个零件，摆频28,800A/H，60小时动力储存，COSC天文台认证
功能：时、分、秒、日期、动力储存显示
表带：黑色橡胶带配18K红金链节及折叠扣
限量：350枚
参考价：￥246,000

航海天文台红金腕表—链带

型号：1186-122-8M
表壳：18K红金表壳，直径45mm，200米防水
表盘：白色珐琅表盘，6时位小秒盘及日期视窗，12时位动力储存指示
机芯：Cal.UN-118自动机芯，直径31.6mm，厚6.45mm，50石，248个零件，摆频28,800A/H，60小时动力储存，COSC天文台认证
功能：时、分、秒、日期、动力储存显示
表带：18K红金链带
限量：350枚
参考价：￥252,000

航海天文台钛金属腕表—皮带

型号：1183-122

表壳：钛金属及不锈钢表壳，直径45mm，200米防水

表盘：黑色表盘，6时位小秒盘及日期视窗，12时位动力储存指示

机芯：Cal.UN-118自动机芯，直径31.6mm，厚6.45mm，50石，248个零件，摆频28,800A/H，60小时动力储存，COSC天文台认证

功能：时、分、秒、日期、动力储存显示

表带：黑色鳄鱼皮带配折叠扣

参考价：￥65,000

航海天文台钛金属腕表—橡胶带

型号：1183-122

表壳：钛金属及不锈钢表壳，直径45mm，200米防水

表盘：黑色表盘，6时位小秒盘及日期视窗，12时位动力储存指示

机芯：Cal.UN-118自动机芯，直径31.6mm，厚6.45mm，50石，248个零件，摆频28,800A/H，60小时动力储存，COSC天文台认证

功能：时、分、秒、日期、动力储存显示

表带：黑色橡胶带配钛金属或不锈钢链节及折叠扣

参考价：￥65,000

航海天文台钛金属腕表—链带

型号：1183-122

表壳：钛金属及不锈钢表壳，直径45mm，200米防水

表盘：黑色表盘，6时位小秒盘及日期视窗，12时位动力储存指示

机芯：Cal.UN-118自动机芯，直径31.6mm，厚6.45mm，50石，248个零件，摆频28,800A/H，60小时动力储存，COSC天文台认证

功能：时、分、秒、日期、动力储存显示

表带：钛金属及不锈钢链带

参考价：￥75,600

Champion's Diver – winners' union限量版腕表

型号：263-96LE-3C

表壳：黑色橡胶涂层不锈钢表壳，直径45.8mm，单相旋转潜水计时外圈，200米防水

表盘：黑色，波浪纹饰，6时位小秒盘及日期视窗，12时位动力储存指示

机芯：Cal.UN-26自动机芯，28石，42小时动力储存

功能：时、分、秒、日期、动力储存显示

表带：黑色橡胶带配黑色陶瓷链节及折叠扣

限量：250枚

参考价：￥80,000～100,000

Blue Sea限量版腕表

型号：263-97LE-3C

表壳：蓝色橡胶涂层不锈钢表壳，直径45.8mm，单相旋转潜水计时外圈，200米防水

表盘：黑色，波浪纹饰，6时位小秒盘及日期视窗，12时位动力储存指示

机芯：Cal.UN-26自动机芯，28石，42小时动力储存

功能：时、分、秒、日期、动力储存显示

表带：蓝色橡胶带配黑色陶瓷链节及折叠扣

限量：999枚

参考价：￥80,000～100,000

El Toro挑战者万年历腕表

型号：326-00-3

表壳：18K红金表壳，蓝色陶瓷外圈，直径43mm，100米防水

表盘：银白色及蓝色镂空表盘，1时位大日历视窗，6时位年份视窗，9时位小秒盘，中心第二时区指针及星期、月份视窗

机芯：Cal.UN-32自动机芯，34石，45小时动力储存，COSC天文台认证

功能：时、分、秒、日期、星期、月份、年份，第二时区显示，万年历功能

表带：蓝色鳄鱼皮带配折叠扣

参考价：￥300,000～400,000

UNION GLASHÜTTE

年产量：约 30,000 只

价格区间：RMB13,000 元起

网址：http://www.union-glashuette.com

Union Glashütte，实力与激情的象征，代表德国优质制表技术的最高水平和最优性价比。

Johannes Dürrstein 于 1893 年在格拉苏蒂（Glashütte）创立此品牌，从创立伊始，其目标就是制作达到格拉苏蒂质量标准且价格实惠的腕表。"腕表应具备能令其精准、美观的所有元素，但应摒弃一切令其昂贵的元素"，他的这句名言是此德国传统腕表品牌创建之初树立的基本理念，并一直传承至今。时至今日，这种开拓精神仍是此品牌及其产品的鲜明特质。腕表以精密极致的性能和卓越优异的设计向这位具有敏锐审美触觉并极为注重细节的创立者致敬。

所有在格拉苏蒂制作和加工并配有 ETA 机械机芯的 Union Glashütte 品牌腕表，都是顶级质量的典雅时计。

Belisar钛金属计时表

型号：D002.427.46.081.00

表壳：钛金属表壳，直径43mm，厚13.9mm，100米防水

表盘：银灰色，3时位30分钟计时盘、6时位12小时计时盘及日期视窗，9时位小秒盘，测速刻度外圈

机芯：Cal.U7753自动机芯，摆频28,800A/H，46小时动力储存

功能：时、分、秒、日期显示，计时功能，测速功能

表带：棕色牛皮带配折叠扣

参考价：￥15,000～25,000

Sirona女装腕表

型号：D006.207.61.116.00

表壳：不锈钢表壳，直径32mm，厚8.2mm，镶嵌38颗钻石约重0.4克拉，50米防水

表盘：白色珍珠贝母表盘，镶嵌8颗钻石时标约重0.1克拉，3时位日期视窗

机芯：Cal.U2892-A2自动机芯，摆频28,800A/H，42小时动力储存

功能：时、分、秒、日期显示

表带：不锈钢链带

参考价：￥20,000～30,000

Noramis计时表

型号：D005.427.16.037.00

表壳：不锈钢表壳，直径42mm，厚15.25mm，100米防水

表盘：银色，3时位30分钟计时盘、6时位日期视窗，9时位小秒盘

机芯：Cal.U7753自动机芯，摆频28,800A/H，46小时动力储存

功能：时、分、秒、日期显示，计时功能

表带：黑色牛皮带配不锈钢针扣

参考价：￥15,000～25,000

Noramis计时表—银盘

型号：D005.427.16.037.01

表壳：不锈钢表壳，直径42mm，厚
15.25mm，100米防水

表盘：银色，3时位30分钟计时盘，6时位
日期视窗，9时位小秒盘

机芯：Cal.U7753自动机芯，摆频28,800A/H，
46小时动力储存

功能：时、分、秒、日期显示、计时功能

表带：棕色牛皮带配不锈钢针扣

参考价：￥15,000～25,000

Noramis计时表—黑盘

型号：D005.427.16.057.00

表壳：不锈钢表壳，直径42mm，厚
15.25mm，100米防水

表盘：黑色，3时位30分钟计时盘，6时位
日期视窗，9时位小秒盘

机芯：Cal.U7753自动机芯，摆频28,800A/H，
46小时动力储存

功能：时、分、秒、日期显示、计时功能

表带：黑色牛皮带配不锈钢针扣

参考价：￥15,000～25,000

Belisar月相计时表—白盘

型号：D002.425.16.037.00

表壳：不锈钢表壳，直径43mm，厚
14.1mm，100米防水

表盘：白色，6时位12小时计时盘及月相
视窗，9时位小秒盘及24小时显
示，12时位30分钟计时盘及星期、
月份视窗，中心日期指针

机芯：Cal.U7751自动机芯，摆频28,800A/H，
46小时动力储存

功能：时、分、秒、日期、星期、月份、
月相、24小时显示、计时功能

表带：棕色牛皮带配不锈钢折叠扣

参考价：￥20,000～30,000

Belisar月相计时表—黑盘

型号：D002.425.16.057.00

表壳：不锈钢表壳，直径43mm，厚
14.1mm，100米防水

表盘：黑色，6时位12小时计时盘及月相
视窗，9时位小秒盘及24小时显
示，12时位30分钟计时盘及星期、
月份视窗，中心日期指针

机芯：Cal.U7751自动机芯，摆频28,800A/H，
46小时动力储存

功能：时、分、秒、日期、星期、月份、
月相、24小时显示、计时功能

表带：棕色牛皮带配不锈钢折叠扣

参考价：￥20,000～30,000

Noramis动力储存腕表—银盘

型号：D005.424.16.037.01

表壳：不锈钢表壳，直径40mm，厚
11.7mm，100米防水

表盘：银色，3时位日期视窗，7时位动力
储存指示

机芯：Cal.U2897自动机芯，摆频28,800A/H，
42小时动力储存

功能：时、分、秒、日期、动力储存显示

表带：棕色牛皮带配不锈钢针扣

参考价：￥12,000～15,000

Noramis动力储存腕表—灰盘

型号：D005.424.16.087.00

表壳：不锈钢表壳，直径40mm，厚
11.7mm，100米防水

表盘：银灰色，3时位日期视窗，7时位动
力储存指示

机芯：Cal.U2897自动机芯，摆频28,800A/H，
42小时动力储存

功能：时、分、秒、日期、动力储存显示

表带：黑色牛皮带配不锈钢针扣

参考价：￥12,000～15,000

江诗丹顿

VACHERON CONSTANTIN

年产量：少于 20000 块
价格区间：RMB200,000 元（均价）
网址：http://www.vacheron-constantin.com

　　江诗丹顿是世界上历史最悠久的钟表制造商，自1755 年于日内瓦创立以来，便从未停止过对技术和美学的完美追求。钟表设计的突破创新在其钟表制造史上树立了一个又一个里程碑。1887 年，当大多数制表商还在大规模经营传统怀表时，江诗丹顿便制造了它的首枚腕表产品，成为了业界腕表制造的先驱。真正给传统怀表设计带来突破性变革的，是 1912 年江诗丹顿酒桶形腕表的诞生。江诗丹顿制造的酒桶形腕表是向怀表的巨大挑战，在钟表界产生了深远的影响。

　　1995 年，为纪念品牌创立 240 周年，江诗丹顿又推出了一款具有划时代意义的酒桶形腕表，直到那时设计酒桶形腕表的制造商依然屈指可数，江诗丹顿无愧为现代酒桶形腕表的翘楚。进入千禧年之后，令人耳目一新的＂马耳他系列＂酒桶形陀飞轮镂空腕表亦横空出世。这个全新的系列名称源于品牌商标＂马耳他十字＂，作为原来用于机芯发条盒盖上方的小零件，它代表了时计运作的高度精准性。因此，这一系列以＂马耳他＂为名，标志着其融合功能、工艺与文化的酒桶形腕表达到了新的巅峰，更彰显了江诗丹顿自 1755 年创立以来作为钟表制造先驱的不二地位。

Malte陀飞轮腕表

　　今年，距离江诗丹顿首款酒桶形腕表诞生刚好整整100 年，借此 100 周年之际，江诗丹顿重新演绎其酒桶形设计，为 Malte 马耳他系列增添新成员，推出了三款全新Malte 马耳他系列腕表——Malte 陀飞轮腕表、Malte 小秒针腕表，以及限量发行 100 枚的 Malte 100 周年纪念版腕表。这三款简约而精致的腕表各具经典韵味，却又一致地突显出现代时尚风格。它们是江诗丹顿对 Malte 系列的重新诠释，标志着酒桶形腕表诞生一个世纪，也奠定了酒桶形腕表在高级制表领域中不可替代、独一无二的地位，更是品牌对酒桶形腕表情有独钟的体现。

型号：30130/000R-9754
表壳：18K红金表壳，尺寸38mm×48.24mm，
　　　　厚12.73mm，30米防水
表盘：银白色，18K红金时标，6时位陀飞
　　　　轮及小秒盘
机芯：Cal.2795手动机芯，尺寸27.37mm×
　　　　29.3mm，厚6.10mm，27石，246个零
　　　　件，摆频18,000A/H，45小时动力储
　　　　存，日内瓦印记
功能：时、分、秒显示，陀飞轮装置
表带：双面鳄鱼皮表带配18K红金折叠扣
参考价：￥1,197,000～1,449,000

Patrimony Traditionnelle 14天动力储存陀飞轮腕表

"日内瓦印记"自1886年由瑞士联邦政府与日内瓦市的立法机构大议会共同创立，是原产地、优质工艺、持久性和钟表专业技术的保证。时值其诞生125周年之际，"日内瓦印记"为顺应制表技术日新月异和材料不断革新的趋势，对其标准进行了进一步改进。如今，"日内瓦印记"不再是仅适用于机芯，更是对整体腕表进行认证。腕表组件的生产，对腕表制作流程乃至成品腕表的检验也将形成系统化要求，标准更加严苛，且必须由日内瓦的独立机构执行。这款是江诗丹顿首枚通过"日内瓦印记"全新标准认证的江诗丹顿腕表。综合以上特质，这腕表势必成为收藏家的不二之选。

型号：89000/000R-9655
表壳：18K红金表壳，直径42mm，厚12.2mm，30米防水
表盘：银白色，6时位陀飞轮及小秒盘，12时位动力储存指示
机芯：Cal.2260手动机芯，直径29.1mm，厚6.8mm，31石，231个零件，摆频18,000A/H，四发条盒，14天动力储存，日内瓦印记
功能：时、分、秒、动力储存显示、陀飞轮装置
表带：双面鳄鱼皮表带配18K红金折叠扣
参考价：¥4,410,000

Malte 100周年纪念版腕表

型号：82131/000P-9764
表壳：铂金表壳，尺寸36.7mm×47.61mm，厚9.1mm，30米防水
表盘：银色，喷砂装饰
机芯：Cal.4400手动机芯，直径28.6mm，厚2.8mm，21石，106个零件，摆频28,800A/H，65小时动力储存，日内瓦印记
功能：时、分显示
表带：深蓝色鳄鱼皮表带配铂金针扣
限量：100枚
参考价：¥252,000～378,000

Malte小秒针腕表

型号：82130/000R-9755
表壳：18K红金表壳，尺寸36.7mm×47.61mm，厚9.1mm，30米防水
表盘：银色，喷砂装饰，18K红金时标，6时位小秒盘
机芯：Cal.4400AS手动机芯，直径28.6mm，厚2.8mm，21石，106个零件，摆频28,800A/H，65小时动力储存，日内瓦印记
功能：时、分、秒显示
表带：双面鳄鱼皮表带配18K红金针扣
参考价：¥126,000～189,000

Malte女装腕表

型号：25530/000R-9742
表壳：18K红金表壳，尺寸28.3mm×38.75mm，厚7.28mm，镶嵌50颗钻石约重0.95克拉，30米防水
表盘：银色，喷砂装饰，18K红金时标
机芯：Cal.1202石英机芯，尺寸13mm×15.7mm，厚2.1mm，4石，33个零件
功能：时、分显示
表带：双面鳄鱼皮表带配18K红金针扣，附赠一条暖灰色绢制表带
参考价：¥126,000～252,000

Métiers d'Art - Les UniversInfinis鸽子

型号：86222/000G-9774
表壳：18K白金表壳，直径40mm，厚8.9mm，30米防水
表盘：结合内填珐琅，雕刻，钻石镶嵌工艺制作鸽子图案
机芯：Cal.2460SC自动机芯，直径26.2mm，厚3.6mm，日内瓦印记，27石，182个零件，摆频28,800A/H，40小时动力储存，日内瓦印记
功能：时、分、秒显示
表带：黑色双面鳄鱼带配18K白金针扣
限量：20枚
参考价：请洽经销商

Métiers d'Art - Les UniversInfinis鱼

型号：86222/000G-9689
表壳：18K白金表壳，直径40mm，厚8.9mm，30米防水
表盘：结合掐丝珐琅，雕刻工艺制作鱼图案
机芯：Cal.2460SC自动机芯，直径26.2mm，厚3.6mm，日内瓦印记，27石，182个零件，摆频28,800A/H，40小时动力储存，日内瓦印记
功能：时、分、秒显示
表带：黑色双面鳄鱼带配18K白金针扣
限量：20枚
参考价：请洽经销商

Métiers d'Art - Les UniversInfinis海星及贝壳

型号：86222/000G-9685
表壳：18K白金表壳，直径40mm，厚8.9mm，30米防水
表盘：结合内填珐琅，雕刻工艺制作海星及贝壳图案
机芯：Cal.2460SC自动机芯，直径26.2mm，厚3.6mm，日内瓦印记，27石，182个零件，摆频28,800A/H，40小时动力储存，日内瓦印记
功能：时、分、秒显示
表带：黑色双面鳄鱼带配18K白金针扣
限量：20枚
参考价：请洽经销商

经典回顾

Patrimony Contemporaine限量铂金珍藏腕表

型号：43150/000P 9684
表壳：铂金，直径42mm，厚7.3mm，30米防水
表盘：铂金表盘，喷砂装饰，18K白金刻度时标
机芯：Cal.1120自动机芯，直径28.4mm，厚2.45mm，36石，144个零件，摆频19,800A/H，40小时动力储存，日内瓦印记
功能：时、分显示
表带：铂金线手工缝制蓝色鳄鱼皮带配铂金表扣
限量：150枚
参考价：￥378,000

Quai de l'lle飞返年历腕表

型号：86040
表壳：18K红金表壳，尺寸43mm×54mm，30米防水
表盘：白色，UV油墨印制太阳图案，3时位日期指示，6时位动力储存指示，9时位星期指示
机芯：Cal.2460QRA自动机芯，直径26.2mm，厚5.4mm，27石，摆频28,800A/H，40小时动力储存，日内瓦印记
功能：时、分、秒、日期、星期、动力储存显示
表带：棕色鳄鱼皮带配18K红金折叠扣，另附一条棕色橡胶带
参考价：￥340,000

Overseas自动上弦计时腕表

型号：49150/B01R-9338
表壳：18K红金表壳，直径42mm，150米防水
表盘：棕色，3时位30分钟计时盘，6时位小秒盘，9时位12小时计时盘，12时位大日历视窗
机芯：Cal.1137自动机芯，直径26.2mm，37石，183个零件，摆频21,600A/H，40小时动力储存
功能：时、分、秒、日期显示，计时功能
表带：18K红金链带
参考价：￥398,000

梵克雅宝 Van Cleef & Arpels
VAN CLEEF & ARPELS

年产量：多于 10000 块

价格区间：RMB50,000 元起

网址：http://www.vancleef-arpels.com

于梵克雅宝而言，时间就是诗篇。Van Cleef & Arpels 梵克雅宝时计不仅瑰丽灵巧的布谷鸟，还以喜出望外的步伐，给时间定下亲密的意义，庆贺每个触动心灵的特别时刻。它们默默地吟诵时间的诗篇，勾勒品牌创造的梦般宇宙。

在 Poetic Wish 这个系列中，梵克雅宝还为我们讲述了一段爱情故事，2007 年的 Lady ArpelsFéérie 腕表上，那个代表梵克雅宝小精灵开始守护在一对恋人身边，之后是描写二人相识的 Pont des Amoureux 腕表，今年表现的是这对情侣之间的思念之情，两款都以巴黎为背景，女孩站在埃菲尔铁塔上，男孩则在夜幕下遥望着埃菲尔铁塔方向。看时间的过程非常精彩，旋转 2 时位的表冠，女孩或男孩开始沿着脚下的刻度步步向前，刻度代表小时，同时每小时还会伴随一声报时声音。小时之后，空中则会出现一个风筝，男孩款则是一颗流星划过天际，以 5 分钟为单位沿着分钟刻度前进，同样每 5 分钟也会伴随着一声报时声音。报时结束后，所有都会回到起始位置。同时，两块表的背景，采用了金雕和彩绘制作，一切都显得那么唯美。

梵克雅宝今年另一个重要作品的全新的 Pierre Arpels 系列，它同样是那么的唯美，浪漫，充满了法国式的浪漫主义色彩，给人一种轻松美好的感觉。

Midnight Poetic Wish
表壳：18K白金表壳，镶嵌钻石装饰，生活性防水

表盘：雕刻彩绘表盘，女孩形象代表小时，风筝代表分钟

机芯：手动机芯，72石，摆频21,600A/H，60小时动力储存

功能：时、分显示，活动人偶报时

表带：蓝色鳄鱼皮带

参考价：请洽经销商

Lady Arpels Poetic Wish
表壳：18K白金表壳，镶嵌钻石装饰，生活性防水

表盘：雕刻彩绘表盘，女孩形象代表小时，风筝代表分钟

机芯：手动机芯，72石，摆频21,600A/H，60小时动力储存

功能：时、分显示，活动人偶报时

表带：浅蓝色绢制表带

参考价：请洽经销商

Pierre Arpels— 38毫米红金腕表

表壳：18K红金表壳，直径38mm，生活性防水

表盘：白色，中心菱形纹饰

机芯：伯爵Cal.830P手动机芯，直径26.8mm，19石，131个零件，摆频21,600A/H，60小时动力储存。

功能：时、分显示

表带：黑色鳄鱼皮带

参考价：￥150,000～180,000

Pierre Arpels— 42毫米红金腕表

表壳：18K红金表壳，直径42mm，生活性防水

表盘：白色，中心菱形纹饰

机芯：伯爵Cal.830P手动机芯，直径26.8mm，19石，131个零件，摆频21,600A/H，60小时动力储存。

功能：时、分显示

表带：黑色鳄鱼皮带

参考价：￥150,000～180,000

Pierre Arpels— 38毫米红金镶钻腕表

表壳：18K红金表壳，直径38mm，外圈镶嵌钻石装饰，生活性防水

表盘：白色，中心菱形纹饰

机芯：伯爵Cal.830P手动机芯，直径26.8mm，19石，131个零件，摆频21,600A/H，60小时动力储存。

功能：时、分显示

表带：黑色鳄鱼皮带

参考价：￥180,000～220,000

Pierre Arpels— 38毫米白金腕表

表壳：18K白金表壳，直径38mm，生活性防水

表盘：白色，中心菱形纹饰

机芯：伯爵Cal.830P手动机芯，直径26.8mm，19石，131个零件，摆频21,600A/H，60小时动力储存。

功能：时、分显示

表带：黑色鳄鱼皮带

参考价：￥150,000～180,000

Pierre Arpels— 42毫米白金腕表

表壳：18K白金表壳，直径42mm，生活性防水

表盘：白色，中心菱形纹饰

机芯：伯爵Cal.830P手动机芯，直径26.8mm，19石，131个零件，摆频21,600A/H，60小时动力储存。

功能：时、分显示

表带：黑色鳄鱼皮带

参考价：￥150,000～180,000

Pierre Arpels— 42毫米白金镶钻腕表

表壳：18K白金表壳，直径42mm，外圈镶嵌钻石装饰，生活性防水

表盘：白色，中心菱形纹饰

机芯：伯爵Cal.830P手动机芯，直径26.8mm，19石，131个零件，摆频21,600A/H，60小时动力储存。

功能：时、分显示

表带：黑色鳄鱼皮带

参考价：￥180,000～220,000

Bal du Palaisd'Hiver "冬宫舞会" 腕表

表壳：18K红金表壳，直径38mm，镶嵌钻石装饰，生
活性防水
表盘：珍珠贝母及金雕装饰表盘，旋转舞者装饰
机芯：Cal.24B自动机芯
功能：时、分显示
表带：白色鳄鱼皮带
参考价：￥250,000～350,000

Bal du Siècle "时代" 腕表

表壳：18K红金表壳，直径38mm，镶嵌钻
石装饰，生活性防水
表盘：珍珠贝母及金雕装饰表盘，沙金玻
璃背景，旋转舞者装饰
机芯：Cal.24B自动机芯
功能：时、分显示
表带：蓝色鳄鱼皮带
参考价：￥250,000～350,000

Bal Black & White "黑与白" 腕表

表壳：18K白金表壳，直径38mm，镶嵌钻
石装饰，生活性防水
表盘：珍珠贝母及金雕装饰表盘，黑色缟
玛瑙背景，旋转舞者装饰
机芯：Cal.24B自动机芯
功能：时、分显示
表带：黑色鳄鱼皮带
参考价：￥250,000～350,000

Bal Proust "普鲁斯特" 腕表

表壳：18K白金表壳，直径38mm，镶嵌钻
石装饰，生活性防水
表盘：珍珠贝母及金雕装饰表盘，旋转舞
者装饰
机芯：Cal.24B自动机芯
功能：时、分显示
表带：灰色鳄鱼皮带
参考价：￥250,000～350,000

维氏
Victorinox

年产量：40000 块
价格区间：RMB5,000 元起
网址：http://www.victorinoxswissarmy.com

1884 年，制刀匠卡尔·埃尔森纳（Karl Elsener）在瑞士中心地区的宜溪（Ibach）镇开办了他的刀具工厂。在随后的几十年里，这个新创立的刀具工厂在随后的几十年里逐渐发展成为了一个全球化的大公司。就在其公司创立七年后，埃尔森纳首次向瑞士军队提供一款士兵刀——由此开始了维氏不平凡的成功历程。125 年后，维氏仍由埃尔森纳家族掌管，这个家族企业现在由其第三代与第四代经营。

2009 年对于维氏瑞士军表（Victorinox Swiss Army Timepiece）公司来说，有两个值得庆祝的理由：维氏公司创立 125 周年与第一块瑞士军表（Swiss Army Watch）问世 20 周年。就在 20 年前，瑞士侏罗（Jura）山区生产出了第一块销往北美市场的维氏腕表。Biel 手表品牌的产品完全秉承了其母公司的精髓——高品质、多功能性与瑞士创造精神。

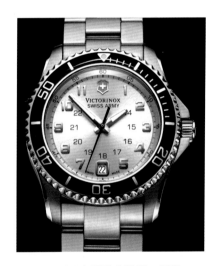

MaverickGS女装潜水腕表—链带

型号： 241482
表壳： 不锈钢表壳，直径34mm，旋转计时外圈，100米防水
表盘： 银色，6时位日期视窗
机芯： Ronda Cal.705石英机芯
功能： 时、分、秒、日期显示，潜水计时外圈
表带： 不锈钢链带
参考价：￥4,000～6,000

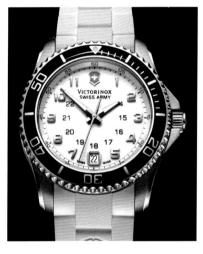

MaverickGS女装潜水腕表—橡胶带

型号： 241491
表壳： 不锈钢表壳，直径34mm，旋转计时外圈，100米防水
表盘： 银色，6时位日期视窗
机芯： Ronda Cal.705石英机芯
功能： 时、分、秒、日期显示，潜水计时外圈
表带： 白色橡胶带
参考价：￥4,000～6,000

MaverickGS纯白女装潜水腕表—橡胶带

型号： 241492
表壳： 不锈钢表壳，直径34mm，白色旋转计时外圈，100米防水
表盘： 银色，6时位日期视窗
机芯： Ronda Cal.705石英机芯
功能： 时、分、秒、日期显示，潜水计时外圈
表带： 白色橡胶带
参考价：￥4,000～6,000

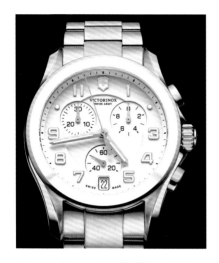

Chrono Classic女装计时表 — 镀金

型号：241537

表壳：金色PVD不锈钢表壳，直径
41mm，100米防水

表盘：白色，2时位1/10秒计时盘，6时位
小秒盘及日期视窗，10时位30分钟
计时盘

机芯：ETA Cal.G10.211石英机芯

功能：时，分，秒，日期显示，计时功能

表带：金色PVD不锈钢链带

参考价：￥5,000~8,000

**Chrono Classic女装计时表 — 不锈钢
白盘**

型号：241538

表壳：不锈钢表壳，直径41mm，100米防水

表盘：白色，2时位1/10秒计时盘，6时位
小秒盘及日期视窗，10时位30分钟
计时盘

机芯：ETA Cal.G10.211石英机芯

功能：时，分，秒，日期显示，计时功能

表带：不锈钢链带

参考价：￥5,000~8,000

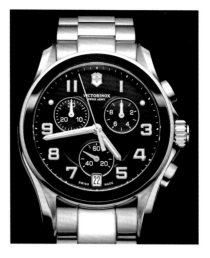

**Chrono Classic女装计时表 — 不锈钢
黑盘**

型号：241544

表壳：不锈钢表壳，直径41mm，100米防水

表盘：黑色，2时位1/10秒计时盘，6时位
小秒盘及日期视窗，10时位30分钟
计时盘

机芯：ETA Cal.G10.211石英机芯

功能：时，分，秒，日期显示，计时功能

表带：不锈钢链带

参考价：￥5,000~8,000

Chrono Classic女装计时表 — 皮带黑盘

型号：241545

表壳：不锈钢表壳，直径41mm，100米
防水

表盘：黑色，2时位1/10秒计时盘，6时位
小秒盘及日期视窗，10时位30分钟
计时盘

机芯：ETA Cal.G10.211石英机芯

功能：时，分，秒，日期显示，计时功能

表带：黑色牛皮带

参考价：￥5,000~8,000

Alliance女装腕表—链带

型号：241540

表壳：不锈钢表壳，直径30mm，100米
防水

表盘：黑色，6时位日期视窗

机芯：Ronda Cal.705石英机芯

功能：时，分，秒，日期显示

表带：不锈钢链带

参考价：￥3,000~5,000

Alliance女装腕表—皮带

型号：241541

表壳：不锈钢表壳，直径30mm，100米
防水

表盘：银白色，6时位日期视窗

机芯：Ronda Cal.705石英机芯

功能：时，分，秒，日期显示

表带：棕色牛皮带

参考价：￥3,000~5,000

Night Vision腕表 — 链带黑盘

型号： 241569
表壳： 不锈钢表壳，直径42mm，50米防水
表盘： 黑色，6时位日期视窗及电量警示灯，12时位表盘照明灯光
机芯： Ronda Cal.705石英机芯
功能： 时、分、秒、日期、电量显示，表盘照明功能
表带： 不锈钢链带
参考价： ￥4,000～6,000

Night Vision腕表 — 链带灰盘

型号： 241571
表壳： 不锈钢表壳，直径42mm，50米防水
表盘： 银灰色，6时位日期视窗及电量警示灯，12时位表盘照明灯光
机芯： Ronda Cal.705石英机芯
功能： 时、分、秒、日期、电量显示，表盘照明功能
表带： 不锈钢链带
参考价： ￥4,000～6,000

Night Vision腕表 — 皮带

型号： 241570
表壳： 不锈钢表壳，直径42mm，50米防水
表盘： 银灰色，6时位日期视窗及电量警示灯，12时位表盘照明灯光
机芯： Ronda Cal.705石英机芯
功能： 时、分、秒、日期、电量显示，表盘照明功能
表带： 棕色牛皮带
参考价： ￥4,000～6,000

Dive Master 500 43毫米自动腕表 — 绿色

型号： 241560
表壳： 黑色PVD不锈钢表壳，直径43mm，旋转计时外圈，500米防水
表盘： 绿色，3时位日期视窗
机芯： ETA Cal.2892-A2自动机芯
功能： 时、分、秒、日期显示，潜水计时外圈
表带： 绿色橡胶带
参考价： ￥8,000～12,000

Dive Master 500 43毫米腕表 — 墨绿色

型号： 241561
表壳： 黑色PVD不锈钢表壳，直径43mm，旋转计时外圈，500米防水
表盘： 墨绿色，3时位日期视窗
机芯： Ronda Cal.715.5石英机芯
功能： 时、分、秒、日期显示，潜水计时外圈
表带： 墨绿色橡胶带
参考价： ￥8,000～12,000

Dive Master 500 43毫米腕表 — 墨绿色

型号： 241562
表壳： 黑色PVD不锈钢表壳，直径43mm，旋转计时外圈，500米防水
表盘： 棕色，3时位日期视窗
机芯： Ronda Cal.715.5石英机芯
功能： 时、分、秒、日期显示，潜水计时外圈
表带： 棕色橡胶带
参考价： ￥8,000～12,000

Dive Master 500 43毫米腕表 — 红色

型号：241577

表壳：黑色PVD不锈钢表壳，直径
43mm，旋转计时外圈，500米防水

表盘：红色，3时位日期视窗

机芯：Ronda Cal.715.5自动机芯

功能：时、分、秒、日期显示，潜水计时
外圈

表带：红色橡胶带

参考价：￥8,000～12,000

**Dive Master 500 43毫米自动腕表 —
白色**

型号：241559

表壳：黑色PVD不锈钢表壳，直径
43mm，旋转计时外圈，500米防水

表盘：白色，3时位日期视窗

机芯：ETA Cal.2892-A2自动机芯

功能：时、分、秒、日期显示，潜水计时
外圈

表带：白色橡胶带

参考价：￥8,000～12,000

Dive Master 50038毫米腕表 — 墨绿色

型号：241555

表壳：黑色PVD不锈钢表壳，直径
38mm，旋转计时外圈，500米防水

表盘：墨绿色，3时位日期视窗

机芯：Ronda Cal.715.5石英机芯

功能：时、分、秒、日期显示，潜水计时
外圈

表带：墨绿色橡胶带

参考价：￥8,000～12,000

Dive Master 500 38毫米腕表 — 白色

型号：241556

表壳：黑色PVD不锈钢表壳，直径
38mm，旋转计时外圈，500米防水

表盘：白色，3时位日期视窗

机芯：Ronda Cal.715.5石英机芯

功能：时、分、秒、日期显示，潜水计时
外圈

表带：白色橡胶带

参考价：￥8,000～12,000

Dive Master 500 38毫米腕表 — 绿色

型号：241557

表壳：红金PVD不锈钢表壳，直径
38mm，旋转计时外圈，500米防水

表盘：绿色，3时位日期视窗

机芯：Ronda Cal.715.5石英机芯

功能：时、分、秒、日期显示，潜水计时
外圈

表带：绿色橡胶带

参考价：￥8,000～12,000

Dive Master 500 38毫米腕表 — 紫色

型号：241558

表壳：黑色PVD不锈钢表壳，直径
38mm，旋转计时外圈，500米防水

表盘：紫色，3时位日期视窗

机芯：Ronda Cal.715.5石英机芯

功能：时、分、秒、日期显示，潜水计时
外圈

表带：紫色橡胶带

参考价：￥8,000～12,000

Victoria女装腕表—黑色

型号： 241512
表壳： 不锈钢表壳，直径28mm，100米防水
表盘： 黑色，放射状纹饰，6时位日期视窗
机芯： Ronda Cal.755石英机芯
功能： 时、分、秒、日期显示
表带： 不锈钢链带
参考价： ￥3,000～5,000

Victoria女装腕表—白色

型号： 241513
表壳： 不锈钢表壳，直径28mm，100米防水
表盘： 白色，放射状纹饰，6时位日期视窗
机芯： Ronda Cal.755石英机芯
功能： 时、分、秒、日期显示
表带： 不锈钢链带
参考价： ￥3,000～5,000

Victoria女装腕表—镶钻

型号： 241521
表壳： 不锈钢表壳，外圈镶嵌56颗钻石约
0.38克拉，直径28mm，100米防水
表盘： 白色，放射状纹饰，6时位日期视窗
机芯： Ronda Cal.755石英机芯
功能： 时、分、秒、日期显示
表带： 不锈钢链带
参考价： ￥4,000～6,000

Victoria女装腕表—紫红色

型号： 241522
表壳： 不锈钢表壳，直径28mm，100米防水
表盘： 紫红色，放射状纹饰，6时位日期
视窗
机芯： Ronda Cal.755石英机芯
功能： 时、分、秒、日期显示
表带： 不锈钢链带
参考价： ￥3,000～5,000

Victoria女装腕表—白色珍珠贝母

型号： 241535
表壳： 不锈钢表壳，直径28mm，100米防水
表盘： 白色珍珠贝母，放射状纹饰，6时
位日期视窗
机芯： Ronda Cal.755石英机芯
功能： 时、分、秒、日期显示
表带： 不锈钢链带
参考价： ￥3,000～5,000

Victoria女装腕表—黑色珍珠贝母

型号： 241536
表壳： 不锈钢表壳，直径28mm，100米防水
表盘： 黑色珍珠贝母，放射状纹饰，6时
位日期视窗
机芯： Ronda Cal.755石英机芯
功能： 时、分、秒、日期显示
表带： 不锈钢链带
参考价： ￥3,000～5,000

窝路坚
VULCAIN

MANUFACTURE DEPUIS 1858

年产量：5000 块

价格区间：RMB30,000 元起

网址：http://www.vulcain-watches.ch

　　一个半世纪的制表激情，以及 150 年持久耐心取得的创意、创新和专业知识，这就是满足 Haute Horlogerie（高级钟表）高要求的秘诀。成立于 1858 年的狄森（Ditisheim）兄弟工场的窝路坚品牌以其多功能表一举赢得世人仰慕的美名，该表获得若干世界博览会的大奖。大约一个世纪后，窝路坚推出第一款机械式闹铃机芯，很快享誉世界。传奇的"Cricket（蟋蟀）"（机芯名扬青史），被誉为"总统表"。美国首脑德怀特·艾森豪威尔、哈里·杜鲁门、理查德·尼克松和林登·约翰逊的手上都佩戴着窝路坚，这使它成为最为知名的品牌。窝路坚表的技术品质同样也受到探险者的垂青。自五十年代以来，来自勒洛克勒的这个品牌就一直是著名登山家和航海家的伙伴。

　　2012 年，自 2002 年窝路坚复苏算起已经整整 10 年，品牌在各方面都取得了长足的进步。特别将品牌招牌式的响闹功能技术完美延续下来，并且与表壳设计相融合。同时还开发出了全新的自动上链响闹机芯，以及一系列设计格局特色的系列表款。

50年代总统表—"赫比·汉考"限量版腕表—红金

型号：160551.302L

表壳：18K红金表壳，直径42mm，厚12.4mm，50米防水

表盘：蓝色，6时位的日期视窗的，中心响闹时间设定指针

机芯：Cal.V-16手动机芯，17石，191个零件，摆频18,000A/H，42小时动力储存

功能：时、分、秒、日期显示，响闹功能

表带：黑色鳄鱼皮带配红金针扣

限量：50枚

50年代总统表—"赫比·汉考"限量版腕表—不锈钢

型号：160151.301L

表壳：不锈钢表壳，直径42mm，厚12.4mm，50米防水

表盘：蓝色，6时位的日期视窗的，中心响闹时间设定指针

机芯：Cal.V-16手动机芯，17石，191个零件，摆频18,000A/H，42小时动力储存

功能：时、分、秒、日期显示，响闹功能

表带：黑色鳄鱼皮带配不锈钢针扣

限量：250枚

参考价：￥30,000～50,000

50年代总统表—复刻版计时腕表 — 红金

型号：570557.317L

表壳：18K红金表壳，直径42mm，厚13.75mm，50米防水

表盘：黑色，3时位30分钟计时盘，9时位小秒盘，中心脉搏计刻度

机芯：Cal.V-57自动机芯，25石，105个零件，摆频28,800A/H，42小时动力储存

功能：时、分、秒显示，计时功能，测脉搏功能

表带：黑色鳄鱼皮带配18K红金针扣

参考价：￥80,000~120,000

50年代总统表—复刻版计时腕表 — 不锈钢

型号：570157.316L

表壳：不锈钢表壳，直径42mm，厚13.75mm，50米防水

表盘：黑色，3时位30分钟计时盘，9时位小秒盘，中心脉搏计刻度

机芯：Cal.V-57自动机芯，25石，105个零件，摆频28,800A/H，42小时动力储存

功能：时、分、秒显示，计时功能，测脉搏功能

表带：黑色鳄鱼皮带配不锈钢针扣

参考价：￥60,000~80,000

50年代总统表 — 计时腕表 — 红金

型号：570557.313L

表壳：18K红金表壳，直径42mm，厚13.75mm，50米防水

表盘：黑色，3时位30分钟计时盘，9时位小秒盘

机芯：Cal.V-57自动机芯，25石，105个零件，摆频28,800A/H，42小时动力储存

功能：时、分、秒显示，计时功能

表带：黑色鳄鱼皮带配18K红金针扣

参考价：￥80,000~120,000

50年代总统表 — 计时腕表 — 不锈钢

型号：570157.309L

表壳：不锈钢表壳，直径42mm，厚13.75mm，50米防水

表盘：银灰色，3时位30分钟计时盘，9时位小秒盘

机芯：Cal.V-57自动机芯，25石，105个零件，摆频28,800A/H，42小时动力储存

功能：时、分、秒显示，计时功能

表带：棕色鳄鱼皮带配不锈钢针扣

参考价：￥60,000~80,000

50年代总统表 — 经典腕表 — 红金

型号：560556.307L

表壳：18K红金表壳，直径42mm，厚8.6mm，50米防水

表盘：银灰色，6时位日期视窗

机芯：Cal.V-56自动机芯，25石，93个零件，摆频28,800A/H，42小时动力储存

功能：时、分、秒、日期显示

表带：棕色鳄鱼皮带配18K红金针扣

参考价：￥80,000~120,000

50年代总统表 — 经典腕表 — 不锈钢

型号：560156.305L

表壳：不锈钢表壳，直径42mm，厚8.6mm，50米防水

表盘：灰色，6时位日期视窗

机芯：Cal.V-56自动机芯，25石，93个零件，摆频28,800A/H，42小时动力储存

功能：时、分、秒、日期显示

表带：黑色鳄鱼皮带配不锈钢针扣

参考价：￥30,000~50,000

ZEITWINKEL

年产量：约 5,000 只

价格区间：RMB50,000 元起

网址：http://www.zeitwinkel.ch/

ZEITWINKEL 创立的时间不长。2006 年创立，2008 年便有了自产机芯。其实，在国内最受大众消费者欢迎的不是那些设计突出、或功能复杂的款式，而是简洁、明了，同时机芯各方面性能、素质均非常可靠的款式。基于这种想法，在巴塞尔展会上，观众一眼就被 ZEITWINKEL 吸引住了。它的表款功能、设计均极为简洁，多以大三针或小三针为主，而机芯方面则是可圈可点，有漂亮的日内瓦条纹装饰，边角部分的倒角抛光也是一丝不苟，摆轮采用无卡度游丝，自动摆陀还配有一个 K 金的配重边，以提升上链效率。就外观看到的，确是一幅高素质机芯的素质。每个细节都反映出了品牌所坚持的"watch for life"（生活之表）的理念。ZEITWINKEL 注重的并非一鸣惊人，而是一种不随时间而褪色的内在价值，朴实无华。据了解，ZEITWINKEL 也正在计划 2013 年进入中国市场。

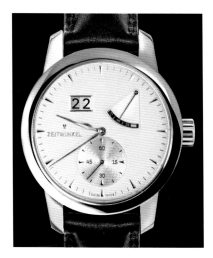

Zeitwinkel 273° 动力储存大日历腕表

表壳：不锈钢表壳，直径42.5mm，厚13.8mm，50米防水

表盘：白色，1-2时位动力储存指示，6时位小秒盘，10-11时位大日历视窗

机芯：Cal.ZW0103自动机芯，直径30.4mm，厚8mm，49石，摆频28,800A/H，72小时动力储存

功能：时、分、秒、日期、动力储存显示

表带：黑色牛皮带配不锈钢折叠扣

参考价：￥60,000～80,000

Zeitwinkel 181° 腕表—蓝盘

表壳：不锈钢表壳，直径42.5mm，厚11.7mm，50米防水

表盘：蓝色，3时位日期视窗，6时位小秒盘

机芯：Cal.ZW0102自动机芯，直径30.4mm，厚5.7mm，28石，摆频28,800A/H，72小时动力储存

功能：时、分、秒、日期、动力储存显示

表带：黑色鳄鱼皮带配不锈钢折叠扣

参考价：￥30,000～60,000

Zeitwinkel 181° 腕表—黑盘

表壳：不锈钢表壳，直径42.5mm，厚11.7mm，50米防水

表盘：黑盘，3时位日期视窗，6时位小秒盘

机芯：Cal.ZW0102自动机芯，直径30.4mm，厚5.7mm，28石，摆频28,800A/H，72小时动力储存

功能：时、分、秒、日期、动力储存显示

表带：黑色鳄鱼皮带配不锈钢折叠扣

参考价：￥30,000～60,000

Zeitwinkel312° 腕表—蓝盘

表壳：不锈钢表壳，直径42.5mm，厚
11.7mm，50米防水
表盘：蓝色，品牌Logo纹路装饰
机芯：Cal.ZW0102自动机芯，直径
30.4mm，厚5.7mm，28石，摆频
28,800A/H，72小时动力储存
功能：时、分显示
表带：黑色鳄鱼皮带配不锈钢折叠扣
参考价：￥20,000～40,000

Zeitwinkel312° 腕表—白盘

表壳：不锈钢表壳，直径42.5mm，厚
11.7mm，50米防水
表盘：白色，品牌Logo纹路装饰
机芯：Cal.ZW0102自动机芯，直径
30.4mm，厚5.7mm，28石，摆频
28,800A/H，72小时动力储存
功能：时、分显示
表带：黑色鳄鱼皮带配不锈钢折叠扣
参考价：￥20,000～40,000

Zeitwinkel大三针腕表—蓝盘

表壳：不锈钢表壳，直径42.5mm，厚
11.7mm，50米防水
表盘：蓝色，品牌Logo纹路装饰
机芯：Cal.ZW0102自动机芯，直径
30.4mm，厚5.7mm，28石，摆频
28,800A/H，72小时动力储存
功能：时、分、秒显示
表带：黑色鳄鱼皮带配不锈钢折叠扣
参考价：￥20,000～40,000

Zeitwinkel大三针腕表—白盘

表壳：不锈钢表壳，直径42.5mm，厚
11.7mm，50米防水
表盘：白色，品牌Logo纹路装饰
机芯：Cal.ZW0102自动机芯，直径
30.4mm，厚5.7mm，28石，摆频
28,800A/H，72小时动力储存
功能：时、分、秒显示
表带：黑色鳄鱼皮带配不锈钢折叠扣
参考价：￥20,000～40,000

Zeitwinkel032° 腕表—白盘

表壳：不锈钢表壳，直径42.5mm，厚
11.7mm，50米防水
表盘：白色，品牌Logo纹路装饰
机芯：Cal.ZW0102自动机芯，直径
30.4mm，厚5.7mm，28石，摆频
28,800A/H，72小时动力储存
功能：时、分、秒、日期显示
表带：黑色鳄鱼皮带配不锈钢折叠扣
参考价：￥20,000～40,000

Zeitwinkel032° 腕表—黑盘

表壳：不锈钢表壳，直径42.5mm，厚
11.7mm，50米防水
表盘：黑色，品牌Logo纹路装饰
机芯：Cal.ZW0102自动机芯，直径
30.4mm，厚5.7mm，28石，摆频
28,800A/H，72小时动力储存
功能：时、分、秒、日期显示
表带：黑色鳄鱼皮带配不锈钢折叠扣
参考价：￥20,000～40,000

真力时
ZENITH

年产量：少于 10000 块

价格区间：RMB26,000 元起

网址：http://www.zenith-watches.com

除了著名的高振频机芯以外，真力时还是最早开始研发飞机仪表的制造商之一。真力时腕表完美诠释激励飞行员搏击长空的雄伟抱负，品牌的计时器和腕表精准可靠，陪伴飞行员航行千里，体现他们征服逆境的雄心、对距离的准确掌握和超越自我的壮志。真力时制作的仪器符合航空业的技术要求：不但可承受温度变化、磁场变化和机身震动，还持久保持准确可靠、坚固耐用、清晰易读。真力时飞行员腕表不仅是机上仪器，也是协助飞行员的好帮手，尽力保护飞行员的安全。正因如此，在 20 世纪的 30 和 40 年代，Zenith Type 20 飞行员腕表曾作为许多飞机的机载仪器，其中包括著名的 Caudron 飞机。

今天，Pilot 系列腕表继承前辈的风范，展现辉煌年代的雄风和征服天空的抱负。腕表的机械构造体现表厂历史悠久的制表工艺，其卓越美学诠释自由飞翔所激发的无限创意。三款腕表，三款诠释展翅飞翔乐趣的杰出作品，三款尽善尽美的机械杰作，当代最佳的旅行良伴。三款精密可靠的仪器，体现惬意舒适的自由精神和美梦成真的惊喜：探索陌生的穹苍，在高空中怡然自得地翱翔。每款 Zenith Pilot 腕表都是飞翔之神伊卡洛斯 (Icarus)、或是飞行员布列里奥 (Blériot) 和莫兰 (Morane)、或是发明家达文西 (da Vinci) 的化身。今天，在腕上佩戴 Zenith Pilot 腕表，让这些心怀飞行梦想的伟人与您同在。

Type 20飞行器腕表

型号：95.2420.5011/21.C723

表壳：不锈钢表壳，直径57.5mm，30米防水

表盘：黑色，3时位动力储存指示，9时位小秒盘

机芯：Cal.5011K手动机芯，直径50mm，厚10mm，19石，134个零件，摆频18,000A/H，48小时动力储存

功能：时、分、秒、动力储存显示

表带：棕色牛皮表带

限量：250枚

参考价：￥95,000

Pilot Big Date Special大日历飞行员计时表

型号：03.2410.4010/21.M2410

表壳：不锈钢表壳，直径42mm，50米防水

表盘：黑色，3时位30分钟计时盘，6时位大日历视窗，9时位小秒盘，测距刻度外圈

机芯：El Primero Cal.4010自动机芯，直径30mm，厚7.65mm，31石，306个零件，摆频36,000A/H，50小时动力储存

功能：时、分、秒、日期显示，计时功能，测距功能

表带：不锈钢编织表链

参考价：￥565,000

Pilot Doublematic飞行员腕表

型号：03.2400.4046/21.C721

表壳：不锈钢表壳，直径45mm，50米防水

表盘：黑色，2时位大日历视窗，3时位30分钟计时盘，7时位动力储存显示，9时位响闹状态显示，世界时间外圈

机芯：El PrimeroCal.4046自动机芯，直径30mm，厚9.05mm，41石，439个零件，摆频36,000A/H，50小时动力储存

功能：时、分、秒、日期、动力储存显示，计时功能，响闹功能，世界时功能

表带：黑色鳄鱼皮带

参考价：￥97,000

El PrimeroChronomaster 1969计时表

型号: 03.2040.4061/69.C496

表壳: 不锈钢表壳,直径42mm,100米防水

表盘: 银白色,3时位30分钟计时盘,6时位12小时计时盘,10时位镂空装饰及小秒盘,测速刻度外圈

机芯: El Primero Cal.4061自动机芯,直径30mm,厚6.6mm,31石,282个零件,摆频36,000A/H,50小时动力储存

功能: 时、分、秒显示,计时功能,测速功能

表带: 黑色鳄鱼皮带配不锈钢针扣

参考价: ￥66,500

旗舰开心系列动力储存腕表

型号: 03.2080.4021/81.C714

表壳: 不锈钢表壳,直径42mm,100米防水

表盘: 白色珍珠贝母,镶嵌21颗钻石时标,3时位30分钟计时盘,6时位动力储存指示,10时位镂空装饰及小秒盘,测速刻度外圈

机芯: El Primero Cal.4021自动机芯,直径30mm,厚7.85mm,39石,248个零件,摆频36,000A/H,50小时动力储存

功能: 时、分、秒、动力储存显示,计时功能

表带: 黑色鳄鱼皮带

参考价: ￥78,000

旗舰开心系列大日历及月相腕表 — 不锈钢

型号: 03.2160.4047/21.C714

表壳: 不锈钢表壳,直径45mm,50米防水

表盘: 黑色,2时位大日历视窗,3时位30分钟计时盘,6时位月相视窗,10时位镂空装饰及小秒盘,测速刻度外圈

机芯: El Primero Cal.4047自动机芯,直径30.5mm,厚9.05mm,31石,332个零件,摆频36,000A/H,50小时动力储存

功能: 时、分、秒、日期、月相显示,计时功能

表带: 黑色鳄鱼皮带配不锈钢折叠口

参考价: ￥87,000

旗舰开心系列大日历及月相腕表—红金

型号: 18.2160.4047/01.C713

表壳: 18K红金表壳,直径45mm,50米防水

表盘: 白色,2时位大日历视窗,3时位30分钟计时盘,6时位月相视窗,10时位镂空装饰及小秒盘,测速刻度外圈

机芯: El Primero Cal.4047自动机芯,直径30.5mm,厚9.05mm,31石,332个零件,摆频36,000A/H,50小时动力储存

功能: 时、分、秒、日期、月相显示,计时功能

表带: 黑色鳄鱼皮带配18K红金针扣

参考价: ￥227,000

Expada系列不锈钢腕表 — 白盘

型号: 03.2170.4650/01.M2170

表壳: 不锈钢表壳,直径40mm,100米防水

表盘: 白色,3时位日期视窗

机芯: El Primero Cal.4650B自动机芯,直径30mm,厚5.58mm,22石,210个零件,摆频36,000A/H,50小时动力储存

功能: 时、分、秒、日期显示

表带: 不锈钢链带

参考价: ￥48,000

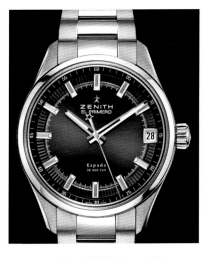

Expada系列不锈钢腕表 — 黑盘

型号: 03.2170.4650/21.M2170

表壳: 不锈钢表壳,直径40mm,100米防水

表盘: 黑盘,3时位日期视窗

机芯: El Primero Cal.4650B自动机芯,直径30mm,厚5.58mm,22石,210个零件,摆频36,000A/H,50小时动力储存

功能: 时、分、秒、日期显示

表带: 不锈钢链带

参考价: ￥48,000

Expada系列间金腕表 — 白盘

型号：51.2170.4650/01.M2170

表壳：不锈钢表壳，18K红金外圈及表
冠，直径40mm，100米防水

表盘：白色，3时位日期视窗

机芯：El Primero Cal.4650B自动机芯，直
径30mm，厚5.58mm，22石，210
个零件，摆频36,000A/H，50小时
动力储存

功能：时、分、秒、日期显示

表带：不锈钢间18K红金链带

参考价：￥80,000

Expada系列间金腕表 — 棕盘

型号：51.2170.4650/75.M2170

表壳：不锈钢表壳，18K红金外圈及表
冠，直径40mm，100米防水

表盘：棕色，3时位日期视窗

机芯：El Primero Cal.4650B自动机芯，直
径30mm，厚5.58mm，22石，210
个零件，摆频36,000A/H，50小时
动力储存

功能：时、分、秒、日期显示

表带：不锈钢间18K红金链带

参考价：￥80,000

Expada系列红金腕表 — 皮带

型号：18.2170.4650/75.C713

表壳：18K红金表壳，直径40mm，100米
防水

表盘：棕色，3时位日期视窗

机芯：El Primero Cal.4650B自动机芯，直
径30mm，厚5.58mm，22石，210
个零件，摆频36,000A/H，50小时
动力储存

功能：时、分、秒、日期显示

表带：黑色鳄鱼皮带

参考价：￥129,000

Expada系列红金腕表 — 链带

型号：18.2170.4650/75.M2170

表壳：18K红金表壳，直径40mm，100米
防水

表盘：棕色，3时位日期视窗

机芯：El Primero Cal.4650B自动机芯，直
径30mm，厚5.58mm，22石，210
个零件，摆频36,000A/H，50小时
动力储存

功能：时、分、秒、日期显示

表带：18K红金链带

参考价：￥209,000

Expada系列红金镶钻腕表 — 棕盘

型号：18.2170.4650/76.C713

表壳：18K红金表壳，雪花镶嵌钻石装
饰，直径40mm，100米防水

表盘：棕色，镶嵌22颗钻石时标，3时位
日期视窗

机芯：El Primero Cal.4650B自动机芯，直
径30mm，厚5.58mm，22石，210
个零件，摆频36,000A/H，50小时
动力储存

功能：时、分、秒、日期显示

表带：黑色鳄鱼皮带

参考价：￥194,000

Expada系列红金镶钻腕表 — 贝母盘

型号：18.2170.4650/81.C713

表壳：18K红金表壳，直径40mm，100米
防水

表盘：白色珍珠贝母，镶嵌11颗长方形钻
石时标，3时位日期视窗

机芯：El Primero Cal.4650B自动机芯，直
径30mm，厚5.58mm，22石，210
个零件，摆频36,000A/H，50小时
动力储存

功能：时、分、秒、日期显示

表带：黑色鳄鱼皮带

参考价：￥161,000

专卖店地址集锦

A. LANGE & SÖHNE朗格

北京新宇三宝名表王府井丹耀大厦店
北京市王府井大街176号丹耀大厦1F-3F
+86-10-65253490

上海朗格专卖店
上海市淮海中路812号
+86-21-63232109

杭州亨吉利世界名表中心湖滨店
杭州市平海路124号利星广场一层
+86-571-87028693

沈阳亨吉利世界名表中心1928店
沈阳市和平区南京北街312号
+86—24-23416799

大连锦华钟表友谊商城店
大连市人民路8号
+86 411-82659898

大连锦华钟表洲际店
大连市中山区一德街10号
+86-411-82659797

AUDEMARS PIGUET爱彼

北京东方新天地AP专卖店
北京市东城区东长安街1号东方广场首层SS03
+86-10-85180028

上海东方商厦AP店
上海市漕溪北路8号
+86 21-64870000

上海英皇钟表珠宝AP店
上海市南京西路1038号梅龙镇广场111铺
+86-21-62618586

上海名表城九百店
上海市南京西路1177号
+86-21-62726903

哈尔滨亨吉利世界名表中心AP店
哈尔滨市南岗区东大直街323-1号
+86-451-53905166

长春亨得利世界名表AP专柜
长春市重庆路968号
+86-431-88968684

大连百年商城AP店
大连市中山区解放路19号引05
+86-411-82307803

大连友谊商城AP专柜
大连市中山区人民路8号1楼
+86-411-82659898

大连锦华洲际店
大连市中凶区友好广场远洋洲际大厦B座6号
+86-411-82659797

西安亨吉利世界名表中心AP店
西安市南大街36号
+86-29-87263153

苏州泰华大厦AP店
苏州市人民路383号泰华商城一层爱彼专柜

+86-512-65722036

宁波天一广场AP专卖店
宁波市中山东路天一广场1号门碘闸街190号
+86-574-87253928

济南银座商城百货商场
济南市泺源大街66号银座商城百货商场
+86-531-86065639

青岛海信广场
青岛市市南区澳门路117号
+86-532-66788006

深圳万象城二期S116商铺
深圳市宝安路1881号万象城二期S们6商铺
+86-755-22274726

ARNOLD & SON亚诺

大连锦华钟表洲际店
大连市中山区一德路10号
+86-411-82659933

北京新东安
王府井大街138号新东安商城G/F 112-113
+86-10-65225228

BALL波尔

上海恒利店
上海市静安区成都北路199号恒利国际大厦2002室
8008209123
86-21-62173201

上海南京东路店
中国上海市南京东路456号
86-21-63516338

广州大都会广场店
中国广州市天河北路183号大都会广场2001室
8008309715
86-20-87567626

北京丹耀店
中国北京市东城区王府井大街172号丹耀大厦地下一层
4006700168

北京澳门中心店
中国北京王府井东街8号澳门中心一层商场
86-10-58138211

天津友谊店
中国天津市开发区第一大街86号市明广场友谊名都
4006700168

沈阳店
中国沈阳市沈河区中街路148号
86-24-24841192

成都店
中国成都市总府路31号（四川宾馆）一楼
86-28-86617797

盐城店
中国江苏省盐城市建军中路169号盐城金鹰购物中心1F盛时表行
4006700168

淮安店
江苏省淮安市淮海东路130号金鹰国际购物中心1F名表馆
4006700168

徐州店
江苏省徐州市中山北路2号金鹰国际购物中心一楼盛时表行
4006700168

太原店
山西省太原市开化寺街135号三宝名表
4006700168

鄂尔多斯店
中国内蒙古鄂尔多斯市伊金霍洛街王府井百货大楼一楼
4006700168

BAUME & MERCIER名士

西安亨吉利金鹰店
西安市高新技术产业开发区科技路37号海星城市广场金鹰购物中心一楼
86-29-88348107

呼尔浩特维多利百货
呼市中山西路3号
86-15049101816

太原国贸店
太原府西街69号亨吉利世界名表中心太原
86-351-8689400

成都万象城店
成都市成华区双庆路8号万象城158号商铺
86-28-83287156

郑州金博大新宇店盛时表行
郑州二七路200号
86-13592581716

重庆英皇重庆远东百货
重庆市江北区洋河路10号远东百货平街层英皇钟表珠宝柜
86-23-89118076

北京金源燕莎购物中心店
北京市海淀区远大路1号燕莎友谊商场一层
86-10-88873912

北京亨得利翠微店
北京市海淀区复兴路33号翠微大厦一楼
86-10-68282228

北京当代商城
北京市海淀区中关村大街40号当代商城一层钟表组
86-10-62696120

北京英皇钟表珠宝(赛特店)
北京市建国门外大街22号赛特购物中心一层
86-10-65123653

北京燕莎友谊商城
北京朝阳区亮马桥路52号
86-64651188*423

济南万千店
济南市市中区经四路5号万千百货1楼亨吉利

天津开发区友谊名都店
天津市滨海新区第一大街86号泰达市民广场盛时表行
86-22-60623506

武汉老亨达利世界名表有限公司
武汉市新华路218号,浦发银行大厦左侧 新宇三宝
86-27-82840799

青岛三宝名表
青岛市中山路144号一楼
86-532-82827734

南京金鹰三宝店
南京汉中路89号金鹰酒店大堂三宝名表馆
025-84722805

桂林微笑堂
广西桂林市中山中路37号一楼钟表区
86-13978396838

锦华钟表大连新玛特店
大连市中山区青三街一号
86-411-83678957

苏州石路表行
苏州市十梓街397号二层
86-512-65730008

沈阳中兴店
沈阳市和平区太原北街86号二楼国际钟表部新宇表区
86-24-23410898

亨吉利杭州万象城店
杭州市江干区富春路701号万象城195号商铺
0571-89705709

南宁友谊商店
南宁市青秀区金湖北路59号地王国际商务中心
86-18275772124

上海亨达利南京西路店
上海市南京西路1010号
86-21-62726903

BLANCPAIN宝珀
北京新光天地专卖店
北京市朝阳区建国路87号新光天地商场一层
+86-10-65331360

北京赛特专卖店
北京市朝阳区建国门外大街22号
+86-10-65257366

上海南京西路专卖店
上海市南京西路1089号
+86-21-62871735

上海斯沃琪和平饭店艺术中心专卖店
上海市南京东路23号
+86-21-63299950

BOUCHERON宝诗龙
上海恒隆广场专卖店
上海市静安区南京西路1266号恒隆广场B106
+86-21-62889915

上海香港广场专卖店
上海市卢湾区淮海中路283号香港广场南座

L03b
+86-21-33660908

北京专卖店
北京市朝阳区建国路89号18号楼L02号耀莱新天地2层
+86-10-65331124

BOVET
沈阳亨吉利世界名表中心店
沈阳中山路65号
86-24-31872299

BREGUET 宝玑
北京东方君悦陀飞轮精品店
北京市东城区长安街1号东方君悦大酒店大堂首层
+86-10-85150808

北京银泰中心陀飞轮精品店
北京市朝阳区建国门外大街2号北京银泰中心们1—113商铺
+86-10-85171788

宝玑精品店上海斯沃斯艺术中心
上海市外滩19号（南京东路23号）
+86-21-63299919

上海新字钟表上海钟表商店
上海市淮海中路478-492号
+86-21-53066503

上海亨达利钟表总店
上海市南京东路372号
+86-21-63212769

上海名表城南京西路中安店
上海市南京西路1117—11 27号
+86-21-52287098

大连迈凯乐大连商场天辰表行
大连市中山区青泥街57号
+86-411-82301-247

沈阳大公名表中心
沈阳市和平区中山路65号
+86-24-23404588

长春国际钟表有限公司
长春市重庆路478号
+86-431-88919026

哈尔滨远大购物中心
哈尔滨市南岗区果戈里大街378号
+86-451-88102288-203

哈尔滨麦凯乐总店金承表行
哈尔滨市道里区尚志大街73号
+86-451-58989789

重庆大都会名表城
重庆市渝中区邹容路68号大都会广场LG层42
+86-23-63726231

亨吉利深圳万象城店
深圳市罗湖区保安南路1881号华润君悦酒店D栋S123号商铺
+86-755-22279079

深圳现代表行所罗门钟表珠宝——金光华店
深圳市罗湖区嘉宾路金光华广场一楼002号
+86-755-82611299

杭州新宇三宝杭州大厦店
杭州市武林广场21号杭州大厦A座一层
+86-571-85063043

西安亨吉利豪门专卖店
西安市南大街36号
+86-29-87263151

天津海信广场店
天津市和平区解放北路188号
+86-22-23198100

成都百盛时代广场店
成都市锦江区总府路2号时代广场
+86-28-86668020

昆明金格百货汇都店
昆明市白塔路131号汇都国际B座
+86-871-3166898

青岛海信广场（奥运店）
青岛市澳门路们7号青岛海信广场(奥运店) IF
+86-532-66788157

南京新宇三宝金鹰酒店大堂店
南京市汉中路89号金鹰国际商城一楼酒店大堂
+86-25-84722805

太原新宇三宝旗舰店
太原市开化寺街135号
+86-351-40844360

BREITLING百年灵
欧洲坊新东安广场店
北京市东城区王府井大街138号新东安广场一层102-103&106店铺
+86-10-65211839

周大福钟表——北京前门专营店
北京市崇文区前门大街32-34号
+86-10-67025660

欧洲坊上海港汇广场店
上海市虹桥路1号港汇广场101B号铺
+86-21-64071540

东方表行上海久光城市百货店
上海市南京西路1618号久百城市广场一楼5102-S103号
+86-21-62882819

大公名表中心总店
沈阳市和平区中山路65号
+86-24-23404588

锦华钟表百年城店
大连市中山区解放路1号百年城商场M2层
+86-411-82307803

金格百货汇都店
昆明市自塔路131号一层
+86-871-3166898

亨吉利世界名表中心——邦克店
昆明市青年路3g7号B座邦克店一楼
+86-871-3158686

亨吉利世界名表中心——国贸店
太原市府西街69号山西国贸中心一层
+86-351-8689400

广州友谊商店
南宁市青秀区金湖路59号地王国际商会中心广州友谊商店一层

+86-771-5680212

东方表行——裕达店
郑州市中原中路22D号裕达国际贸易中心
福福精品商场
+86-371-67723020

天元商贸精品商场店
呼和浩特市中山西路20号天元商贸精品商场
+86-471-6875222

包头百货大楼店
包头市昆区钢铁大街67号包头百货大楼一层
+86-472-5521116

中免集团——三亚免税店CDFG
三亚市下洋田榆亚大道19号
+86-898-88816666

亨吉利世界名表中心——万象城店
杭州市江干区富春路701号万象城广场一层
钟表区195商铺
+86-571-89705709

亨吉利世界名表中心——和义路店
宁波市海曙区和义路79号
+86-574-83890593

亨吉利世界名表中心——金安国际店
哈尔滨市道里区中央大街69号金安欧罗巴
广场一层
+86-451-84567877

亨吉利世界名表中心——益田假日广场店
深圳市南山区深南大道9028号益田假日广场L1层57-58
+86-755-86299092

亨吉利世界名表中心——万千百货店
济南市市中区经四路5号万千百货一层名表区
+86-531-66568571

周大福钟表
苏州市工业园旺墩路268号久光百货1楼口区周大福钟表
+86-512-66961922

BVLGARI宝格丽

上海恒隆店
上海市南京西路1266号恒隆广场106室
+86-21-62882892

上海IFC店
上海市浦东世纪大道8号上海国金中心D座
L1-6店铺
+86-21-50121771

北京王府店
北京市东城区金鱼胡同8号王府饭店GF-们
+86-10-65106126

北京国贸店
北京市朝阳区建国门外大街1号国贸商城一楼L107铺
+86-10-58669716

北京新光天地店
北京市朝阳区建国路87号新光天地1层
M1024号店铺
+86-10-65331127

北京T3店
北京市首都国际机场3号候机楼B2E01店铺
+86-10-64558963

北京银泰店
北京市东城区王府井大街88号108店铺

+86-10-59785156

广州丽柏店
广州市环市东路367号丽柏广场235店铺
+86-20-83313267

成都仁和店
成都市人民东路5g号仁和春天百货商场1楼
宝格丽店铺
+86-28-86658802

南京德基店
南京市中山路18号德基广场1层L132店铺
+86-25-84764618

哈尔滨卓展店
哈尔滨市道里区安隆街106号哈尔滨卓展时
代广场百货一层们26号宝格丽店
+86-451-87737366

沈阳卓展店
沈阳市沈河区北京街7—1号卓展购物中心1
层1112号店铺
+86-24-22795608

天津友谊店
天津市河西区友谊路21号天津友谊商厦1层
L3店铺
+86-22-88376207

苏州美罗店
苏州市观前街245苏州美罗商场一层楼0101号店铺
+86-512-69162207

深圳万象城店
深圳市罗湖区宝安南路1881号华润中心万象城S109铺
+86-755-22655908

杭州大厦店
杭州市武林广场1号杭州大厦B座1楼119室
宝格丽店
+86-571-85108876

无锡商业大厦店
无锡市中山路343号无锡商业大厦A座1楼
宝格丽店
+86-510-82717268

太原王府井店
太原市亲贤北街gg号王府井百货一楼宝格丽店
+86-351-7887133

郑州裕达店
郑州市中原中路220号裕达福福精品商场1
楼宝格丽店
+86-371-67955680

CARTIER卡地亚

北京乐天银泰专卖店
北京市东城区王府井大街88号乐天银泰百
货109号店铺
+86-10-59785161

北京国贸商城专卖店
北京市朝阳区建国门外大街1号国贸商城一层L104铺
+86-10-65056660

北京王府半岛酒店店专卖店
北京市东城区王府井金鱼胡同8号王府半岛
酒店大堂
+86-10-65234261

北京百盛购物中心专卖店
北京市西城区复兴门内大街101号百盛购物

中心首层
+86-10-66068288

北京时代名门专卖店
北京市朝阳区安外安立路8号时代名门商场
1004-1005铺
+86-10-84986669

北京银泰中心专卖店
北京市朝阳区建国门外大街2号
银泰中心悦·生活1层106—110号、2层
208-210号
+86—10-85171221

广州友谊商场专卖店
广州市环市东路369号广州友谊商店一层
+86-20-83590702

上海恒隆广场专卖店
上海市南京西路1266号恒隆广场一层133/135
+86-21-62880606

上海东一路专卖店
上海市中山东一路18号A单元
+86-21-63235577

上海香港广场专卖店
上海市卢湾区淮海中路283号
香港广场南座第一及第二层SL1-04及SL2-04
商铺
+86-21-63908800

上海国际金融中心专卖店
上海市浦东新区世纪大道8号国际金融中心
商场L1-2&L2-2号铺

天津海信广场专卖店
天津市和平区解放北路188号天津海信广场
一层
+86-22-23198111

重庆美美百货专卖店
重庆市渝中区邹容路100号美美百货1027-1028店铺
+86-23-63706380

沈阳卓展购物中心专卖店
沈阳市沈河区北京街7—1号卓展购物中心一层
+86-24-22795151

沈阳商业大厦专卖
沈阳市和平区太原北街86号中兴沈阳商业
大厦一层
+86-24-23412599

南京德基广场专卖店
南京市中山路18号德基广场一楼L112.
L113店铺
+86-25-84764588

武汉国际广场专卖店
武汉市江汉区解放大道690号国际广场购物
中心一楼
+86-27-85717612

成都仁和春天百货专卖店
成都市人民东路59号仁和春天百货人东店1楼
+86-28-86678066

太原国际精品商厦专卖店
太原市府西街45号华宇国际精品商厦102商铺
+86-351-3339698

无锡中山路专卖店
无锡市中山路168号B101铺位
+86-510-82730318

辽宁新世界大厦专卖店
大连市中凶区人民路41号

新世界大厦101-102、201-202号
+86-411-88078765

CARL F. BUCHERER宝齐莱
北京旗舰店
北京市东城区王府井大街138号新东安广场
145B店铺
+86-10-65269009

北京SOGO二期店
北京市宣武区宣武门外大街8号庄胜崇光百
货新馆一层
+86-10-63105191

西安开元商城
西安市东大街解放市场6号开元商城亨吉利
世界名表中心
+86-29-87235469

上海钟表商店
上海市卢湾区雁荡路32号-34号
+86-21-63845283

哈尔滨盛时店
哈尔滨市道里区中央大街142号
+86-451-84648810

太原王府井店
太原市开化寺街87号
华宇购物中心写字楼1203室
+86-351-4075973

CHANEL香奈儿
上海半岛酒店腕表珠宝店
上海市中山东一路32号上海半岛酒店首层
+86-21-63215221

上海恒隆广场腕表珠宝店
上海市南京西路1 266号恒隆广场一层们6
商铺
+86-21-62888873

香奈儿北京国贸腕表专卖店
北京市朝阳区建国门外大街1号国贸商城首
层L135
+86-10-65058028

CHAUMET 尚美
北京专门店
北京市朝阳区建国路87号新光天地一层
M1012号店铺
+86-10-65331851

上海恒隆广场专门店
上海市静安区南京西路1266号恒隆广场B1
+86-21-62880399

上海半岛酒店专门店
上海市中山东一路32号上海半岛酒店大堂
L1F铺
+86-21-63291510

上海香港广场专门店
上海市淮海中路283号香港广场商场南座1楼
+86-21-63908006

昆明金格百货—金龙专门店
昆明市白塔路90号
+86-871-3120495

太原专门店
太原市亲贤北街99号王府井百货1层尚美专柜
+86-351-7887186

厦门专门店
厦门市嘉禾路197号盘基名品中心102商铺
+86-592-25117531

广州专门店
广州市珠江新城珠江西路5号广州友谊商店1楼
+86-20-88832166

重庆专门店
重庆市江北区 建新北路68号星光68广场
L119号店
+86-23-67725878

成都专门店
成都市人民南路二段18号美美力诚百货102
号店

深圳专门店
深圳市深南大道1095号中信广场1楼1009号铺
+86-755-25942788

大连专门店
大连市人民路60号地下富丽华大酒店
+86-411—82526989

CHOPARD萧邦
上海恒隆专卖店
上海市南京西路1266号恒隆广场地下一层
B105店铺
+86-21-61367866

上海半岛专卖店
上海市外滩中山东一路32号上海半岛酒店
L1K铺
+86-21-63293058

上海国金中心专卖店
上海市世纪大道8号上海国金中心商场D座
L1—13室
+86-21-50120850

北京新东安专卖店
北京市东城区王府井大街138号新东安广场
101号店铺
+86-10-65242866

温州时代广场专卖店
温州市车站大道时代广场购物中心1楼
+86-577-88993633

大连专卖店
大连市人民路5口号1楼120号店
+86-411—39857929

杭州大厦专卖店
杭州市武林广场1号杭州大厦购物中心A楼
1楼
+86-571-85166806

深圳专卖店
深圳市罗湖区宝安南路1881号万象城5118
号铺
+86-755-22277462

广州国金专卖店
广州市天河区珠江新城珠江西路5号友谊商
店国金店底楼
+86-20-88832283

广州友谊专卖店
广州市环市东路369号友谊商店底楼
+86-20-83577348

CHRONOSWISS瑞宝
昆明金源店
昆明市青年路397号金源时代购物中心B座
一层

+86 0871 3158686

深圳京基店
深圳罗湖区深南路与红岭路京基购物中心1
层126A-127
+86 755 82 68 7110

太原世贸店
太原府西街69号世贸中心G/F
+86 0351 86 89 400

武汉周大福店
武汉武昌区汉街19号周大福店
Wuhan Chow Tai Fook
+86 027 59530233

CLERC
北京国贸店
北京朝阳区建国门外大街国贸3期1座1层
3L108

上海港汇广场店
上海虹桥路1号香港广场1层155
86-21-64073590

CORUM昆仑
上海南京西路专卖店
上海市南京西路1266号地库一层B115号
+86-21-32508533

上海英皇钟表珠宝店
上海市静安区南京西路1038号梅龙镇广场
110-112室
+86-21-62186589

北京欧洲坊集团有限公司
北京市东城区王府井大街138号
新东安广场1层102-103号及106号铺
+86-10-65286908

大连锦华钟表有限公司
大连市中山区解放路19号百年城
+86-411-82307803

沈阳大公钟表店
沈阳市和平区中山路65号
+86-24-23404588

深圳亨吉利益田假日广场店
深圳市南山区深南大道9028号益田假日广场
+86-755-86013522

亨吉利杭州万象城店
杭州市江干区富春路701号万象城195号
+86-571-89705709

昆明亨吉利邦克店
昆明市青年路397号邦克大B座
+86-871-3156781

长春中孚世界名表行
长春市重庆路国联小区8B1栋
+86-431-88960033

太原丽华店
太原市长风街1号丽华大酒店1层名品中心
+86-151-35135135

DE BETHUNE
上海恒隆店
上海南京西路1266号恒隆广场B117
86-21-52132455

DEWITT迪菲伦

上海专卖店
上海市卢湾区淮海中路222号力宝广场首层101号
+86-21-33315063

北京金宝街专卖店
北京市东城区金宝街90-92号励骏酒店首层5号
+86-10-85221385

北京耀莱专卖店
北京市朝阳区建国路80号18号楼L02号耀莱
新天地3层
+86-10-65331441

DIOR迪奥

北京国贸商城专卖店
北京市建国门外大街1号国贸商城L119店
+86-10-65052061 / 65052062

北京王府饭店专卖店
北京市王府井金鱼胡同8号王府饭店商场
GF-7店
+86-10-65106000

北京金融街购物中心专卖店
北京市西城区金城坊街2号金融街购物中心
L102-L103
+86-10-66220756 / 66220776

上海国金中心专卖店
上海市浦东陆家嘴世纪大道8号国金中心
LL29商铺
+86-21-50122960

上海恒隆广场女装专卖店
上海市南京西路1266号恒隆广场125-1 27店
+86-21-62880210

上海恒隆广场男装专卖店
上海市南京西路1266号恒隆广场101-101A商铺
+86-21-62880212

大连时代广场专卖店
大连市中山区人民路50号大连时代广场
L102、L202、L117
+86-411-39857851 / 39857877

沈阳卓展购物中心专卖店
沈阳市沈河区北京街7-1号沈阳卓展购物中
心们29、1103
+86-24-22795709 / 22795701

哈尔滨麦凯乐专卖店
哈尔滨市道里区尚志大街73号麦凯乐购物
中心104-105店铺
+86-451-58989725 / 58989751

天津友谊商场专卖店
天津市河西区友谊路21号天津友谊商城1层
L11-L12
+86-22-58371900 / 58371908

天津伊势丹女装专卖店
天津市和平区南京路108号现代城C座一楼
+86-22-27188240

杭州大厦专卖店
杭州市武林广场1号杭州大厦购物中心B座
121商铺
+86-571-85062778

杭州万象城女装专卖店
杭州市江千区富春路701号万象城121商铺
+86-571-89705928

南京德基广场专卖店
南京市中山路18号德基广场L135-L1 36店铺
+86-25-84764710 / 84764718

宁波和义大道购物中心专卖店
宁波市海曙区和义路66号
和义大道购物中心一层B区1004-1005店铺
+86-574-83899358 / 83899350

成都置地广场专卖店
成都市人民南路二段一号仁恒置地广场
103-104铺
+86-28-86752508 / 86672019

广州丽柏专卖店
广州市东山区环市东路367号白云宾馆丽柏
广场首层105店
+86-20-83311636

深圳万象城专卖店
深圳市罗湖区宝安南路1881号万象城S1 28
店铺
+86-755-22655180 / 22655186

EBEL玉宝

上海东方表行
上海市南京西路1618号
九光城市广场一层S102-103
+86-21-62882819

锦华钟表——大连百年城
大连市中山区解放路1号百年城
+86-411-82307803

锦华钟表大连友谊商店
大连市中山区七一街1号
+86-411-82659898

鞍山慧通瑞士表店
鞍山市铁东区二一九路4了号
+86-412-5541999

鞍山慧通瑞士表店（银座分店）
鞍山市铁东区二道街99号银座大厦一楼
+86-412-2248828

长春中乎世界名表珠宝行
长春市重庆路建和胡同79号
+86-431-889622168

苏州宝利辰表行有限公司
苏州市干将东路818号言桥小区内
+86-512-65215447

贵阳东方表行荔星名店
贵阳市中华南路52号钻石广场
+86-851-5830196

ERNEST BOREL依波路

广州正佳旗舰店
广州市天河路228号正佳商业广场一楼1B-039

+86-20-38331582

石家庄北国商城店
石家庄市中山东路188号北国商城一楼钟表
部依波路专柜

青岛专卖店
青岛市中山路124号
+86-532-82821288

上海专卖店
上海市淮海中路595号
+86-21-53862954

深圳专卖店
深圳市福华三路星河CoCoPark一楼

成都亨得利店
成都市春熙路北段49号

柳州专卖店
柳州市解放南路88号银座百货
+86-772-2821708

FIYTA飞亚达

广州正佳专卖店
广州市天河区正佳广场首层1C085号商铺飞
亚达专卖店
+86-20-85505776

重庆瑞皇专卖店
重庆市渝中区民权路1号商业大厦一楼瑞皇
名表飞亚达专卖店
+86-23-63709527

上海浦东机场专卖店
上海市浦东国际机场2号航站楼内额已达专
卖店
+86-21-68339913

深圳振华路专卖店
深圳市福田区振华路飞亚达大厦171号飞亚
达专卖店
+86-755-83221466

宁波天一广场专卖店
宁波市海曙区天一广场旗杆巷74号飞亚达专卖店
+86-574-87251920

成都双流机场专卖店
成都市双流机场C指廊飞亚达专卖店
+86-28-85206530

沈阳万达广告专卖店
沈阳市和平区太原南街2号万达商业广告1
楼119铺飞亚达专卖店
+86-24-23580944

沈阳1928专卖店
沈阳市和平区南京北街312号飞亚达专卖店
+86-24-23412989

桂林机场专卖店
桂林市两江国际机场候机楼候机厅B-3飞亚
达专卖店
+86-773-2844226

FRANCK MULLER法兰克穆勒

北京新光天地店
北京朝阳区建国路87号新光天地1楼
M1032
86-10-65331361

北京乐天银泰店
北京东城区王府井大街88号乐天银泰百货

上海国际金融中心店
上海浦东新区世纪大道8号国金中心商场

上海恒隆店
上海静安区南京西路1266号恒隆广场

上海中信泰富店
上海静安区南京西路1168号中信泰富广场
102号

FREDERIQUE CONSTANT康斯登

北京城乡贸易中心店
北京市海淀区复兴路甲23号北京城乡贸易
中心一层亨得利专柜
+86-10-68296609

北京翠微大厦店
北京市海淀区复兴路33号翠微大厦一层
+86-10-68282228

北京龙德广场翠微百货店
北京市昌平区立汤路186号龙德广场翠微百
货一层盛时表行
+86-10-84818170

北京双安商场店
北京市海淀区北三环西路38号双安商场一
层新宇亨得利
+86-10-62138820

北京王府井百货大楼盛时表行
北京市王府井大街255号王府井百货大楼一
层钟表部
+86-10-85115758

长春卓展时代广场百货店
长春市重庆路1255号长春卓展2楼美度（康
斯登）专柜
+86-431-88486763

大庆百货大楼盛时表行
大庆市萨尔图区会战大街22号
+86-459-6662218

福州东百店
福州市八一七北路84号东百一楼首饰部盛
时表行
+86-591-87554706

哈尔滨盛时旗舰店
哈尔滨市道里区红霞街3号
+86-451-84648810*3038

哈尔滨新世界百货店
哈尔滨市南岗区花园街403号新世界百货一
层盛时表行
+86-451-53651692

杭州大厦店
杭州市武林广场21号杭州大厦A1楼名表馆
+86-571-85063043

呼和浩特天元商厦店
呼和浩特市中山西路20号钟表部
+86-471-6875222

呼和浩特维多利商厦店
呼和浩特市中山西路3号1层钟表部
+86-471-2263319

吉林国际表行
吉林市重庆路8881层
+86-432-4937777

锦州市鑫海员钟表名店
锦州市凌河区解放路四段六号
+86-416-2131099

昆明百货大楼新纪元店
昆明市东风西路昆明百货大楼新纪元店钟表柜

柳州五星商厦店
柳州市中山中路1号五星大厦一楼名表区

南京德基广场盛时表行
南京市中山路18号德基广场2楼L213盛时表
行店铺
+86-25-84763452

盘锦新玛特超级表行
盘锦市兴隆台区新玛特购物广场西门一楼
+86-427-2866168

亨达利钟表上海南东店
上海市南京东路了72号
+86-21-63222998

上海亨得利钟表公司
上海市南京东路456号亨得利钟表公司一楼
+86-21-63522500

沈阳秋林旗舰店
沈阳市和平区中山路9口号秋林公司一楼
+86-24-23834888

太原丰乐名表店
太原市开化寺街62号1层钟表部
+86-351-4075973

太原华宇购物中心盛时表行
太原市开化寺街87号华宇购物中心一层名表区
+86-351-8308326

太原三宝名表
太原市开化寺街135号三宝名表
+86-351-4084360

太原王府井商厦
太原市亲贤北街gg号王府井商厦一层新宇
三宝钟表
+86-351-7887127

世纪名表乌鲁木齐中山路店
乌鲁木齐市中山路299号世纪名表康斯登柜台

扬州金鹰国际购物中心
扬州市汶河南路120号金鹰国际购物中心1F
盛时表行
+86-514-87367005

郑州金博大店
郑州市北二七路200号新玛特购物广场一
楼进口表康斯登柜台
+86-0-13592581716

重庆新世纪百货
重庆市渝中区邹容路123号重庆新世纪百货
一楼钟表柜
+86-23-89881703

GLASHUTTE ORIGINAL格拉苏蒂

北京名表城新东安分店
北京市东城区王府井大街138号新东安广场
一层148号铺
+86-10-65280067

北京燕莎友谊商城店
北京市朝阳区亮马桥路52号燕莎商场4层新
宇表店
+86-10-64673950

北京新宇赛特店
北京市建国门外大街22号赛特购物中心1层
新宇表店
+86-10-65257366

北京英皇崇光店
北京市宣武门外大街8号庄盛崇光百货新馆
1层英皇表店
+86-10-63105191

北京君悦店
北京市东城区东长安街1号
东方君悦酒店大堂首层瑞士陀飞轮精品店
+86-10-85150808

北京银泰店
北京市朝阳区建国门外大街2号
银泰中心瑞士陀飞轮精品店111—113商铺
+86-10-85171788

格拉苏蒂专卖店
北京市东城区东长安街1号东方新天地W2一层
+86-10-85180618

大连锦华钟表
大连市中山区七一街1号友谊商城写字楼
1005室大连锦华公司
+86-411-82690035-187

沈阳卓展时代广场百货店
沈阳市沈河区北京街7—1号卓展商场1层中
孚表店
+86-24-22795588

沈阳1928店
沈阳市南京北街312号
+86-24-23416598-806

沈阳秋林店
沈阳市和平区中山路9口号新宇表店
+86-24-23834888

山西国贸中心店
太原市府西街6g号国贸大厦1层亨吉利公司
+86-351-8689400

长春市中孚店
长春市朝阳区建和胡同7g号中孚表店
+86-431-88948168 / 88960033

哈尔滨欧罗巴店
哈尔滨市道里区中央大街69号金安欧罗巴
广场1层亨吉利表店
+86-451-84567877

哈尔滨新宇三宝店
哈尔滨市南岗区建设街51号新宇表店
+86-451-53659800

天津亨得利钟表眼镜店
天津市滨江道145号亨得利表店
+86-22-27110108

亨吉利名表中心西安豪门店
西安市南大街36号亨吉利名表公司
+86-29-87263153

乌鲁木齐世纪金花百货店
乌鲁木齐市友好路35号世纪金花亨吉利专柜
+86-991-4857076

呼和浩特维多利商厦店
呼和浩特市中山西路3号维多利商厦1层恒达利源表店
+86-471-2263319

上海迪生钟表珠宝店
上海市遵义南路6号1楼
+86-21-62199319

上海瑞士陀飞轮专卖店
上海市中山东一路18号1楼
+86-21-63238853

上海东方商厦店
上海市漕溪北路8号1楼瑞士名表馆
+86-21-64870000-1305

杭州万象城亨吉利店
杭州市江干区富春路701号万象城195号商铺
+86-571-89705710

杭州大厦新宇表行
杭州市下城区武林广场21号杭州大厦C楼2D
+86-571-85063043

南京金鹰国际商城店
南京市汉中路89号金鹰国际商城1楼（酒店大堂旁）
+86-25-84722805

昆明金龙百货店
昆明市白塔路90号
+86-871-3119081

成都群光广场店
成都市锦江区春熙路8号群光广场1楼迪生钟表珠宝
+86-28-6597 0067

重庆美达实业有限公司
重庆市渝中区邹荣路68号大都会广场LG层格拉苏蒂专卖店
+86-23-6372 6231

深圳现代表行所罗门钟表珠宝
深圳市罗湖区人民南路金光华广场1楼002－003单元
+86-755-82611129

GIRARD-PERREGAUX芝柏

上海恒隆广场芝柏表专卖店
上海市静安区南京西路1266号恒隆广场地下一层
+86-21-62886345

上海金鹰店
上海市静安区陕西北路278号金鹰国际购物中心一楼

上海永安百货店
上海市黄浦区南京东路635号永安百货一楼
+86-21-63615296

上海久百城市广场店
上海市静安区南京西路1618号
久光久佰城市广场一层S102-103号
+86-21-62882819

上海港汇广场店
上海市徐汇区虹桥路1号港汇广场101B号铺
+86-21-64071540

北京金融街芝柏表专卖店
北京市西城区金城坊街2号金融街购物中心

L1-02室
+86-10-66220280

北京东方广场店
北京市东城区东长安街1号东方广场首层A109
+86-10-85186024

北京百盛购物中心店
北京市西城区复兴门内大街101号百盛购物中心新区一层
+86-10-66083420

北京新东安广场店
北京市东城区王府井大街1 38号新东安广场一层102-103号铺
+86-10-65211839

大连麦凯乐总店
大连市中山区青泥街5了号麦凯乐大连总店一层
+86-411-82301 247

青岛麦凯乐总店
青岛市南区香港中路6g号麦凯乐青岛总店一层
+86-532-89896928

沈阳商贸饭店芝柏表店
沈阳市和平区中华路68号商贸饭店一层
+86-24-23412559

合肥万千百货店
合肥市包河区马鞍山路13口号万千百货一楼
+86-551-2891586

大庆新玛特店
大庆市高新区纬二路3g号大庆新玛特购物精品广场一层钟表部
+86-459-6296191

福州大洋晶典店
福州市鼓楼区817北路268号大洋晶典一楼
+86-591-88590680

哈尔滨南岗店
哈尔滨哈尔滨市南岗区东大直街323-1号
+86-451-53905166

哈尔滨金安国际店
哈尔滨市道里区中央大街6g号金安国际购物广场一楼
+86-451-84567877

深圳万象城店
深圳市罗湖区宝安南路1881号华润万象城二期S145号铺
+86-755-82668369

深圳益田假日广场店
深圳市南山区深南大道9028号益田假日广场一层57-58号铺
+86-755-86299092

沈阳1928店
沈阳市和平区南京北街312号
+86-24-83830709

长沙百联东方店
长沙市芙蓉区黄兴中路188号百联东方广场一层

+86-731-2254296

昆明邦克大厦店
昆明市五华区青年路37号邦克大厦B座一楼
+86-871-3158686

昆明金龙店
昆明市盘龙区白塔路g0号
+86-871-3120495

乌鲁木齐金花店
乌鲁木齐沙依巴克区友好北路35号世纪金花经营一部亨吉利专柜
+86-991-4857076

大同丽盛名品广场店
大同市小南街5号丽盛名品广场一层
+86-352-2047191

太原山西国贸商城店
太原市杏花岭区府西街6号山西国贸商城一层
+86-351-8689400

南昌百盛店
南昌市东湖区中山路17了号百盛百货一层
+86-791-6733236

宁波天一广场店
宁波市海曙区中山东路166号宁波天一国际购物中心一楼
+86-574-87684196

保定保百购物广场店
保定市朝阳北大街916号保百购物广场一层
+86-312-3186420

郑州裕达店
郑州市中原区中原中路220号郑州裕达国际贸易中心
福福精品商场2层L228-229号
+86-371-67723681

GRAFF

北京半岛店
北京金鱼胡同8号半岛酒店G12
86-10-65136690

杭州湖滨店
杭州湖滨路19-1
86-571-87082281

上海半岛店
上海中山东一路32号半岛酒店
86-21-63216660

HAMILTON汉米尔顿

北京英皇钟表珠宝店
北京市西城区西单北大街178号华南大厦中友百货一层
86-10-66015367

北京东方广场店
北京市东城区东长安街1号东方广场东方新天地一层
86-10-81586024

天津友谊名都
天津市经济技术开发区第一大街86号市民广场友谊名都商厦一层
86-22-60623506

青岛亨得利
青岛市市南区中山路144号青岛亨得利钟表
86-532-82827734

哈尔滨嘉茂购物广场
哈尔滨市道里区埃德蒙顿路38号凯德广场
一层
86-451-51689002

大连锦华钟表麦凯乐店
大连市中山区青泥街57号麦凯乐购物中心
（新馆）一层
86-411-82310957

上海正大广场
上海市浦东陆家嘴西路168号正大广场一层
亨达利钟表店
86-21-50471822

HARRY WINSTON海瑞温斯顿

北京王府半岛酒店专卖店
北京市王府半岛酒店王府井金鱼胡同8号
+86-10-85115595

昆明金格百货时光店
昆明市北京路985号昆明金格百货时光店首
层F1027店
+86-0871-5692520

大连锦华钟表远洋洲际旗舰店
大连市中山区友好广场远洋洲际大厦B座6号
+86-411-82659797

HUBLOT宇舶

上海恒隆广场专卖店
上海市南京西路1266号恒隆广场B—112
+86-21-62889362

北京东方新天地专卖店
北京市东长安街1号东方新天地首层AA01
+86-10-85153613

北京欧洲坊店
北京市王府井大街138号APM（新东安广
场）1层102-103
+86-10-65286908

大连锦华钟表
大连市中山区解放路19号百年商城店
+86-411-82307803

大连锦华钟表远洋洲际旗舰店
大连市中山区友好广场远洋洲际大厦B座6号
+86-411-82657979

新宇三宝杭州大厦店
杭州市武林广场21号杭州大厦A楼1层
+86-571-85063043

H. MOSER & CIE.亨利慕时

北京新世界中心亨得利
北京市崇外大街5号新世界太华办公楼7层
+86-10-65256100

北京王府井中心亨得利名表维修中心
北京市王府井大街172号丹耀大厦地下一层
+86-10-65250406

大连锦华钟表珠宝有限公司
中国大连市中山区一德街10号
+86-411-82659797

上海金钟中心
上海市淮海中路98号金钟广场14楼1409室
+86-21 6091 9590

上海上钟中心
上海市雁荡路34号亨得利名表维修中心
+86-21-63845283

HYSEK海赛珂

上海淮海路店
上海淮海路510-512号
86-21-63861303

IWC万国

上海淮海中路专卖店
上海市卢湾区淮海中路804号
+86-21-33950880

上海IFC
上海市浦东新区世纪大道8号
国金中心商场L1—15商铺
+86-21-50120970

上海南京西路专卖店
上海市静安区南京西路们77号
+86-21-62726903

北京东方广场店
北京市东城区东长安街1号一层1/F A502
+86-10-85188066

北京新光天地店
北京市朝阳区建国路87号新光天地M1030店铺
+86-10-65331512

北京金融街购物中心店
北京市西城区金城坊街2号L们9
+86-10-66220396

JAEGER-LECOULTRE积家

上海淮海路旗舰店
上海市淮海中路802号
+86-21-61 959839

北京王府井新东安广场旗舰店
北京市王府井大街138号新东安广场128店铺
+86-10-65282809

上海南京西路旗舰店
上海市南京西路1149号

上海恒隆广场旗舰店
上海市南京西路1266号恒隆广场地下一层
引03室
+86-21-62880688

北京金融街旗舰店
北京市西城区金城坊街2号金融街购物中心
L101-2室
+86-10-66220282

宁波天一广场专卖店
宁波市中山东路166号天一国际购物中心1F
+86-574-87684066

沈阳卓展专卖店
沈阳市沈河区北京街7—1号卓展购物中心1
层中孚名表
+86-24-22795588

JAQUET DROZ雅克德罗

北京国贸店
北京东长安街国贸中心
86-10-85150808

上海外滩店
上海中山东一路19号外滩18号103
86-21-63238853

JEANRICHARD尚维沙

深圳亨得利店
深圳罗湖区宝安路1881号万象城二期S145
86-755-82668369

沈阳亨得利店
沈阳和平区南京北路312号G/F
86-24-83830709

JUVENIA尊皇

北京新东安店
北京王府井大街138号新东安市场一层148
号铺
86-10-65280390

上海南京西路店
上海南京西路1113号
86-21-62562270

沈阳商贸店
沈阳和平区中华路68号商贸酒店一层105室
86-24-23832831

LAURENT FERRIER罗伦斐

上海金钟店
上海淮海路98号金钟广场34-F
86-21-60919565

LONGINES浪琴

上海宏伊广场品牌直营店
上海市南京西路299号宏伊广场首层
+86-21-33665282

北京华瑞钟表王府井步行街旗舰店
北京市王府井大街269号
+86-10-65129396

沈阳皇城恒隆广场旗舰店
沈阳市沈河区中街路128号
+86-24-23232323-8106

周大福广州天, 可城专卖店
广州市天河路208号天河城1107铺
+86-20-85591985

MAÎTRES DU TEMPS

上海南京西路店
上海南京西路1266号恒隆广场B117
86-21-52132455

MB&F

上海南京西路店
上海南京西路1266号恒隆广场B117
86-21-52132455

MIDO美度

上海亨达利钟表公司总店
上海市南京东路372号
+86-21-63502052

上海龙之梦购物中心专卖店
上海市长宁路1018号龙之梦购物中心一楼
+86-21-32528262

上海港汇广场店
上海市徐汇区虹桥路1号B1

南京中央商场店
南京市中山南路7g号美度表柜台
+86-25-84711153

广州广百中怡店
广州市天河区天河路200号广州广百中十台
店一楼钟表区
+86-20-62882013

成都亨得利店
成都市春熙路北段4g号
+86-28-86663988-231

杭州银泰武林店
杭州市延安路53口号银泰百货2F钟表柜台
+86-571-85170488

杭州百货大楼店
杭州市延安路546号杭州百货大楼一楼
+86-571-85108502

北京英皇中友店
北京市西城区西单北大街178号华南大厦中
友百货
+86-10-6601 5367

北京名表城新东安店
北京市东城区王府井大街138号新东安市场
一层148铺
+86-10-65225228

北京百货大楼店
北京市东城区王府井大街255号
+86-10-85260621

天津海信广场店
天津市和平区解放北路188号
+86-22-231g8100

济南银座商城店
济南市乐源大街66号百货商场
+86-531-86065639

西安开元商城店
西安市东大街开元商城
+86-29-68881 705

兰州巍雅斯名表行
兰州市东方红广场国芳百货北侧
+86-931-8890166

沈阳中兴商业城店
沈阳市和平区太原北街86号

哈尔滨远大购物中心店
哈尔滨市南岗区果戈里大街378号

长春卓展时代广场店
长春市重庆路1255号
+86-0431—88486763

呼和浩特天元店
呼和浩特市中山西路98号天元商厦
+86-471-6600989

郑州百盛购物广场店
郑州市东太康路72号百盛购物中心
+86-371-66207885

南昌百货大楼店
南昌市中山路1号钟表柜台
+86-791-6251136

石家庄先天下广场店
石家庄市中山东路326先天下购物广场
+86-311-85936689

合肥百盛店
合肥市淮河路77号合肥百盛逍遥广场名表柜台
+86-551-2616030

福州中城大洋百货一店
福州市鼓楼区八一七北路133号
中城大洋百货首层亨吉利钟表
+86-5g1-83036969

长沙王府井店
长沙市黄兴中路66号长沙王府井一楼钟表区
+86-731-84892336

MOVADO摩凡陀

哈尔滨远大购物中心店
哈尔滨市南岗区果戈里大街378号
+86-451-88102288-201

沈阳中兴名表城店
沈阳市和平区太原北街86号
+86-24-23411 678

大连锦华百年城店
大连市中山区解放路19号
+86-411-82307803

北京东方广场名表城店
北京市东长安街1号东方商场首层A10g号铺
+86-10-85186024

天津亨得利钟表眼镜公司店
天津市和平区滨江道145号
+86-22-27111471

呼和浩特天元商厦店
呼和浩特市中山西路2口号
+86-471-6875222

新疆世纪瑞士名表行
乌鲁木齐市中山路88号
+86-991-2819621

温州五马名表城店
温州市五马街4号
+86-577-88223461

郑州新玛特购物广场金博大店
郑州市二七路200号金博大购物中心一层西
门富豪表行
+86-371-66616216

武汉新世界百货国贸店
武汉市汉口建设大道566号
+86-27-15202706275

华狮广场亨达利钟表店
上海市淮海中路688号
+86-21-53068221

重庆海逸酒店
重庆市渝中区邹容路68号大都会广场
海逸酒店LGl层英皇钟表珠宝
+86-23-63828329

成都亨得利钟表眼镜有限公司店
成都市春熙路北段49号
+86-28-86663988-206

昆明金格百货金龙店
昆明市白塔路g口号
+86-871-31 20495

长春国际钟表店
长春市重庆路478号
+86-431-88919026

MONTBLANC万宝龙

中信泰富旗舰店
上海市南京西路1168号中信泰富广场
109&218铺
+86-21-52136611

东方广场精品店
北京市东长安街1号东方广场一层A402&A406
+86-10-85180250 / 85151696

金鹰国际商城店
南京市汉中路8号金鹰国际购物中心一层
+86-25-84700427

无锡八佰伴店
无锡市中山路168号无锡八佰伴一楼
+86-510-82731852

杭帅l大厦店
杭州市武林广场1号杭州大厦日楼1层67号铺
+86-571-85174687

深圳万象城店
深圳市罗湖区宝安南路1881号
华润中心万象城S135-136、S138号商铺
+86-755-22300691 / 22300692

广州友谊总店
广州市环市东路369号友谊商店首层
+86-20-83489199

厦门磐基店
厦门市思明区嘉禾路1 9了号
磐基国际名品中心一层们5—116号
+86 592-5314912 / 5314902

成都仁和总店
成都市宾隆街1号仁和春天百货1F
+86-28-86656211 / 86730466

重庆大都会店
重庆市渝中区邹容路68号大都会广场L142
+86-23-63836116

武汉新世界中心店
武汉市汉口解放大道634号新世界百货一楼
+86-27-68838310

西安中大店
西安市南大街30号中大国际一层
+86-29-87203716

天津友谊店
天津市河西区友谊路21号友谊商厦一层L7A铺
+86-22-88378876 / 88376885

青岛阳光店
青岛市香港中路38号阳光百货一层
+86-532-86677180

宁波和义大道购物中心店
宁波市和义路2号和义大道购物中心一层
1019-1021铺
+86-574-87253538

温州时代广场购物中心店
温州市车站大道与锦绣路交叉口1楼
+86-577-88993687

大连百年城万宝龙店
大连市中山区解放路19号百年商城引06
+86-411-82308289

黑龙江远大购物中心店
哈尔滨市南岗区果戈里大街378号远大购物
中心名表区
+86-451-88102288-206

石家庄北国先天下广场店
石家庄市中山东路326号一层万宝龙店
+86-31 1-85936176

长春市卓展购物中心
长春市重庆路99号
+86-431-88486921

沈阳卓展时代广场店
沈阳市沈河区北京街1号1层万宝龙专卖店
+86-24-22795678

山西天美名店购物中心店
太原市新建路39号
+86-351-8225453

鞍山市慧通钟表销售有限公司
鞍山市铁东区二一九路47甲一1号
+86-412-2280059 / 8280059

昆明金格中心店
昆明市东风东路9号
+86-871-3119003

MILUS美利是

北京周大福钟表珠宝公司
北京市崇文区前门大街20号周大福珠宝北
京前门综合旗舰店
+86-10-67025660

沈阳大公名表伊势丹店
沈阳市和平太原北街84号伊势丹百货
+86-24-23409588

武汉大公名表
武汉市解放大道686号世贸广场一楼
+86-27-85448509

佛山周大福钟表珠宝公司
佛山市顺德区大良街道办事处清晖路148号
新世界中心商场首层1106-1107号
+86-757-22222802

昆明金格百货汇都店
昆明市白塔路131号

+86-871-3642818

乌鲁木齐周大福钟表珠宝公司
乌鲁木齐市友好北路669号1栋1层1一1号
周大福专营店
+86-991-6999405

NOMOS

上海南京西路店
上海市南京西路1117—1127号名表城中安
店2层
+86-21-52287881

昆明金格百货店
昆明市白塔路9口号金格百货金龙店1层
+86-871-3120495

北京新东安商场店
北京市东城区王府井大街138号新东安商场
1层148铺
+86-10-65280390

鞍山慧通瑞士表店
鞍山市铁东区二一九路47甲一1号
+86-412-2280059

大连新玛特店
大连市中山区青三街1号新玛特购物广场一层
+86-411-83678957

OMEGA欧米茄

北京T3航站楼欧米茄旗舰店
北京市首都国际机场3号航站楼下3E
二层国际出发隔离区中央大堂
+86-10-64558959

北京金宝汇欧米茄旗舰店
北京市东城区金宝街88号金宝汇110店铺
+86-10-85221863

北京新光天地欧米茄旗舰店
北京市朝阳区建国路87号新光天地M1002
商铺
+86-10-65331616

北京东方广场欧米茄旗舰店
北京市东长安街1号
东方广场东方新天地A201B商铺
+86-10-85187188

北京金融街欧米茄旗舰店
北京市西城区金城坊街2号金融街购物中心
L101-3商铺
+86-10-66220101

上海南京西路1111号欧米茄旗舰店
上海市南京西路们11号
+86-21-62878686

上海久光百货欧米茄旗舰店
上海市静安区南京西路1618号久光百货1楼
D1 53
+86-21-62887021

上海淮海中路864号欧米茄旗舰店
上海市淮海中路864号
+86-21-54046288

上海新天地欧米茄旗舰店
上海市黄陂南路331号企业天地商业中心
+86-21-63406018

上海和平饭店欧米茄旗舰店
上海市南京东路23号 (外滩19号)
+86-21-63299905

广州花园大酒店欧米茄旗舰店
广州市环市东路368号花园酒店商铺G
+86-20-83652992

ORIS豪利时

上海亨达利钟表总店
+86-21—63502052

上海享得利钟表公司
+86-21-63528741

上海亨吉利永安百货店
+86-21-63510217

上海亨吉利龙之梦百货店
+86-21-61157477

上海东方商厦徐汇店
+86-21-64870000-1326

杭州大厦新宇店
+86-571-85160139

武汉新宇老亨达利总店
+86-27-82835972

西安亨吉利豪门店
+86-29-87263151

西安开元商城店
+86-29-87235469

成都亨得利店
+86-28-86663988-244

重庆亨吉利江北新世纪百货店
+86-23-89188879

沈阳中兴商业大厦店
+86-24-23417088

昆明金格百货金龙店
+86-871-3120495

太原亨吉利国贸店
+86-351-8689400

广州友谊商店环市东店
+86-20-83483015

广州天河城百货3楼东方表行
+86-20-85593312

PIAGET伯爵

上海恒隆伯爵专卖店
上海市静安区南京西路1266号恒隆广场102B
+86-21-34284670-110

上海淮海中路798伯爵专卖店
上海市淮海中路798号
+86-21-33950989

上海半岛酒店伯爵专卖店
上海市中山东一路32号L1B号店铺
+86-21-63295558

上海IFC专卖店
上海市浦东新区世纪大道8号上海国金中心

商场L1—12店铺
+86-21-501 21690

杭州万象城专卖店
杭州市江干区四季青街道富春路701号
万象城L1—165号商铺
+86-571-89705028

北京王府半岛酒店伯爵专卖店
北京市东单北大街金鱼胡同8号王府半岛酒
店GF-8
+86-10-65129065

北京东方广场伯爵专卖店
北京市东城区东长安街1号
东方广场东方新天地商场首层A102号铺
+86-10-85182332

北京新光天地伯爵专卖店
北京市朝阳区建国路87号新光天地一层120号铺
+86-10-65331486

广州友谊伯爵专卖店
广州市越秀区环市东路369号广州友谊商店
+86-20-83587785

青岛海信广场奥运店
青岛市澳门路117号青岛海信广场奥运店一
层钟表部
+86-532-66788157

西安中大国际名品广场店
西安市南大街3口号中大国际名品广场
A118店铺
+86-29-87203027

苏州泰华店
苏州市人民路383号苏州泰华商城一层111号
+86-512-65725190

长沙美美百货店
长沙市芙蓉中路一段478号
运达国际广场美美百货一层S105
+86-731-84779422

PARMIGIANI FLEURIER 帕玛强尼
上海专卖店
上海市卢湾区淮海中路222号力宝广场首层
102号
+86-21-33315062

北京金宝街专卖店
北京市东城区金宝街90-92号励骏酒店首层
1-2号
+86-10-85221583

北京耀莱专卖店
北京市朝阳区建国路89号，18号楼L02号耀
莱新天地首层
+86-10-65331343

上海IFC专卖店
上海市浦东新区世纪大道8号上海国金中心
商场L1-12店铺
+86-21-50121690

杭州万象城专卖店
杭州市江千区四季青街道富春路701号
杭州万象城L1-165号商铺
+86-571-89705028

PANERAI沛纳海
北京专卖店
北京市朝阳区建外大街2号银泰商业中心首

层105号商铺
+86-10-85171263

上海国金中心专卖店
上海市浦东陆家嘴世纪大道8号上海国金中
心L1-16号铺
+86-21-50121680

上海恒隆广场专卖店
上海市南京西路1266号恒隆广场B102号铺位
+86-21-62880100

PATEK PHILIPPE百达翡丽
上海专卖店
上海市中山东一路外滩18号1楼
+86-21-63296846

北京专卖店
北京市前门东大街前门23号1号楼
+86-10-65255868

RADO雷达
唐山百货大楼店
唐山市新华东道125号唐山百货大楼一层
+86-315-2821952

乌鲁木齐世纪金花店
乌鲁木齐市友好北路686号世纪金花亨吉利
世界名表中心
+86-991-4857076

内蒙古维多利国际广场店
呼和浩特市新城区新华东街8号维多利国际
广场一层名表中心
+86-471-2823861

济南银座商城店
济南市泺源大街66号
+86-531-86065639

北京当代商城店
北京市海淀区中关村大街40号当代商城1层
+86-10-62696120

宁波第二百货商店
宁波市中山东路220号中百第二百货商店钟
饰商场
+86-574-87258621

温州银泰雷达旗舰店
温州市解放南路荷花路口银泰百货一楼
+86-577-88680026

温州旗舰店
温州市五马街1号
+86-577-88216822

河南富豪表行大商新玛特金博大店
郑州市二七路200号金博大购物中心
+86-0-13592581716

上海新世界百货店
上海市南京西路2-88号
+86-21-53755127

上海淮海路旗舰店
上海市淮海中路540号
+86-21-53067739

江苏镇江八佰伴店
江苏省镇江市中山东路334号一楼
+86-511-88975686

苏州世家名表店
苏州市观前邵磨针巷88号
+86-512-65158999

无锡八佰伴商贸店
无锡市中山路168号
+86-510 82747516

无锡商业大厦店
无锡市中山路343号B栋1楼
+86-510-82790539

大庆新玛特广场店
大庆市开发区纬二路39号
+86-459-6296279

沈阳商贸饭店专卖店
沈阳市和平区中华路68号
+86-418-2899162

RALPH LAUREN
上海半岛店
上海中山东一路32号半岛酒店1层
L1P,L1Q,L1R
86-21-63293623

RAYMOND WEIL蕾蒙威
上海南京西路店
上海市南京西路1117—1127号名表城中安
店2楼
+86-21-52287881

上海亨吉利世界名表中心店
上海市南京东路635号永安百货1楼亨吉利
世界名表中心
+86-21-63510217

大连百年城店
大连市中山区解放路1号百年商城锦华钟表
+86-411-82307803

鞍山新玛特店
鞍山市铁东区胜利南路42号大商新玛特市
府店一层
+86 412-712005g

鞍山慧通瑞士表店
鞍山市铁东区219路47甲1号鞍山慧通瑞士表店
+86-41 2-2280059

武汉亨吉利世界名表中心店
武汉市武昌区珞瑜路6号
群光百货商场1楼亨吉利世界名表中心
+86-27-87168507

石家庄先天下购物广场店
石家庄市中山东路326号先天下购物广场1
层钟表部
+86 -311-85936576

沈阳亨吉利世界名表中心店
沈阳市和平区南京北街312号1 928大厦亨
吉利世界名表中心
+86-24-23416598-805

昆明金格中心店
昆明市东风东路9号昆明金格中心
+86-871-3119081

昆明邦克店
昆明市青年路397号邦克大厦B座2楼亨吉利
世界名表中心
+86-871-31 58282

哈尔滨百盛购物中心店
哈尔滨市道里区中央大街222号百盛购物中
心1楼
+86-451-85981245

南昌亨吉利世界名表中心店
南昌市西湖区中山路177号百盛购物中心1楼
+86-791-6733236

西安亨吉利世界名表中心店
西安市东大街解放市场6号
开元商场亨吉利世界名表中心
+86-29-87235469

南通侨鸿国际购物中心店
南通市人民中路日号侨鸿国际购物中心1楼
+86-513-85593886

呼和浩特维多利国际广场店
呼和浩特市新华东街8号维多利国际广场1楼
+86-471-2823861

ROAMER罗马
深圳宝安国际机场专卖店
深圳市宝安区深圳机场B号候机楼BS2-26
+86-755-27770078

ROGER DUBUIS罗杰杜彼
上海专卖店
上海市卢湾区淮海中路81口号
+86-21-33950818

大连锦华钟表公司
大连市中山区七一街1号友谊商城1楼
+86-411-82632417

鞍山慧通瑞士表店
鞍山市铁东区二一九路47甲-1号
+86-412-2280059

SEIKO精工
青岛新宇亨得利专卖店
青岛市中山路164号
+86-532-82838816

杭州时间廊专卖店
杭州市江干区富春路701号万象城购物中心
B1层115号
+86-571-89705773

上海东方表行久光城市广场店
上海市静安区南京西路1618号久光百货1层
+86-21-62882819

昆明金格中心
昆明市东风东路9号
+86-871-3119088

TAG HEUER豪雅
上海淮海路旗舰店
上海市淮海中路837号
+86-21-64732997

上海南京西路旗舰店
上海市南京西路1033-1037号
+86-21-62556686

上海恒隆广场精品店
上海市南京西路1266号恒隆广场B10了铺
+86-21-32160199

北京新光天地旗舰店
北京市建国路87号新光天地一层M1026铺
+86-10-65307316

沈阳商贸酒店旗舰店
沈阳市和平区中华路68号1楼104铺
+86-24-23419338

TISSOT天梭
上海香港广场专卖店
上海市卢湾区淮海中路282号香港广场商场
北座NL2-06a室
+86-21-63850188

上海新天地时尚店
上海市卢湾区马当路245号1楼118室
+86-21-33312809

上海悦达889专卖店
上海市普陀区万航渡路889号1楼L1-20室
+86-21-32527806

上海正大广场专卖店
上海市浦东新区陆家嘴路168号1楼GF08室
+86-21-50472833

上海龙之梦专卖店
上海市长宁区长宁路1018号1楼1038铺
+86-21-52122395

上海宏伊广场专卖店
上海市黄浦区南京东路299号1楼114铺
+86-21-33665138

上海353广场专卖店
上海市黄浦区南京东路353号1楼
+86-21-33313762

上海96广场专卖店
上海市浦东新区东方路796号96广场176室
+86-21-

青岛亨得利专卖店
青岛市南区中山路140号
+86-532-82817730

南京水游城专卖店
南京市白下区健康路1号水游城1楼M11室
+86-25-82233582

宁波酷购商城
宁波市海曙区药行街1 52号1楼

杭州万象城专卖店
杭州市江干区富春路701号万象城购物中心
B1—112铺
+86-571-89705785

武汉亨得利专卖店
武汉市江岸区解放大道1311号长江大酒店1楼
+86-27-83620316

济南万达广场专卖店
济南市魏家庄经四路5号万达广场101B
+86-531-88925515

郑州百货大楼专卖店
郑州市金水区北二七路4g号1楼
+86-371-66610897

郑州大商新玛特国贸专卖店
郑州市金水区花园路38号1楼
+86-371-65701569

北京西单大悦城
北京市西单北大街131号西单大悦城1F20
+86-10-59716085

北京银座MALL
北京市东直门外大街48号银座百货一层02
号商铺
+86-10-84549135

北京东方广场旗舰店
北京市东城区东方广场一层AA03天梭旗舰店
+86-10-85181 181

北京三里屯专卖店
北京市朝阳区新三里屯南区S4—19a
+86-10-641 53955

北京中关村店
北京市中关村大街15号中关村广场购物中
心地下二层C233商铺
+86-10-51721187

北京来福士广场店
北京市东城区东直门南大街1号
来福士购物中心一层们号商铺
+86-10-84098756

北京世贸天阶店
北京市朝阳区光华路9号一号楼L1 24单元
+86-10 65871 381

北京朝北大悦城专卖店
北京市朝阳区朝阳北路101号楼大悦城1F12B
+86-10-85518701

北京新中关购物广场店
北京市海淀区中关村大街19号新中关大厦L119B
+86-10-82483783

沈阳中街玫瑰酒店专卖店
沈阳市沈河区中街路201号
+86-24-24898000

沈阳百盛购物广场专卖店
沈阳市和平区中华路21号
+86-24 83280858

广州天河城广场专卖店
广州市天河城北门1108A铺
+86-20-85599326

广州正佳专卖店
广州市天河路正佳广场首层天梭专卖店
+86-20-85505382

广州中山四路专卖店
广州市中山四路228号西侧裙楼第1层
+86-20-83061 591

深圳万象城专卖店
深圳市罗湖区宝安南路1881号华润中心万
象城B66号
+86-755 82691466

深圳太阳城专卖店
深圳市罗湖区东门解放路2001号利联太阳广场
+86-755-82393610

南宁水晶城专卖店
南宁市琅东区金湖路61号梦之岛水晶城
+86-771-5597271

昆明正义坊专卖店
昆明市青年路82号
+86-871-8369148

昆明亨达利专卖店
昆明市宝善街156号裕锦立体停车库1
+86-871-3662527

重庆解放碑瑞皇专卖店
重庆市渝中区民权路1号
+86-23-63817676

ULYSSE NARDIN雅典

上海外滩18号旗舰店
上海市中山东一路18号1楼106室
+86-21-63211271

上海永安百货店
上海市南京东路635号永安百货1楼亨吉利
世界名表中心
+86-21-63615296

上海南京西路店
上海市南京西路1117—11 29号上海名表城
+86-21-52287098

北京东方广场旗舰店
北京市东城区东长安街东方广场东方新天
地SS02B商铺
+86-10-85188828

北京西单商场店
北京市西城区西单北大街120号
西单商场1层亨吉利世界名表中心
+86-10-66011216

北京王府井百货店
北京市东城区王府井大街255号
王府井百货大楼一卖场钟表
+86-10-85260621

北京周大福前门店
北京市崇文区前门大街32-34号2楼
+86-10-67025660

北京王府井新字三宝店
北京市东城区王府井大街1了6号丹耀大厦
1-3层
+86-10-65253490

大连天辰表行迈凯乐总店
大连市中山区青泥街57号
+86-411-82301247

天津滨江道店
天津市和平区滨江道145号亨得利钟表眼镜
公司
+86-22-27116690

西安城亨国际酒店
西安市碑林区南大街36号亨吉利世界名表
中心

+86-29-87263151

西安金鹰百货店
西安市高新技术产业开发区
科技路37号金鹰国际购物中心一楼
+86-29-88348107

哈尔滨东大直街店
哈尔滨市东大直街323-1号
+86-451-53905312

大庆新玛特店
大庆市萨尔图区新村纬二路大庆新玛特一
楼亨吉利名表中心
+86-459-6296279

杭州利星名品店
杭州市平海路124号利星名品广场一楼亨吉
利世界名表中心
+86-571-87028693

杭州万象城店
杭州市江干区富春路701号万象城一楼亨吉
利世界名表中心
+86-571-89705709

沈阳大公名表总店
沈阳市和平区中山路65号
+86-24-23404588

长春国际钟表店
长春市重庆路478号长春国际钟表
+86-431-88919026

昆明邦克店
昆明市青年路397号邦克大厦B座亨吉利世
界名表中心
+86-871-31 58686

深圳华润君悦酒店
深圳市罗湖区宝安南路1881号华润君悦酒店
D栋S145，S147，S148，S249号商铺
+86-755-22279079

深圳益田假日店
深圳市南山区深南大道9028号益田假日广
场L1-57、58
+86-755-86299092

福州大洋冠亚店
福州市鼓楼区817北路268号福州大洋百货
商场一楼
+86-591-88590808

南昌亨得利店
南昌市胜利路26号亨得利
+86-791-6641143

长沙百联广场店
长沙市黄兴中路188号百联广场大厦一楼
亨吉利世界名表中心
+86-731-82254296

太原亨吉利世界名表中心店
太原市府西街69号山西国际贸易中心一层
+86-351-8689400

唐山百货大楼店
唐山市新华东道125号
+86-31 5-2821952

宁波天一广场店
宁波市海曙区中山东路166号天一广场国际
购物中心雅典专卖店
+86-574-87684196

合肥万千百货店
合肥市包河区马鞍山路130号万千百货1楼
亨吉利名表中心
+86-551-2891586

VACHERON CONSTANTIN
江诗丹顿

中国专卖店
上海市淮海中路796号江诗丹顿之家
+86-21-33950800

VAN CLEEF & ARPELS
梵克雅宝

北京国贸精品店
北京市建国门外大街1号国贸商城L118A-
119A店
+86-10-65051919

北京王府井精品店
北京市王府井大街255号王府井百货首层
+86-10-85162800

上海恒隆广场精品店
上海市南京西路1266号恒隆广场102A店
+86-21-62888100

上海淮海路精品店
上海市淮海路800号
+86-21-61959860

上海国金精品店
上海市世纪大道8号国金中心商场首层
+86-21-50120828

杭州大厦精品店
杭州市武林广场1号杭州大厦A座首层
+86-571-85062929

VICTORINOX维氏

上海虹桥机场店
上海市申昆路1 500号DF320商铺（虹桥机
场2号航站楼）
+86-21-24282209

上海中信泰富店
上海市南京西路1168号421铺
+86-21-52929943

深圳万象城直营店
深圳市罗湖区宝安南路1881号华润君悦酒
店D栋S223铺
+86-755-22655250

图书在版编目（CIP）数据

2013 世界名表年鉴／《名牌志》编辑部著 .
—南昌：江西科学技术出版社，2012.11
ISBN 978-7-5390-4627-3
I. ① 2… Ⅱ. ① 名… Ⅲ. ① 手表－世界－ 2013 －年
鉴 Ⅳ. ① TH714.52-54

中国版本图书馆 CIP 数据核字 (2012) 第 266428 号

国际互联网（Internet）地址：http://www.jxkjcbs.com
选题序号：ZK2012130　图书代码：D12072-101

丛书主编／黄利　监制／万夏

责任编辑／孙开颜

特约编辑／宣佳丽　马莉卡

项目创意／设计制作／紫圖圖書 ZITO®

纠错热线／010-64360026-180

2013 世界名表年鉴　　　《名牌志》编辑部／著

出版发行	江西科学技术出版社
社　　址	南昌市蓼洲街 2 号附 1 号　邮编 330009
	电话:(0791) 86623491　86639342（传真）
印　　刷	北京瑞禾彩色印刷有限公司
经　　销	各地新华书店
开　　本	889 毫米 ×1194 毫米　1/16
印　　张	19
字　　数	150 千
版　　次	2012 年 12 月第 1 版　2012 年 12 月第 1 次印刷
书　　号	ISBN 978-7-5390-4627-3
定　　价	199 元

赣版权登字 -03-2012-125　　版权所有　侵权必究
（赣科版图书凡属印装错误，可向承印厂调换）

BRAND 名牌志

投资收藏购买指南

圈内专家经验大成　　轻松提升品质生活

中国第一名牌系列丛书